全国高校土木工程专业应用型本科规划推荐教材

土木工程试验与检测技术

张俊平　主编

蔡　健　韩建强　主审

中国建筑工业出版社

图书在版编目（CIP）数据

土木工程试验与检测技术/张俊平主编. —北京：中国建筑工业出版社，2013.2（2022.1重印）
全国高校土木工程专业应用型本科规划推荐教材
ISBN 978-7-112-14941-4

Ⅰ. ①土… Ⅱ. ①张… Ⅲ. ①土木工程—试验—高等学校—教材 Ⅳ. ①TU-33

中国版本图书馆CIP数据核字（2013）第040256号

本书根据全国高等学校土木工程学科专业指导委员会的有关精神，将土木工程专业中建筑工程、道路与桥梁工程、地下工程三个主要方向的教学内容进行打通而编写的教材。本教材以突出工程性与应用性、扩大专业面、弱化行业规范为切入点，在编写过程中汲取较为先进成熟的技术成果，精选典型的工程检测试验实例，力求既能较好地满足“大土木”本科专业教学的要求，又能充分地适应生产实践的需要。本书共分九章，涵盖建筑结构、桥梁、岩土及道路试验检测等方面的基本原理、方法与典型实例，主要内容包括：绪论、试验与检测的量测技术、试验检测方案设计与测试数据分析、无损检测技术、地基基础试验检测、结果静载试验、结构动力试验、既有结构的技术状况评估、其他试验检测技术简介等。

本书可作为高等学校土木工程专业建筑工程、道路与桥梁工程、地下工程等主要方向的教材，也可供相关工程技术人员参考使用。

* * *

责任编辑：王 跃 吉万旺
责任设计：董建平
责任校对：肖 剑 陈晶晶

全国高校土木工程专业应用型本科规划推荐教材
土木工程试验与检测技术
张俊平 主编
蔡 健 韩建强 主审
*
中国建筑工业出版社出版、发行（北京西郊百万庄）
各地新华书店、建筑书店经销
霸州市顺浩图文科技发展有限公司制版
北京建筑工业印刷厂印刷
*
开本：787×1092毫米 1/16 印张：17 字数：409千字
2013年2月第一版 2022年1月第六次印刷
定价：**35.00**元
ISBN 978-7-112-14941-4
（23008）

序

自1952年院系调整之后，我国的高等工科教育基本因袭了前苏联的体制，即按行业设置院校和专业。工科高校调整成土建、水利、化工、矿冶、航空、地质、交通等专科院校，直接培养各行业需要的工程技术人才；同样的，教材也大都使用从前苏联翻译过来的实用性教材，即训练学生按照行业规范进行工程设计，行业分工几乎直接“映射”到高等工程教育之中。应该说，这种过于僵化的模式，割裂了学科之间的渗透与交叉，并不利于高等工程教育的发展，也制约了创新性人才的培养。

作为传统工科专业之一的土木工程，在我国分散在房建、公路、铁路、港工、水工等行业，这些行业规范差异较大、强制性较强。受此影响，在教学过程中，普遍存在对行业规范依赖性过强、专业方向划分过细、交融不够等问题。1998年教育部颁布新专业目录，按照“大土木”组织教学后，这种情况有所改观，但行业影响力依旧存在。相对而言，土木工程专业的专业基础课如建材、力学，专业课程如建筑结构设计、桥梁工程、道路工程、地下工程的问题要少一些，而介于二者之间的一些课程如结构设计原理、结构分析计算、施工技术等课程的问题要突出一些。为此，根据全国高等学校土木工程学科专业指导委员会的有关精神，配合我校打通建筑工程、道桥工程、地下工程三个专业方向的教学改革，我校部分教师以突出工程性与应用性、扩大专业面、弱化行业规范为切入点，将重点放在基本概念、基本原理、基本方法的应用上，将理论知识与工程实例有机结合起来，汲取较为先进成熟的技术成果和典型工程实例，编写了《工程结构设计原理》、《基础工程》、《土木工程结构电算》、《工程结构抗震设计》、《土木工程试验与检测技术》、《土木工程施工》六本教材，以使学生更好地适应“大土木”专业课程的学习。

希望这一尝试能够为跨越土建行业鸿沟、促进土木工程专业课程教学提供有益的帮助与探索。

是为序。

中国工程院院士

2012年11月于广州大学

前　言

土木工程是一个古老而现代的学科，目前正处于黄金发展期。从土木工程设计理论的发展史来看，每一种设计计算理论的建立，都是建立在大量的科研试验、生产实践的基础上。试验检测技术的发展，对促进设计计算理论的成熟、解决生产实践中的疑难问题往往起到了重要的、不可替代的作用。

随着经济高速持续发展，我国已成为全球建筑业最繁荣的地区，建设规模与建设速度位居世界前列；与此同时，大批既有土木结构也逐步进入了老化期。为了确保新建工程的施工质量与可靠性、确保既有土木结构的安全服役与正常使用，建筑行业对土木工程的试验检测工作提出了更高、更全面的要求。另一方面，随着测试技术手段的进步、新材料新工艺的推广，测试技术、分析手段也取得了长足的进步，为土木工程试验检测提供了强有力的技术支持。基于上述两个方面，编者根据多年工程实践经验和教学体会，汲取较为先进成熟的技术成果，精选典型的工程检测试验实例，力求既能较好地满足“大土木”本科专业教学的要求，又能充分地适应生产实践的需要。

本书包含了建筑结构、桥梁、岩土及道路试验检测等方面的基本原理、方法与典型实例，全书共分九章，由张俊平主编，具体分工如下：第一、三、六章，第九章第二、四节，张俊平；第二章，梅力彪；第四章，李永河；第五章、第九章第三节，郑先昌；第七章，徐忠根；第八章，徐忠根、李永河；第九章第一节，吴旷怀；附录，梅力彪；全书由张俊平统稿。由于本教材覆盖面广、涉及内容多，对于打 * 的章节，在教学时可根据学时数及教学对象的需要选讲。在编写过程中，广州市设计院总工程师韩建强教授级高工、华南理工大学蔡健教授提出了许多宝贵的修改意见，特致谢忱。

限于编者水平和时间，谨请读者批评指正，使得本书在教学实践与生产实践中日臻完善。

目　录

第一章 绪 论

第一节 土木工程试验与检测的意义

在科学技术的发展过程中，科学试验起着非常重要的作用。对土木工程而言，建筑材料、结构体系、设计计算理论、施工方法是其发展进步的四个主要支柱，从土木工程设计理论的演变历史来看，每一种理论体系的建立和发展，一般都建立在大量的科学试验、生产实践的基础上。试验研究对于推动和发展结构设计计算理论、解决生产实践中出现的疑难问题往往起到了重要的作用。

一般说来，土木结构主要可划分为建筑结构、桥梁结构、地下结构三大类，这三类结构虽然在功能用途、结构形式、施工方法等方面有一定的差异，但在建筑材料、设计计算理论、试验检测方法等方面存在密切的联系，在建设程序、质量检验、工程验收等方面基本一致，可以说，不同的土木结构虽然在形式上有一定区别，但具有同样的、内在的技术基础与建设管理流程。另一方面，土木工程作为一门传统的、古老的学科，虽然近30年在设计理论、结构体系、施工工艺技术等方面取得了非常大的进展，但仍未从根本上改变其半理论、半经验的本质，如一些设计参数往往需要通过现场试验勘察来确定，设计理论、计算模型也需要通过试验研究进行检验验证，试验研究与勘察测试仍然具有不可替代的作用。

随着我国大规模的土木工程建设进入中后期，一方面，土木工程中新结构、新材料、新工艺的不断发展，迫切需要通过试验、检测、监测技术来验证土木工程的设计计算理论，检验土木工程的施工质量，提升土木工程建设的技术水平；另一方面，随着既有土木结构服役年限的增长、病害的发展、用途功能的改变，需要通过检测监测技术来保障结构的安全使用，提高结构的可靠性与耐久性，提升土木结构运营与养护的技术水平。因此，土木工程检测试验技术日益受到人们的重视，并不断得到发展和提高。土木工程试验检测的任务主要包括以下几个方面：

1. 明确设计参数，检验材料或结构的性能参数，确定新建结构的承载能力。对于土木结构的一些设计参数，在设计之前，需要进行系统的勘察测试，以服务于施工图设计。对于主要的结构或功能材料，在施工过程中，需要进行细致的力学性能检验，以判定材料性能是否满足设计要求。对于重要的结构在建成竣工后，需要进行试验检测，以考察其施工质量与结构性能，确定其承载能力，为竣工验收、投入运营提供科学的依据。

2. 研究结构（构件）的受力行为，总结结构受力行为的一般规律。随着土木工程的不断发展，新结构、新材料、新工艺的推广应用，原有的规范、规程往往不能适应工程实践的要求。为了修改、完善既有的规范、规程，需要通过研究性试验与长期监测掌握新型复杂结构的受力状态，探索结构受力行为的一般规律，为充实和发展土木工程的设计计算理论积累资料，以更好地指导设计与施工工作。

3. 评估既有结构的使用性能、承载能力与可靠性。对于既有结构在使用期间，因受水害、火灾、地震等自然灾害而产生损伤，或因设计施工不当而产生质量缺陷，或因用途功能改变而导致使用荷载发生变异，通常通过试验检测来评估既有结构的使用性能、承载能力或可靠性，评价加固改造的效果，为既有结构的养护、管理、加固、改建提供科学的依据。

按照试验的目的与要求分类，土木工程试验可以分为科学研究性试验和生产鉴定性试验两大类。就试验对结构产生的后果来说，试验检测可分为破坏性试验和非破坏性试验。总的说来，研究性试验的目的是为了建立或验证结构设计计算理论或经验公式，一般把对结构或构件的主要影响因素作为试验参数，多利用模型结构进行破坏试验，在专门的试验室内、利用特定的加载装置进行加载测试，以消除或减少外界因素的干扰影响，同时突出所要研究的主要因素，以便于更准确地反映一些因素的影响，也便于加载测试工作的开展，从而通过对模型系统的加载测试，对测试资料数据加以分析论证，揭示出具有普遍意义的规律，为设计、施工服务。

生产鉴定性试验也称为试验检测，具有直接服务于生产实践的意义，一般以原型结构作为试验对象进行非破坏性试验，即根据一定的规范、规程的要求，按照有关设计文件，多在现场进行试验，通过试验检测来确定材料的性能，结构的实际承载能力、使用性能和使用条件，检验设计施工质量，掌握土木工程结构或材料在试验荷载作用下的实际工作状态，提出相应的设计、施工或运营维护建议对策，保证结构的安全与正常使用。在土木工程试验中，原型试验存在费用高、期限长、测试环境多变等不利的影响因素，如对一些大型结构进行多因素的研究性试验，有时是难以实现的，因此结合原型结构进行模型试验往往成为科研的一种有效手段，可以更为方便全面地研究主要影响因素之间的关系，探索结构行为的普遍规律，推动新结构、新材料、新工艺的发展与应用。但总的说来，不论是原型试验还是模型试验，大体都包括试验准备、理论计算、加载测试、分析整理等一系列工作内容。

根据试验荷载作用的性质，试验检测可分为静荷载试验和动荷载试验。静载试验是将静止的荷载作用在结构上的指定位置而测试结构的静力位移、静力应变、裂缝宽度及其分布形态等参量的试验项目，从而推断结构在荷载作用下的工作性能及使用能力。动载试验是利用某种激振方法激起结构的振动，测定结构的固有频率、阻尼比、振型、加速度及位移响应等参数的试验项目，从而判断结构的整体刚度与动力性能。静载试验与动载试验虽然在试验目的、测试内容等方面不同，是两种性质的试验，但对于全面分析掌握结构的工作性能是同等重要的。

按试验持续时间的长短，可分为长期试验和短期试验。鉴定性试验与一般性的研究试验多采用短期试验方法，只有那些必须进行长期监测的现象才采用长期试验方法，如混凝土结构的收缩和徐变性能、基础的沉降及其影响规律、温度效应分布规律、结构风致振动等，这些参数对结构长期性能的影响，往往通过一些响应参数如位移、应力、加速度的长期监测来把握。此外，对于大型复杂结构或新型结构常常采用长期监测或健康状况监测手段，以掌握其某些荷载如风荷载的变化、结构静力动力响应变化的规律，积累这些结构长期使用性能的资料。

总之，结合具体的试验目的及试验周期，可选用一种或几种试验手段来检验土木结构的设计施工质量或使用性能。在选择试验方法时应从具体问题出发，综合考虑各种因素，降低试验费用，一般能用模型代替的，就不用大尺度的原型试验，通过非破坏性试验可以达到试验目的的，就不做破坏性试验。

第二节　试验检测的主要工作内容

土木工程试验检测的工作内容比较多，涉及很多方面。从试验检测对象来分，涉及建筑结构、桥梁结构与地基基础；从试验方法上来讲，分为静力试验、动力试验、无损检测和既有结构技术状况评估；从试验持续时间上来看，分为短期试验和长期试验；从试验检测进行时期来看，分为施工过程监测控制和结构竣工试验。一般说来，土木工程试验检测就是依据相应的规范、规程，采用专门的仪器设备，按照既定的试验检测方案，对特定的结构进行加载、测试、分析与评价，其主要工作内容大体可归纳如下。

1. 无损检测

无损检测技术是土木工程试验检测技术中一项重要的内容。所谓无损检测技术，是在不破坏结构内部构成和使用性能的情况下，利用声、光、热、电、磁和射线等方法，测定有关混凝土、钢材性能的物理量，推定混凝土或钢材的强度、缺陷等的测试技术。无损检测技术与破坏试验方法相比，具有不破坏结构的构件、不影响其使用性能、可以探测结构内部的缺陷、可以连续测试和重复测试等特点。应用无损检测技术，可以检测混凝土的强度、弹性模量、裂缝的深度和宽度，可以检查钢筋的直径、位置和保护层厚度，并可以探知混凝土的碳化程度、钢筋的锈蚀程度和混凝土构件的尺寸等参数，也可以检验钢结构焊缝质量，发现焊接缺陷。无损检测技术对于进行施工质量检验与管理，进行既有结构的养护维修管理，评定既有结构的承载能力、耐久性能、损伤程度及可靠性是非常重要的。

2. 地基基础试验检测

地基基础试验检测主要包括地质勘察、土的力学性能测试、地基试验检测、桩基础试验检测等方面。地质勘察就是采用相应的现场勘察钻探设备，来摸清土木工程建设场址的地质情况，掌握各土层的空间分布与变化状况。土的力学性能测试就是将建设场址土样运回实验室内，测试分析建设场址土样的力学性能指标。地基试验检测是采用相应的加载手段、测试方法，在现场测试评价地基基础承载能力的原位试验。桩基础试验检测包括桩基完整性检测、桩基承载力检测两个方面，具体包括桩基静载试验、桩基低应变检测、桩基高应变检测等。

3. 结构静载试验

结构静载试验是根据结构设计荷载标准，采用一定的分析计算手段，编制相应的加载、测试方案，在此基础上，将静荷载按一定程序作用在结构上的指定位置，测试结构的静力位移、静力应变、裂缝宽度及其分布形态等参量的试验项目，然后通过对实测结果与理论计算结果的比较、通过与规范规程限值的比较，来评价分析结构的承载能力与工作性能，提出相应的设计、施工或运营维护建议。结构静载试验对象可以是桥梁结构、建筑结构，也可以是地基基础或地下结构。

4. 结构动力试验

结构动力试验是采用一定的激振方法，使结构产生振动，采用相应的动测仪器设备，来测定结构的固有频率、阻尼比、振型、位移响应、加速度响应等参数的试验项目，然后根据理论计算结果、相关限值或经验公式，来宏观判断结构的整体刚度或使用性能，结构动载试验对象主要针对桥梁结构、建筑结构。

5. 既有结构的技术状况评估

受环境因素的侵蚀、自然或人为灾害的影响、使用荷载的反复作用等，既有结构在服役期间，其技术状况可能会发生大的变异，因此，对于建筑结构、桥梁结构、地下结构在使用过程中，要依据相应的规范、规程进行技术状况评估，从而确保结构安全正常使用，提出相应的维护建议。建筑结构的可靠性鉴定与评估是指通过静载试验、动载试验、无损测试、分析计算等手段，来综合评价建筑结构的可靠性。桥梁技术状况评估是在桥梁外观缺陷检查的基础上，结合无损测试等手段，掌握既有桥梁的基本状况，查明缺陷或潜在损伤的性质、部位、严重程度及其发展变化态势，评价得出桥梁的完好等级。

6. 施工监控与长期监测

对于大型复杂结构如大跨度桥梁、高层高耸结构、大跨空间结构、深基坑等，由于施工周期长，外界因素变化较大，为了确保施工能够较准确地实现设计意图，避免一些随机因素如温度、湿度、材料参数、施工误差对结构施工过程和竣工状态造成过大的影响，就需要在施工过程中对每一施工阶段结构的变形、应力、内力等参数进行实时监测，逐段与设计目标值进行比较，并预测下一施工阶段这些参量的变化态势，以便修正设计计算参数、采取调整控制措施，以确保施工过程中结构的安全性，并以预定的精度逼近设计目标值，达到较为理想的竣工状态，这就是施工监测控制，施工控制是大跨度结构、复杂结构安全顺利施工的保障措施之一。另一方面，为了能够及时准确地掌握一些时效因素如收缩、徐变、基础沉降、温度等时效因素对结构的影响程度，了解这些时效因素对结构影响的变化趋势，就需要在结构运营过程中，在一个相对较长的时期内定期或自动监测结构的变形、应变、内力、裂缝等参数，并对这些参数进行综合分析，以判断结构的实际状态与工作性能，这类监测测试称为长期监测，当采用自动化、系统化程度较高的监测系统来实现这一功能时，也称为健康监测系统。

7. 其他试验检测项目

除以上列举的几类试验检测项目之外，土木工程试验检测还有一些其他检测项目，如沥青及沥青混合料试验检测、路面弯沉性能试验检测，建筑材料试验检测（包括钢筋、水泥、混凝土、墙材等主材，也包括建筑管材、外加剂等辅材），建筑结构抗渗性能试验检测等。

第三节　试验检测的一般程序

不论是针对哪种土木工程结构，还是采用哪种试验检测手段，一般情况下，土木工程试验检测可分为三个阶段，即准备规划阶段、加载与观测阶段、分析总结阶段，简要叙述如下。

准备规划阶段是土木工程试验检测顺利进行的必要条件，该阶段工作包括工程设计文件、施工记录、监理记录、既有试验资料等技术资料的收集（必要时前往试验现场考察，摸清现场工作条件，检查试验检测对象的外观），包括加载方案制定、量测方案制定、仪器仪表选用等方面（必要时进行结构设计内力计算），也包括搭设工作脚手架、设置测量仪表支架、测点放样及表面处理、测试元件布置、测量仪器仪表安装调试等现场准备工作。可以说，检测工作的顺利与否很大程度上取决于检测前的准备工作。

加载与观测阶段是整个检测工作的中心环节，这一阶段是在各项准备工作就绪的基础上，按照预定的试验方案与试验程序，利用适宜的加载设备进行加载，运用各种测试仪器，观测试验结构受力后的各项性能指标如挠度、应变、裂缝宽度、加速度、位移等，并采用适宜的记录手段记录各种观测数据和资料。需要强调的是，对于静载试验应根据当前所测得的各种技术数据与理论计算结果进行现场分析比较，以判断结构受力行为是否正常，是否可以进行下一级加载，以确保试验结构、仪器设备及试验人员的安全，这对于破坏性静载试验、存在病害的既有结构进行静载试验时尤为重要。

分析总结阶段是对原始测试资料进行综合分析的过程，原始测试资料包括大量的观测数据、文字记载和图片等材料，受各种因素的影响，一般显得缺乏条理性与规律性，未必能深刻揭示试验结构的受力行为规律。因此，应对它们进行科学的分析处理，去伪存真、去粗存精、由表及里，综合分析比较，从中提取有价值的资料。对于一些数据或信号，有时还需要按照数理统计的方法进行分析，或依靠专门的分析仪器和分析软件进行分析处理，或按照有关规程的方法进行分析或判断。测试数据经分析处理后，按照相关规范、规程以及试验检测的目的要求，对检测对象做出科学的判断与评价，必要时提出相应的设计、施工或运营维护建议。这一阶段的工作，直接反映整个检测工作的质量。

以上三个阶段的工作完成后，将全部检测工作依据相应规范、按照一定格式、规范地体现在试验检测报告中。试验检测报告内容主要包括试验概况、试验检测目的与依据、试验检测方案、试验检测日期及试验过程、试验记录图表摘录、试验主要成果与分析评价、技术结论等几个方面。

由此可见，土木工程试验检测是一门直接服务于工程实践的技术科学，其服务对象比较宽泛，涉及土木工程各个分支学科，其技术综合性较强，与土木工程的设计计算理论、结构受力行为等方面密切相关。随着我国大规模土木工程建设进入中后期，新结构、新材料、新工艺的不断涌现，以及大批在役结构进入老化期，工程实践对土木工程试验检测提出了更高、更全面的要求。完全可以相信，土木工程试验检测技术的进步，必将进一步地推动土木工程建设与营运的持续健康发展，为土木工程的设计、施工、营运起到更加重要的保障作用。

第二章　土木工程试验与检测的量测技术

第一节　概　　述

土木工程是一门实践性极强的学科，从地基、基础到上部结构的设计施工中，试验与检测起着非常重要的作用。随着建设工程质量、安全与耐久性日益受到重视，地基、基础及上部结构检测的作用也越来越突出。量测技术、仪器设备、测试元件是试验与检测的重要技术保障，量测技术的科学性、准确性直接关系到试验与检测能否达到预期的目的。在土木工程试验与检测中，量测的内容一般包括以下几个方面。

1. 土木工程施工、运营及试验检测过程中作用力及内力的大小，包括荷载作用的大小，水压力、土压力、一些构件的内力、支座反力的大小。

2. 土木工程施工、运营及试验检测过程中构件截面或土体内部各种应力、压力的分布状态及其大小，如建筑结构、桥梁结构的构件某一截面上的应力大小；土石坝、路基、边坡、基坑及隧道等土体内部不同部位的土压力等。

3. 土木工程构筑物及结构的各种静态变形，如电视塔、索塔等高耸结构的水平位移；建筑物的沉降、结构构件的挠度、相对滑移、转角；土石坝、路基、边坡、基坑及其隧道等岩土工程土体变形测量等。

4. 土木工程结构局部的损坏现象，如混凝土裂缝的分布、宽度、深度等。

5. 在地震或特定的动荷载作用下，测定结构的动应力，或测定结构的自振特性、动挠度、加速度、衰减特性等。

6. 土木工程材料性能指标测试，如混凝土强度，沥青及沥青混合料的强度、稳定性、软化点等性能指标，地基土的土体参数及地基承载力测试。

7. 路基路面的相关指标测定，如路基密实度、路面弯沉、平整度测试等。

为了测定上述的各项数据，在进行试验与检测时需要使用相应的检测仪器，并要掌握量测仪器的基本性能和测量方法。

一、检测仪器的分类

测试仪器的分类方法很多，较为常用的分类方法有以下几种。

1. 按仪器的工作原理：分为机械式测试仪器、电测仪器、光学仪器、声学仪器、复合式仪器、伺服式仪器等。

2. 按仪器的用途：分为测力计、应变计、位移计、倾角仪、测振仪、测斜仪等。

3. 按结果的显示与记录方式：分为直读式、自动记录式、模拟式、数字式。

4. 按照仪器与结构的相对关系：分为附着式、接触式、手持式、遥测式等。

二、仪器的性能指标

仪器的性能指标一般包括以下几个方面。

1. 量程（测量范围）：仪器的最大测量范围叫做量程。如百分表的量程一般有 50mm 和 100mm，千分表的量程有 3mm 和 5mm。

2. 最小分度值（最小刻度）：仪器指示装置的每一最小刻度所代表的数值叫做最小刻度。百分表的最小刻度为 0.01mm，千分表的最小刻度为 0.001mm。

3. 灵敏度：被测结构的单位变化所引起仪器指示装置的变化数值叫做灵敏度，灵敏度与最小刻度互为倒数。

4. 准确度（精度）：仪器指示的数值与被测对象的真实值相符合的程度叫做准确度。

5. 误差：仪器指示的数值与真实值之差叫做仪器的误差。

三、试验与检测对仪器的要求

试验与检测对仪器的要求包括以下几个方面。

1. 仪器的量程、准确度、灵敏度要根据检测的要求合理选用，对于野外检测仪器还应要求其工作性能稳定、抗干扰能力强。

2. 仪器结构简单，使用方便，安装快捷，无论是外包装还是仪器本身结构，都应具有良好的防护装置，便于运输安装，不易损坏。

3. 仪器轻巧，自重轻、体积小，便于野外试验与检测时携带。

4. 仪器适应性强，具有多种用途。如应变仪，既可单点测量，也可多点测量；既可测应变，也可测位移。

5. 使用安全。包括仪器本身的安全，不易损坏，对操作人员不会产生人身安全。

量测仪器的某些性能之间经常是互相矛盾的，如精度高的仪器，其量程较小；灵敏度高的，其适应性较差。因此在选用仪器时，应避繁就简，根据试验的要求来选用合适的仪器，灵活运用。目前应用于结构试验中的仪器，以电测类仪器较多，机械式仪器仪表已不能满足多点量测和数据自动采集的要求，从发展的角度看，数字化和集成化量测仪器的应用日益广泛，将给量测和数据处理带来更大的方便。

四、仪器的计量标定

为了保证检测数据的准确性，在检测过程中使用的仪器设备必须对其进行计量标定。标定是统一量值确保计量器具准确的重要措施；也是实行国家监督的一种手段。通过计量标定，对仪器的性能进行评定，确定其是否合格，从而保证检测仪表的量值在规定的误差范围内与国家计量基准的量值保持一致，达到统一量值的目的。仪器的标定可以分为强制标定和非强制标定两类。强制标定的仪器仪表实行定点、定期标定，非强制标定的仪器仪表可由使用单位依法自行标定。计量标定具有以下特点。

1. 标定的目的是确保量值的准确可信，主要是评定量测仪器的计量性能，确定仪器的误差大小、准确程度、使用寿命、安全性能，确定仪器是否合格，是否可以继续正常使用，是否达到国家计量标准。

2. 标定具有法制性，标定证书在社会上具有法律效力，标定的本身是国家对量测的一种监督，标定结果具有法律地位和效力。

在试验与检测中，以下常用仪器仪表应定期进行标定。

机械类仪器的标定：如百分表、千分表、测力计、回弹仪等。

电子类仪器的标定：如超声波仪、应变仪、应变计、振弦数据采集仪、荷载传感器等。

光学类仪器的标定：如精密水准仪、激光测距仪、激光挠度仪、读数显微镜等。

第二节　应变测试仪器与技术

土木构筑物及结构在外力的作用下，内部会产生应力，而直接测定应力比较困难，目前还没有直接的测试方法，一般的方法是测定应变。目前应用最广泛的应变测试技术是电阻应变测试技术和振弦式应变测试技术，近年来光纤光栅应变测试技术也逐渐得以推广应用。

一、电阻应变测试技术

电阻应变测试技术是凭借安装在试件上的电阻应变片将力学量（如应变、位移等）转换成电阻变化，并用专门的仪器使其转换为电压、电流或功率输出，从而获得应变读数的测试技术。通常简称为电测技术或电测法。其转换过程如图 2-1 所示。

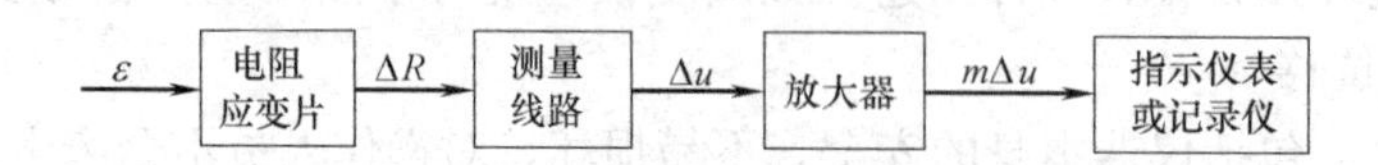

图 2-1　用电阻应变片测量应变的过程

（一）电阻应变片

1. 电阻应变片的工作原理

电阻应变片简称应变片或应变计，是电阻应变测试中，将应变转换为电阻变化的传感元件，它的工作原理是基于金属丝的电阻随其机械变形而变化的一种物理特性，如图 2-2 所示。取长度为 L，直径为 D，截面积为 A，电阻率为 ρ 的金属丝，则其电阻 R 为：

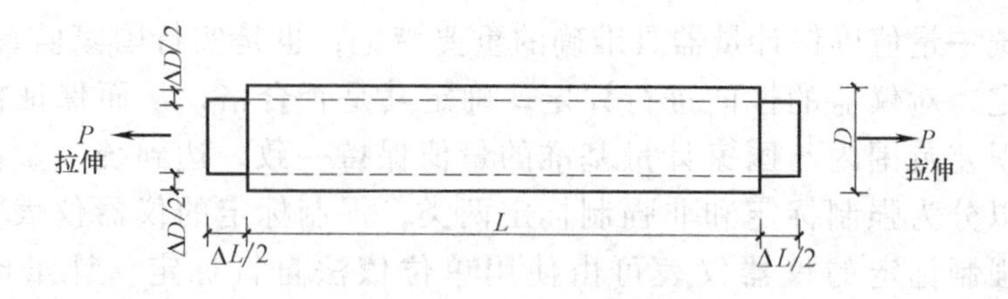

图 2-2　金属丝的应变原理

$$R=\rho\frac{L}{A} \tag{2-1}$$

当金属丝受拉而伸长 ΔL，则电阻的变化率为：

$$\frac{dR}{R}=\frac{d\rho}{\rho}+\frac{dL}{L}-\frac{dA}{A} \tag{2-2}$$

而
$$\frac{dA}{A}=\frac{\frac{\pi}{4}D^2-\frac{\pi}{4}(D-\Delta D)^2}{\frac{\pi}{4}D^2}$$

略去 ΔD^2 项，则

$$\frac{dA}{A}=2\frac{\Delta D}{D}=2\varepsilon'=-2\mu\varepsilon \tag{2-3}$$

式中 ε'——电阻丝的横向应变。

由材料力学可知，在一定范围内 $\varepsilon'=-\mu\varepsilon$，将式（2-3）代入式（2-2），得

$$\frac{dR}{R}=\frac{d\rho}{\rho}+\varepsilon+2\mu\varepsilon=\frac{d\rho}{\rho}+(1+2\mu)\varepsilon$$

令
$$K_0=\frac{d\rho}{\rho}+(1+2\mu)$$

则
$$\frac{dR}{R}=K_0\varepsilon \tag{2-4}$$

式中 μ——电阻丝材料的泊松比；

K_0——单电阻丝的灵敏系数。

K_0 与两个因数有关，一个是电阻丝材料的泊松比，由电阻丝几何尺寸改变引起，当选定材料后，泊松比为常数；另一个是由电阻丝发生单位应变引起的电阻率的改变，对大多数电阻丝而言也是一个常量。因此可以认为 K_0 是一个常数，通常式（2-4）可写为：

$$\frac{dR}{R}=K\varepsilon \tag{2-5}$$

由此可见，应变片的电阻变化率与应变值呈线性关系。K 通常由一批产品中抽样检验确定，作为该批产品的灵敏系数，一般取 $K=2.0$ 左右。

2. 电阻应变片的构造

电阻应变片的种类繁多，形式各种各样，但基本结构差异不大。图 2-3 所示是丝绕式电阻应变片的构造，由敏感栅、粘合剂、基底、覆盖层和引出线几个主要部分组成。

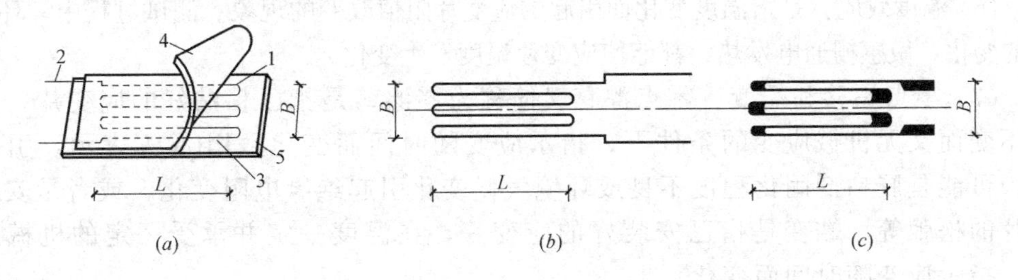

图 2-3 电阻应变片的构造

1—敏感栅；2—引出线；3—粘合剂；4—覆盖层；5—基底

(1) 敏感栅：是将应变变换成电阻变化量的敏感元件，一般由金属或半导体材料如康铜、镍铬合金制成的单丝或栅状体。敏感栅的形状和尺寸直接影响应变片的性能。栅长 L 和栅宽 B 即代表应变片的规格。

(2) 基底和覆盖层：主要起到定位和保护电阻丝的作用，同时使电阻丝与被测试件之间绝缘。纸基常用厚度 0.015～0.02mm 高强度、绝缘性能良好的纸张制作。胶基用性能稳定、绝缘度高、耐腐蚀的聚合胶制作。

(3) 粘合剂：它是一种具有一定绝缘性能的粘结材料，用于固定敏感栅在基底上或将应变片粘贴在试件上。

(4) 引出线：一般采用镀银、镀锡或镀合金的软铜线制成，在制作应变片时与电阻丝焊接在一起。引出线通过测量导线接入应变仪。

3. 电阻应变片的技术指标

(1) 几何尺寸：栅长 L（mm）是应变片电阻丝在其轴线方向的长度，栅宽 B 是应变片垂直于轴线方向的电阻丝栅外侧间的距离。

(2) 电阻值 R：是指在室温条件下不受外力作用时测得应变片的电阻值，单位为欧姆（Ω）。应变片阻值应与测量电路相适应，一般取 120Ω。

(3) 灵敏系数 K：是指应变片安装于被测试件表面，在其轴线方向的单向应力作用下，应变片的电阻相对变化与试件表面上安装应变片区的轴向应变之间的比值，即

$$K=\frac{\Delta R/R}{\Delta L/L} \tag{2-6}$$

式中 K——应变片灵敏系数；

$\Delta L/L$——试件上应变片安装区的轴向应变；

$\Delta R/R$——由 $\Delta L/L$ 所引起的应变片的电阻相对变化。

应变片包装上标出的灵敏系数是该批产品由抽样标定测得的平均值。

(4) 应变极限 ε_j：一般是指温度一定时，在特定材料上指示应变和真实应变的相对误差不超过 10%的应变数值。

(5) 最大允许电流 I_{max}：允许通过应变片而不影响其工作特性的最大电流。一般静态测量时为 25mA，动态时为 75～100mA。

(6) 温度效应：是指温度变化而引起的应变片阻值改变的现象。测试过程中，环境温度的变化，敏感栅通电发热，都能使应变片温度发生变化。

(7) 零点漂移和蠕变：零点漂移又简称为零漂，是指已粘贴好的应变片，在温度不变而又无机械应变的条件下，指示应变随时间而变化，用 $\mu\varepsilon/h$ 表示。引起的原因可能是胶粘剂固化程度不良或环境气候变化引起绝缘电阻变化，或者是安装应变片的松弛等。蠕变是指已安装好的应变片，在温度一定并承受一定的机械应变时，指示应变随时间而变化。

(8) 疲劳寿命：是指已安装好的应变片，在一定的机械应变，一定的温度下，可以连续工作而不会产生疲劳损坏的循环次数。

4. 电阻应变片的分类

应变片的种类繁多，常见的分类方法有如下几种。

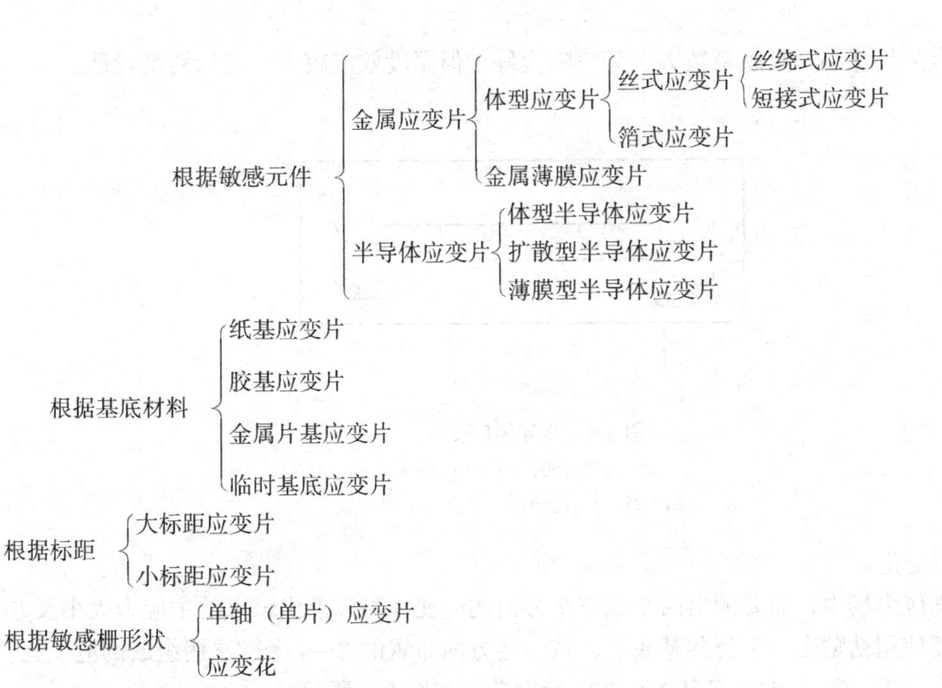

下面介绍几种常用的应变片。

(1) 丝绕式应变片

丝绕式应变片是把敏感栅丝直接绕在各种绝缘基底上制成，是较为常用的一种应变片，如图 2-4 所示。由于采用较薄的基底材料，因此粘贴性能好，能保证有效地传递变形，稳定性好。敏感栅丝的材料一般用康铜、镍铬合金和铂铱合金等。这种应变片的制造设备和技术都较为简单，价格也较低廉。

(2) 箔式应变片

箔式应变片是利用照相制版或光刻腐蚀技术，将箔材料在绝缘基底上制成所需形状的应变片。具有粘贴性能好，传递变形的性能较丝绕式应变片好，容易制成各种形状的应变片或应变花，具有良好的散热能力，允许增大工作电压，蠕变小、疲劳寿命高。但制作工艺复杂。图 2-5 是几种常见箔式应变片的构造形式。

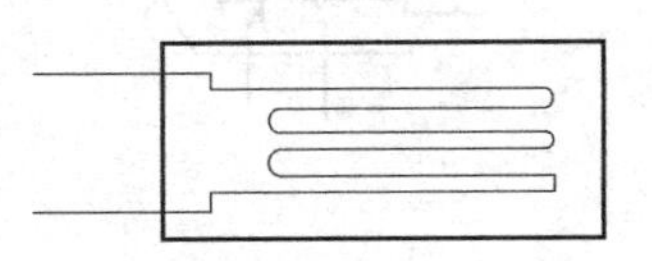

图 2-4　丝绕式应变片

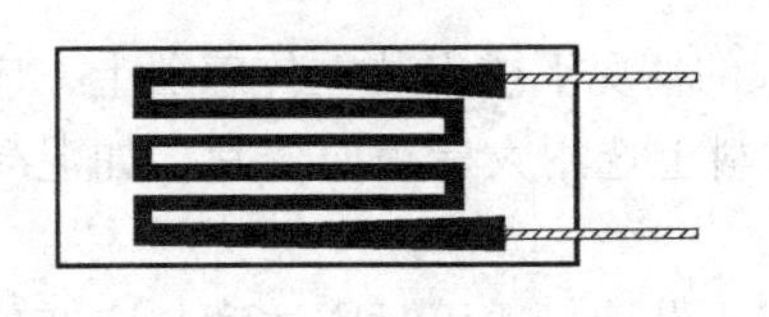

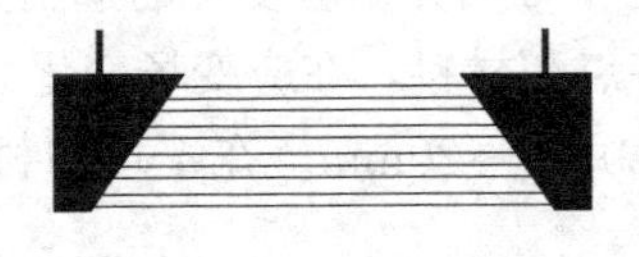

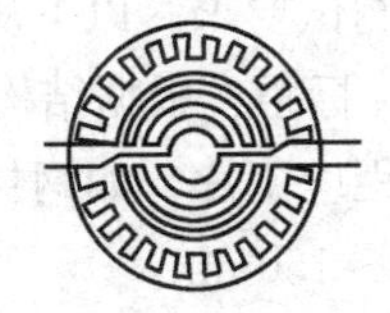

图 2-5　箔式应变片

(3) 半导体应变片

当半导体材料沿某一轴向受力产生变形时，电阻率会发生变化，这种电阻随应变变化的现象称为压阻效应。根据这个原理制造出半导体应变片，图 2-6 是其构造图。半导体应变片的特点是尺寸小、灵敏系数大、频率响应好，但温度效应较大，测量精度较低。

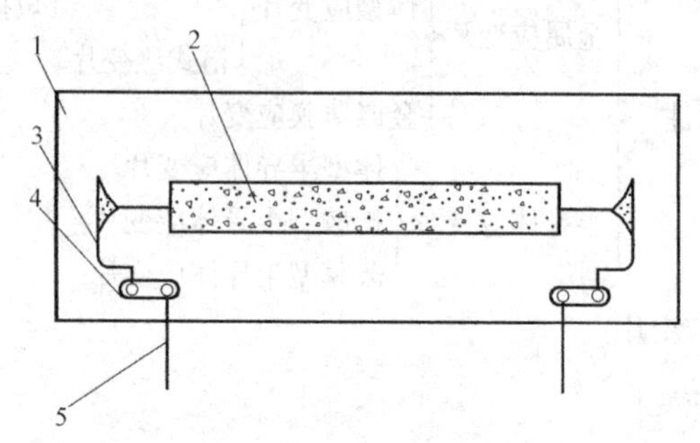

图 2-6　半导体应变片

1—胶膜衬底；2—P-SI 片；

3—内部引线；4—内部接线端子；5—外引线

(4) 应变花

在平面应力场中，需要测出两个或三个方向的应变才可以求出该点的主应力大小及方向。这就要使用粘贴在一个公共基底上、按一定方向布置的 2～4 个敏感栅组成的应变花。有互为 45°、60°、90°和 120°等基本形式的应变花，如图 2-7 所示。

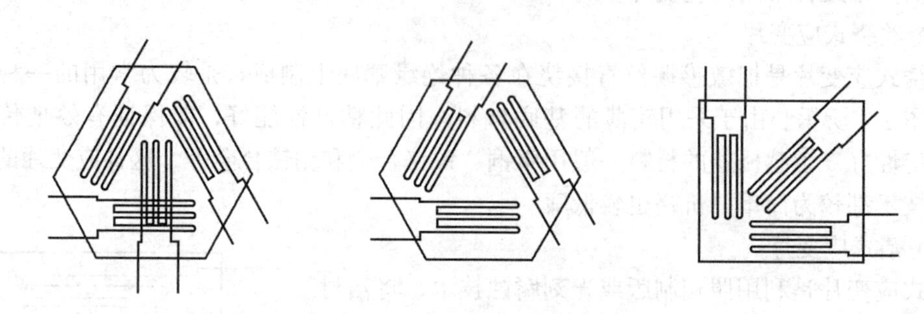

图 2-7　应变花的构造

5. 电阻应变片的选用

电阻应变片的品种规格很多，选用时应根据被测试件所处的环境条件，如温度、湿度、被测材料、结构特点、检测的性质和应变的范围等来确定并应在尽可能节省开支的同时满足测试要求。以下从七个方面介绍应变片的选用方法。

(1) 标距：根据结构特点和材料，在应变场变化大的情况下或安装在传感器上，应选用小标距应变片，如钢材常用 5～20mm。在不均匀材料上选用大标距应变片，如混凝土常用 80～150mm。

(2) 应变片电阻：目前大部分应变仪按 120Ω 应变片设计，选用时应注意与应变仪相一致，否则要按仪器的使用说明书予以修正。

(3) 灵敏系数：常用的应变片灵敏系数在 $K=2.0$ 左右，使用时必须调整应变仪的灵敏系数功能键，使之与应变片的灵敏系数一致，否则应对结果予以修正。

(4) 基底种类：较为常用的有纸基和胶基两种。常温下的一般测试可用纸基应变片。对于野外试验及长期稳定性要求高的试验，宜用胶基应变片。

(5) 敏感栅材料：康铜丝材的温度稳定性较好，适用于大应变测量。

(6) 特殊环境和要求的，选用特种应变片，如低温应变片、高温应变片、裂纹扩展片、疲劳寿命片等。

6. 电阻应变片的粘贴

电阻应变片的粘贴包括胶粘剂的选用、粘贴工艺与防护措施三方面。

测试中应变片的粘贴质量将直接影响测试结果的准确性及可靠性。胶粘剂其主要的作用是传递变形，一般采用快干胶或环氧树脂胶。501 快干胶和 502 快干胶是借助空气中微量水分的催化作用而迅速聚合固化产生粘结强度的，环氧树脂胶的主要成分是环氧树脂，有较高的剪切强度和防水性能，电绝缘性能好，但固化速度较慢。一般地，应变片的粘贴工艺可归纳如表 2-1 所示。

应变片的粘贴工艺 **表 2-1**

工作顺序	工作内容		操作方法	要求
1	检查分选	外观检查	借助放大镜肉眼检查	无气泡、霉点、锈点，外观平直
		阻值检查	用 0.1Ω 精度万用表检查	无短路、断路，同一测区应变片阻值相差不大于 0.5Ω
2	测点检查	初步定位	确定测点的大致范围	比应变片周边宽 3～5cm 的测区
		测点检查	检查测点处的表面状况	平整、无缺陷、无裂缝
		打　磨	磨光机或 1 号砂纸打磨	平整、无锈、无浮浆
		清　洗	脱脂棉蘸丙酮或无水乙醇清洗	用干脱脂棉擦时无污染
		准确定位	准确画出测点的纵横中心线	纵线应与拟测的主应变方向一致
3	粘贴	上胶	用合适的小灰刀在测点均匀涂上预先调制好的一层薄胶	应变片的定位标志应与十字中心线对准
		挤压	将应变片放在定位线上，盖上塑料薄膜，用手指沿一个方向挤压，挤出多余的胶	胶层应尽可能薄，挤压时注意保持应变片不滑移
		加压	根据粘胶特性，在应变片上稳压一段时间	应达到粘胶的初凝时间
		粘贴端子	接线端子靠近应变片引出线用贴片胶粘贴	胶达到强度后无松动、脱落
4	固化处理	自然干燥		粘胶强度达到要求
		人工固化	粘胶达到初凝时间后用红外线灯照射或电吹风吹热风	加热温度不超过 50℃，受热均匀
5	粘贴质量检查	外观检查	借助放大镜肉眼检查	位置准确、无气泡、粘贴牢固
		阻值检查	用万用表检查	无短路、断路
		绝缘检查	用欧姆表检查	绝缘电阻应达到 200MΩ 以上
6	导线连接	引出线绝缘	应变片引出线底下涂粘贴胶或贴胶布	引出线不能短路
		导线焊接	用电烙铁、焊锡把应变片引出线和测量导线焊接在接线端子	焊点应圆滑、无虚焊
		固定导线	用粘胶或胶布固定测量导线	轻微摇动导线不影响焊点
7	防潮防护	焊接完成，用万用表检查测量导线连接应变仪的一端，应略大于应变片阻值(含导线电阻)后，在应变片和接线端子涂上防潮胶		涂胶面积应大于应变片周边宽约 1cm。特殊环境还应增加防机械损伤的缓冲层

在完成应变片的粘贴后，把应变片的引线和导线焊接在接线端子上。然后应立即涂上防护层，以防止应变片受潮和机械损伤。因为应变片受潮后会影响其正常工作，而且受潮的程度不易直接测量，所以防护技术是应变测量中的重要环节，通常用应变片和结构表面的绝缘电阻值来判断。高的绝缘电阻值可保证测量的精度，但要求过高会加大工作量和增加防护工作的难度。所以一般要求静态测量绝缘电阻大于 200MΩ，对于长期检测、动态测量和精度要求高的检测，绝缘电阻应大于 500MΩ。图 2-8 给出了几种常用的防护措施。图 2-8（*a*）、(*b*）适用于一般潮湿条件，图 2-8（*c*）适用于水中或极湿条件，图 2-8（*d*）适用于水中或混凝土浇筑场所。

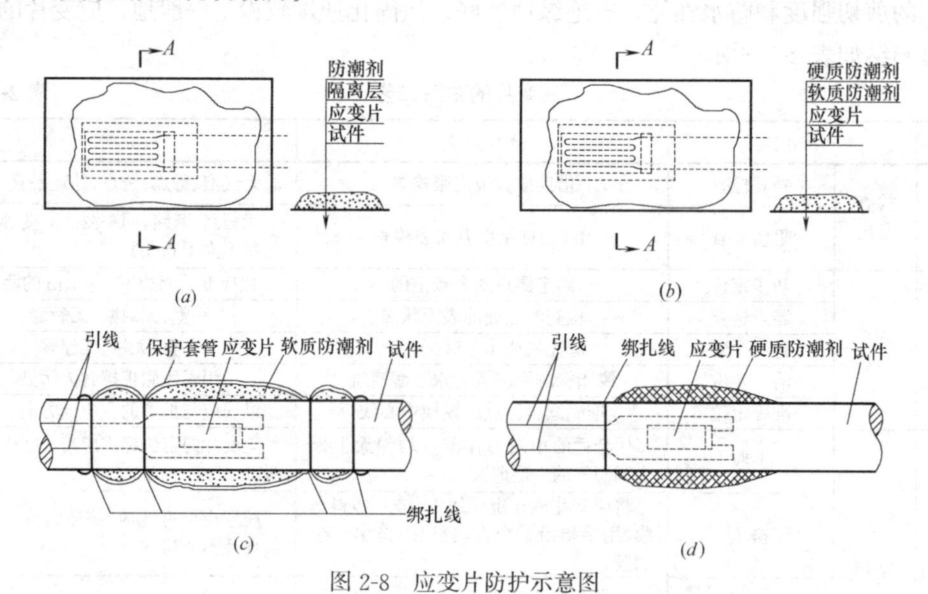

图 2-8　应变片防护示意图

（二）电阻应变仪

前面已介绍过，结构的应变是通过电阻应变片转换为电阻变化率进行测量，而结构在弹性范围内的应变是很小的。如钢材料 $E=2\times10^5$ MPa，测量时要求能分辨出 20MPa，当应变片阻值为 120Ω，$K=2.0$ 时，$\Delta R=R\times K\times\sigma/E=0.024\Omega$。由此可见，测量电阻用的仪器必须能够分辨出 120Ω 和 120.024Ω 的电阻，这是一般常用测量电阻的仪表达不到的。必须借助专门的电子仪器进行测量和鉴别，这就是电阻应变仪（简称应变仪）。

电阻应变仪根据测量应变的工作频率，可分为静态电阻应变仪、动态电阻应变仪和静动态电阻应变仪。静态电阻应变仪用于测量静态应变，要求仪器的放大器具有良好的稳定性，尽可能减少零点漂移。配备平衡箱时可进行多点应变测量。动态电阻应变仪用于测量 500Hz 以下的动态应变，除要求其稳定性好以外，还需要有高的灵敏度和足够的功率输出、较小的非线性失真、较低的噪声和一定的频宽特性，以便对测量信号的各种频率或非正弦波信号均能如实放大。动态电阻应变仪一般做成多通道，同时采集多个动态信号。

应变仪可直接用于应变量测，如配用相应的电阻应变式传感器，也可测量力、压力、扭矩、位移、振幅、速度、加速度等物理量的变化过程，是试验应力分析中常用的仪器。

电阻应变仪主要由供电电源、振荡器、测量桥路、放大器、相敏检波器、滤波器和指示记录器组成。图 2-9 是应变仪组成方框图。

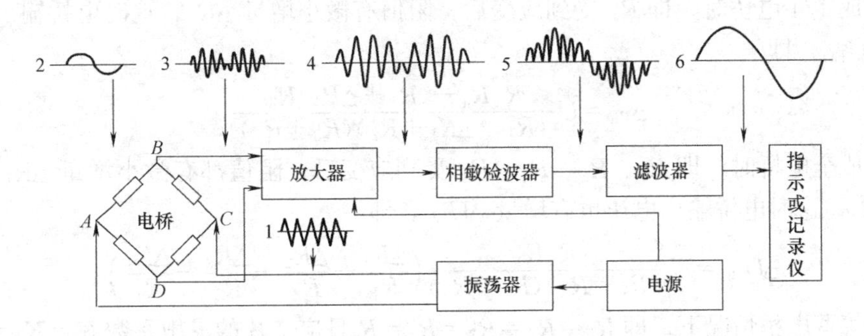

图 2-9　应变仪组成方框图

1—供桥电源波形（载波）；2—被测信号波形（调制波）；3—电桥输出波形（已调制波）；4—放大后波形；5—检波解调后波形；6—滤波后波形

1. 电桥原理

应变仪测量电路一般采用惠斯登电桥，如图 2-10 所示。A、B、C、D 四点称为电桥的顶点，R_1、R_2、R_3、R_4 称为电桥的臂，AC 之间接电源 U，BD 之间接负载 U_{BD}。由于电桥线性好，灵敏度高，测量范围宽，易于实现温度补偿，因此在电阻应变仪中得到广泛应用。电桥按供电性质可分为交流电桥和直流电桥。直流电桥的特点在于信号不受各元件和导线间分布电容及电感的影响，抗干扰能力强，必要时可用蓄电池或干电池供电，便于现场测试。为了便于讨论，以直流电桥为例作分析。若将 R_1、R_2、R_3、R_4 看成四个应变片，组成全桥接法。根据基尔霍夫定律可知 U_{BC}、U_{DC} 与 U 的关系有：

$$U_{BC}=\frac{R_2}{R_1+R_2}U \tag{2-7}$$

$$U_{DC}=-\frac{R_3}{R_3+R_4}U \tag{2-8}$$

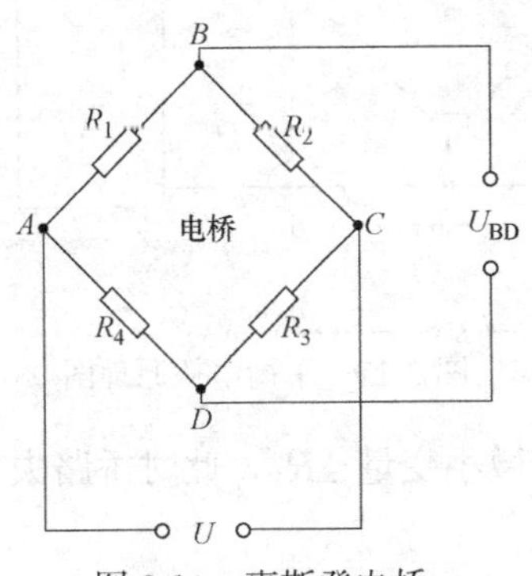

图 2-10　惠斯登电桥

BD 间输出的电压为 $U_{BD}=U_{BC}+U_{DC}$，即

$$U_{BD}=\frac{R_2}{R_1+R_2}U-\frac{R_3}{R_3+R_4}U=\frac{R_2R_4-R_1R_3}{(R_1+R_2)(R_3+R_4)}U \tag{2-9}$$

当输出电压为零时，电桥处于平衡状态，则

$$R_1R_3=R_2R_4 \tag{2-10}$$

当电桥接成 1/4 电桥时，即 R_1 受到应变后，阻值有微小增量 ΔR_1，这时电桥输出电压也有增量 ΔU_{BD}，即

$$\Delta_{BD}=U\frac{R_2R_4-(R_1+\Delta R_1)R_3}{(R_1+\Delta R_1+R_2)(R_3+R_4)} \tag{2-11}$$

当电桥接成全电桥时，即 R_1、R_2、R_3、R_4 受到应变后，阻值都有微小增量 ΔR_1、ΔR_2、ΔR_3、ΔR_4，这时电桥输出电压也有增量 ΔU_{BD}，即

$$\Delta U_{BD}=U\frac{R_2R_4}{(R_1+R_2)(R_3+R_4)}\left(\frac{\Delta R_1}{R_1}-\frac{\Delta R_2}{R_2}+\frac{\Delta R_3}{R_3}-\frac{\Delta R_4}{R_4}\right) \tag{2-12}$$

在全等臂电桥情况下，即 $R_1=R_2=R_3=R_4=R$ 且应变片的灵敏系数 $K=K_1=K_2=K_3=K_4$，并利用式（2-5）得到：

$$\Delta U_{BD}=\frac{1}{4}UK(\varepsilon_1-\varepsilon_2+\varepsilon_3-\varepsilon_4) \tag{2-13}$$

由上式可知，电桥输出电压的增量 ΔU_{BD} 与桥臂电阻变化率 $\Delta R/R$ 或应变 ε 呈正比例。输出电压与四个桥臂应变的代数和呈线性关系，相邻桥臂的应变符号相反，相对桥臂的应变符号相同。利用这一特性，可以提高测量的灵敏度和解决温度补偿问题。

2. *平衡电桥原理*

在实际测量中，应变片的阻值总是有偏差，接触电阻和导线的电阻也有差异，使电桥产生不平衡。为了满足实际测量的需求，应变仪都改用了平衡电桥。图 2-11 是平衡电桥原理图。在 R_3、R_4 之间加入滑线电阻 r，触点 D 平分 r。R_1 为工作片，R_2 为贴在非受力构件的温度补偿片，且使桥路 $R_1=R_2=R'$，$R_3=R_4=R''$。根据惠斯登电桥，桥路处于平衡时有 $R_1R_3=R_2R_4$。

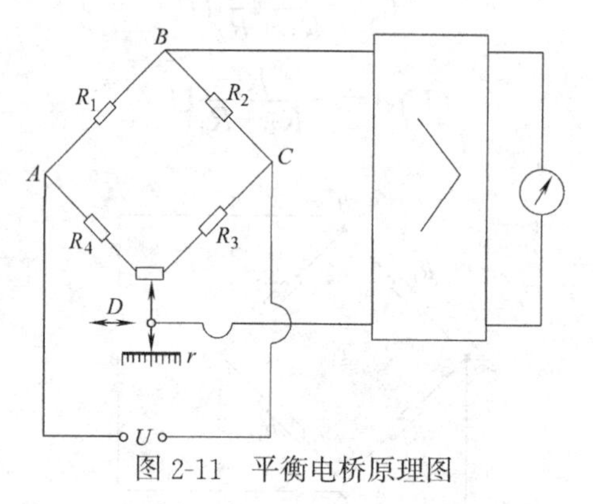

图 2-11　平衡电桥原理图

当构件受力变形后，R_1 有微小变量 ΔR_1，此时桥路失去平衡，调整触点 D 使桥路重新恢复平衡。新的平衡条件为：

$$(R_1+\Delta R_1)(R_3-\Delta r)=R_2(R_4+\Delta r) \tag{2-14}$$

$$R_1R''+\Delta R_1R''-R_1\Delta r-R_1\Delta r=R_1R''+R_1\Delta r$$

整理得：

$$\frac{\Delta R_1}{R_1}=\frac{3\times\Delta r}{R''}$$

即

$$\varepsilon=\frac{3\times\Delta r}{KR''} \tag{2-15}$$

由此可见，滑线电阻的变化量可用以度量工作电阻的应变量，此法称为零位测定法。

3. 温度补偿

用电阻应变片测量应变时，应变片除感受试件应变外，环境温度的变化同样通过应变片的感受引起应变仪示值的变化，这种变化称为温度效应。产生温度效应的原因有两个：一是电阻丝温度改变 Δt，电阻值将随之改变；二是电阻丝与试件材料的膨胀系数不相等，而两者粘合在一起，当温度改变 Δt 时，引起一个附加电阻变化 ΔR_t，总的应变效应为两者之和。根据桥路原理有

$$\Delta U_{BD}=\frac{U}{4}\frac{\Delta R_t}{R}=\frac{U}{4}K\varepsilon_t \tag{2-16}$$

式中 ε_t——称为视值应变。

温度补偿的方法是在电桥的 BC 臂上接一个与测量片 R_1 完全一样的温度补偿应变片 R_2。R_1 贴在受力构件上，既受应变作用又受温度作用，电阻变化为 $\Delta R_1+\Delta R_t$；温度补偿片 R_2 贴在与试件材料相同并放置在与测试对象完全相同的环境中，感受相同的温度变化，但不受外力的影响，则其只有纯 ΔR_t 的变化，如图 2-12 所示。由公式（2-11）得：

$$\Delta U_{BD}=\frac{U}{4}\frac{\Delta R_1+\Delta R_t-\Delta R_t}{R}=\frac{U}{4}K\varepsilon_1 \tag{2-17}$$

由此可见，测量结果仅为测试对象受力后产生的应变值，不受温度的影响，达到了温度补偿的目的。

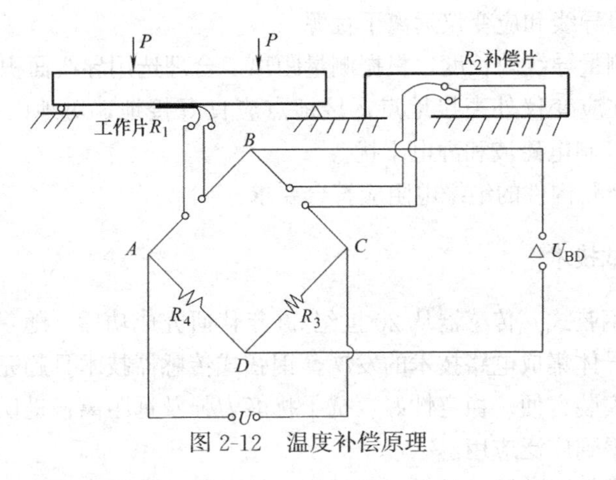

图 2-12　温度补偿原理

4. 动态电阻应变仪

动态应变测量中，应变值的变化速度比较快，一般采用直读式电桥。其构造与静态应变仪的测量桥路基本一致。不同之处主要有以下几点：

（1）动态应变仪多采用立式电桥，以提高抗干扰能力。

（2）对预调平衡要求高，由于动态应变仪的供桥电压频率较高，应变片和引线的分布电容对桥路平衡影响很大，所以测量时除对电阻调平衡外，还要调节电容平衡。进行多点测量时，各通道的平衡应大体一致，使显示尽可能指示“0”或靠近“0”位。

（3）动态应变仪未设读数桥，而是在桥路中附设了一套电标定电路，以便对被测应变进行计量。

所谓“电标定”即是在工作桥臂上并联电阻，使应变仪上产生一个已知的模拟标准应变，并把它记录下来，然后再把被测物体的应变记录下来相对比，以标准应变为准尺，从

而获得被测应变的大小。图 2-13 是动态电阻应变仪的电桥和标定线路。

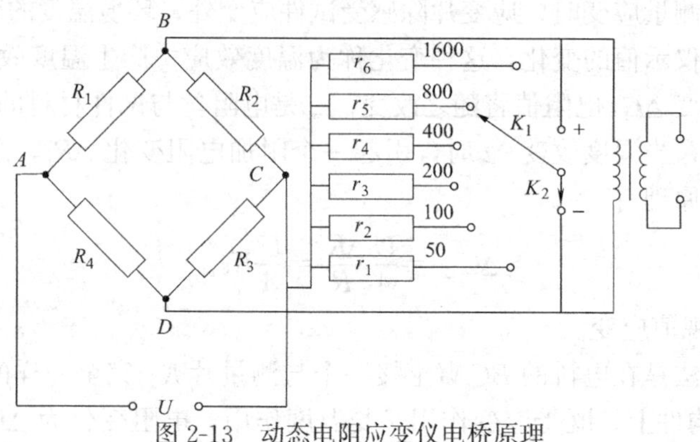

图 2-13　动态电阻应变仪电桥原理

当灵敏系数取 $K=2.0$，桥臂电阻取 120Ω 时，由图 2-13 可知，假设标定电阻 r_i 通过开关 K_1 并联在 R_2 上为正应变，并联在 R_3 上为负应变，正负应变通过开关 K_2 切换。$r_1 \sim r_6$ 采用精密金属膜电阻，则其阻值由所产生的标准应变的大小确定。

5. 应变测量防干扰措施

(1) 在半桥测量中采用三芯屏蔽导线，全桥测量采用四芯屏蔽导线。

(2) 尽量使测量导线和应变仪远离干扰源。

(3) 尽量缩短测量导线的长度，根据测量距离，合理选用导线面积。

(4) 屏蔽网接在应变仪外壳接地点，接地点应良好接地，对地的绝缘电阻应尽可能小，这样可以有效抑制电磁波和静电干扰。

(5) 应变片与被测构件的绝缘电阻应符合要求。

二、振弦式应变测试技术

振弦式（又称钢弦式）传感器从 20 世纪 30 年代研究成功后，随着电子技术、测量技术、计算技术和半导体集成电路技术的发展，钢弦式传感器技术日趋完善。钢弦式传感器有结构简单、制作安装方便、稳定性好、抗干扰能力强及远距离输送误差小等优点，在桥梁、结构的检测中得到广泛应用。

振弦式应变测试技术的原理是：一定长度的钢弦张拉在两个端块之间，端块牢固安装

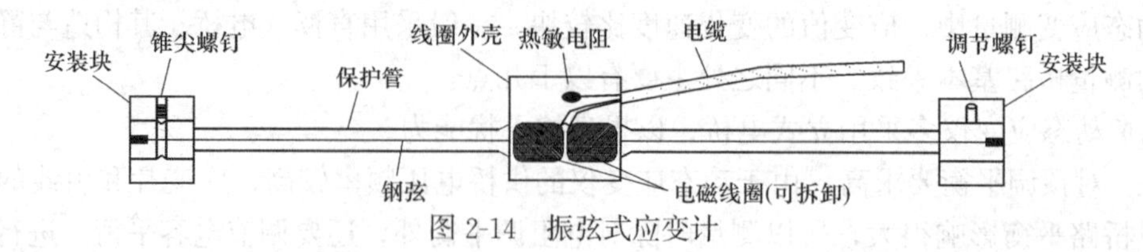

图 2-14　振弦式应变计

于待测构件上，构件的变形使得两端块相对移动并导致钢弦张力变化，张力的变化又使钢弦的谐振频率发生变化，通过测量钢弦谐振频率的变化从而测出待测构件的应变和变形，钢弦谐振频率的测量是由靠近钢弦的电磁线圈来完成。当电流脉冲到来时，磁铁的磁性增强，钢弦被磁铁吸住，当电流脉冲过去后，磁铁的磁性又大大减弱，钢弦立即脱离磁铁而产生自由振动，并使永久磁铁和弦上的软铁块间的磁路间隙发生变化，从而造成了变磁阻

的条件，在兼作拾振器的线圈中将产生与弦的振动同频率的交变电势输出，这样通过测量感应电势的频率即可检测振弦张力的大小，如图 2-14 所示。

（一）振弦式应变计的工作原理

牢固安装于结构待测部位的振弦应变计随同结构待测部位一起变形，变形使振弦的张力改变，因此也改变它的自振频率。振弦频率（周期）与变形（应变）之间的理论关系可表述如下。

振弦的固有频率与张力、长度和质量相关，计算公式为：

$$\omega_n=\frac{1}{2L_W}\sqrt{\frac{F}{m}} \tag{2-18}$$

式中 ω_n——钢弦的固有频率；

L_W——钢弦的长度；

F——钢弦的张力；

m——每单位长度钢弦的质量。

同时，振弦的张力与弦的应变有关，可表述为：

$$F=\varepsilon_W E_a \tag{2-19}$$

式中 ε_W——钢弦的应变；

E_a——钢弦的弹性模量。

当振弦式应变计牢固安装在构件待测部位时，其变形与构件待测部位的变形一致，有

$$\varepsilon_W L_W=\varepsilon L_g \tag{2-20}$$

式中 ε——待测应变；

L_g——振弦应变计的长度。

对于振弦应变计，L_W、m、E_a、L_g等参量均为一固定的常数，将式（2-18）、式（2-19）代入式（2-20），经过简单的整理，可得

$$\varepsilon=\frac{4m(L_W)^3}{E_a L_g}\omega_n{}^2=K\omega_n{}^2 \tag{2-21}$$

式中 K——与振弦应变计相关的常数，$K=\frac{4m(L_W)^3}{E_a L_g}$。

由式（2-21）可知，待测应变与振弦自振频率的平方成正比，测出安装在构件待测部位振弦的自振频率，便可计算出构件待测部位应变。

（二）振弦式应变计的技术指标

1. 标距 L_g：振弦应变计的长度，即两个安装块之间的距离，一般为 100～150mm。

2. 量程：指振弦应变计能够测量的最大应变范围，一般约为 3000$\mu\varepsilon$。

3. 率定系数 K：指将振弦应变计的谐振频率（周期）换算为应变的常数。

4. 分辨率：指振弦应变计能分辨出的最小应变，一般可达到 0.1$\mu\varepsilon$。

5. 适用温度范围：－20℃～＋80℃。

（三）振弦式应变计的安装

1. 埋入式振弦应变计的安装

埋入式振弦应变计一般用于测量混凝土结构内部的应变，其安装方法比较简单，在混凝土浇筑前将振弦应变计埋入待测部位，固定好即可。

2. 表面式振弦应变计的安装

表面式振弦应变计一般用于测量结构表面的应变，根据测试用途不同，其安装方法也有所不同。对于短期测试，则可用环氧树脂直接粘合到待测部位表面；对于长期测试，则需要采取可靠的安装措施将振弦应变计固定到待测部位的表面。

在混凝土表面安装长期测量应变计时，宜采用膨胀螺栓或锚杆将振弦应变计的安装块（安装座）固定在待测混凝土表面。采用锚杆安装的方法一般为：在待测混凝土表面钻出两个直径约为13mm，深约60mm的孔，孔位与待安装应变计的尺寸一致，在定位钻孔后，将锚杆与安装块焊接，并将锚杆用速凝砂浆或高强环氧树脂灌进钻好的孔中，如图2-15所示。

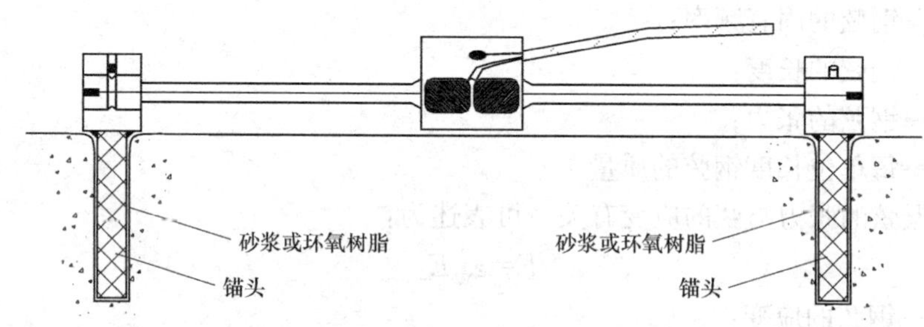

图 2-15　用灌浆锚杆在混凝土表面上的安装

在钢结构表面安装长期测量应变计时，宜要将振弦应变计牢固固定到待测钢结构的表面，须将安装块焊接到钢结构表面上。钢表面应用钢丝刷清理，以除去氧化层和油污，焊接时要避免过热，焊接之后，用一块抹布蘸水来冷却安装块，用尖锤和钢丝刷清除所有的焊渣。

（四）振弦式应变计使用中的温度影响

钢弦的温度膨胀系数与钢和混凝土基本一致，当钢弦和钢、混凝土处于相同温度场时，测量应变无需温度校正，但在钢弦应变计和被测构件处于不同的温度变化条件时，钢弦应变计的示值变化包括了应变计本身的温度变化和被测构件温度效应，导致应变测试误差较大，因此应变测量尽量安排在温度较为稳定的时间。

三、光纤光栅应变测试技术

光纤Bragg光栅是最早发展出来的一种光纤光栅，也是目前应用和研究最为广泛的光纤光栅。光纤Bragg光栅的折射率呈固定的周期性分布，即光栅周期与折射率调制深度均为常数，光栅波矢方向与光纤轴线方向一致。

1989年美国布朗大学门德斯（Mendez）等人首先提出了光纤传感器用于钢筋混凝土结构的检测，并给出了试验结果，之后，美国、加拿大、英国、德国、日本、瑞士等发达国家，纷纷将光纤传感技术应用在桥梁、大坝等大型基础设施的安全监测中，取得了很大的进展。国内外近十年的科学研究和工程实践表明，光纤光栅传感技术是继电阻应变测试技术之后传感技术发展的新阶段，它满足了现代结构监测的高精度、远距离、分布式和长期性的技术要求，为解决上述关键问题提供了良好的技术手段。光纤光栅不仅具有光纤的小巧、柔软、抗电磁干扰能力强、集传感与传输于一体、易于制作和埋入结构内部的优点，而且光栅的波长分离能力强、传感精度和灵敏度极高、能进行外界参量的绝对测量，其体积和力学强度小，在粘贴或嵌入到主体中不会对其性能和结构造成影响。特别是它可实现分布式传感，即在一根光纤上根据应用要求刻写多个不同 Bragg 波长的光栅，在光纤一端实现所有光栅信号的检测；同时能进一步集合成分布传感网络系统，可广泛应用于对桥梁结构的应力、应变、温度等参数以及内部裂缝、变形等结构参数的实时在线、分布式检测，能够测量工程结构的外部荷载以及结构本身对荷载的响应。

（一）光纤 Bragg 光栅的传感原理

光纤 Bragg 光栅的制作一般采用普通通信单模光纤，利用含锗光纤在波长 240nm 附近有一因锗相关缺陷而形成的吸收峰，当光纤受这一波长附近的紫外光照射后，会引起光纤折射率的永久性变化，在光敏光纤中形成光栅，Bragg 光栅的基本构造如图 2-16 所示。

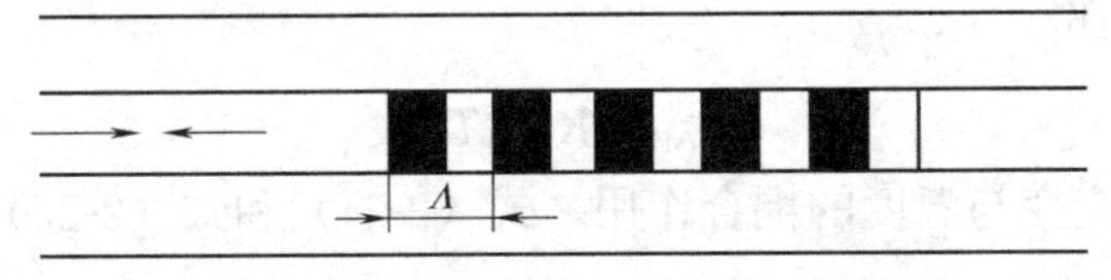

图 2-16　Bragg 光栅基本构造示意图

光纤 Bragg 光栅传感技术是通过对光纤内部写入的光栅反射或透射 Bragg 波长的检测，实现对被测结构的应变和温度量值的绝对测量，Bragg 波长的变化反映了外界参量的变化。而光纤光栅的反射或透射波长光谱主要取决于光栅周期 Λ 和反向耦合模的有效折射率 n，任何使这两个参量发生改变的物理过程都将引起光栅 Bragg 波长的漂移。光纤 Bragg 中心波长可表达为：

$$\lambda=2n\Lambda \tag{2-22}$$

式中 λ——光纤光栅的中心波长；

n——纤芯的有效折射率；

Λ——光栅周期。

在所有引起光栅 Bragg 波长漂移的外界因素中，最为直接的是应变参量。因为无论是对光栅进行拉伸还是压缩，都势必导致光栅周期 Λ 的变化，并且光纤本身所具有的弹光效应使得有效折射率 n 也随外界应力状态的变化而变化，这为采用光纤 Bragg 光栅制成光纤应变传感器提供了最基本的物理特性。同样，温度变化也会引起光栅 Bragg 波长的漂移。在轴向应力和温度变化单独作用下，可以分别得到轴向应力和温度变化引起的波长漂移公式。

应力应变引起光栅 Bragg 波长漂移可以用下式给予描述：

$$\frac{\Delta\lambda_B}{\lambda_B}=\left\{1-\frac{n^2}{2}[p_{12}-\nu(p_{11}+p_{12})]\right\}\varepsilon \tag{2-23}$$

式中 λ_B——应变引起的波长漂移；

p_{11}、p_{12}——光弹常数；

ν——泊松比；

ε——外加轴向应变；

λ_B——光纤光栅不受应变作用下的中心波长。

令 $K_\varepsilon=1-\frac{n^2}{2}[p_{12}-\nu(p_{11}+p_{12})]$，得：

$$\Delta\lambda_B = K_\varepsilon \varepsilon \lambda_B \quad (2\text{-}24)$$

温度变化引起光栅 Bragg 波长漂移由下式给出：

$$\frac{\Delta\lambda_B}{\lambda_B} = \left(\alpha + \frac{1}{n}\xi\right)\Delta T \quad (2\text{-}25)$$

式中 $\Delta\lambda_B$——温度变化引起的波长漂移；

α——热膨胀系数；

ξ——热光常数；

λ_B——光纤光栅在某一温度下的中心波长；

ΔT——温度变化量。

令 $K_T = \alpha + \frac{1}{n}\xi$，得：

$$\Delta\lambda_B = K_T \Delta T \lambda_B \quad (2\text{-}26)$$

不考虑光纤光栅应变与温度的耦合作用，式（2-24）和式（2-25）合为：

$$\frac{\Delta\lambda_B}{\lambda_B} = K_\varepsilon \varepsilon + K_T \Delta T \quad (2\text{-}27)$$

式中 K_ε——光纤光栅应变传感器灵敏度系数；

K_T——光纤光栅温度传感器灵敏度系数。

由上式可知，基于此原理的光纤光栅传感器是以波长为最小计量单位的，而目前对光纤 Bragg 光栅波长移动的量测达到了皮米级（10^{-3} 纳米）的高分辨率，因而其具有测量灵敏度高的特点。由于拉、压应力都能对其产生 Bragg 波长的变化，因此该传感器在结构检测中具有优异的变形匹配特性，其动态范围大（可达 $10000\mu\varepsilon$）和线性度好。另一方面，在结构应变测量中，为了克服温度对测量的影响，在测量系统中可采用相同温度环境下的光纤光栅进行温度补偿。

（二）Bragg 光栅传感系统的基本结构

Bragg 光栅传感系统由光源、光纤光栅传感器和光谱分析仪三个基本部分组成，如图 2-17 所示。光源将光入射到传输光纤中，一段包括 Bragg 波长的狭窄光谱被光栅反射回波长光谱分析仪，在没有被反射的透射光谱中就缺少了这段光谱，如图 2-17 所示，应变和温度引起的 Bragg 波长漂移就可以通过反射光和透射光的光谱获得。

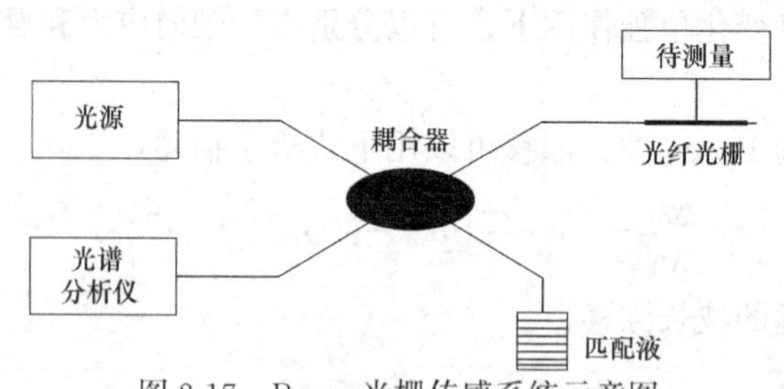

图 2-17 Bragg 光栅传感系统示意图

四、应变测试技术的比较

电阻应变测试技术、振弦式应变测试技术和光纤光栅应变测试技术是目前土木工程施工、运营与试验检测中应用最多的测试技术，每种测试技术都有各自的优点及缺点，如表

2-2所示，在具体的试验与检测活动中，可根据试验与检测的实际情况、各种测试技术的优缺点，从中选用比较理想的测试技术。

应变测试技术的比较 **表2-2**

测试技术	优点	缺点
电阻应变	①灵敏度高，测量结果比较可靠，常用的应变仪和应变片可测得 1×10^{-6} 应变；②实施简便，易于实现全自动化数据采集、多点同步测量、远距离测量和遥控测试；③应变片标距小、粘贴方便，可以测量其他仪表无法安装部位的应变，也可制成大标距测量混凝土结构的应变；④适用范围广，可在高温、低温、高压、高速等特殊条件下量测，可用于结构各部位的静、动态和瞬态应变量测，可测频带宽；⑤使用广泛，可制成不同形式的传感器，用于各种物理、力学参数的量测	贴片工作量大，使用的导线多，抗干扰性能稍差，易受温度和电磁场等的影响，电阻应变片不能重复使用等
振弦式应变	①分辨率高，测量结果精确、可靠；②不易受温度和电磁场等的影响，特别是野外测量时抗干扰性能好；③易于实现测试过程中的全自动化数据采集、多点同步测量、远距离测量和遥控测试；④现场操作方便，测试方法简单	①应变计标距较大，不能用于测量变化梯度较大的应变，也不能用于测量较小尺寸构件的应变；②响应速度较慢，不能用于动态和瞬态应变量测；③量程范围较小，不能用于大应变测量
光纤光栅应变	①耐久性好，对环境干扰不敏感，适于长期监测；②既可以实现点测量，也可以实现准分布式测量；③单根光纤单端检测，可减少光纤的根数和信号解调器的个数；④信号数据可多路传输，便于与计算机测读；⑤输出线性范围宽，频带宽，灵敏度高，波长移动与应变有良好的线性关系	①制造及使用成本较高，技术较复杂，可靠性较低；②测点布置及联网工作要求较高，使用不太方便

第三节 变形测试仪器与技术

构筑物及结构在外力的作用下会产生变形，构筑物及结构的各种静态变形，包括水平位移、竖向挠度、相对滑移、转角等是土木工程试验与检测中需要量测的重要内容。土木工程中变形测试常用的仪器有机械式测试仪器、电测仪器和光学仪器，随着试验与检测及监测研究工作的发展，出现了许多用于土木工程构筑物及结构变形测量的方法与技术。

一、机械式测试仪器

由于机测仪表具有安装便捷、读数、经久耐用、可重复使用等优点，所以在许多检测试验中还经常使用。机测仪表就是通过机械传动系统和指示机构来测定结构各种变形（包括挠度、相对位移、转角、倾角等）的大小。

机测仪表的特点是准确度高，对环境的适应能力强，安装和使用方便，工作可靠，其性能在许多方面能满足土木工程结构试验与检测的要求。其主要缺点是灵敏度不高，放大能力有限，需要安装仪表的支架，一般适用于静态测量，往往需要人工测读，数据不便于自动记录和远程自动监测。

机械仪表的主要零件有杠杆、齿轮、轴、弹簧、指针和度盘等。可分为传感机构、转换机构、指示机构、机体及保护四部分组成。

（一）百分表和千分表

百分表和千分表是结构位移量测中最为常用的仪器之一。使用与其配套的附属装置后可以量测挠度、相对位移、转角、倾角等。

1. 百（千）分表的构造

最小刻度值为 0.01mm 的叫百分表，通常的量程有 5mm 和 10mm，也有大量程的 30～50mm，允许误差 0.01mm。最小刻度值为 0.001mm 的叫千分表，通常的量程有 1mm 和 3mm，允许误差 0.001mm。千分表和百分表的结构相似，只增加了一对放大齿轮，灵敏度提高了 10 倍。

百分表是利用齿条-齿轮传动机构将线位移转变为角位移，并通过齿轮传动比进行放大的精密量具。图 2-18 是百分表的构造图。齿轮 6、7、8 将感受到的变形加以放大或变换方向，扇形齿轮和螺旋弹簧 5 的作用是使齿轮 6、7、8 相互之间只有单面接触，以消除齿隙间的无效行程。测杆 4 穿过百分表机体，其功能是感受试件的变形，当测杆上下运动时带动齿轮转动，再通过齿轮传递到长短针，使指针沿刻度盘旋转，指针移动的距离就可以在刻度盘上读出，该数值表示出测杆相对于百分表机体的位移。机体上的轴颈可供安装百分表使用，有些百分表的外壳背面设有耳环，以便于安装。

2. 磁性表座的构造与安装

磁性表座是百分表、千分表安装的配套的附属装置，也叫万能表架，用以夹持百分表或千分表，可吸附在光滑的导磁平面或圆柱面上。图 2-19 是磁性表座的构造图。一般磁性表座在被吸附平面垂直方向上的拉力不低于 588N，剩磁拉力小于 3N，微调机构的微调量为 0～3mm，夹孔为 Φ8mm。

磁性表座使用时，表座安装在临时搭设的支架上，支架应具有足够的刚度，避免支架本身的变形，并且与被测构件分离。磁性表座的安装可按以下步骤进行：

(1) 将百分表轴颈插于表架横杆上的颈箍 5 相应孔中，并旋紧螺栓 6；

(2) 接通磁路：顺时针旋转磁体开关 1 至限位处，磁性表座即与被吸附面吸牢；

(3) 调节：旋松螺栓 8 或螺栓 9，并移动连接杆 2 或 3，可将表调节到需要的位置；

(4) 微调：旋转微调螺栓 4 即能达到微调；

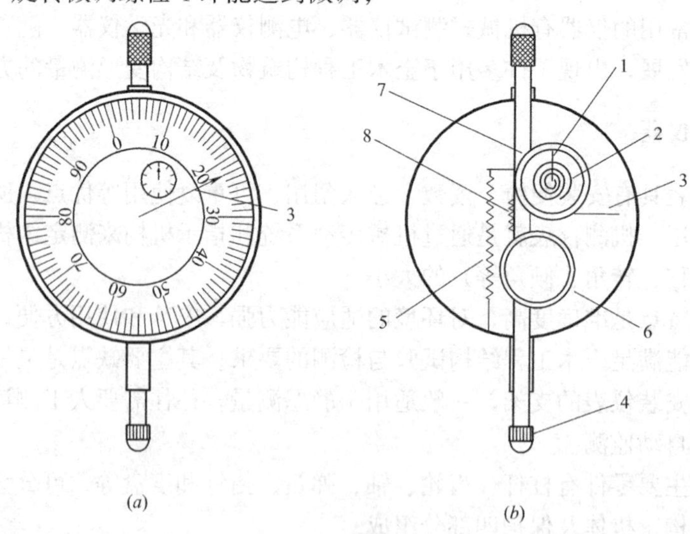

图 2-18 百分表的构造图

—短针齿轮；2—齿轮弹簧；3—长针；4—测杆；5—测杆弹簧；6、7、8—齿轮

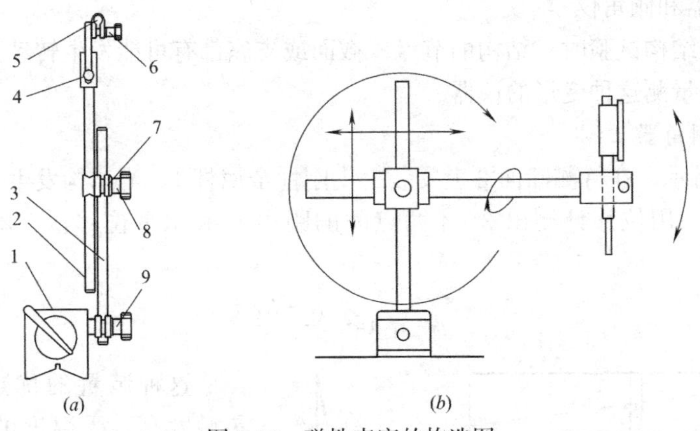

图 2-19 磁性表座的构造图

1—磁体开关；2、3—连接杆；4—微调螺栓；
5—颈箍；6、8、9—紧固螺栓；7—连接件

(5) 切断磁路：逆时针旋转磁体开关 1 至限位处，磁性表座即可由吸附面上取下。

磁性表座应经常保持清洁，移动时小心轻放，不使用时切断磁路，不要任意拆卸零件，长期不使用时应涂上油防锈，存放在干燥的地方。

3. 使用注意事项

(1) 使用百分表或千分表时，只能拿取外壳，不得随意用力推拉测杆，避免大力撞击，以免造成齿轮系统损伤而影响精度。

(2) 磁性表座上的各个螺栓要拧紧，颈箍夹住百分表轴颈时，不可夹得太紧，否则会影响测杆的正常移动。

(3) 安装时，应将测杆顶住测点，使测杆与测面保持垂直。注意位移的大小和方向，调节测杆，使百分表的初读数在适当的范围，防止当变形达到最大值时量程不够。

(4) 安装好百分表或千分表后，可用笔头轻轻敲击刻度盘玻璃，观察指针摆动情况。如果长指针轻微振动或在某一固定值小范围内摆动，说明仪表安装正常。

(5) 百分表或千分表用于测挠度与变位时，应注意位移的相对性，测杆移动的方向与量测的位移方向完全一致。测点表面要进行磨平和硬化处理，以减少误差。

(6) 百分表或千分表经过一段时间的使用或拆洗上油后，必须对其进行重新标定。

(二) 张线式位移计

张线式位移计常用于测量较大位移。它是通过一根钢丝使仪器与结构测点相连，利用钢丝传递位移。张线式位移计可分为简易挠度计（利用杠杆放大的挠度计）、静载挠度计（利用摩擦轮放大的挠度计）和齿轮传动的挠度计。图 2-20 为简易挠度计原理图。张线式位移计使用时应注意两个问题，一是质量块不宜太轻，否则钢丝会在风力作用下产生较大的摆动，直接影响测量结果的准确性；二是钢丝宜采用低松弛材料，以减小测量过程中钢丝自身变形对测量结果的影响。

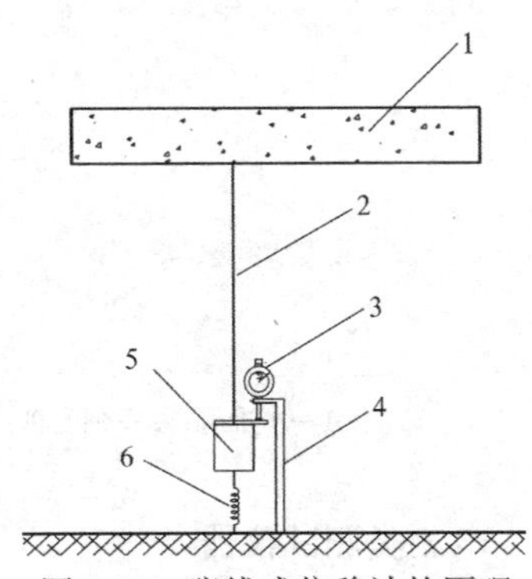

图 2-20 张线式位移计的原理

1—被测构件；2—钢丝；3—千分表；
4—表架；5—质量块；6—弹簧

（三）测角器和倾角仪

在土木工程结构试验时，结构的节点、截面或支座都有可能发生转动。测角器、倾角仪就是专门用来量测这种变形的仪器。

1. 杠杆式测角器

如图 2-21 所示，在待测断面 2 上安装一支刚性金属杆 1，当结构发生变形引起金属杆转动一个角度 α，用位移计测出 3、4 两点间的距离 L 和水平位移 δ_3、δ_4，即可算出转角 α 为：

$$\alpha=\arctan\frac{\delta_4-\delta_3}{L} \tag{2-28}$$

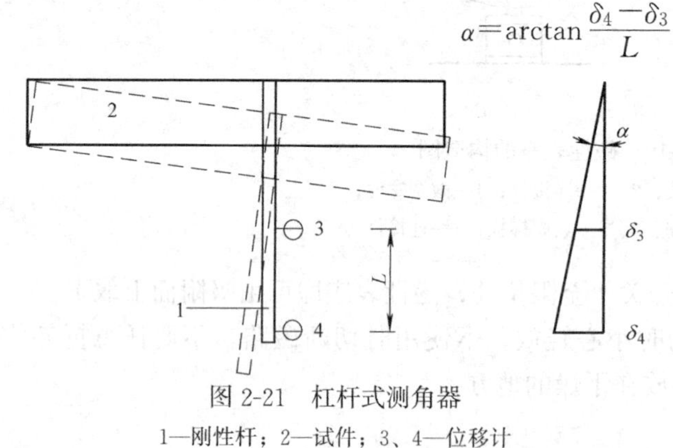

图 2-21 杠杆式测角器

1—刚性杆；2—试件；3、4—位移计

这种装置的优点是构造简单，灵敏度高，受温度的影响小，但是保证位移计固定不动是比较困难的，因此使用受到限制。

2. 水准管式倾角仪

水准管式倾角仪是利用零位法测定结构节点、截面或支座倾角，其构造如图 2-22 所示。高灵敏度的水准管被安放在弹簧片上，一端铰接在基座，另一端被弹簧片顶升，同时被测微计的微调螺丝压住。使用时，将倾角仪的夹具装在测点上，利用微调螺丝调平，使水准泡居中，读取度盘读数 δ_1。结构受力变形后水准泡偏移，再使水准泡重新居中，读取度盘读数 δ_2，即可计算出转角 α。这种倾角仪的精度可达 1～2″，量程可达 3°，使用较为简便，但受温度的影响较大，使用时应防止水准管受阳光直接曝晒，以免水准管爆裂。

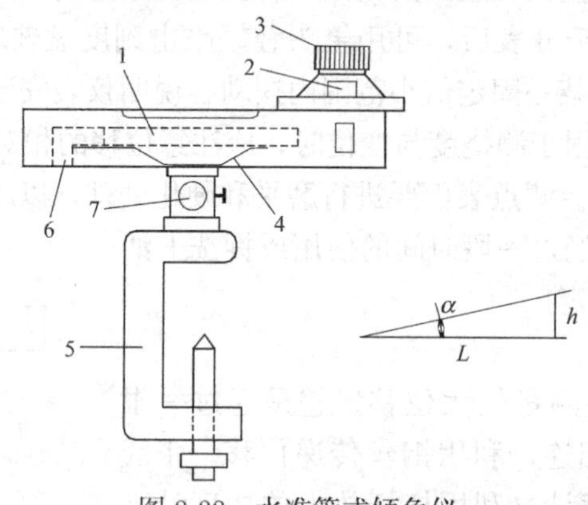

图 2-22 水准管式倾角仪

1—水准管；2—刻度盘；3—微调螺丝；4—弹簧片；5—夹具；6—基座；7—活动铰

二、电测类测试仪器

结构在荷载作用下的静位移如挠度、侧移、转角、支座偏移等，也可以转化为电量信号进行量测。一般常用的有电阻式位移传感器、应变式位移传感器和差动变压器式位移传感器，近年来连通液位式挠度仪（沉降仪）的试验与检测中应用也越来越多。

1. 电阻式位移传感器

电阻式位移传感器是一种位移测量计，它只能检测试件的位移，而本身不能显示其数值，必须依靠二次仪器进行显示或指示。以常用的滑线电阻式位移传感器为例，它由测杆、滑线电阻和触头等组成，图 2-23 是其原理图。滑线电阻固定在表盘内，触点将电阻分成 R_1 和 R_2。工作时将电阻 R_1 和 R_2 分别接入电桥桥臂，预调平衡后输出等于零。当滑杆向下移动一个位移 δ 时，R_1 增大 ΔR_1，R_2 减少 ΔR_1。由相邻两臂电阻增量相减的输出特性得知：

$$U_{BD}=\frac{U}{4}\frac{\Delta R_1-(-\Delta R_1)}{R}=\frac{U}{4}\frac{\Delta R}{R}\cdot 2=\frac{U}{2}K\varepsilon \tag{2-29}$$

采用这样的半桥接线，其输出量与电阻增量成正比，即与位移成正比。一般量程可达 10～100mm 以上。

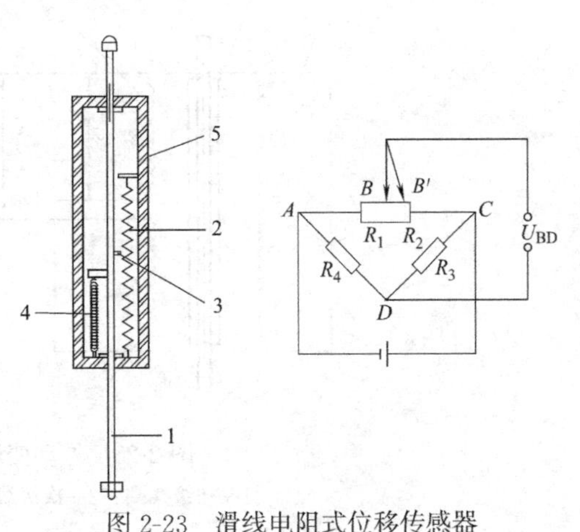

图 2-23　滑线电阻式位移传感器

1—测杆；2—滑丝电阻；3—触头；4—弹簧；5—壳体

2. 应变梁式位移传感器

应变梁式位移传感器主要由测杆、悬臂梁、应变片和弹簧组成，如图 2-24 所示。悬臂弹簧片是由一块弹性好、强度高的金属制成，固定在仪器外壳上。在簧片固定端粘贴 4 片应变片组成全桥或半桥测量线路，簧片的另一端装有拉簧，拉簧与指针固结。当测杆移动时，传力弹簧使簧片产生挠曲，即簧片固定端产生应变，通过电阻应变仪即可测得应变与位移的关系。

这种传感器的量程有 30～150mm，读数分辨率可达 0.01mm，但测量精度和稳定性受应变片粘贴质量的影响。

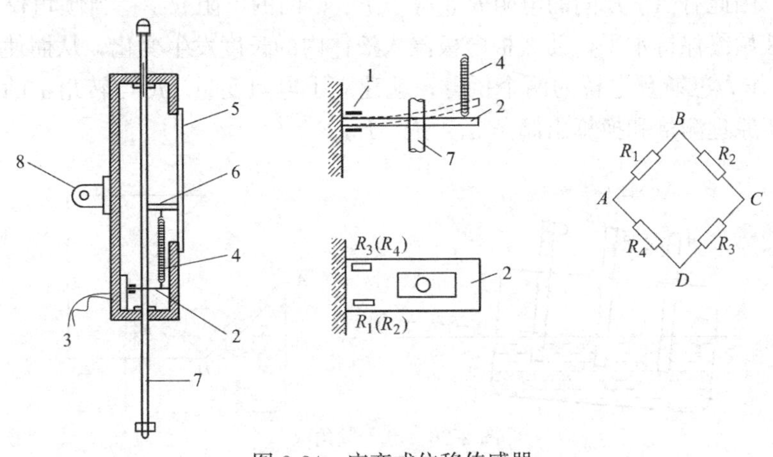

图 2-24　应变式位移传感器

1—应变片；2—悬臂梁；3—引线；4—弹簧；5—标尺；6—指针；7—测杆；8—固定环

3. 差动变压器式位移传感器

由图 2-25 可以看出，差动变压器式位移传感器由一个初级线圈和两个次级线圈分内外两层同绕在一个圆筒上，圆筒内放一个能自由地上下移动的铁芯。对初级线圈加入激磁电压时，通过互感作用使次级线圈产生感应电势。当铁芯居中，感应电势 $e_{s1}-e_{s2}=0$，此时无输出信号。当铁芯向上移动 δ，这时 $e_{s1}\neq e_{s2}$，输出为 $\Delta E=e_{s1}-e_{s2}$。铁芯向上移动的位移越大，ΔE 也越大。反之，当铁芯向上移动时，e_{s1} 减小而 e_{s2} 增大，$e_{s1}-e_{s2}=-\Delta E$。由于电势的输出量与位移成正比，可以通过率定来事先确定电势输出量与位移的标定曲线，从而测量位移。这种传感器的量程可达 500mm。

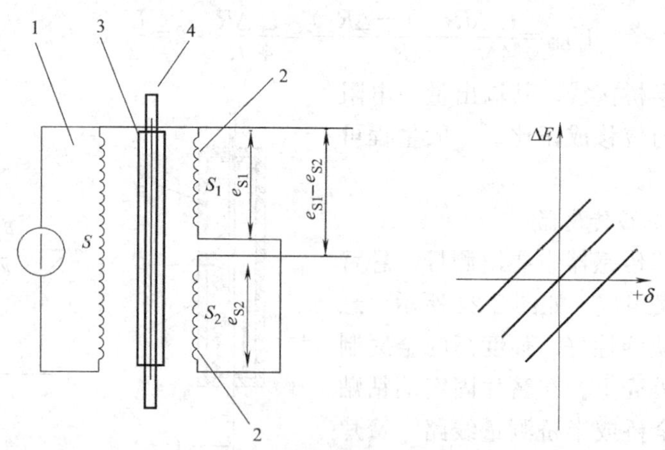

图 2-25　差动变压器式位移传感器

1—初级线圈；2—次级线圈；3—圆形筒；4—铁芯

4. 电子倾角仪

电子倾角仪实际上是传感器的一种，其构造原理如图 2-26 所示。密封的玻璃器皿里盛有高稳定性的导电液体，3 根电极 A、B、C 由器皿上平面等距离垂直插入到液体底部并加以固定。当传感器处于水平状态时，导电液体的液面保持水平，3 根电极浸入液体内的长度相等，因此有 A、B 间的电阻 R_{AB} 等于 B、C 间的电阻 R_{BC}。当倾角仪发生微小转动时，导电液始终保持水平，使 3 根电极浸入液体内的长度发生变化，从而使 $R_{AB}\neq R_{BC}$。将 R_{AB}、R_{BC} 作为惠斯登电桥的两个桥臂，就建立了电阻变量 ΔR 与转角 α 的关系，这样就可以用电测原理测量和换算出倾角 α，$\Delta R=K\alpha$。

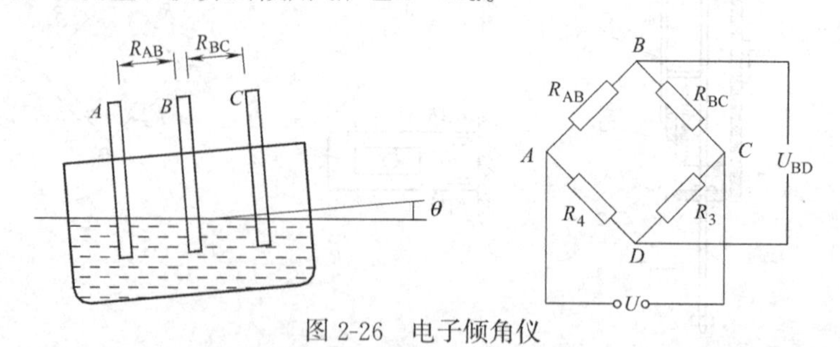

图 2-26　电子倾角仪

此外，结构转动变形量测也可以采用测量学方法，当转动量较大时，只要准确测出两点之间的距离和相对变形，就可以计算出转角。

5. 连通管测量法

连通管测量法是利用物理学上连通器中处于水平面上的静止液体的压强相等的原理，通过连通管连通液位，测量被测点相对于基点的液位变化情况从而测出被测点的挠度或沉降，其工作原理如图 2-27 所示。

连通管临时用在土木工程结构上测量挠度，先在土木工程结构测点位置布置连通管传感器，然后用连通管连接各测点传感器，最后灌水（或其他有色液体）至标尺位置。土木工程结构试验时加、卸荷载会引起结构下挠，此时水管中的水平液面仍需持平，但每次测量时的相对水位会发生变化，读取这个变化值，经简单计算即可得到土木工程结构的挠度。连通管法测量土木工程结构挠度的优点是可靠、易行，连通管式挠度测量系统采用全封闭结构，不怕土木工程结构现场的高尘、高湿和浓雾，连通管式挠度计的液面变化直接反映了土木工程结构某个截面的挠度，不需要复杂的计算。

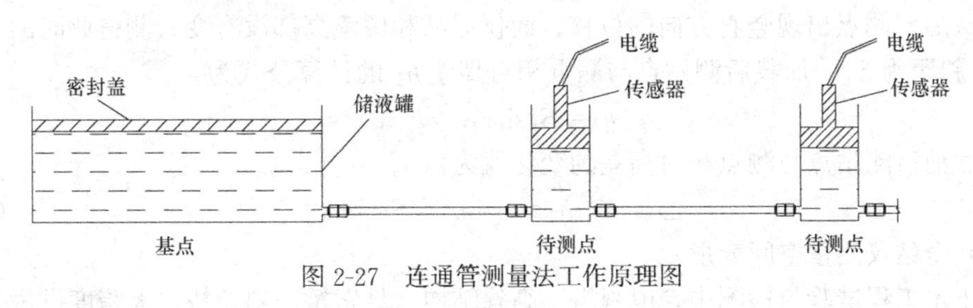

图 2-27　连通管测量法工作原理图

三、光学测试仪器

1. 精密水准仪测量法

水准测量是用水准仪和水准尺测定地面上两点间高差的方法。在地面两点间安置水准仪，观测竖立在两点上的水准标尺，按尺上读数推算两点间的高差。通常由水准原点或任一已知高程点出发，沿选定的水准路线逐站测定各点的高程。精密水准测量必须用带测微器的精密水准仪和膨胀系数小的水准标尺，以提高读数精度，削弱温度变化对测量结果的影响。

使用精密水准仪测量桥梁挠度的方法有基准测量法和多仪器固定传递测量法。当所测量的路线比较短，即仪器至标尺的距离在 60m 范围之内时，宜采用仪器基准法测量。将精密水准仪安放在试验桥之外的一个测站上，这个测站固定不动，然后分别观测各测点的水准尺读数。如果 H_{k} 与 H_j 分别为桥上某一点在 j 及 k 两个工况下的水准尺读数，则测点在 k 与 j 工况下的相对高差为：

$$H_{\mathrm{k}j}=H_j-H_{\mathrm{k}} \tag{2-30}$$

仪器基准法主要适用于测点附近能够提供测站条件、范围不大的土木工程结构挠度变化、观测点数不多的精密水准测量。具有精度高、计算方便和能够及时比较观测结果的特点。

当土木工程结构测试范围较大时，设站较多，观测时间较长，可采用多仪器固定传递法，以避免多次设站，缩短观测时间。该方法假设土木工程结构在零荷载状态下某一观测点的高程为 H_0，第 i 级荷载状态下的高程为 H_i，则土木工程结构在第 i 级荷载下的相对挠度为：

$$h_i=H_i-H_0 \tag{2-31}$$

2. 全站仪测量法

全站仪是指能自动测量角度和距离，并能按一定程序和格式将测量数据传送给相应的数据采集器的测量仪器，它具有自动化程度高、功能多及精度较高等优点，可进行角度测量、距离测量、坐标测量、点位放样等相关测量工作。这里就全站仪在试验与检测中的应用作简要介绍，具体应用详见相关测量书籍。

（1）全站仪测量挠度

全站仪挠度测量基本原理是三角高程测量。三角高程测量通过测量两点间的水平距离和竖直角求定两点间高差的方法，是测量土木工程结构大变形、大挠度的一个常用方法。

设 S 为测站和测点之间测线斜距，A 为全站仪照准棱镜中心竖直角，i 为仪器高，v 为棱镜高，则测站和测点间相对高差为：

$$h = S\sin A + i - v \tag{2-32}$$

加载后，测点出现竖直方向的位移，而仪器高和棱镜高都没有变，测得此时的竖直角为 A_1，斜距为 S_1，加载后测站点与测点相对高差 h_1 的计算公式为：

$$h_1 = S_1\sin A_1 + i - v \tag{2-33}$$

加载前后测站点与测点相对高差的变化值为：

$$\Delta h = h - h_1 = S\sin A - S_1\sin A_1 \tag{2-34}$$

（2）全站仪测量空间变形

在土木工程试验与检测中，电视塔、高耸结构、悬索桥、斜拉桥、大跨度拱桥等需要对塔顶、拱顶及拉索等部位进行三维变形测量，此时宜采用全站仪对测点进行三维坐标测量。通过测量结构加载前后测点与测点相对坐标的变化值，即可得出测点的三维变形。

四、卫星定位技术—GPS 系统

1. GPS 系统简介

1973 年，美国国防部批准研制一种新的军用卫星导航系统——navigation by satellite timing and ranging（AVSTAR）global positioning system（GPS），称为 GPS 卫星全球定位系统，简称为 GPS 系统。它是一种基于空间卫星的无线导航与定位系统，可以向数目不限的全球用户连续地提供高精度的全天候三维坐标、三维速度及时间信息，具有实时性导航、定位和授时功能。

GPS 系统由三大部分构成：GPS 卫星星座（空间部分）、地面监控系统（控制部分）和 GPS 信号接收机（用户部分）。GPS 卫星的主要功能是：向用户连续发送定位信息，接收和储存由地面监控站发来的卫星导航电文等信息，并适时发送给用户，接收并执行由地面监控站发来的控制指令，适时地改正运行偏差和启用备用卫星等，通过星载的高精度原子钟，提供精密的时间标准。

在 GPS 定位过程中，按照参考点位置的不同，可以分为绝对定位和相对定位。绝对定位是指在地球协议坐标系中，确定观测站相对地球质心的位置。而相对定位指的是在地球协议坐标系中，确定观测站与某一地面参考点之间的相对位置。按定位时接收机所处的状态，可将 GPS 定位分为静态定位和动态定位两类。所谓静态定位，指的是将接收机静止于测站上数分钟至 1 小时或更长时间观测，以确定一个点在 WGS-84 坐标系（世界统一的地心坐标系）中的三维坐标（绝对定位），或两个点之间的相对位置（相对定位）。而动态定位至少有一台接收机处于运动状态，测定的是各观测历元相应的运动中的点位（绝对定位或相对定位）。

2. GPS定位的基本原理

（1）绝对定位

绝对定位，通常指在协议地球坐标系中，直接确定观测站，相对于坐标系原点（地球质心）绝对坐标的一种定位方法。利用GPS进行绝对定位的基本原理，是以GPS卫星和用户接收机天线之间的距离（或距离差）观测量为基础，并根据已知的卫星瞬时坐标，采用空间后方交会的方法来确定用户接收机天线所对应的点位，即观测站的位置。

应用GPS进行绝对定位，根据用户接收机天线所处的状态不同，又可分为动态绝对定位和静态绝对定位。当用户接受设备安置在运动的载体上，并处于动态的情况下，确定载体的瞬时绝对位置的定位方法，称为动态绝对定位。动态绝对定位，一般只能得到没有（或很少）多余观测量的实时解。这种定位方法，被广泛地应用于飞机船舶以及陆地车辆等运动载体的导航。当接收机天线处于静止状态时，用以确定观测站绝对坐标的方法，称为静态绝对定位。这时，由于可以连续的观测卫星至观测站的伪距，所以可获得充分的多余观测量，以便在测量后，通过数据处理提高定位的精度。静态绝对定位方法，主要用于大地测量，以精确测定观测站在协议地球坐标系中的绝对坐标。

（2）相对定位

相对定位的最基本情况，是用两台GPS接收机，分别安置在基线的两端，并同步观测相同的卫星，以确定基线端点，在协议地球坐标系中的相对位置或基线向量。当多台接收机安置在若干条基线的端点，通过同步观测GPS卫星，可以确定多条基线向量。

根据用户接收机在定位过程中所处的状态不同，相对定位也有动态和静态之分。静态相对定位一般采用载波相位观测值为基本观测量，这一方法是当前GPS定位中精度最高的一种方法，广泛地应用于大地测量、工程测量和地壳变形监测等精密定位领域。动态相对定位，是用一台接收机安设在基准站上固定不动，另一台接收机安设在运动的载体上，两台接收机同步观测相同的卫星，以确定运动点相对于基准站的实时位置。根据其采用的观测量不同，动态相对定位又可分为测码伪距动态相对定位和测相伪距动态相对定位。

（3）实时动态相对定位（GPS RTK）

RTK（英文为Real Time Kinematies）技术即GPS实时动态相对定位技术，是目前最先进的卫星定位技术。它是GPS测量技术与数据传输技术相结合而构成的组合系统，它能够在野外实时得到厘米级定位精度，这为工程放样、地形测图、变形观测等各种实时高精度测量作业带来了一场变革。它的基本原理是，利用2台以上GPS接收机同时接收GPS卫星信号，其中一台安置在已知坐标点上作为基准站，另一台用来测定未知点的坐标为流动站。基准站通过数据传输系统将其观测值和测站坐标信息一起传送给流动站。流动站不仅通过数据链接收来自基准站的数据，还要自己采集GPS观测数据，然后根据相对定位的原理，在系统内组成差分观测值进行实时处理，实时地计算并显示用户站的三维坐标及精度。RTK作业开始前，流动站必须先进行初始化，即完成整周未知数的解算后开始进行每个历元的实时测量，作业时只要能保持四颗以上卫星相位观测值的跟踪和必要的几何图形，则流动站可随时给出厘米级定位结果。初始化可在固定点上静止进行，也可在动态条件下利用动态初始化（AROF）技术进行。

GPS RTK 定位系统的构成，一套 TRK 定位系统一般包括一套基准站和一套流动站。一套基准站包括：一台基准站 GPS 接收机及天线、独立的基准站发射电台及天线、设置参数和显示使用的电子手簿。一套流动站包括：一套流动作业的 GPS 接收机及天线、流动站接收信号的电台（多数内置于 GPS 接收机内）及天线、电子手簿。目前 TRK 技术的标称精度一般为：平面 ±(10mm + 1ppm)；高程 ±(20mm + 2ppm)，工作半径在 10km 以上。

3. GPS 在土木工程结构监测中的应用

在对电视塔、高耸结构、大跨度悬索桥、斜拉桥及拱桥等桥梁进行长期实时在线监测时，需要对塔顶、拱顶、桥梁主缆及拉索等部位的三维变形进行长期实时在线测量，此时可采用 GPS 系统对测点进行三维坐标定位测量，国内外一些重要高耸建筑、大型桥梁的健康监测系统中均采用了 GPS 系统。

五、其他变形测试技术简介

1. 土（岩）体位移的测量

在一些重大的土石坝、路基、边坡、基坑及隧道等岩土工程施工过程中，需要对土（岩）体表面及内部的位移、变形进行监测。土（岩）体表面的位移测量可以根据现场实际情况采用百分表、水准仪、全站仪等常规测量仪器进行测量，土体内部的位移、变形测量需要采用测斜仪进行测量。

测斜仪测量的原理是根据铅锤受重力影响的结果，测试测管轴线与铅垂线之间的夹角，从而计算出钻孔内各个测点的水平位移与倾斜曲线，如图 2-28 所示。实际应用时，在测点位置的土体内部预先埋设测斜管，当被测对象发生倾斜变形时，测斜管同步发生变形，然后将测斜仪插入测斜管中进行量测，测斜仪随结构物的倾斜变形量与输出的电量呈线性关系，以此可算出被测结构物角度的变化量，如图 2-29 所示，土体变形量 Δs 与测斜仪输出的读数 ΔF 具有如下线性关系

$$\Delta s = L\sin(\theta/3600) \tag{2-35}$$

$$\theta = K'\Delta F = K'(F - F_0) \tag{2-36}$$

式中 Δs——被测结构物在基尺标距长度上相对于基准轴的倾斜变形量（mm）；

L——倾斜仪安装基尺的标准基本长度（mm）；

θ——被测结构物相对于基准点的倾斜角变化量（″）；

K'——倾斜仪测量倾斜角度的最小读数（″/mV）；

ΔF——倾斜仪实时测量值相对于基准值的电压变化量（mV）；

F——倾斜仪的实时电压测量值（mV）；

F_0——倾斜仪的基准电压测量值（mV）。

根据土体的倾斜变形量，从而可换算出标准基本长度范围的水平位移，通过算术和得到测孔全长范围内的水平位移，即

$$\Delta s = \sum_{i=1}^{n} \Delta s_i \tag{2-37}$$

式中 s——测孔全长范围内的水平位移（mm）；

n——测孔全长范围内的测试点数。

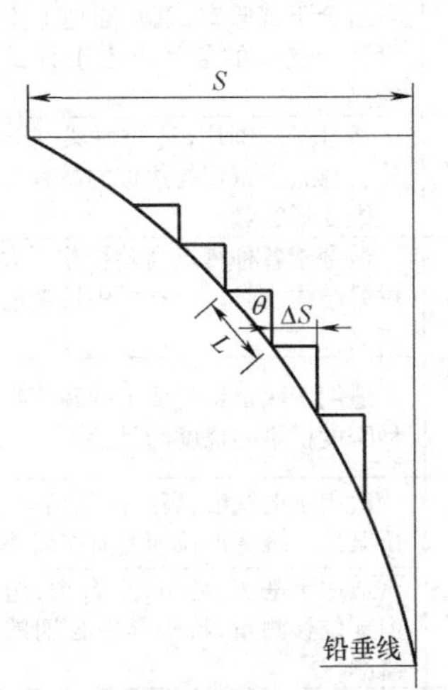

图 2-28　测斜测量的原理示意

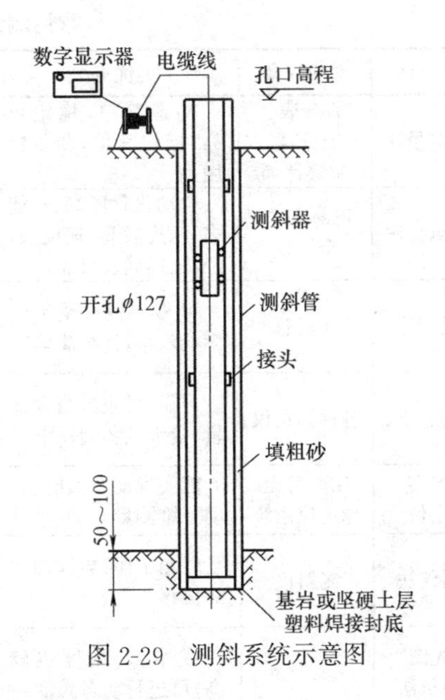

图 2-29　测斜系统示意图

2. 激光图像测量技术

计算机视觉测量技术是一种 20 世纪 70 年代后期发展起来的先进的非接触式测量方法。基本原理是通过图像传感器把被测目标的影像信息记录下来，并通过一系列的采样过程（包括空间量化采样和幅度量化采样），把图像信息数字化后送入计算机，利用计算机对图像进行处理，从而得到所需要的测量信息。随着计算机图形图像技术、模式识别技术、CCD 技术等学科领域的迅速发展，视觉测量技术以其测量速度快、高度计算机化及广泛的适应能力而得到越来越广泛的应用。

激光图像测量方法就是在计算机视觉测量技术基础上发展起来的，作为一种非接触测量方法，激光图像测量具有测量速度快，测量精度高，图像包含的信息完整，能实现自动远距离复杂环境下的连续测量，同时也可进行异地电脑终端的遥测，便于与微计算机连接做成智能仪器等优点，近年来被逐渐应用到土木工程结构的变形测量中。

激光图像测量方法基本原理是：在土木工程结构上设置控制点或人工标志，通过光学成像镜头，被测点的图像信息成像在数字摄像机/照相机的固体图像传感器上，然后通过图像采集、传输，最后通过数字图像处理技术计算出被测点的位置，比较不同时刻的位置变化，就可以得知被测点的位移。这种图像测量技术能实现二维实时测量，精度高、测量范围大，相对低廉，很适合长期、在线、多点和自动测量，具有广泛使用的潜力。

六、变形测量方法的比较

随着科学技术的不断发展，出现了许多用于土木工程施工、运营与试验检测的变形测量方法，每种方法都有各自的特点及适用范围，如表 2-3 所示，在具体的试验与检测活动中，可根据试验与检测的实际情况、各种测量方法的优缺点，从中选取比较理想的方法。

常用测量方法与仪器的比较　　表 2-3

测量方法	对应仪器	优点	缺点	适用范围
直接测量法	百分表、千分表、位移计等	构造简单，稳定可靠，操作简单，测量精度高	需要架设稳定支架，安装麻烦，需要的人手多	适合于试验室试验、陆地上方便搭设稳定支架的各类土木工程试验与检测
光学测量法	精密水准仪、全站仪	自动化程度高、功能多、精度较高，速度快，经济、准确及可靠	仪器操作较复杂，对测量人员有较高的要求，受天气影响较大	适合于范围广，适合桥梁、隧道、房建、道路、土石坝与边坡的高程变形的三维变形测量
连通管法	连通管	可靠、易行，受天气影响较小，计算简单	安装较繁琐，在测点高差相差较大时不适用	适合于各种测点高差相差不大时的桥梁结构、隧道、土石坝中短期的连续监测
倾角测量法	各种倾角仪	可靠，可集成自动测量，受天气影响较小	测点布置较为复杂，计算较复杂，最大量程有限	适用于满足量程要求的建筑物及各种跨度桥梁的挠度测量
GPS卫星定位	GPS等全球定位系统	能实现动态实时、自动三维测量	系统价格昂贵，测量精度较低	适用于电视塔、高层高耸结构、大型桥梁的三维变形长期实时在线测量
测斜仪法	测斜仪	能测土体、岩体内部的位移	测点安装较复杂，成本较高	适用于基坑、隧道、土石坝、边坡的内部位移测量，特别是中长期的连续监测
激光图像测量法		成本低，精度也较高，可进行动态测量	对准调整过程操作复杂，受天气影响较大，现场适应性较差	正在发展成熟中，目前应用还不普遍

第四节　振动测试仪器与技术

土木工程结构的振动试验中，常有大量的物理量如应力（应变）、位移、速度、加速度等，需要进行量测、记录和分析。由于结构的动应变与静应变的测量元件、测量方法基本相同，不同之处在于需要采用动态应变仪进行量测。振动参量可用不同类型的传感器予以感受拾起，并从被测量对象中引出，形成测量信号，将能量通过测量线路发送出去，再通过仪器仪表将振动过程中的物理量进行测量并记录下来。传感器是振动测试系统中的一个重要组成部分，它具有独立的结构形式。按照被测物理量来分类，传感器可以分为位移传感器、速度传感器和加速度传感器；按照工作原理来分类，传感器可以分为机械惯性式传感器和电测传感器（包括磁电式、压电式、电感式、应变式）两大类。在本节中，主要介绍各类振动参量测试仪器及传感器的基本原理、构造与使用方法。

一、惯性式传感器

惯性式传感器有位移、速度及加速度传感器三种。它的特点是直接对机械量（位移、速度、加速度）进行测量，故输入、输出均为机械量。常用的惯性式位移传感器有：机械式测振仪、地震仪等。惯性式传感器的工作原理及其特性曲线在振动传感器中最具有代表性，其他类型传感器大都是在此基础上发展而得到的。

在惯性式传感器中，质量弹簧系统将振动参数转换成了质量块相对于仪器壳体的位移，使传感器可以正确反映振动体的位移、速度和加速度。但由于测试工作的需要，传感器除应正确反映振动体的振动外，还应不失真地将位移、速度和加速度等振动参量转换为电量，以便用电量进行量测。

惯性式传感器如图 2-30 所示，由质量块-弹簧组成。设 m、k 和 c 分别为它的质量、刚度和阻尼系数，u 为振动体位移，δ 为质量块与壳体间的相对位移，则可按达朗伯原理建立如下运动微分方程：

$$-m\frac{d^2(\delta+u)}{dt^2}-c\frac{d\delta}{dt}-k\delta=0 \tag{2-38}$$

将上式移项后得：

$$m\frac{d^2}{dt^2}\delta+c\frac{d}{dt}\delta+k\delta=-m\frac{d^2}{dt^2}u \tag{2-39}$$

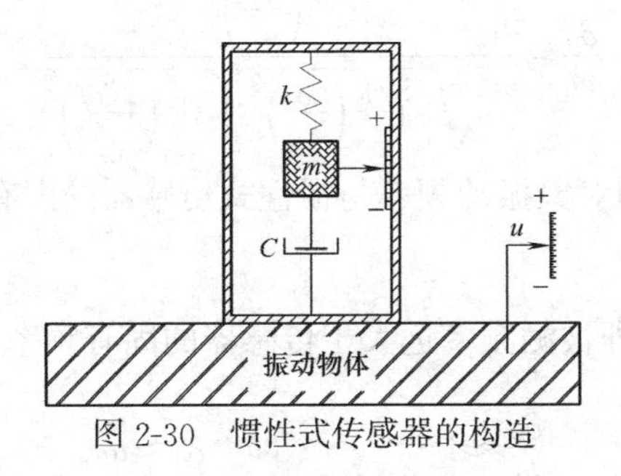

图 2-30　惯性式传感器的构造

这是一个强迫振动方程，右端为被测对象产生的激发，如果被测物体作简谐振动，则激发为：

$$u=u_0\cos\omega t \tag{2-40}$$

在该简谐激发的作用下，方程的稳定解具有下列形式：

$$\delta=\delta_0\cos(\omega t+\theta) \tag{2-41}$$

将式（2-38）代入式（2-36），可求得传感器的频率特性如下：

$$\frac{\delta_0}{u_0}=\frac{\omega^2}{\sqrt{\left(\frac{k}{m-\omega^2}\right)^2+\left(\frac{\omega c}{m}\right)^2}} \tag{2-42}$$

$$\theta=\arctan\frac{\frac{\omega c}{m}}{\left(\frac{k}{m}-\omega^2\right)} \tag{2-43}$$

令：$\omega_n=\sqrt{k/m}$，称为传感器固有频率；

$c_0=2\sqrt{km}$，称为传感器临界阻尼系数；

$\zeta=c/c_0=c/(2\sqrt{km})$，称为相对阻尼系数（衰减系数）。

将 ω_n、c_0、ζ 代入式（2-39）和式（2-40）得：

$$\frac{\delta_0}{u_0}=\frac{\left(\frac{\omega}{\omega_n}\right)^2}{\sqrt{\left[1-\left(\frac{\omega}{\omega_n}\right)^2\right]^2+\left[\frac{2\zeta\omega}{\omega_n}\right]^2}} \tag{2-44}$$

$$\theta=\arctan\frac{\frac{2\zeta\omega}{\omega_n}}{1-\left(\frac{\omega}{\omega_n}\right)^2} \tag{2-45}$$

式（2-41）表达了惯性式传感器的幅频特性，式（2-42）揭示了惯性式传感器的相频特性。

根据速度与位移的公式：$\dot{u}_0=u_0\omega$，有

$$\frac{\delta_0}{\dot{u}_0}=\frac{\delta_0}{u\omega u_0}=\frac{1}{\omega}\frac{\left(\frac{\omega}{\omega_\mathrm{n}}\right)^2}{\sqrt{\left[1-\left(\frac{\omega}{\omega_\mathrm{n}}\right)^2\right]^2+\left(\frac{2\zeta\omega}{\omega_\mathrm{n}}\right)^2}} \tag{2-46}$$

由加速度与位移的关系：$\ddot{u}=u_0\omega^2$，有

$$\frac{\delta_0}{\ddot{u}_0}=\frac{1}{\omega^2}\frac{\left(\frac{\omega}{\omega_\mathrm{n}}\right)^2}{\sqrt{\left[1-\left(\frac{\omega}{\omega_\mathrm{n}}\right)^2\right]^2+\left(\frac{2\zeta\omega}{\omega_\mathrm{n}}\right)^2}} \tag{2-47}$$

根据上述原理，当被测对象振动频率与惯性式传感器的固有频率之比变化时，可以测量不同的振动参量。

（1）当频率比$\frac{\omega}{\omega_\mathrm{n}}\gg 1$（即被测频率远大于传感器的固有频率）时，有

$$\frac{\delta_0}{u_0}\approx 1 \qquad 即\quad \delta_0\approx u_0 \tag{2-48}$$

此时，测得的壳体位移接近于物体的位移。若选用较大的阻尼系数，δ_0更接近于物体位移，此时惯性式传感器可用于动位移的测量，故称为位移传感器。可见，位移传感器应具有较低的固有频率和较大的阻尼系数，如地震仪的固有频率低于 1Hz，图 2-31 为惯性式位移传感器的幅频特性曲线、相频特性曲线。

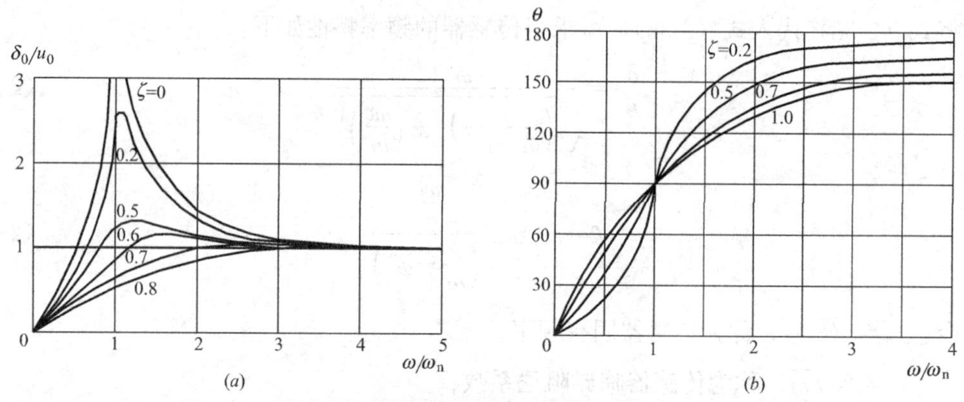

图 2-31　惯性式位移传感器的幅频特性曲线和相频特性曲线

（a）幅频特性曲线；（b）相频特性曲线

一般地，桥梁结构、厂房、民用建筑的一阶自振频率在零点几到十几赫兹之间，这就要求传感器具有很低的自振频率。为降低 ω_n，必须加大质量块 m。因此一般惯性式位移传感器的体积较大也较重，使用时对被测系统有一定影响，特别对于一些质量较小的振动体就不太适用。

（2）当$\frac{\omega}{\omega_\mathrm{n}}\rightarrow 1$时，有

$$\delta_0=\frac{1}{2\zeta\omega_\mathrm{n}}\dot{u}_0 \tag{2-49}$$

此时测得的相对位移 δ_0 与振动速度成正比，可以将惯性式传感器用于速度测量。但是，要保持频比在 1 附近是不容易实现的，同时传感器的有用频率范围非常狭窄，测试失真也较大，故一般很少在工程中使用。

(3) 当$\frac{\omega}{\omega_n}\ll 1$时，有

$$\delta_0 \approx \frac{\ddot{u}_0}{\omega^2} \tag{2-50}$$

此时测得的相对位移与振动加速度成正比，当 $\zeta=0.6\sim0.7$ 之间时，相频曲线接近直线，所以相频与频率成正比，波形不会出现畸变，可以将惯性式传感器用于加速度测量。

可以看出，惯性式传感器的适用性是比较差的，一般多用于动位移的测量，而速度和加速度的测量不宜采用惯性式传感器。

二、电测传感器

振动电测传感器的输入量是机械量，而输出量是电量，所以它是将机械量转换成电量的一种传感器，这是与机械惯性式传感器的不同之处。根据输出量的不同，分为发电式（振动量-电量）和参数式（振动量-电阻、电容、电感等电参数）两大类，此外，压电晶体式传感器也比较常用。

发电式传感器的特点是灵敏度高、性能稳定、输出阻抗低、频率响应范围较大，通过对质量弹簧系统参数的不同设计，可以使传感器既能量测非常微弱的振动，也能量测较强的振动，是工程振动量测中最为常用的拾振仪器。

压电式传感器具有动态范围大、频率范围宽等优点，被广泛用于振动量测的各个领域，尤其适用于宽带随机振动和瞬态冲击等场合。

1. 发电式传感器

发电式传感器由永久磁体、磁路（包括气隙）和运动线圈组成，如图 2-32 所示。根据电磁感应定律，感应电势为：

$$e=-BL\dot{\sigma}10^{-8}(\text{V}) \tag{2-51}$$

式中 B——磁通密度（高斯/gs）；

L——磁场内导线的有效长度（cm）；

$\dot{\sigma}$——线圈运动速度（cm/s）。

令 $k=-BL10^{-8}$

则有

$$e=k\dot{\sigma} \tag{2-52}$$

由于电势与速度成正比，故为速度传感器，常用于结构振动速度的测量。

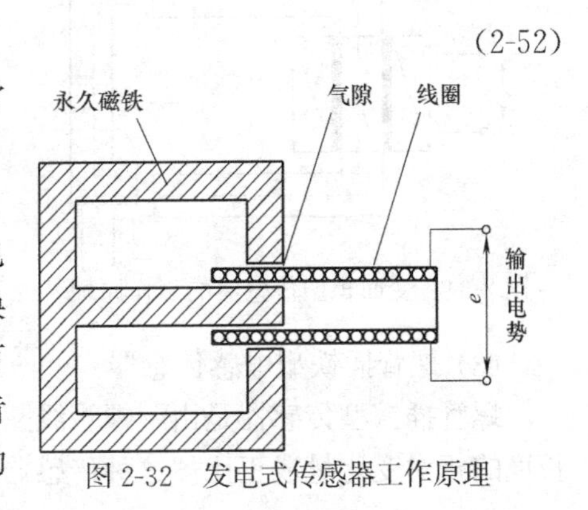

图 2-32 发电式传感器工作原理

2. 参数式电测传感器

参数式传感器比较多，有电感式、电阻式、电容式等。常用的是电感传感器，即先将振动量转换成电感量，然后再变换为电量输出。电感传感器有四种类型：变间隙型、变面积型、螺管插铁型和齿型等。这类传感器性能稳定，常用来测量结构振动

的速度。

(1) 变间隙型电感传感器

变间隙型传感器由线圈、铁芯、气隙和衔铁组成，工作原理如图 2-33 所示。测量时一般是将衔铁固定在振动体上。气隙 δ 随振动量而变化，从而引起磁通的变化，在线圈的输出端产生感应电势 e，即

$$e=-n\frac{\mathrm{d}\phi}{\mathrm{d}t}=-n\frac{\mathrm{d}\phi}{\mathrm{d}\delta}\frac{\mathrm{d}\delta}{\mathrm{d}t}10^{-8}(\mathrm{V}) \tag{2-53}$$

式中 e——感应电势（V）；

n——线圈匝数；

ϕ——磁通量（WB）。

由上式可知，输出电势 e 与磁通量的变化率成正比，而磁通量的变化率与振动速度有关，即输出电势的变化量 Δe 与被测对象的振动速度成正比，所以利用该传感器可以测量结构振动的速度。

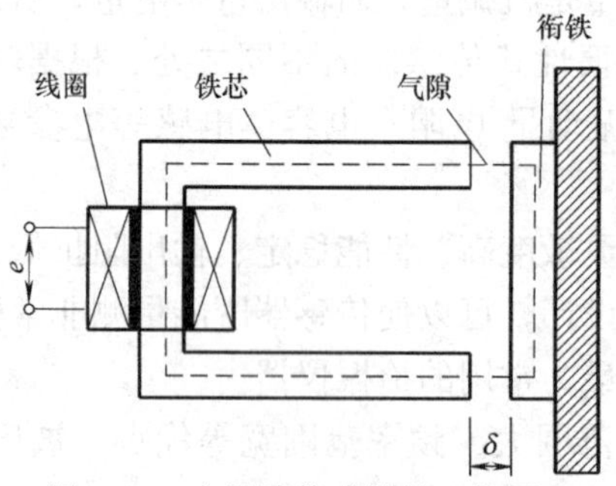

图 2-33　变间隙传感器的工作原理

(2) 变面积型电感传感器

变面积型电感传感器的工作原理同变气隙型类似，不同之处是，该传感器的气隙保持不变，而是改变铁芯与衔铁间的覆盖面积。所以衔铁的运动方向与上述变气隙型传感器衔铁的运动方向是垂直的。变面积型电感传感器的灵敏度比变气隙型小，但线性程度好，量程较大，应用比较广泛，结构如图 2-34 所示。

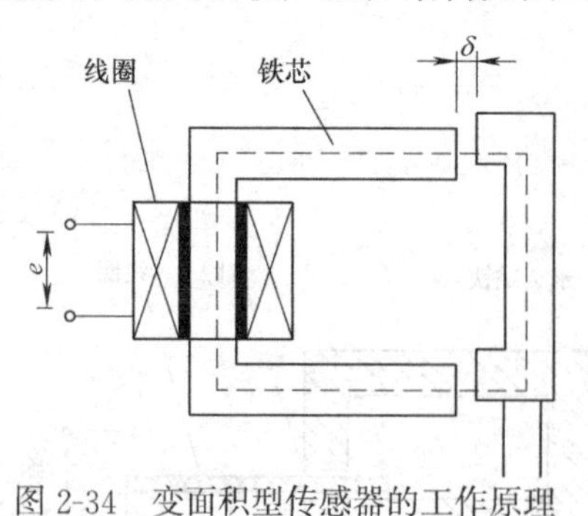

图 2-34　变面积型传感器的工作原理

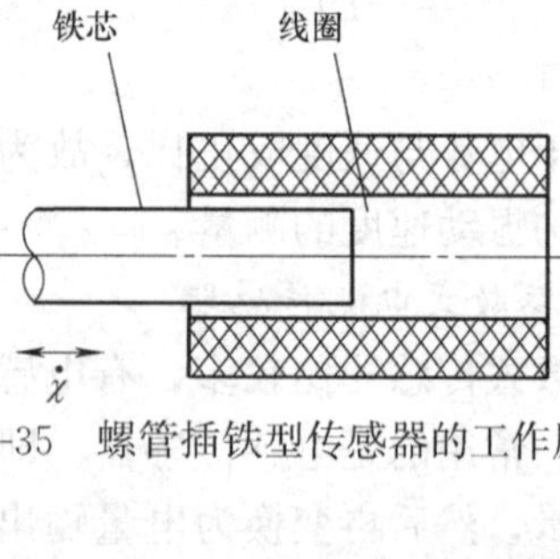

图 2-35　螺管插铁型传感器的工作原理

(3) 螺管插铁型电感传感器

螺管插铁型传感器是由一螺管线圈和圆柱形铁芯组成。线圈的电感变化量与铁芯插入长度的相对变化量成正比。这种传感器的灵敏底低，但量程大，结构简单，因而应用很广

泛，结构如图 2-35 所示。

(4) 齿型传感器

齿型传感器也是一种气隙型传感器，它由导磁体、气隙、齿圈、线圈等组成。齿型传感器主要用于扭转振动、角振动的测量以及转速及大角位移量的精密测量等。传感器输出信号为感应电势，但所利用的参数不是电压幅值的变化，而是电势变化的频率。由其工作原理可知，当齿圈每转过一个齿时，气隙由小到大变化一次，产生一个脉冲波，其频率为：

$$f=\frac{Nn}{60} \tag{2-54}$$

式中　f——感应电势的变化频率（Hz）；

N——齿圈上的齿数；

n——齿圈的转速（1/min）。

可见电势的变化频率与齿圈齿数和被测量物体的转速成正比。由于齿数是定值，故频率只随转速而变化。若取齿数 N 为 60，则频率 f 恰巧等于转速，故这种传感器可以测量角位移、角速度及转速，这是其他传感器难于做到的，如图 2-36 所示。

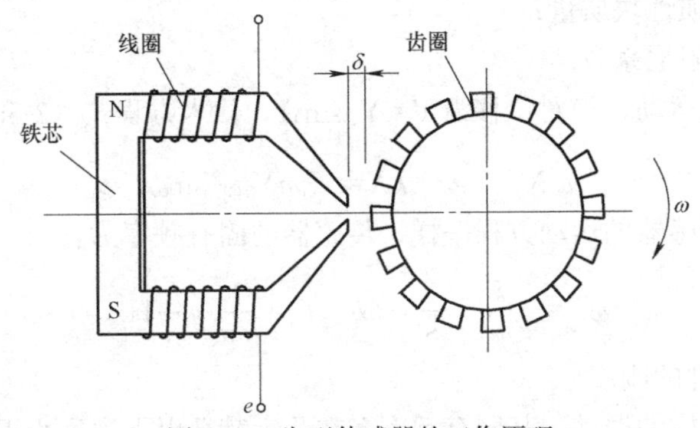

图 2-36　齿型传感器的工作原理

3. 压电晶体式传感器

某些晶体，如石英晶体或极化陶瓷，在一定方向的外力作用下或承受变形时，在晶面或极化面上将产生电荷，这种现象称为压电效应。反之，若将晶体放于电场中，其几何尺寸将发生变化，即产生变形，这种现象称为逆压电效应。根据压电效应制成的传感器称为压电晶体式传感器。目前振动测量中最常用的是压电式加速度传感器和力传感器。压电式加速度传感器可以测量加速度，这种信号经采用电子方法一次积分后可以提供速度信号，二次积分后可以提供位移信号。这类传感器有许多优点，如灵敏度高，频率范围广，动态范围大，线性良好，重量轻，体积小，安装方便，适用于各种不同的工作环境，故在振动和冲击测量中得到了广泛应用。

压电晶体式传感器主要由预紧弹簧、惯性块、压电元件、壳体和安装座等组成，其结构、工作原理如图 2-37 所示。压电元件和惯性块构成了振动系统，其固有频率一般都很高，大都在 10～15kHz 以上。由机械惯性式加速度传感器的原理得知，当被测频率远小于传感器的固有频率时，惯性块的相对运动与被测物体的振动加速度成正比，惯性质量产生的惯性力作用于压电元件上，产生压电效应，在元件的两极面生成电荷。

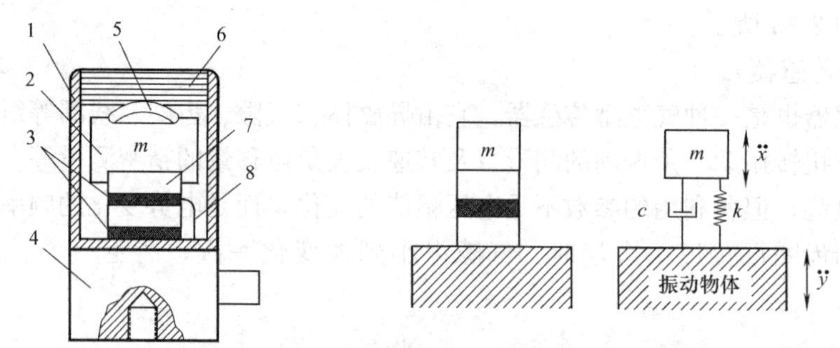

图 2-37　压电加速度传感器构造与工作原理

1—壳体；2—惯性块；3—绝缘垫；4—安装座；
5—顶紧弹簧；6—顶盖螺帽；7—压电晶体片；8—引线

压电加速度传感器可以简化为一个单自由度的二阶力学系统，运动方程为：

$$m(\ddot{X}+\ddot{Y})+c\dot{X}+kX=0 \tag{2-55}$$

式中　$\ddot{X}$和$\ddot{Y}$——分别为传感器惯性块和振动物体的运动加速度；

m——惯性块质量；

c——阻尼系数。

设振动体作简谐运动，绝对位移为$Y=Y_0\sin\omega t$，代入方程式（2-55）有

$$m\ddot{X}+c\dot{X}+kX=-mY_0\omega^2\sin\omega t \tag{2-56}$$

与前述惯性式传感器的运动方程一样，传感器的固有频率为：

$$\omega_n=\sqrt{\frac{k}{m}}\ \frac{1}{s}\quad 或\quad f_n=\frac{1}{2\pi}\sqrt{\frac{k}{m}}\mathrm{Hz}$$

式中　k——压电元件的刚度。

对于常见工程结构的振动，其固有频率多在几十赫兹以下，远小于压电晶体式传感器的固有频率，故有$\omega_n \gg \omega$（即频率比$\omega/\omega_n \ll 1$）时，由惯性式加速度传感器原理知

$$x=\ddot{Y}/\omega_n^2 \tag{2-57}$$

则作用在压电元件上的弹性力F为：

$$F=xk=\frac{\ddot{Y}}{\omega_n^2}m\omega_n^2=m\ddot{Y} \tag{2-58}$$

也就是说，压电元件是在惯性块m的惯性力F作用下产生压电效应的，压电晶体式传感器的压电效应与被测对象的加速度成正比，因此可用来测量结构振动的加速度反应。

三、动位移的测量

土木工程结构的动位移测量是目前测试工作中的难点。目前可采用的方法有：①使用应变梁式位移传感器测得位移时程曲线；②通过对测试速度或加速度时程曲线，然后进行积分计算获得位移时程曲线；③采用激光图像测量方法直接测得位移时程曲线。

由于应变梁式位移传感器的安装需要独立于被测结构的稳定支架，这在试验与检测现场通常是难以实现或成本太高；通过速度或加速度时程曲线进行积分计算，需要测得准确

的边界条件，由于边界条件误差及累积计算误差导致测试结果准确度不高；激光图像测量方法不需要支架及可直接获得位移时程曲线，是近年来重点研究及发展的动位移测试技术。

激光图像法测量动位移的基本原理是：在结构测试部位上安装一个或多个测试光学标志点，通过光学系统把标志点成像在接受面上，当结构产生振动时，标志点跟着发生振动，通过测出标志点在接受面图像位置的变化值，就可得到结构振动的位移值，如图2-38所示。

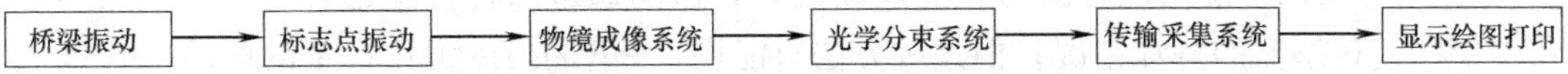

桥梁振动 → 标志点振动 → 物镜成像系统 → 光学分束系统 → 传输采集系统 → 显示绘图打印

图 2-38 激光（红外）挠度测定仪基本原理框图

四、传感器的选用与安装

在土木工程结构振动测试中，加速度一般在 0.1～1m/s^2（10μg～0.1g），频率一般在 0.1～20Hz 范围内，通常采用加速度传感器来感受拾起结构的动力反应。常见加速度的性能比较见表 2-4。传感器的选用应遵循以下原则：

(1) 估计测试频率范围，并检查是否位于所选传感器的频率范围内；

(2) 估计测试的最大振动加速度的值，并检查是否已经超出传感器最大允许冲击加速度的 1/3。

一般说来，高灵敏度的传感器用于幅度小的振动，低灵敏度传感器用于振动较大的情况。因为土木工程结构振动的加速度较小，且频率较低，从表 2-4 中可知，仅仅从性能指标上来看，压阻式与应变式加速度传感器也能满足结构动力性能测试的要求。实测中为了提高信噪比，总是希望传感器的灵敏度越高越好；但灵敏度越高，加速度传感器的过载能力越小，稍有碰撞就会损坏，因此不适合用于现场实测。

压电式（压电晶体或压电陶瓷）传感器的过载能力强，且价格低廉，体积小，便于携带，但其缺点是其工作频率一般为 0.1Hz 以上，考虑到电荷放大器的频响，其低频端的工作频率应更高。

加速度传感器性能比较 **表 2-4**

结构形式	频率(Hz)	抗过载能力	体积	输出量	二次仪表	供电	是否适合野外	特点
压电式	0.1～20k	好	小	电荷	电荷放大器	否	是	安装使用方便，体积小，不易损坏，但低频性能不好，需配电荷放大器
电磁式	0.4～80	好	较大	电压	放大器	是	是	体积大，低频性能一般，较易坏，需配放大器
压阻式	0～5k	差	小	电压		是	否	体积小，极易坏，不适合野外测试，需配直流电源
应变式	0～5k	差	小	应变	应变仪	是	否	体积小，极易坏，不适合野外测试，需配动态应变仪
力平衡式	0～80	好	较大	电压		是	是	低频性能好，体积大，是超低频信号测量的较佳选择，配电源

在试验中，传感器的安装是很重要的，不正确的安装方法会产生次生振动，影响测试

结果。传感器的安装应按照方便、牢靠的基本原则，根据传感器的安装部位和方向、传感器的重量来选择安装方法。传感器的安装方法有如下几种，可根据具体情况选用：

1. 用螺栓固定传感器底座，这是一种最有效的安装方法，但要在被测振动体上钻螺栓孔并攻丝，因而比较麻烦。

2. 用永久磁铁安装，即在传感器安装座上装专用磁铁，然后利用磁铁吸力将传感器固定在振动体上，这种方法简单方便，但安装效果较用螺栓固定差。

3. 用蜡、石膏或两面粘贴胶带等材料胶粘，这种安装方法一般只能适用于常温。

4. 用专用探杆使用传感器与被测表面接触，振动通过探杆传递给传感器，一般用于不便于固定传感器的特殊情况，但这种方法只能用于频率在1000Hz以下的振动。

5. 用小砂袋放在传感器上方压紧，此法只适用于平面放置传感器。

6. 用快干胶或环氧树脂粘贴。

第五节　其他物理参数测试仪器与技术

其他物理参数主要是指混凝土结构裂缝的分布和宽度、堆载的重量、结构上作用力的大小（包括试验荷载的大小、支座反力的大小）、土木建筑物的周边环境参数、结构表面及内部的温度等。

一、裂缝宽度的测量

钢筋混凝土是土木工程结构中应用最广泛的结构材料，对于钢筋混凝土结构，裂缝的产生和发展，是结构行为的重要特征。确定混凝土结构的开裂荷载、裂缝宽度与分布形态，对研究结构的抗裂性能、变形性能及破坏过程均有十分重要的价值。一般地，裂缝出现前，检查裂缝出现的方法是借助于放大镜用肉眼观察，裂缝出现后，可采用读数显微镜或采用振弦式裂缝计量测裂缝宽度的发展变化。

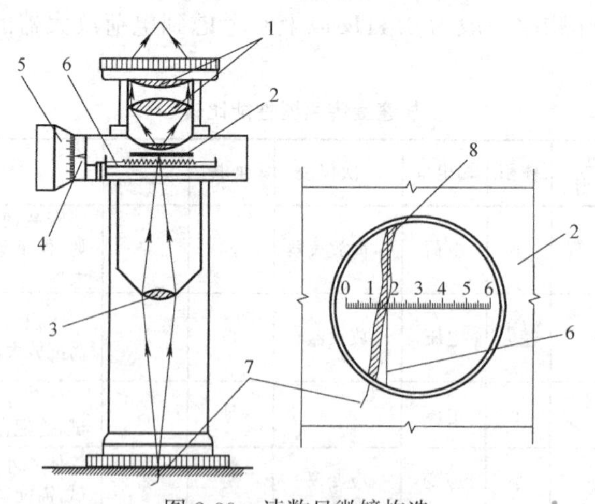

图2-39　读数显微镜构造

1—目镜、场镜；2—上分划板；3—物镜；4—读数指针；
5—读数轮鼓；6—下分划板；7—放大前裂缝；8—放大后的裂缝

1. 读数显微镜

读数显微镜是由光学透镜与游标刻度片等组成的复合仪器，如图 2-39 所示。其最小刻度值要求不大于 0.05mm。其次，也有用印刷有不同宽度线条的裂缝标准宽度板（裂缝卡）与裂缝对比量测；或用一组具有不同标准厚度的塞尺进行试插对比，刚好插入裂缝的塞尺厚度，即裂缝宽度。后两种方法比较粗略，但能满足一般测试要求。

2. 振弦式裂缝计

裂缝计用于测量裂缝宽度的变化。振弦式（又称钢弦式）裂缝计的构造如图 2-40 所示，它一般包括一个振弦式感应元件，该元件与一个经过热处理、消除应力的弹簧相连，弹簧两端分别与振弦、连接杆相连。当连接杆从仪器主体拉出，弹簧被拉长导致张力变化，振弦的张力与弹簧的伸长成比例，前已述及，振弦张力与其频率成正比，测出振弦的频率即可确定弹簧的伸长，从而确定裂缝宽度的变化。

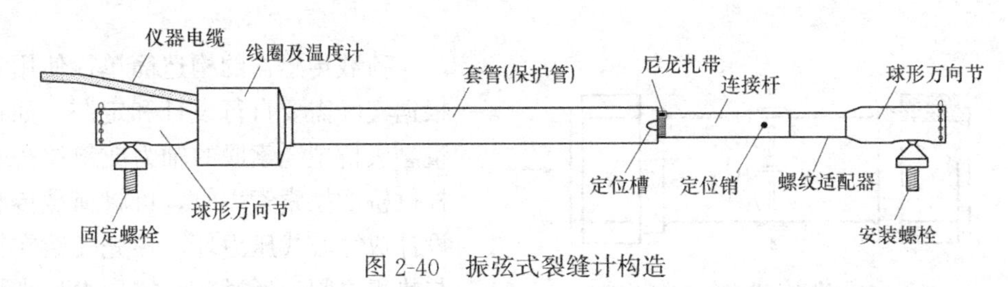

图 2-40 振弦式裂缝计构造

二、作用力及内力的测量

1. 测力计

在土木工程结构试验与检测中，测定作用力的仪器有各种的测力计。测力计的基本原理是利用钢制弹簧、环箍或簧片在受力后产生弹性变形，再通过机械放大后用指针刻度盘来表示或位移计来反映读数。图 2-41 是用于测量张拉钢丝或钢丝绳拉力的环箍式拉力计。由两片弓形钢板组成一个环箍。在拉力的作用下，环箍产生变形，通过一套机械传动放大系统带动指针转动，指针在刻度盘上的示值即为拉力值。

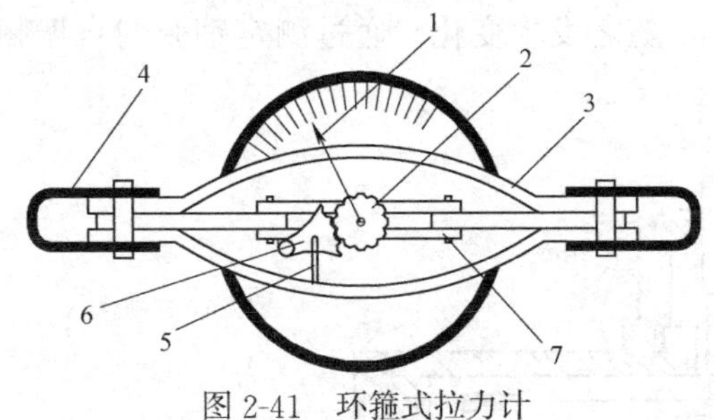

图 2-41 环箍式拉力计

1—指针；2—中央齿轮；3—弓形弹簧；4—耳环；5—连杆；6—扇形齿轮；7—可动接板

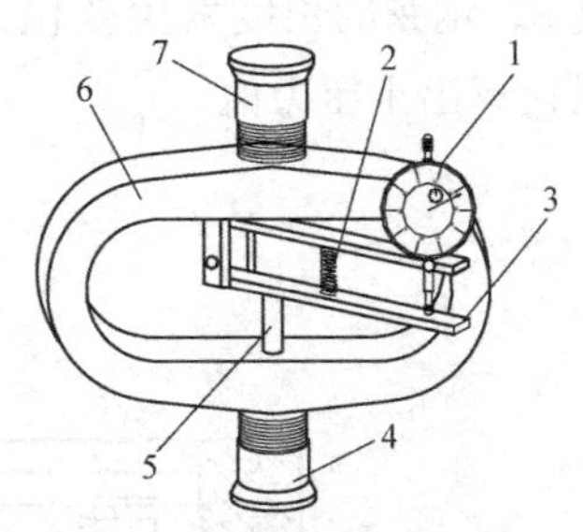

图 2-42 环箍式拉、压测力计

1—位移计；2—弹簧；3—杠杆；4、7—上下压头；5—立柱；6—钢环

图 2-42 是另一种环箍式拉、压测力计。它用钢环作“弹簧”，在拉、压力作用下的变形，经过杠杆放大后推动位移计工作。位移计示值与环箍变形关系应预先标定。

2. 液压千斤顶

在建筑与桥梁施工中，液压千斤顶是用来的张拉预应力钢筋、桥梁吊索及系杆的主要机具，其张拉力的控制是通过液压千斤顶的油压表来实现的。因此，可以通过事先精确标定油压表读数与千斤顶张拉力的对应关系，便可在张拉预应力钢筋、吊索及系杆时，通过液压表来测量、调整千斤顶的张拉力。

3. 荷载传感器

在试验中，荷载的大小也可以利用应变测试技术来量测，通常称为力传感器或荷载传感器。荷载传感器可以量测荷载、支座反力以及其他各种外力的大小。各种荷载传感器的核心部件是一个厚壁筒，壁筒的横断面大小取决于荷载的量程及材料的允许应力，在壁筒贴有电阻应变片，1、2、3、4 为轴向工作应变片，5、6、7、8 为横向补偿应变片，如图 2-43 所示，以便将机械变形转换为电信号。为便于设备或试件连接，在筒壁两端加工有螺纹。

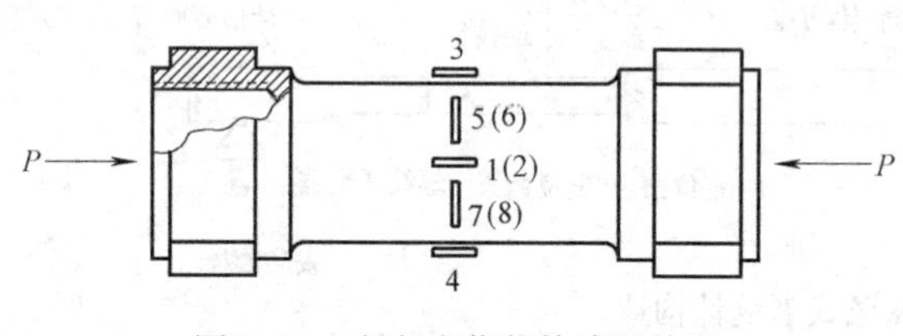

图 2-43　应变式荷载传感器构造

荷载传感器的构造简单，使用者可根据实际需要自行设计和定制。如在测量悬索桥主缆索股的轴力或斜拉桥及系杆拱桥的拉索索力时，可将荷载传感器设计成穿心式压力环，预先安装在锚头与垫板之间，通过穿心式压力环来量测索力大小；此外，随着应变测试技术的发展，可采用光纤光栅应变计或钢弦应变计来替换荷载传感器中的电阻应变片，制成光纤光栅压力环或振弦压力环等。荷载传感器在安装之前，应精确标定，掌握其荷载应变的线性性能和标定常数。

在土石坝、路基、边坡、基坑及隧道施工中需要测量岩石土体内部的土压力，可将荷载传感器设计成土压力盒，如图 2-44 所示，埋设在需要测量土体压力的位置。钢弦式土压力计由承受土压力的膜盒和压力传感器组成。压力传感器是一根张拉的钢弦，一端固定在薄膜的中心上，另一端固定在支承框架上。土压力作用于膜盒上，膜盒变形，薄膜中心产生挠度 δ，钢弦的长度发生变化，自振频率 ω_n 随之发生变化。通过测定钢弦的自振频率，可以换算出土压力值。

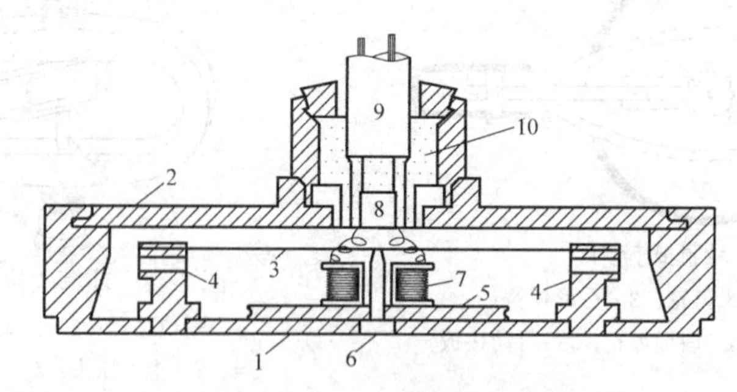

图 2-44　钢弦式土压力盒构造

1—金属薄膜；2—外壳；3—钢弦；4—支架；
5—底座；6—铁芯；7—线圈；8—接线栓；9—屏蔽线；10—环氧树脂封口

4. 索力测量

缆索承重结构近年来在土木工程中得到了广泛应用，特别是一些大型的土木建筑工程如大型体育场馆、大跨度桥梁中应用较多。在以上这些索结构中，拉索是索结构受力体系中的重要组成部分，拉索索力大小直接影响索结构的受力和变形状态。因此，准确测试拉索或吊杆的实际索力大小在施工监控和运营检测中显得尤为重要。一般测定索力的方法主要有：①电阻应变片测定法；②拉索伸长量测定法；③索拉力垂直度关系测定法；④张拉千斤顶测定法；⑤压力传感器测定法；⑥磁通量法；⑦振动测定法。

在这 7 种测试方法中，方法①～③从理论上分析是可行的，但实际操作中会遇到很多问题；方法④在拉索张拉过程中测试较为方便，但不能测试运营结构索力；方法⑤需要在锚头与垫板之间埋设永久性的力传感器，会增加一些工程成本；方法⑥需要在施工过程中在拉索上套装磁通量传感器；方法⑦属于间接测量法，也是拉索索力测定的常用方法，具体是将加速度传感器固定在拉索上，采用一定方法进行激振，测量拉索的振动响应后，进行频谱分析得出拉索的自振频率，再根据索力与自振频率的关系计算索力。

目前测量索力较常用的方法是预埋穿心式的压力传感器，其测试原理同前文所讲的荷载传感器，下面简要介绍索力测定的磁通量法和振动测定法。

（1）磁通量法

磁通量法是通过索中的电磁传感器测定索中磁通量的变化，由此来测定索力。其测试原理是：铁磁性材料在外磁场作用下被强烈磁化，磁导率很高，当铁磁性材料受到外力作用时，其内部产生机械应力或应变，相应地引起磁化强度发生改变，即产生磁弹性效应，通过找出磁化强度与应力之间的关系，就能实现对铁磁材料中的应力进行检测。

在某一温度下，铁磁材料内应力与磁导率变化为线性关系，利用铁磁材料的磁导率-应力关系曲线，可以直接测量出铁磁材料内力。磁通量传感器就是利用上述原理制成的，其结构简图如图 2-45 所示，它由激励和测量两层线圈组成。当在激磁线圈通入脉冲电流时，铁磁材料被磁化，会在钢芯试件纵向产生脉冲磁场。由于相互感应，在测量线圈中产生感应电压，感应电压同施加的磁通量成正比关系。对任一种铁磁材料，在试验室进行几组应力、温度下的试验，建立磁导率变化与结构应力、温度的关系后，即可用来测定用该种材料制造的构件的内力。

（2）振动法

用振动法测索力，所用的仪器与测试元件可以重复使用，不消耗一次性仪表及不需要事先预埋，比较经济方便，又基本能满足工程检测的要求，但也存在测试精度不高的缺点。振动法测量索力仪器配置图如图 2-46 所示。

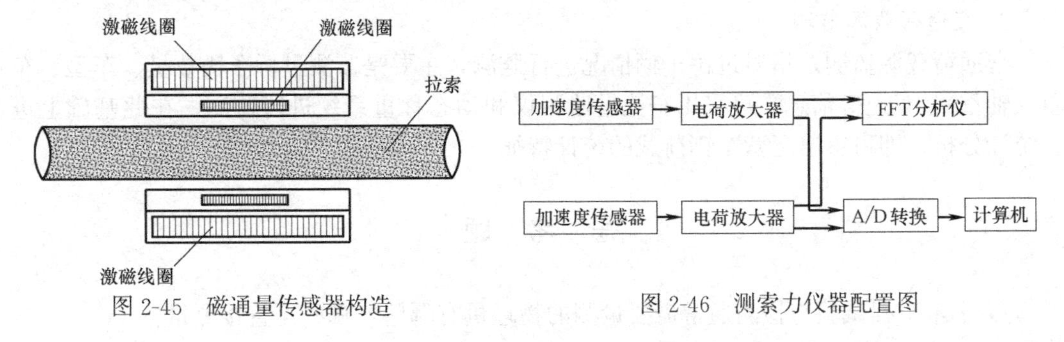

图 2-45　磁通量传感器构造

图 2-46　测索力仪器配置图

现场测试时可采用激振器激振或人工锤击激振，使用专用的索夹或绑带将加速度传感器固定在拉索上，进行激振和数据采集。一般地，在不考虑拉索抗弯刚度的影响，拉索的振动微分方程为：

$$\frac{w}{g}\frac{\partial^2 y}{\partial t^2}-P\frac{\partial^2 y}{\partial x^2}=0 \tag{2-59}$$

式中 y——横坐标（垂直于索的长度方向）；

x——纵坐标（索的长度方向）；

w——单位索长的重量；

g——重力加速度；

P——索的张力；

t——时间。

在索两端固定的条件下，由上式可以求出拉索的自振频率及拉索索力：

$$f_{\mathrm{n}}=\frac{n}{2l}\sqrt{\frac{Pg}{w}} \tag{2-60}$$

$$P=\frac{4wl^2}{g}\left(\frac{f_{\mathrm{n}}}{n}\right)^2 \tag{2-61}$$

式中 f_{n}——索的第 n 阶自振频率；

l——索的计算长度；

n——振动阶数。

这样，测定拉索频率后，就可通过简单的计算得出其实际索力。

三、环境参数的测量

在试验检测中，特别是在超高层建筑、高耸结构、大跨度桥梁的施工运营期间，周边及内部的环境参数也是需要量测的重要参数。如通过风速风压的监测，把握该处的风荷载真实状况，通过湿度和温度监测修正混凝土徐变系数；如通过地下水环境的检测，把握地下水环境真实状况，提前采取相应的防范措施；通过对桥梁车辆载重和流量等信息的自动采集，以对该桥的荷载进行统计分析，并进行结构状态评定。

1. 自然环境参数的测量

环境温、湿度的测量一般采用常用的气象监测温湿度仪，风速风向的测量一般采用常用的气象风速风向监测仪。对于结构内部温度测量，则需将温度传感器埋置于结构内部测点位置或将其粘附在被测物的表面进行温度测量，可采用热敏电阻温度计或光纤光栅温度计，通过配置相应的读数仪可直接读出温度数值。

2. 交通荷载源监测

交通荷载源监测是指对过桥车辆情况进行监测，主要是监测过桥车辆数量、车型、车重（轴重）、车速等信息，可采用车流量监测仪和动态称重系统进行监测，在此基础上进行统计分析，即可得出运营车辆荷载的统计特征。

思 考 题

1. 土木工程试验与检测通常需要量测的物理量有哪些？哪些可直接测量？

2. 目前应用较多的应变测试技术有哪些？各有哪些优缺点？如何选择应用？

3. 光学测量仪器适用于那些情况？与其他测量仪器相比有什么优缺点？

4. 结构动力响应如何测试？有哪些方法可以测量动态变形？

5. 如何测试土体或岩体内部的位移？

6. 简述荷载传感器的工作原理，列举一些目前工程中应用的传感器，简述其技术原理。

7. 简述大型缆索结构的索力测试方法及其原理。

第三章　试验检测方案设计与测试数据分析

第一节　概　　述

土木工程试验按照试验对象的尺度来分，可以分为原型（原位）试验检测与模型试验研究。原型试验检测多属于生产鉴定性试验，直接服务于生产实践，它是根据一定的规范、规程的要求，按照有关设计文件，在现场进行试验检测，通过试验检测来确定材料的性能，以及结构的实际承载能力、使用性能和使用条件，检验设计施工质量，掌握土木工程结构或材料在试验荷载作用下的实际工作状态，提出相应的设计、施工或运营维护建议对策，保证结构的安全与正常使用。模型试验多属于科学研究性试验，为了更准确地反映一些因素的影响、减少外界因素的干扰影响、便于加载测试工作的开展，一般在专门的实验室内、利用特定的加载装置进行加载测试，因此常常把对结构或构件的主要影响因素作为试验参数，忽略一些次要参数或次要因素的影响，模型试验研究的目的是为了建立或验证结构设计计算理论或经验公式，揭示出具有普遍意义的规律，为设计施工规范的修订与完善提供科学的依据。

原型（原位）试验检测与模型试验虽然在试验目的、加载方式、测试结果评价等方面有所区别，但在理论分析、测试方法、数据整理分析、试验组织等方面具有很多相同之处，它们都为新结构、新材料、新工艺的推广应用奠定了坚实的技术基础。总的说来，不论是原型（原位）试验还是模型试验，不管试验手段是静载试验还是动力性能测试，无论试验对象是建筑结构、地基基础还是桥梁结构，大体都包括试验方案设计、加载及测试工作组织、数据分析整理等一系列工作内容，具有基本相同的内涵与实施流程。其中，试验检测方案设计与测试数据分析是整个试验检测的灵魂与核心，反映了试验检测工作的质量，对试验检测的成败或顺利实施具有决定性的意义。

第二节　模型试验方案设计

模型试验是根据原型结构按照一定比例关系、选用相应材料制作而成的代表物，它具有原型结构的全部或部分特征。通过对模型结构进行加载测试，可以对原型结构进行深入系统的研究与分析，从而指导原型结构的设计与施工。一般说来，模型结构多采用缩尺比例设计制作，其尺寸可以比原型结构小很多。这样，模型试验一方面可以对一些次要的构造或影响因素进行删减或简化，以利于在实验室内进行有针对性、系统性的加载测试，能够得出更加系统全面的测试结果，从而得出普遍性的、规律性的结论；另一方面，模型试验也能够避免一些环境因素如温湿度对测试结果的干扰，从而保证试验测试结果的准确度，并降低试验模型加工制作的成本、减小试验加载与控制的难度。但同时需要指出的是，模型试验也存在一定的局限性，一些结构构造、制作工艺等难以在缩尺模型上得到很好的重现，由试验模型所得出的一些局部响应也就很难反映原型结构的真实状况。

按照模型试验的几何尺度来分，可以分为缩尺比例模型与足尺模型（模型与原型比例为1∶1），按照模型试验研究解决问题的内涵来分，可以分为静力试验模型与动力性能测试模型，按照研究模拟的对象来分，试验模型可以分为整体模型与局部模型，按照模型试验性质来分，可以分为弹性模型、强度模型。虽然分类方法繁多，但模型设计、试验的原理基本相同。

模型试验是现代结构设计理论建立的基础之一，是解决土木工程实践疑难问题的最有力工具之一。模型试验就是根据物理现象的规律，用模型试验来模拟原型结构的实际工作情况，再根据模型试验的测试结果来推断分析原型结构的某些特性。模型试验一般包括模型设计、模型制作、加载测试、分析总结四方面主要内容，其核心问题是如何设计模型。模型设计的理论基础是相似理论，相似理论是研究自然界相似现象的性质、鉴别相似现象的一门学科，是指导模型试验设计、加载测试、数据分析的基本依据，是将模型试验规律推广到原型结构上去的基本理论。

一、相似理论及其应用

1. 相似的概念

物理现象的相似与几何学中所讲的相似是一样的，但概念要更宽泛一些。在几何学中，图形相似就是指它们的相应角的大小相等或相应边的长短成比例。如果两个物理现象相似，则除了几何相似之外，在物理过程中的相应时刻，第一个过程与第二个过程的相应变量或参数之间的比例应保持常数不变，如满足相似比的两个简支梁，其相应的应力、变形或加速度响应峰值之比为一个恒定的常数。

2. 相似定理

（1）相似第一定理。彼此相似的物理现象，单值条件相同，其相似准数也相同。

所谓“单值条件”，是指决定一个现象的特性并使它能够从一群现象当中区分出来的那些条件。属于单值条件的因素有：结构的几何性质、结构的物理参数、结构的起始状态、结构的边界条件等。相似第一定理揭示了相似现象的性质，是牛顿于1686年发现的，可以从牛顿第二定律来简要说明。

按照牛顿第二定律，物体的运动与作用力的关系必须服从于方程式：

$$F=m\frac{\mathrm{d}v}{\mathrm{d}t} \tag{3-1}$$

式中 F——作用力；

m——物体的质量；

v——速度；

t——时间；

$\mathrm{d}v/\mathrm{d}t$——物体运动的加速度。

若两个物体的运动相似，则它们各个对应量之间必互为比例：

$$F_2=C_\mathrm{F}F_1;\quad m_2=C_\mathrm{m}m_1;\quad v_2=C_\mathrm{v}v_1;\quad t_2=C_\mathrm{t}t_1 \tag{3-2}$$

式中 C_F、C_m、C_v、C_t——分别为两个物理系统的对应物理量（即作用力、质量、速度

和时间）的“相似常数”。

下标“1”、“2”分别表示相似的两个物理系统。因为式（3-1）对于任何物体的运动都是适用的，所以对于第一个物理系统可写为：

$$F_1=m_1\frac{dv_1}{dt_1} \tag{3-3}$$

对于第二个物理系统可写为：

$$F_2=m_2\frac{dv_2}{dt_2} \tag{3-4}$$

将式（3-2）的关系代入式（3-4），可得到：

$$\frac{C_F C_t}{C_m C_v}F_1=m_1\frac{dv_1}{dt_1}$$

此方程式只有当

$$\frac{C_F C_t}{C_m C_v}=1 \tag{3-5}$$

时，才能和式（3-3）一致。所以在上述两个力学相似系统中，各物理量的相似常数之间应该满足式（3-5）的关系。式（3-5）称为“相似条件”（也称相似指标或相似数）。

以式（3-2）的关系代入式（3-5），可得到：

$$\frac{F_1 t_1}{m_1 v_1}=\frac{F_2 t_2}{m_2 v_2}$$

这个无量纲的比例对于所有力学相似系统都是相同的。把下标去掉，可获得“相似准数”：

$$\pi=\frac{Ft}{mv}=\text{常数} \tag{3-6}$$

“相似准数”（也称相似判据或相似准则）实际上就是各种不同物理量的相似常数之间所应满足的关系式，可从主导该现象的物理量之间去寻找。式（3-6）的相似准数也称为牛顿准数。当两个力学系统运动的情况相似时，其牛顿准数的数值必然相同。当然，任何运动都必须在几何的空间内进行，因此任何相似的现象，总是在几何相似的系统中进行的。

自然界现象总是服从于某个恒定的规律，这个规律通常可以用方程式来表示，而应用相似常数的转换，可以获知当两个现象相似时，其由方程式转换所得相似准数的数值必然相同。这就阐明了这两个相似现象中各物理量之间所存在的一定关系。第一相似定理阐明了由那些量决定一群相似现象的特性，在试验的时候应当测定这些量，而相似准数是由表示现象特性的这些量之间的关系方程式导出的，所以相似准数中一定包含了所有表示现象特性的量。因此，在试验的时候应当测量所有包含在相似准数中的那些量。

（2）第二相似定理。某一现象各物理量之间的关系方程式，都可表示为相似准数之间的函数关系，写成准数方程式的形式。准数方程式的记号，通常用“π”来表示，如式（3-6）所示，因此，第二相似定理也称 π 定理。

第二相似定理告诉人们如何去处理试验的结果，即应当以相似准数间关系的形式来处理试验的结果，这样可以使试验的结果推广到所有相似的现象上去。然而，在分析一个新现象时，究竟它是否与已经研究过的现象相似？或者什么样的现象才成为相似呢？如果不解决这个问题，则由相似转换所获得的相似准数，并且以试验结果按照第二相似定理整理所得的准数方程式，就很难在实际中得到应用。关于这个问题，第三相似定理给予了解答。

（3）第三相似定理。现象的单值条件相似，而且由单值条件导出来的相似准数的数值相等，是现象彼此相似的充分和必要条件。

第一相似定理和第二相似定理是把现象相似的存在当做已知条件，然后来确定相似现象的性质，而第三相似定理则补充了前面两个定理，它指出了判断相似性的充分和必要条件。当分析一个新现象时，只要它的单值条件和已经研究过的现象的单值条件相同，而且由单值条件所组成的相似准数的数值和已经研究过的现象者相等，就可以肯定这两个现象相似。因此，可以把已经研究过的现象的结果应用到这一新现象上来，而不必对这一新现象再进行重复的试验。第三定理使相似理论就成为指导模型试验的基本方法。

根据以上所述，用来判断相似现象的是相似准数，它描述了相似现象的一般规律。所以，在进行模型试验之前，总是要先求得被研究对象的相似准数，然后按照这些准数进行模型设计与试验加载方案编制，并将试验所测得的数据整理成准数间的函数关系来描述所研究的现象，以服务于原型结构的设计。

3. 相似原理的应用

在运用相似定理、设计模型时，首先要明确模型试验的目的与要求，选取恰当的模型类型及模型制作材料，其次确定相似条件、几何相似常数，然后由上述相似条件再根据相似条件推导出对其余量如荷载相似关系，再根据试验设备条件对所确定的参数进行校核、进行模型施工图设计。一般情况下，相似常数的个数多于相似条件的个数，模型相似条件主要包括材料特性、几何特性、荷载特征、动力特性等，由于模型材料的力学性能不能够任意控制，因此在模型设计时应尽可能先选定模型制作材料，然后再确定相似不变量及几何相似关系，最后再来确定荷载特征或动力特性的相似关系。现将模型的几个要素即模型的类型、缩尺比例简述如下。

（1）模型的类型

一般说来，试验模型按照性质可以分为弹性模型、强度模型两类，按照模拟的对象可以分为整体模型与局部模型，按照模型试验研究解决问题的内涵，可以分为静力试验模型与动力性能测试模型。

弹性模型试验的目的是获得原型结构在弹性阶段受力行为的技术资料，用以验证新型结构设计计算理论是否正确，或为设计计算提供某些参数，弹性模型的制作材料不必与原型结构的材料完全相似，只需模型材料在试验过程中具有完全的弹性性质，通常采用小比例缩尺模型，如采用有机玻璃制作高层结构、高耸结构、大跨度桥梁的动力性能试验模型、风洞试验模型等。

强度模型试验的目的是寻求原型结构的极限强度、极限变形、破坏形态以及在各级试验荷载作用下的结构性能，通常采用与原型结构相同的材料或构造，如钢筋混凝土模型、钢结构模型，强度模型试验的成功与否很大程度上取决于模型材料与原型材料的相似程度，一般多采用大比例缩尺模型（个别情况下也采用原型试验），以克服模型制作时材料模拟、细部构造模拟等方面的困难，减小尺寸效应，并便于加载测试。

按照研究模拟的对象来分，试验模型可以分为整体模型与局部模型。顾名思义，整体模型主要研究结构的整体宏观受力行为，检验验证结构体系的受力合理性，综合考虑试验成本、加载方式、试验设备制约等因素，整体模型多采用小比例缩尺模型，如高层、超高层结构的模拟地震振动台试验模型。局部模型试验主要研究结构构件或细部构造的受力行为，检验结构构造的合理性与可靠性，为了较好地模拟原型结构的局部、便于模型制作，通常采用大比例缩尺甚至足尺模型、进行破坏加载，如梁柱节点的模型试验。

此外，某些情况下还可采用间接模型试验，其目的是得到有关结构反力、内力（弯矩、剪力、轴力、扭矩）分配的规律或量值，因此间接模型试验并不要求其与原型结构完全相似，但要保证一些参数如刚度满足相似比，以便能够通过试验得出各构件承受内力的比例。

(2) 模型的缩尺比例

模型的缩尺比例可以从几分之一到几百分之一，设计时应综合考虑模型的类型、制作工艺条件、试验加载条件来确定一个恰当的比例。小比例模型所需的加载条件简便，但模型制作较困难、对测试仪表的精度要求也高，大比例模型对加载条件要求较高，但制作方便，对量测仪表无特殊要求。一般说来，弹性模型可采用小比例模型，而强度模型、尤其是局部模型应采用较大比例的缩尺模型。常见模型缩尺比例可参考表 3-1。

常见模型缩尺比例 **表 3-1**

结构类型	弹性模型	强度模型	局部模型
建筑结构或构件(节点)	1/20～1/300	1/2～1/10	1/1～1/5
桥梁结构或构件(节点)	1/20～1/300	1/2～1/10	1/1～1/5
板壳结构	1/20～1/200	1/2～1/10	1/1～1/4
风洞试验模型	1/50～1/300	一般不用强度模型或局部模型	一般不用强度模型或局部模型
模拟地震振动台试验模型	1/10～1/50	一般不用强度模型或局部模型	一般不用强度模型或局部模型

二、模型设计与制作

模型设计与制作是模型试验成功与否的关键，因此在模型设计时不仅要根据模型试验的目的来确定模型的相似条件，还要综合考虑各种相关因素，如模型的制作材料、制作工艺、细部构造、加载测试条件等，确定得出比较恰当的物理量相似常数，进行模型的详细设计，绘制模型施工图，必要时根据相关试验条件再进行调整。

1. 模型设计

(1) 相似关系的确定

几何相似比是模型设计最重要的参数，它决定了模型的尺度与规模，直接影响着模型的质量、荷载等其他物理量的相似关系，确定了位移、应变、加速度等模型响应与原型的对应关系。模型与原型满足相似关系，就是要求模型与原型之间的各方向的尺寸都成相应的比例，即要求

$$\frac{l_{\mathrm{m}}}{l_{\mathrm{y}}}=C_l \tag{3-7}$$

式中 C_l——几何相似比；

m、y——分别表示模型与原型，下同。

由此可得，模型与原型的面积相似比、截面抵抗矩相似比及惯性矩相似比分别为：

$$C_{\mathrm{A}}=\frac{A_{\mathrm{m}}}{A_{\mathrm{y}}}=C_l^2 \tag{3-8}$$

$$C_{\mathrm{w}}=\frac{W_{\mathrm{m}}}{W_{\mathrm{y}}}=C_l^3 \tag{3-9}$$

$$C_{\mathrm{I}}=\frac{I_{\mathrm{m}}}{I_{\mathrm{y}}}=C_l^4 \tag{3-10}$$

进一步的，根据结构变形（位移）与长度、应变之间的关系，不难推导出变形（位移）、应力、荷载的相似关系为：

$$C_{\mathrm{x}}=\frac{\sigma_{\mathrm{m}}}{\sigma_{\mathrm{y}}}=\frac{E_{\mathrm{m}}\times\varepsilon_{\mathrm{m}}}{E_{\mathrm{y}}\times\varepsilon_{\mathrm{y}}}=C_{\mathrm{E}}\times C_{\varepsilon} \tag{3-11}$$

$$C_{\sigma}=\frac{x_{\mathrm{m}}}{x_{\mathrm{y}}}=\frac{\varepsilon_{\mathrm{m}}\times l_{\mathrm{m}}}{\varepsilon_{\mathrm{y}}\times l_{\mathrm{y}}}=C_{\varepsilon}\times C_l \tag{3-12}$$

$$C_{\mathrm{p}}=\frac{P_{\mathrm{m}}}{P_{\mathrm{y}}}=\frac{A_{\mathrm{m}}\times\sigma_{\mathrm{m}}}{A_{\mathrm{y}}\times\sigma_{\mathrm{y}}}=C_{\sigma}\times C_l^2 \tag{3-13}$$

式中　C_{E}——弹性模量相似常数；

　　C_{ε}——应变相似常数。

同理，可以比较方便地推导出其他结构响应的相似关系。一般情况下，模型试验时，需要首先确定相似不变量，如取应力作为相似不变量，由此则可得出荷载、变形（位移）的相似关系。为此，模型与原型的边界条件（包括支承条件、约束条件以及边界上的受力情况等）应尽可能保持相似，必要时应采用专门或特殊构造予以保证。需要指出的是，受模型材料性质等因素的影响，模型试验时上述相似关系不一定能够同时满足，此时可根据试验目的，采取一些调整或弥补的措施，以保证主要相似关系得以满足。

此外，在结构动力试验中，除满足几何、边界相似条件之外，还要求模型与原型的质量满足相似关系的要求，此时可采用在模型上附加配重的方式予以满足。对于动力时程问题，还要求模型与原型的各物理量在对应的位置及对应的时刻保持一定比例，即保证动力过程相似，此时可采取“时间压缩”等方法对输入波形进行调整。

（2）模型材料选择

适用于制作模型的材料虽然较多，但也没有绝对理想的材料。正确把握模型材料的力学性质、掌握试验材料性质对于顺利完成模型试验往往具有决定性的意义。一般说来，模型材料应满足下列要求：

1）能够保证相似关系的要求。

2）能够保证量测精度的要求，如采用弹性模量较低的材料，以产生较大的荷载变形，便于变形量测。

3）材料力学性能稳定，不因温湿度的变化而变化。

4）徐变小，这一点对于用作弹性模型的有机合成材料尤应注意。

5）便于加工制作，便于加载反力架、作动器及量测元件的布置。

模型材料主要有金属、塑料、石膏、混凝土等，具体选用时可视原型结构特点、材料构成以及模型试验目的、缩尺比例、制作工艺来综合确定。现将几种常用模型制作材料的特点简述如下：

1）金属。制作模型的金属材料主要有钢、铝合金，它们具有各向同性的材料性质，泊松比约为0.30，比较接近或等于常用混凝土结构和钢结构的泊松比，都允许有较大的应变量，也具有良好的导热性，是一种比较常用的模型材料。用金属制作模型的主要缺点是模型加工比较困难，尤其是制作小比例弹性模型时。

2）塑料。塑料作为模型材料的最大优点是强度高而弹性模量低（约为金属弹性模量的2%～10%），便于加工，缺点是弹性模量受温度、时间变化的影响较大，徐变大，泊松比高（约为0.35～0.50），导热性差，但只要采取相应措施，如严格控制试验环境温度，将其工作应力控制在极限强度的1/3以内，这些缺点都是可以克服的。塑料模型中最常用是有机玻璃，它加工制作比较简便，一般可用木工工具加工，用氯仿溶剂粘结。有机玻璃是一种各向同性的匀质材料，弹性模量比较低（约为2.6～3.3×10³MPa），泊松比为0.33～0.35，抗拉强度大于30MPa，试验时当工作应力达到6～7.0MPa时，其应变已达2000$\mu\varepsilon$左右，已可满足一般应变测量的要求与精度。

3）混凝土。混凝土多用于强度模型，主要包括微粒混凝土、细石混凝土、水泥混凝土和石膏砂浆等，在模拟钢筋混凝土、预应力混凝土时也可以根据原型钢筋布置，采用力学性能相同或相近的钢筋、型钢、细钢丝作为加筋材料（必要时可保证配筋率等主要因素不变，调整钢筋数量或布置方式）。混凝土模型设计制作时可根据模型尺度、配筋情况等，进行配合比设计，采用专门的浇筑振捣设备，以保证模型混凝土的密实性与力学性能符合设计意图，一般情况下，还应专门制作相应的混凝土试块，测试模型混凝土不同龄期的强度、弹性模量等基本参数，以便据此更好地进行模型受力行为的理论分析，与实测结果进行比较。

（3）理论分析计算

模型的主要相似关系、制作材料确定之后，一般应根据模型总体布置、结构尺寸、材料物理力学性能、模型加载程序等方面进行理论分析计算。理论分析计算的主要目的有两方面，一是根据模型结构的试验反应的大小选择相应的测试仪器，校核加载程序、加载量级的安全性与合理性（必要时调整加载程序），以便更好地进行试验的组织与实施；二是便于理论计算值与实测值的比较，以便根据试验实测结果修正计算理论、计算方法或验证计算模型、计算参数等，更好地指导原型结构的设计与施工。在进行理论分析计算之前，往往要进行材料力学特性的辅助试验，以获得更加接近实际的计算参数。理论分析计算可根据实际情况，依据相关结构计算理论，采用相应的计算软件进行。

2. 模型加载方式

模型试验对加载设备的精确性、操控性要求较高，主要加载设备有液压加载系统、大型结构试验机、电液伺服液压加载系统、模拟地震振动台、风洞等。在模型设计时，就要根据模型试验的性质及测试要求来选择适宜的加载设备及加载模型，如静载试验一般多采用施加荷载的方式（又称为作用力控制模式），也可根据试验要求在构件进入塑性破坏阶段后转换为施加位移的方式（又称为位移控制模式）。现将各种常用加载系统简介如下。

（1）液压加载系统

液压加载系统是利用手动液压加载装置如千斤顶辅助以加力架和静力试验台座的加载方式，是一种较为简便的加载方法。其特点是加载设备简单、作用力大、加载卸载安全可靠，与重力加载法相比，比较便捷高效。但如果要求多点加载时，则需要多人同时操纵多台液压加载装置，同步性、精确性较差。液压加载系统主要是由储油箱、高压油泵、液压加载器、测力装置和各类阀门通过高压油管连接组成，并与试验台座、试验构件、反力架等形成平衡力系，见图 3-1。

利用液压加载试验系统可以进行各类结构或构件（梁、柱、板、屋架、墙板等）的静载试验，相对而言，液压加载试验系统受加载点数、加载点的距离和高度的约束较小，非常适合于大吨位、大跨度的结构静载试验的需要。

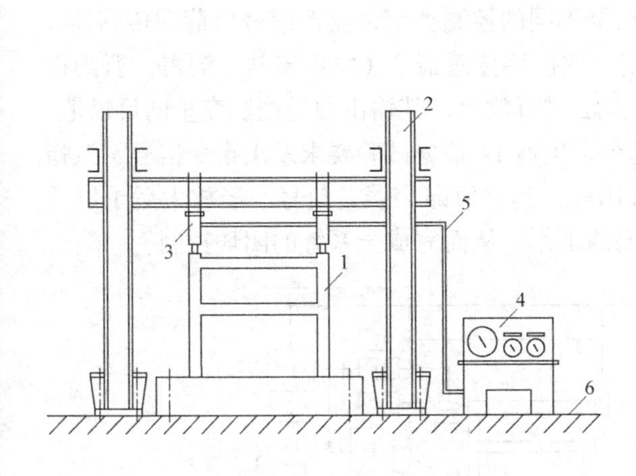

图 3-1　液压加载试验系统

1—试件；2—试验反力架；3—加载器；4—液压操纵台；5—油路系统；6—试验台座

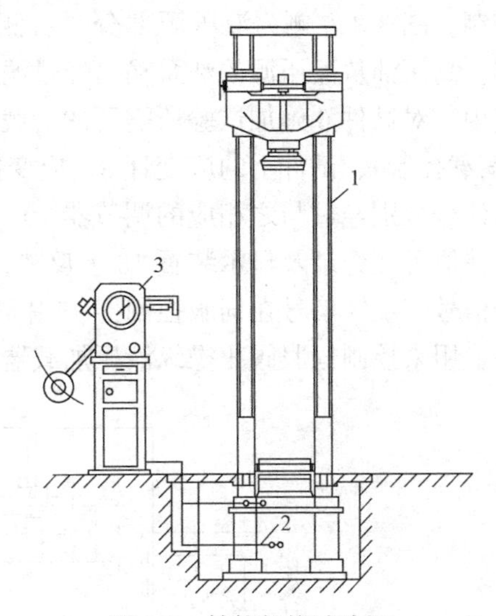

图 3-2　结构长柱试验机

1—试验机架；2—液压加载器；3—液压操纵台

（2）大型结构试验机

大型结构试验机就是一种比较成熟完善的液压加载系统，它是结构试验室内进行大型试件试验的一种专门设备，比较典型的有结构长柱试验机和疲劳试验机。

1）结构长柱试验机

结构长柱试验机构成见图 3-2，可用于进行梁、柱、节点、墙板、砌体等构件的受压、受弯或受拉试验。它由液压操纵台、大吨位的液压加载器和试验机架三部分组成。为满足大型构件试验的需要，目前国内比较普遍使用的长柱试验机的吨位是 5000～10000kN，机架高度一般在 3～10m 之间，并通过专用的数据接口与计算机相连，由程序控制自动进行加载、数据采集和数据处理。

2）结构疲劳试验机

结构疲劳试验机主要用于结构构件疲劳性能的试验，其主要由脉动发生系统、控制系统和千斤顶工作系统三部分组成。从高压油泵打出的高压油经脉动器再与工作千斤顶和控制系统中的油压表连通，使脉动器、千斤顶、油压表都充满压力油。当飞轮带动曲柄运动时，就使脉动器活塞上下移动而产生某一频率的脉动油压，脉动频率用电磁无级调速电机控制飞轮转速进行调整。疲劳次数由计数器自动记录，计数至预定次数或试件破坏时即自动停机。

（3）电液伺服液压加载系统

电液伺服液压系统出现在 20 世纪 50 年代，它是结构试验技术领域的一个重大进展。由于它可以较为准确地模拟试件所受的实际外力与受力过程，所以广泛地用于模拟各种静荷载、动荷载如冲击、地震、海浪等，它具有适用性强、加载精度高、控制性能好、加载方式转换方便等优点，是目前结构试验研究中一种比较理想的试验设备。

电液伺服加载系统采用闭环控制，其主要由电液伺服加载器、控制系统和液压源三大部分组成（见图 3-3），它可将荷载、应变、位移等物理量直接作为控制参数，实行自动控制。图 3-3 左侧为液压源部分，右侧为控制系统，中间为带有电液伺服阀的液压加载器。高压油从液压源的油泵输出经过滤器进入伺服阀 4，然后输入到双向加载器 5 的左右室内，对试件 6 施加试验所需要的荷载。根据不同的控制类型，反馈信号由荷载传感器 7（荷载控制）、试件上的应变计 8（应变控制）或位移传感器 9（位移控制）测得。所测得的信号分别经过与之相应的调节器 10、11、12 进行放大，其输出便是控制变量的反馈值。反馈值可在记录及显示装置 13 上反映。指令发生器 14 根据试验要求发出指令信号，该指令信号与反馈信号在伺服控制器 15 中进行比较，其差值即为误差信号，经放大后予以反馈，用来控制伺服阀 4 操纵液压加载器活塞的工作，从而完成全系统的闭环控制。

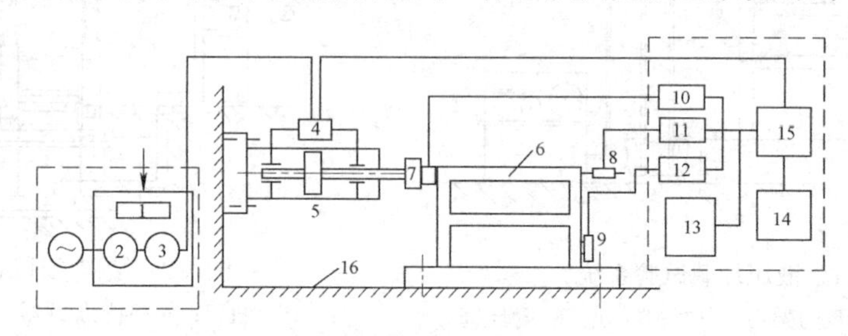

图 3-3　电液伺服液压系统工作原理

1—冷却器；2—电动机；3—高压油泵；4—电液伺服阀；5—液压加载器；6—试验结构；7—荷载传感器；8—位移传感器；9—应变传感器；10—荷载调节器；11—荷载调节器；12— 应变传感器；13—记录及显示装置；14—指令发生器；15—伺服控制器；16—试验台座

电液伺服阀是电液伺服液压加载系统中的关键部分，它安装于液压加载器上，根据指令发生器发出的信号经放大后输入伺服阀，转换成大功率的液压信号，将来自液压源的液压油输入加载器，使加载器按输入信号的规律产生振动对结构施加荷载，同时由伺服阀及结构上量测的荷载、应变、位移等信号通过伺服控制器作反馈控制，以提高整个系统的灵敏度。

对于动力性能测试模型的激振或加载，可以根据试验目的与要求，选用电液伺服液压加载系统、模拟地震振动台或大型风洞进行激振或输入加载，具体实现方式比较复杂，可参见有关专门书籍。

3. 模型试验应注意的几个问题

（1）模型制作精度。模型尺寸不准确是引起模型试验误差的主要因素之一。模型尺寸允许误差与原型结构一样，均为±5%，但由于模型几何尺寸较小，相应地，其制作允许偏差的绝对值就很小，因此在模型制作时应加倍注意。对于钢筋混凝土模型尤其是小比例模型，除保证模型尺寸准确外，还要保证钢筋的布置位置准确可靠，保证混凝土的密实性，必要时应采用一些特殊的模板材料、混凝土材料或浇筑工艺，如采用型铝作为模板，采用自流平免振捣混凝土、附壁式振捣器等。

（2）模型试验环境。环境变化对模型反应的影响往往难以通过仪器仪表的温度补偿加以消除，因此应严格控制模型试验过程中温度、湿度的变化，特别是对于小比例的有机玻璃模型试验，要求其在试验过程中温度变化不超过±1℃，否则环境变化引起的结构反应可能会达到试验荷载反应的同一量级，对测试结果造成较大干扰。

（3）模型支承方式。模型试验必须在支承方式、约束条件方面采取严格细致的构造措施，确保实际支承构造与受力图式基本一致。如试验构件的固定铰支座、活动铰支座应采用图 3-4、图 3-5 所示的滚轴或刀口构造，并严格保证支座轴线间距与构件的试验跨度误差在允许范围内，对于一些构件如四角支承的板、四边支承的板还要注意固定滚珠、活动滚轴（滚珠）之间的匹配，并保证滚珠安装间距为 3～5 倍板厚（图 3-6）。

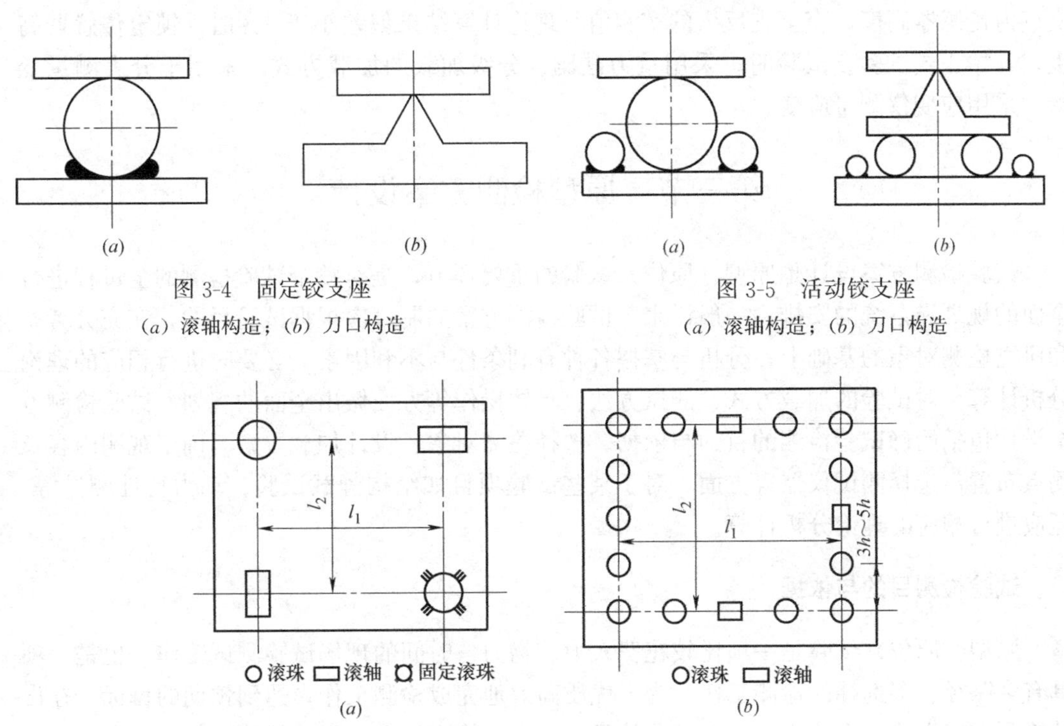

图 3-4　固定铰支座

（a）滚轴构造；（b）刀口构造

图 3-5　活动铰支座

（a）滚轴构造；（b）刀口构造

图 3-6　滚轴与滚珠的匹配

（a）四角支承板支座设置；（b）四边支承板支座设置（h 为板厚）

（4）模型试验荷载。模型试验加载程序必须严谨细致（一般应有加载程序及调整预案），加载方式应明确清晰，加载位置应准确可靠，每一级加载量值应精确，并在每一级加载后，按照事先明确的、可靠的校核途径进行校验，避免因加载方式、加载量值偏差对测试结果产生较大的影响。

（5）模型反应量测。根据模型反应的理论分析计算结果，选择恰当的量测方法，兼顾量测仪器仪表的精度与量程，准确定位量测仪器仪表的位置，确保仪器仪表安装的可靠性，如模型比例较小，还要避免这些量测仪器重量、刚度对模型受力行为的影响。

4. 模型设计实例

某三跨连续曲线钢箱梁因宽跨比较大、曲线半径较小、剪力滞后效应比较突出，为研究该钢箱梁的静力受力行为，检验分析计算理论，指导原型桥梁的设计与施工，进行了 1/10 缩尺模型试验。模型选用与原型材质相同的薄钢板制作（对细部构造进行了相应的简化，对焊接残余应力进行了回火处理），取应力作为相似不变量，由此可得模型与原型的相似关系如表3-2所示。

模型与原型的相似关系（模型/原型） **表3-2**

应力 C_ε	几何 C_l	弹性模量 C_E	位移 C_x	质量 C_m	惯性矩 C_I
1/1	1/10	1/1	1/10	1/1000	1/10000

模型采用与原型相同的7点竖向支承、4点水平约束的支承方式，为保证各支点受力与实际情况相符，先在模型上施加一定数量的配重，然后根据支反力的理论计算值调整个支点力传感器高度，直至支反力的实测值与理论计算结果偏差小于5%时，锁定传感器高度，开始正式试验。试验时，采用重力砝码、分级加载的加载方式，采用千分表测量变形，采用应变仪测量应变。

第三节　原型检测方案设计

试验检测方案设计是原型（原位）试验的重要环节，是对整个试验检测的全过程进行全面的规划和系统的安排。一般说来，试验检测方案的制订应根据试验目的，在充分考察和研究检测对象的基础上，分析与掌握各种有利条件与不利因素，必要时进行相应的理论分析计算，对试验的加载方式、测试方法、具体操作等方面做出全面的规划。试验检测方案设计包括明确试验检测的目的与依据、选择检测对象、设计加载方案、确定观测内容及测点布置、选择测试仪器等方面，对于某些试验项目如结构静载试验、动力特性测试等，还应进行相应的理论分析计算。

一、试验检测目的与依据

原型（原位）试验是一项比较花费人力、物力、时间的现场试验测试工作，也是一项具有多路径、多选择的检测工作。为了优质高效地完成检测工作，达到预期的目标，在设计检测方案之前，必须明确本次试验的目的，准确恰当地选择规范规程或其他依据，回答本次试验要解决什么问题？摸清什么状况？采取什么加载测试手段方法来实现这一目标？

一般说来，试验检测目的明确以后，优先选用国家标准，在没有国家标准的情况下，选用行业标准，对于一些比较新型的结构、构造或材料，如缺乏国家标准或行业标准，也可以借鉴参考其他行业标准或国外的规范规程。检测目的与依据明确后，应尽量选用成熟可靠的加载手段，尽可能选用适宜而简单可靠的测试方法，尽可能减小对既有结构正常使用的干扰与破坏。

二、试验检测对象的选择

原型（原位）试验检测既要能够客观全面地评定试验对象的承载能力、使用性能或其他性能，又要兼顾试验费用、试验时间、现场条件的制约，因此，要科学合理地选择具体的试验对象，进行必要的简化与抽象。另一方面，任何检测均属抽样检测，选取的检测样本应具有科学的代表性，既要能够“以点代面”地反映检测对象的共同特性，又要能够“兼顾重点”地反映检测对象的特殊性。

一般说来，对于结构形式、设计参数、施工方法基本相同的结构，可选择具有代表性的部分进行加载试验量测，如按规范规定的比例、随机选取基桩或预制构件进行静载试验，又如选取多榀框架的一榀进行动力性能测试；对于结构形式、设计参数、施工工艺不同的结构，应按结构形式、设计参数分别选取具有代表性的结构进行试验，如对于大型复杂桥梁，既要选取主桥或主跨，又要选取引桥或副跨进行检测；对于结构形式相同但设计参数如跨度不同的多跨结构，应选取跨度最大的一跨或几跨进行试验。除了上述几点之外，试验对象的选择还应考虑以下情况：如试验检测对象的病害或缺陷是否比较严重，试验检测对象选取是否便于试验的实施（如搭设脚手支架、布置测点及加载）。

三、理论分析计算

对于静载试验，确定了试验对象之后，一般要进行相应的理论分析计算，如计算桥梁结构的设计内力、桩基承载能力或建筑结构的试验反应等。理论分析计算是加载方案、观测方案及试验对象性能评价的基础与依据，是试验测试做到“心中有数”的前提。因此，理论分析计算应采用先进可靠的计算手段和工具，保证计算结果准确可靠。一般地，理论分析计算包括试验对象的设计内力计算和试验荷载效应计算两个方面，对于一些比较难以准确计算的检测项目如桩基承载能力，还要收集相近的实测结果。

对于动力试验，也要根据试验目的进行相应理论分析计算，如计算结构动力特性（频率、振型等），计算结构在车辆、环境风荷载作用下的动力反应（振幅、加速度等），以便据此指导试验工作，选定测试仪器仪表。

四、加载方案

不管是静载试验还是动载试验，加载（激振）都是试验最重要的环节之一。对于静载试验，加载方案设计包括加载设备的选用，加载、卸载程序的确定以及加载持续时间三个方面。实践证明，合理地选择加载设备及加载方法，对于顺利完成试验检测工作、保证试验检测质量，有着很大的影响。

1. 静载试验加载

原型（原位）静载试验的加载设备主要有三种，即利用重物加载、利用车辆荷载加载、利用专门的加力架及千斤顶进行加载，应根据试验目的要求、现场条件、加载量大小和经济方便的原则选用。

重物加载是将重物（如铸铁块、预制块、沙包、水箱等）施加在测试对象上，通过重物逐级增加来达到加载效率。如桩基静载试验常采用压重法（也称为堆载法，图 3-7），即在试桩的两侧设置枕木垛，上面放置型钢或钢轨，将足够重量的钢锭或混凝土块堆放其上作为压重，在型钢下面安放主梁，千斤顶则放在主梁与桩顶之间，通过千斤顶对试桩逐级施加荷载，进行加载测试。又如人行天桥的静载试验多采用沙包、预制混凝土块进行加载测试。采用重物加载时要进行重量检查，如重物数量较大时可进行随机抽查，以保证加载重量的准确性。采用重物直接加载的准备工作量较大，加载卸载时间较长，工程应用受到一定限制，重物加载一般用于单片预制梁、人行桥梁、桩基静载试验等场合。

采用车辆荷载进行加载具有便于移动、加载卸载方便迅速等优点，是桥梁静载试验较常用的一种方法。通常可选用重载汽车。利用车辆荷载加载需注意两点，一是对于加载车辆应严格称重，保证试验车辆的重量、轴距与理论计算的取用值相差不超过5%；二是尽

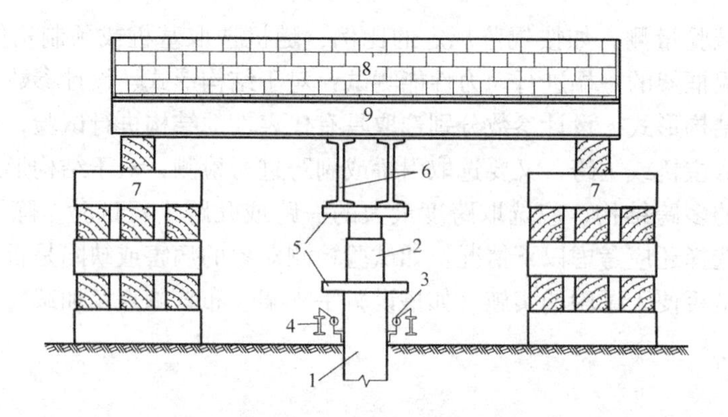

图 3-7　堆载法加载装置

1—试桩；2—千斤顶；3—百分表；4—基准梁；5—钢板；6—主梁；7—枕木；8—堆放的荷载；9—次梁

可能采用与标准车相近的加载车辆。

专用加力架一般由地锚、千斤顶、加力架、测力计（力传感器）、支承等组成，常用反力架多为立式，如图 3-8 所示。千斤顶一端作用于加力架上并通过加力架传递给地锚，另一端作用在试验梁上，力的大小由测力计或千斤顶油压表进行监控，当试验对象有特殊要求或立式加载有困难时，也可采用卧式，如图 3-9 所示。一般说来，专用加力架临时工程量大、经济性差，仅适用于单片梁或结构局部构件的现场检测。对于桩基静载试验，锚桩法是一种常用的加力架加载装置，其主要设备由锚梁、横梁和液压千斤顶等组成，如图 3-10 所示，采用千斤顶逐级施加荷载，反力通过横梁、锚梁传递给已经施工完毕的桩基，用油压表或力传感器量测荷载的大小，用百分表或位移计量测试桩的下沉量。

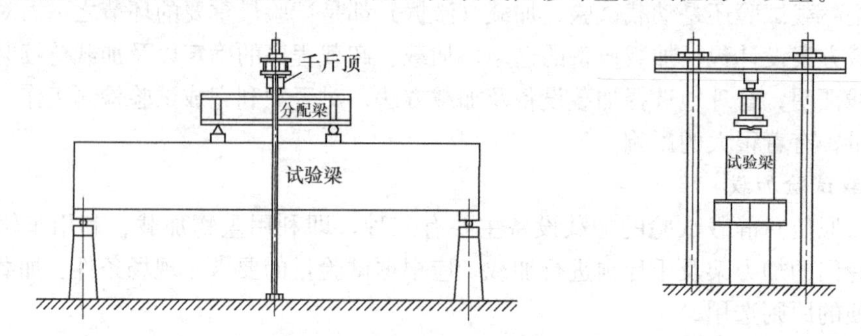

图 3-8　反力架-千斤顶立式加载

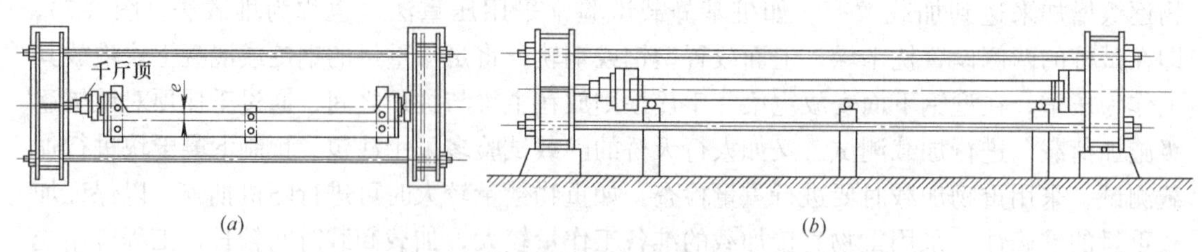

图 3-9　反力架-千斤顶卧式加载

(*a*) 俯视图；(*b*) 侧视图

2. 动力试验激振

动载试验的激振方法很多，如自振法、强迫振动法、脉动法等，选用时应根据结构的

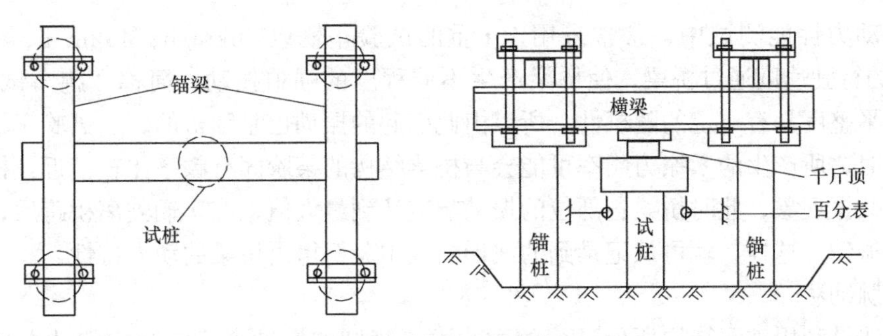

图 3-10 锚桩法加载装置

类型、刚度和现场条件进行选择，以简单易行、便于测试为原则。通常，多将上述一种或两种方法结合起来，以便激发结构的振动，全面把握结构的动力特性。

（1）自振法

自振法的特点是使结构产生有阻尼的自由衰减振动，一般常用突然加载和突然卸载两种方法。突然加载法是在被测结构上急速施加一个冲击作用力，由于施加冲击作用的时间短促，因此，施加于结构的作用实际上是一个脉冲作用，当测试结构某一构件的振动时，常常采用锤击方法产生冲击作用，在桥梁动力特性测试中，常常采用试验车辆的后轮从三角跳车垫块上突然下落对桥梁产生冲击作用，激起桥梁的竖向振动，简称“跳车试验”，如图 3-11 所示。

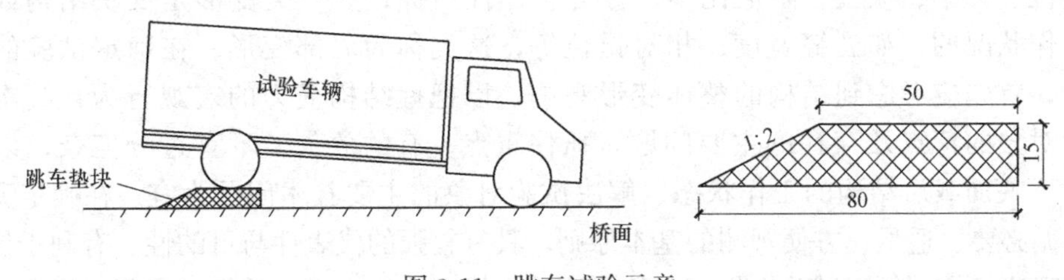

图 3-11 跳车试验示意

突然卸载法是在结构上预先施加一个荷载作用，使结构产生一个初位移，然后突然卸去荷载，使其产生自由振动。可通过自动脱钩装置或剪断绳索等方法，有时也专门设计断裂装置，即当预施加力达到一定数值时，在绳索中间的断裂装置便突然断裂，由此激发结构的振动。图 3-12 为突然卸载法的激振装置。

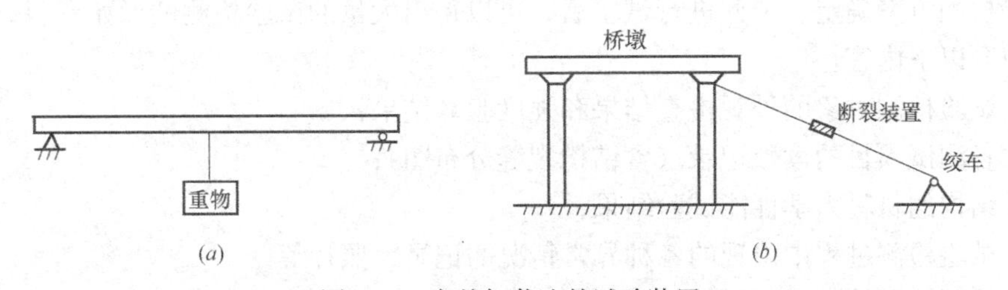

图 3-12 突然卸载法的试验装置

(*a*) 悬挂重物方式；(*b*) 采用断裂装置

（2）强迫振动法

强迫振动法是利用专门的激振装置，对结构施加激振力，使结构产生强迫振动，然后逐渐改变激振力的频率而使结构产生共振现象，借助于共振现象来确定结构的动力特性。

如在桥梁动力性能测试中，常常采用10t重的试验车辆以20km/h、40km/h、60km/h、80km/h的行驶速度通过桥梁，使桥梁产生不同程度的强迫振动，简称“跑车试验”。由于桥面的平整度具有一定的随机性，所以由此引起的振动也是随机的，当试验车辆以某一速度通过时，所产生的激振力频率可能会与桥梁结构的某阶固有频率比较接近，桥梁结构便产生类共振现象，此时桥梁各部位的振动响应达到最大值，在车辆驶离桥跨后，桥梁作自由衰减振动。这样，就可从记录到的波形曲线中分析得出桥梁的动力特性。

（3）脉动法

脉动法是利用被测结构所处环境的微小而不规则的振动来确定结构的动力特性的方法。这种微振动通常称之为“地脉动”，它是由附近地壳的微小破裂、环境振动或风荷载所产生的，或由附近的车辆、机器的振动所引发。结构的脉动具有一个重要特性，就是它能够明显地反映出结构的固有频率，因为结构的脉动是因外界不规则的干扰所引起的，具有各种频率成分，而结构的固有频率是脉动的主要成分，在脉动频谱图上可以较为明显地反映出来。脉动法是建筑结构动力特性测试最常用、最有效的方法之一。

五、观测方案设计原则

一般说来，建筑结构、桥梁结构及地基基础在静力、动力荷载作用下所产生的变形可以分为两大类，一类变形是反映结构整体工作性能的，如结构或构件的挠度、转角、水平变位、频率、振型、阻尼比等，称为整体性指标；另一类变形是反映结构或构件局部工作状况的，如裂缝宽度、相对错位等，这类称为局部变形。在确定试验的观测项目时，首先应考虑到结构的整体变形观测，以把握结构受力的宏观行为；其次要针对试验对象的特点及存在的主要问题，抓住重点，有的放矢，不宜过分庞杂，以能够全面地反映加载后结构的工作状态、解决试验对象的主要技术问题为宜。在确定测点布置应遵循必要、适量、方便观测的基本原则，具有较强的代表性与目的性、有利于仪表的安装与观测读数、便于试验操作，并使观测数据尽可能地准确、可靠，以便根据典型测点结果进行测试数据分析。

第四节　量测数据的处理与误差分析

试验检测方案确定、依此进行试验后，可以得出大量的试验检测的原始资料，原始资料一般包含以下内容：

（1）试验检测对象的外观检查结果和强度验算结果；

（2）各测试项目的读数记录（含结构裂缝分布图）；

（3）结构的材料力学性能试验结果；

（4）试验检测过程中出现的各种异常情况的记录、照片等。

试验检测的原始资料与原始记录是研究试验结果、评价试验对象使用性能与承载能力的主要依据。原始记录是说明试验情况的第一手资料，从整体上看是最可靠的，但也难免是繁琐的、庞杂的，缺乏必要的条理性，不能够集中而明确地说明试验所得到的主要技术结论。因此，在实测资料的整理过程中，要进行去粗存精、去伪存真的加工，这样所得到的综合材料要比原始记录更为清楚地表达试验主要成果，反映试验对象受力状况。同时，在测试数据整理过程中，要重视和尊重原始资料与原始记录，珍惜有用的点滴资料，保持原始记录的完整性与严肃性。

试验资料整理的具体工作包括测点实测应力计算、实测变形（挠度）计算、测试误差分析与评估、试验曲线整理、相关参数回归统计分析等方面。对于一些测试项目如结构动力性能测试，还要借助一些专门的分析仪器或软件，才能得到所关心的结果如频率、振型等；对于一些量测方法和量测内容，要按照科学合理的方法进行计算和修正，以获取有价值的数据或进行量测误差分配。在本节，简要介绍实测应力计算方法、测试误差分析与评估、试验曲线整理、相关参数回归统计分析几个方面的内容。

一、实测原始资料整理分析

一般地，对于处在弹性工作阶段的结构而言，测值等于加载读数减去初读数，在试验完成后，根据试验观测项目及相应的记录表格，就可直接计算出在各级荷载作用下相应的测值，找出各观测项目具有代表性的数据来。测值修正是根据各类仪表的标定结果而进行测试数据修正的工作，如机械式仪表的校正系数，电测仪器的率定系数、灵敏系数，电阻应变仪观测导线电阻的影响等。仪器仪表的偏差具有系统性，应在试验前设法予以排除，当这类因素对测试值的影响小于1%可不予修正。除了测值修正之外，测试数据整理分析主要包括变形（挠度）的量测误差处理、应变测试结果转换等方面。

1. 挠度计算及测量误差处理

当采用精密光学仪器进行变形测量时，应根据测量学的误差理论、处理平差方法及试验所采用的测量路线进行测量误差的调整计算。首先，假定起始点的假设高程，计算各测点在各级试验荷载作用下的假定高程；然后，根据测量线路计算高差闭合差及高差闭合差的容许值，若测量成果的精度符合要求，即可进行高差闭合差的调整，调整方法是将高差闭合差反号，按与各测段的路线长度成正比例地分配到各段高差中，计算出各测点在各级试验荷载作用下的改正高程；最后，将改正高程减去零载时的初始假定高程，即可得出各测点在各级试验荷载作用下的挠度。

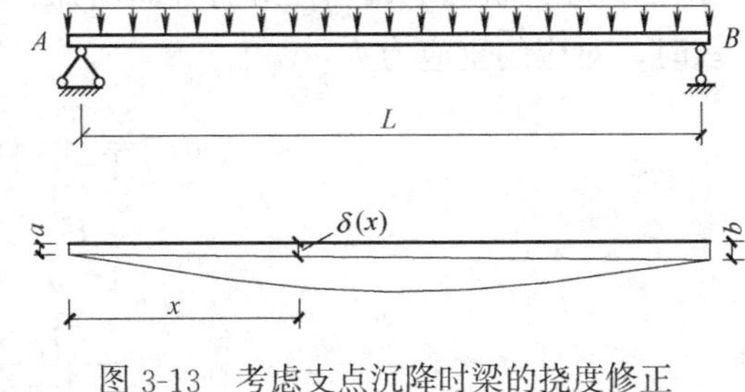

图 3-13　考虑支点沉降时梁的挠度修正

以简支梁为例，支点沉降会产生刚体位移和转角，测试结果不仅包括弹性挠度，也包括刚体位移，因此，当支点产生沉降时，应修正其对挠度的影响。以图3-13所示的简支梁为例，支点沉降为直线分布，修正量值可按下式计算：

$$\delta(x)=a+\frac{b-a}{L}x \tag{3-14}$$

式中　$\delta(x)$——距支点 A 距离为 x 处的修正值；

L——简支梁的跨度；

x——挠度测点到 A 支点的距离；

a——支点 A 的沉降量；

b——支点 B 的沉降量。

2. 测点应力计算

各测点的实测应力可按胡克定律，由实测应变求得，即

$$\sigma=E\times\varepsilon \tag{3-15}$$

式中 ε——应变测读值；

E——所测对象的弹性模量。

当采用千分表、杠杆引申仪、手持应变仪测读应变时，应变值为：

$$\varepsilon=\frac{\text{测值(绝对变位)}}{\text{标距}} \tag{3-16}$$

采用电测法进行应变测量时，其测试结果（加载读数与初读数之差）即为应变值 ε。一般地，测试截面的纤维应变是由多种应力综合组成，可能包括轴向应变、竖向弯曲应变、水平弯曲应变以及约束扭转应变等。测定这些应力所需要的测点数量和布置方式，随构件的截面形状与试验目的而定。对于单向应力状态，且沿主应力方向布置应变片的情况，正应力即为主应力；对于单向应力状态按主应力方向布置直角应变花的情况（图 3-14a），主应力为：

$$\sigma=\frac{E}{1+\mu}\varepsilon \tag{3-17}$$

式中 μ——泊松比。

对于弹性模量，可根据所测对象的材料，采用有关规范或规程的规定值，也可截取试验结构做成试件，通过试验测定该试件的弹性模量。常见材料如钢材多直接取用规范规定值，混凝土结构弹性模量确定方法有两种，一是按照设计图纸所规定的混凝土强度等级，采用规范规定值；一是采用无损测试方法，测定试验结构混凝土的实际强度，然后根据实测强度查表求得相应的弹性模量值，前一种方法多用于新建结构，而后一种方法多用于既有结构的试验。

在平面应力状态下，当主应力方向已知、按主应力方向布置应变片测量应变，测值为 ε_a、ε_b时，对应的主应力为：

$$\sigma_a=\frac{E}{1-\mu^2}(\varepsilon_a+\mu\varepsilon_b) \tag{3-18}$$

$$\sigma_b=\frac{E}{1-\mu^2}(\varepsilon_b+\mu\varepsilon_a) \tag{3-19}$$

$$\tau_{max}=\frac{E}{2(1+\mu)}(\varepsilon_b-\varepsilon_a) \tag{3-20}$$

在平面应力状态下，当主应力方向未知，采用图 3-14（b）所示的 45°应变花进行应变测量时，主应力为：

$$\sigma_{max}=\frac{E}{2}\left(\frac{\varepsilon_1+\varepsilon_3}{1-\mu}+\frac{1}{1+\mu}\sqrt{2[(\varepsilon_1-\varepsilon_2)^2+(\varepsilon_2-\varepsilon_3)^2]}\right) \tag{3-21}$$

$$\sigma_{min}=\frac{E}{2}\left(\frac{\varepsilon_1+\varepsilon_3}{1-\mu}-\frac{1}{1+\mu}\sqrt{2[(\varepsilon_1-\varepsilon_2)^2+(\varepsilon_2-\varepsilon_3)^2]}\right) \tag{3-22}$$

$$\tau_{max}=\frac{E}{2(1+\mu)}\sqrt{2[(\varepsilon_1-\varepsilon_2)^2+(\varepsilon_2+\varepsilon_3)^2]} \tag{3-23}$$

最大主应力与第一片应变片的夹角为：

$$\varphi=\frac{1}{2}\arctan\left(\frac{2\varepsilon_2-\varepsilon_1-\varepsilon_3}{\varepsilon_1-\varepsilon_3}\right) \tag{3-24}$$

平面应力状态主应力方向未知、采用图 3-14（c）所示的 60°应变花进行应变测量时，主应力、剪应力为：

$$\sigma_{\max}=E\left[\frac{\varepsilon_1+\varepsilon_2+\varepsilon_3}{3(1-\mu)}+\frac{1}{1+\mu}\sqrt{\left(\frac{2\varepsilon_1-\varepsilon_2-\varepsilon_3}{3}\right)^2+\frac{(\varepsilon_2-\varepsilon_3)^2}{3}}\right] \tag{3-25}$$

$$\sigma_{\min}=E\left[\frac{\varepsilon_1+\varepsilon_2+\varepsilon_3}{3(1-\mu)}-\frac{1}{1+\mu}\sqrt{\left(\frac{2\varepsilon_1-\varepsilon_2-\varepsilon_3}{3}\right)^2+\frac{(\varepsilon_2-\varepsilon_3)^2}{3}}\right] \tag{3-26}$$

$$\tau_{\max}=\frac{E}{1+\mu}\sqrt{\left(\frac{2\varepsilon_1-\varepsilon_2-\varepsilon_3}{3}\right)^2+\frac{(\varepsilon_2-\varepsilon_3)^2}{3}} \tag{3-27}$$

最大主应力与第一片应变片的夹角为：

$$\varphi=\frac{1}{2}\arctan\left(\frac{\sqrt{3}(\varepsilon_2-\varepsilon_3)}{2\varepsilon_1-\varepsilon_2-\varepsilon_3}\right) \tag{3-28}$$

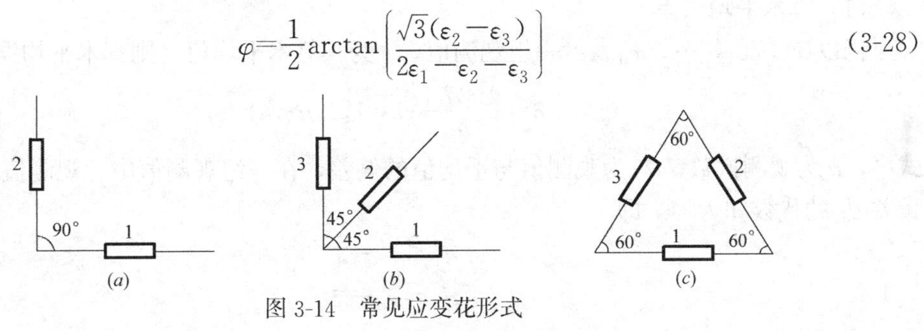

图 3-14 常见应变花形式

（a）直角应变花；（b）45°应变花；（c）60°应变花

二、测定值的误差

在试验测试中，由于测试方法、测试仪表、周围环境（如温度、湿度等）、测试人员的熟练程度以及感官条件等因素的影响，使被测量（如应变、应力和位移等）的测定值与其客观真值之间总会有一定的差异存在，这种由多因素影响所造成的测定值与其真值不一致的矛盾，在数值上的表现即为误差，即

$$误差=测定值-真值 \tag{3-29}$$

1. 误差分类

误差根据其性质、特点和产生原因，可分为系统误差、偶然误差、过失误差三类。

（1）系统误差

系统误差是由某种固定不变的因素所引起的误差，它的出现具有一定的规律性，例如误差的大小与符号都不变。引起系统误差的主要原因有：①测试仪器未经校准，刻度值偏大或偏小；再如砝码未经校准，应变仪的灵敏系数未经校准等；②周围环境的改变，如外界温度、湿度及电磁场的变化等；③个人的习惯与偏向，如读数常偏高或偏低。

由此可见，系统误差对测值的影响有固定的偏向和一定的规律性，因此可根据误差产生的具体原因采取适当措施予以消除或校正，例如对仪器校准检定、对环境进行控制、对结果进行修正等。

（2）偶然误差

偶然误差又称随机误差，它是由不易控制的多种因素造成的误差，它的特点是有时大、有时小，有时正、有时负，没有固定的大小和偏向。因此无法在记录数据中将其消除或修正。但在多次重复量测中，它服从统计规律，可以按概率论的方法给以合理处理。偶然误差的大小决定了测定值的精确度，因此，它是误差理论的研究对象。

（3）过失误差

这种误差的产生是由测试人的过失所引起的，如试验中粗心大意，精神不集中，操作方法不正确，计算错误等。只要认真仔细，正确操作，过失误差是可以避免的。

由此可知，上述第一、三种误差是可以消除的，而第二种误差即偶然误差是无法消除的，但它服从统计规律，因此，误差理论分析就是对偶然误差的规律性进行研究和探讨。

2. 多次测量结果的误差估计

在多次重复测定中，偶然误差是一随机变量，测定值也是随机变量。因此，可以用算术平均误差和标准差来表示，所用的离散样本即为各次观测值。

（1）算术平均误差

仍以 x_1，x_2，…，x_n 表示一组观测值，$\overline{x}$ 为其算术平均值，则算术平均误差为：

$$\delta=\frac{\sum|d_i|}{n}(i=1,2,\cdots,n) \tag{3-30}$$

式中，n 为观测次数，d_i 为观测值与平均值的偏差，在一组观测值中，观测值与平均值之偏差 d_i 的代数和为零。即

$$d_1=x_1-\overline{x}$$
$$d_2=x_2-\overline{x}$$
$$\cdots\cdots$$
$$d_n=x_n-\overline{x}$$

相加则为：

$$\sum d_i=\sum x_i-n\overline{x}$$

根据算术平均值的定义，有：

$$\sum x_i-n\overline{x}=0 \qquad \therefore \sum d_i=0$$

算术平均误差是表示误差的一种较好的方法，但这个方法对于大的偏差和小的偏差同样进行平均，这就不能反映各观测值之间重复性的好坏。

（2）标准误差

标准误差也称为均方根误差，它是衡量测定精度的一个数值，标准误差越小说明测定的精度越高。在有限次数的观测情况下，标准误差为：

$$\sigma=\sqrt{\frac{\sum d_i^2}{n-1}} \tag{3-31}$$

很明显，标准误差反映了观测值在算术平均误差附近的分散和偏离程度，它对于较大或较小的误差反应比较敏感，所以能很好地反映观测值的集中程度（精确度），因而也是一种重要的误差表示方法。

（3）或然误差

或然误差 γ 的意义是指在一组观测值中，若不计正负号，误差大于 γ 的观测值和误差小于 γ 的观测值将各占其观测次数的一半，也就是说，落在 $+\gamma$ 和 $-\gamma$ 之间的观测次数占总观测数的一半，可以证明，或然误差 γ 和标准误差 σ、算术平均误差 δ 的关系为：

$$\gamma=0.6745\sigma=0.8454\delta \tag{3-32}$$

在表示测定结果时，除了要给出平均值外，还应给出平均值的误差，如用绝对误差表示时：

平均值的算术平均误差：　　　$\overline{x}\pm\delta$

平均值的标准误差：　　　$\overline{x}\pm\sigma$

平均值的或然误差：　　　$\overline{x}\pm\gamma$

测定结果也可用相对误差表示，如：

$$\overline{x}\pm\frac{\delta}{\overline{x}}\times100\%$$

$$\overline{x}\pm\frac{\sigma}{\overline{x}}\times100\%$$

$$\overline{x}\pm\frac{\gamma}{\overline{x}}\times100\%$$

3. 多次量测误差的分布

对于大量重复的测定来说，测定值的误差服从统计规律，其概率分布一般呈正态分布形式，误差的函数形式为：

$$y=\frac{1}{\sqrt{2\pi}\sigma}e^{-\frac{x^2}{2\sigma^2}} \tag{3-33}$$

式中　x——量测的误差；

y——量测误差 x 出现的概率密度；

σ——标准误差。

图 3-15 是按上式给出的误差概率密度图，由图中可明显地看出：

(1) 小误差比大误差出现的机会多，即小误差的概率大。

(2) 大小相等而符号相反的误差出现的概率相等，故误差分布曲线对称于纵轴。

(3) 极大的正负误差出现的概率非常小，故大误差一般不会出现。

(4) 标准误差 σ 越小，曲线中部升得越高，两旁下降得越快，曲线突起，说明观测值集中；相反，当 σ 大时，曲线变得越加扁平，说明观测值分散。所以标准误差 σ 标志着一组数据的观测精度，σ 越小则精度越高；σ 越大则精度越低。

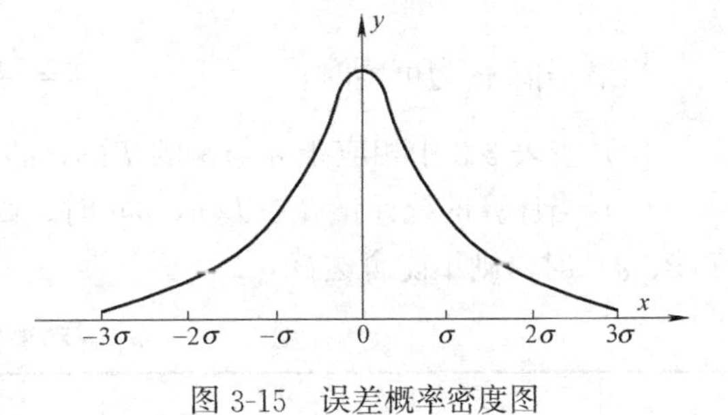

图 3-15　误差概率密度图

如欲确定误差在 $-x_1$ 与 $+x_1$ 之间的观测值出现的概率，则应在此区间内将 y 积分，即

$$Y=\int_{-x_1}^{x_1}y\mathrm{d}x \tag{3-34}$$

计算结果表明，误差在 $-\sigma$ 与 $+\sigma$ 之间的概率为 68%，在 -2σ 与 $+2\sigma$ 之间的概率为 95%，在 -3σ 与 $+3\sigma$ 之间的概率为 99.7%。一般情况下，99.7%已可认为代表多次量测的全体，因此将 3σ 称为极限误差。如将某一多次量测的物理量记为 $\overline{x}\pm3\sigma$，则可认为对

该物理量所进行的任一次测定，都不会超过该范围。

4. 可疑数据的弃取

在对某一量进行多次重复测定时，往往会遇到个别的观测值和其他多数观测值相差较大的情况，这种个别的数据即为可疑数据。对于可疑数据的保留或舍弃，应有一个科学的根据，既不能不加分析地一概保留，也不能草率地一律舍弃。只有在充分确认可疑数据是由于在测试过程中的某些过失或疏忽原因所造成时，才将它舍弃。根据误差的统计规律，绝对值越大的随机误差，其出现的概率越小，随机误差的绝对值不会超过某一范围。因此可以选择一个范围来对各个数据进行鉴别，如某个数据偏差超出此范围，则认为该数据中包含有过失误差，应予以剔除。常用的判别范围和鉴别方法主要有 3σ 方法、格拉布斯方法，简介如下。

（1）3σ 方法

如前所述，在多次量测中，误差在 -3σ 与 $+3\sigma$ 之间时，其出现的概率 99.7%，在此范围之外的误差出现的概率只有 0.3%，也就是测量 300 多次才能遇到一次。而对于通常只进行有限次的测量，就可以认为超出 $+3\sigma$ 的误差已不属于偶然误差，而是系统误差或过失误差了，因此，可将这样的测值舍弃。

（2）格拉布斯方法

格拉布斯方法的主要步骤为：

（1）把试验所得数据从小到大排列：x_1，x_2，…，x_n。

（2）选定显著性水平 α（一般 $\alpha=0.05$），根据 n 及 α 从 T（n，α）表中求得 T 值。

（3）计算统计量 T 值。

当最小值 x_1 为可疑时：
$$T=\frac{\overline{x}-x_1}{\sigma} \tag{3-35}$$

当最小值 x_n 为可疑时：
$$T=\frac{x_n-\overline{x}}{\sigma} \tag{3-36}$$

（4）查表 3-3 中相应于 n 与 α 的 $T(n,\alpha)$ 值。

（5）当计算的统计量 $T \geqslant T(n,\alpha)$ 时，则所怀疑的数据是异常的，应予舍去。当 $T<T(n,\alpha)$ 时，则不能舍去。

n、α 和 T 值的关系 **表 3-3**

α \ T	$n=3$	$n=4$	$n=5$	$n=6$	$n=7$	$n=8$	$n=9$	$n=10$
5.0%	1.15	1.46	1.67	1.82	1.94	2.03	2.11	2.18
2.5%	1.15	1.48	1.71	1.89	2.02	2.13	2.21	2.39
1.0%	1.15	1.49	1.75	1.94	2.10	2.22	2.32	2.41

以上两种方法中，3σ 方法比较简单，但要求较宽，几乎绝大部分数据可不舍弃。格拉布斯方法比 3σ 要严格得多。

三、试验曲线与经验公式

经过整理的试验数据，需采用一定的方式表示出来，以供进一步分析与使用。在土木工程试验检测中，通过各种仪表测得的数据，反映了试验过程中某些变量之间的相互关系。例如，在进行结构静载试验中，测得的静应变数据直接地反映了施加于结构上的荷载数量与构件应力数值之间的相互关系，测得的挠度值既反映了结构的综合变形情况，也说明它与施加荷载和结构刚度等有关数值的相互关系。

因此，常常将试验的结果视为某些变量函数关系的反映，分析测定数据的任务就在于发现和推导这种内在的关系，并从函数所反映的各变量之间的规律去理解试验对象在试验过程中反映出来的各种现象的理论依据。由此可见，获取准确的试验数据仅是全部试验工作的一部分内容，更为重要的却往往是这些数据的函数化。函数关系的表示方式有很多种，如表格法、试验曲线法、经验公式法等，简介如下。

1. *表格法*

表格法是一种基本的表示方法。利用表格使有关变量的数据系统化，表格法有利于保存试验结果，形式紧凑，便于各数据之间的参考比较。表格的内容只是罗列了在测试范围内符合某种函数关系，而又不能明确表达函数关系的各变量数值。因此，很难根据表格中列出的数值直接判定各变量间的函数关系。所以表格法常作为试验过程中对变量函数关系分析的第一阶段的资料整理。

2. *试验曲线*

试验曲线表示法是测得的数据按一定的坐标体系，以变量为横坐标，以其函数为纵坐标，将相应的数据作图，再以符合数值规律的曲线连贯这些数据点。曲线表示法简明、直观，可以从曲线上明显看出各变量之间的相互变化规律以及变化趋势，对于在试验中的某些遗漏数据，也可在描绘的曲线中得到弥补。

绘制试验曲线经常采用直角坐标。将试验结果按其数值描绘于坐标平面的相应位置，连接这些数据点就得到了试验曲线。根据测试数据描绘曲线应注意以下几点：

（1）曲线所经过之处应尽量与所有数据点相近。

（2）由于试验曲线除代表各测点的情况外，还代表测试结果的全貌，因此，曲线不一定要通过每个数据点，尤其两端的数据点。因为测试结果都具有一定的误差，没有必要要求曲线正好通过全部数据点。

（3）曲线应顺直、光滑，曲线一侧的点数应与另一侧的点数大致相同。

应指出，绘制试验曲线必须有足够的数据点。如果数据点过少，则只能将它们直线相连，观其大概的趋势。常见试验曲线主要有以下几种：

（1）荷载-变形曲线的整理

荷载-变形（挠度）曲线的陡缓，代表了结构刚度的大小，曲线越陡，结构刚度也越大，根据荷载-变形曲线的形状与特征点，可以研究试验结构的工作状态，全面把握试验结构的受力行为。在结构静载试验时，常采用加载量值-实测响应曲线来反映结构的线性程度，例如，在桩基静载试验时，为了比较准确地确定试桩的极限承载力，要根据试验原始记录资料，做成试桩曲线来分析，常用曲线形式有 P-S 曲线、S-t 曲线、S-log$t$ 曲线。在由静载试验资料绘制的荷载-沉降 P-S 曲线、沉降-时间 S-t 曲线上，以曲线出现明显下弯转折点所对应的荷载作为极限荷载，如图 3-16 所示。但有些时候，P-S 曲线或 S-t 曲线的转折点仍不够明显，此时极限荷载就难以确定，需借助其他方法辅助判断，例如采用半对数坐标绘制 S-log$t$ 曲线（图 3-17），以使转折点显得明确一些。

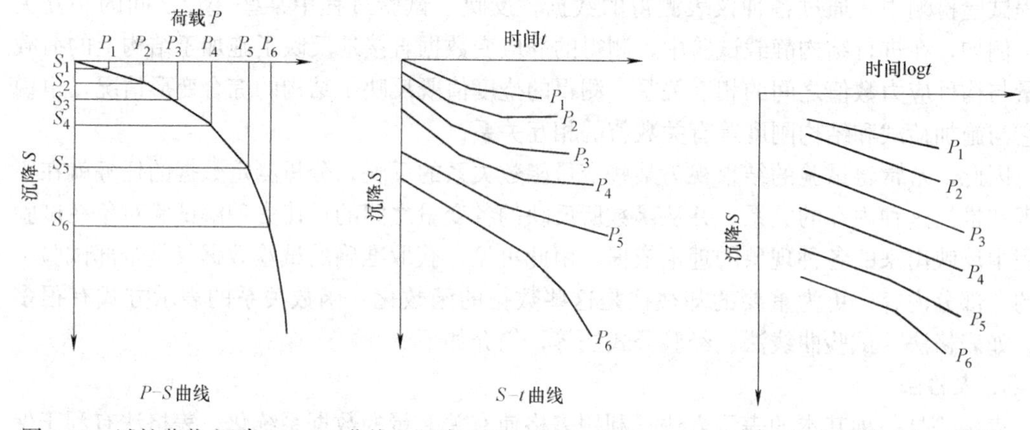

图 3-16 试桩荷载-沉降（P-S）曲线、沉降-时间（S-t）曲线　　图 3-17 试桩 S-log$t$ 曲线

（2）结构位置-实测变形曲线

结构位置-实测变形曲线主要有两种，其一是实测变形与试验结构位置曲线，如挠度沿结构轴线的分布曲线；其二是应变沿截面高度的分布曲线。利用结构位置-实测变形曲线，可以宏观判断挠度测试结果是否正确，结构反应是否正常，卸载后残余变形如何分布等问题，有些时候还可利用对称性进行检查。图 3-18 为某钢筋混凝土梁的跨中截面在各级荷载作用下应变沿截面高度分布关系图，由图可以推知，在 A1～A2 工况试验荷载下，截面中性轴的高度分别为 1.040m、1.036m，平均值为 1.038m，可见在各级荷载作用下中性轴的高度变化不大，表明结构在荷载试验过程中处于线弹性受力状态。利用应变沿截面高度的分布曲线，可以检查应变分布是否符合平截面假定，结合面是否产生相对滑移，判断试验结构是否处于弹性工作状态。

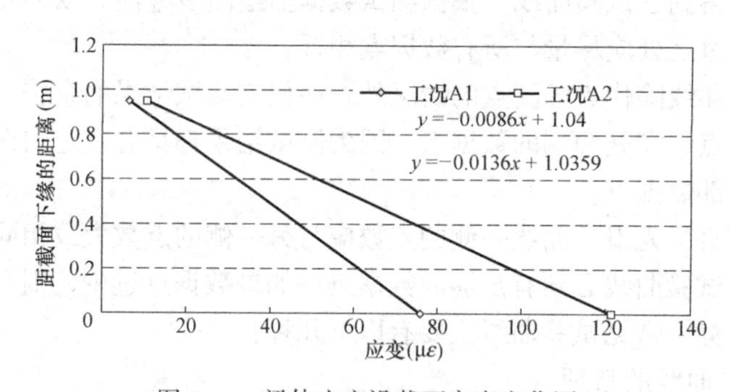

图 3-18 梁体应变沿截面高度变化图

（3）理论值-实测值关系曲线

将试验结构在各级荷载作用下的实测值与对应的理论计算值绘制在一起，进行实测值与理论值的比较，进而检验设计计算理论的正确性与合理性。一般说来，各种计算理论都作了一些简化和假设，和结构实际情况有一定出入，同时也存在其适用范围、适用程度的问题，通过实测值与理论值的比较，不仅可以判断试验结构的使用性能与工作状态，而且可以验证计算理论、为规范的修订与完善积累设计资料，这对于新结构、新材料的推广应用有非常重要的意义。图 3-19 即为某跨度为 30m 的两跨连续梁在试验荷载作用下实测挠度与理论计算挠度的比较图。

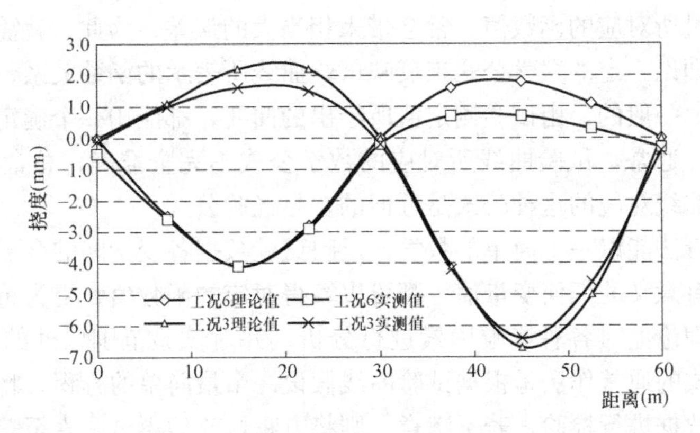

图 3-19　某两跨连续梁实测挠度-理论计算挠度比较图

（4）其他曲线

对于钢筋混凝土结构和预应力混凝土结构，在试验过程中，当裂缝出现之后，应按照裂缝的开展情况绘制裂缝分布图，以及特征裂缝形态随试验荷载增加发展变化图，注明裂缝宽度、长度在每级荷载作用下的发展变化情况，并采用照相方式或采用米格纸将裂缝详细情况记录下来。图 3-20、表 3-4 即为某跨度 20m 的钢筋混凝土连续箱梁在试验荷载作用下裂缝宽度记录结果。

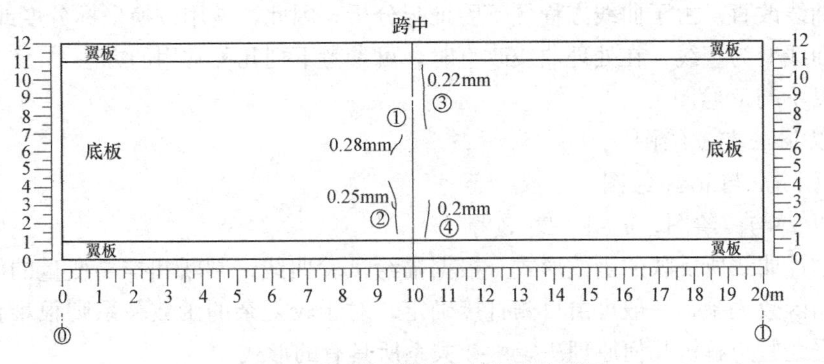

图 3-20　某箱梁裂缝分布状况展开图

某箱梁典型裂缝宽度监测结果（mm）　　　　**表 3-4**

裂缝编号	初始	一级加载	二级加载	三级加载	一级卸载	全部卸载
1	0.28	0.30	0.32	0.33	0.27	0.28
2	0.25	0.28	0.29	0.30	0.25	0.24
3	0.22	0.24	0.25	0.26	0.22	0.22
4	0.20	0.21	0.22	0.25	0.22	0.20

除了上述常用的试验曲线和图形外，根据试验类型、荷载性质、变形特点的不同，还可以绘制一些其他的结构试验特征曲线，如试验荷载-支点反力曲线，某些结构局部变形（相对滑移、挤压）曲线、节点主应力轨迹曲线等。

3. 经验公式

有些情况下，仅仅根据试验曲线仍无法对所测结果的函数关系进行解析分析，如果从图上直接得到变量所对应的函数值，常会带来相当大的误差。为此，就需要将已描绘的试验曲线公式化，即以一定的数学公式来反映试验曲线所表示的函数关系，以便对试验结果作进一步的分析。一般的，由试验测定值所绘出的曲线，都能用一个确定的公式来表示其对应的函数关系。通常，试验曲线所对应的数学公式不完全准确，总含有一定程度的误差，所以与试验曲线对应的这种公式是近似的，是经验公式。

经验公式的方法能以一个简单的数学式反映试验数据各变量间的全部规律，凡对于公式中所示运算具有意义的任何变量值，都可以算得对应的函数值。更为重要的是可以据此作数学解析，从理论上对各种影响因素进行分析，并对试验范围以外的一些情况进行估计。建立经验公式的通常作法是根据试验曲线假设一个最简单的方程，将方程中的常数确定后，再用测试数据进行检验，若不满意，则将方程修改后再试，直至获得比较满意的方程式。建立经验公式的一般步骤如下。

（1）测定值的修正。在结构试验检测中，尤其是对于现场试验，由于试验条件所限，测定值总会存在一定的误差，有时会出现较大的误差而无法进行分析。所有这类数据都会影响试验的正确性，因此，建立经验公式的第一步工作是按照上述的误差分析方法将测定的数据加以分析处理。

（2）绘制试验曲线。在测定值修正后，在选定的坐标上绘制试验曲线，一般说，绘制的曲线应当从测得数据较多的坐标点群穿过，即曲线的两侧数据点的数目应大致相同。

（3）曲线改直。由于曲线方程便于验证与分析，因此，常用改换坐标分度或改换变量的方法使曲线变为直线。在处理曲线改直时，可参考下列几种常用的方法：

（a）以 x 与 y 绘图

（b）以 $\log x$ 与 y 绘图

（c）以 $\log x$ 与 $\log y$ 绘图

（d）以 x^n 与 y 绘图，$n=1$、2、3 等

（4）估计曲线所反映的函数形式。根据描绘试验曲线，判断和推导变量的函数关系，对于线性的函数关系，一般可由目测直接确定，对于较复杂的函数关系则很难直接估计，这时需根据经验与解析几何原理决定函数关系所具有的形式。

（5）确定已知函数中的常数。在曲线的函数形式确定以后，为建立完整的经验公式，需确定函数式中的常数。由于线性关系函数中常数的确定较为方便，因此，常采用曲线方程直线化的方法，即曲线改直的方法来处理。

（6）经验公式的检验。由于在确定经验公式时，主要是根据曲线上的有限个点的坐标推算而得，因此所确定的经验公式与试验曲线不会完全相符。这就需要对已确定的经验公式进行检验，一般可将某些变量的测定值代入经验公式，检验其函数值与曲线是否相符，如误差较大，应进行适当的修正，直到满意时为止。

四、回归分析方法

回归分析的任务是处理自变量与因变量之间关系，揭示试验结果所反映的各物理量之间的内在规律，找出它们之间的定量表达式回归方程。例如，用超声法或回弹法检测混凝土强度时，声速、回弹值与混凝土抗压强度随着原材料、养护方法和龄期等的变化而变化，这些变化值，在数学上统称为变量，混凝土强度这一变量在某种程度上是随着声速或

回弹值的变化而变化。回归分析就是寻求非确定性联系的统计相关关系，找出能描述变量之间关系的定量表达式，去预测、确定因变量的取值，并估计其精确程度。

通常，应根据试验结果选择适当的回归方程，一般常采用线性回归方程。当所求变量与某一单一量测指标相关时，用一元方程线性回归方程；当所求变量与多项量测指标相关时，则用多元方程线性回归方程。下面简要介绍一元线性回归方法。

1. 一元线性回归方程

一元线性回归是指一个因变量 y 只与一个自变量 x 有相关关系，它们之间关系的形态表现为具有直线趋势。令因变量的值为 y，各次检测的结果为 y_i，并令自变量为 x，每次检测的指标值为 x_i，n 为检测总数，则回归方程的系数、相关系数与精度计算公式可归纳如下。

设回归方程为：

$$y=a+bx \tag{3-37}$$

则系数 a、b 为：

$$a=\overline{y}-b\overline{x};\qquad b=\frac{L_{XY}}{L_{XX}} \tag{3-38}$$

式中：$\overline{x}=\frac{1}{n}\sum_{i=1}^{n}x_i$；$\overline{y}=\frac{1}{n}\sum_{i=1}^{n}y_i$；$L_{XX}=\sum_{i=1}^{n}(x_i-\overline{x})^2$；$L_{XY}=\sum_{i=1}^{n}(x_i-\overline{x})(y_i-\overline{y})$

而相关系数 r 为：

$$r=\frac{L_{XY}}{\sqrt{L_{XX}L_{YY}}} \tag{3-39}$$

式中，L_{XX}，L_{XY}的计算同上，L_{YY}按下式计算：

$$L_{YY}=\sum_{i=1}^{n}(y_i-\overline{y})^2 \tag{3-40}$$

一元线性回归的相关系数 r 在 $-1\sim+1$ 之间变化，$r=0$ 表示不相关，$r>0$ 表示正相关，$r<0$ 负相关。r 趋向于 1 表示相关性加强，当 $r=1$ 时表示完全相关，所有的试验点均与回归方程吻合。

一元线性回归的相对平均误差 $\overline{\sigma}$ 为：

$$\overline{\sigma}=\frac{\sum_{i=1}^{n}|(y_i-\hat{y}_i)/\hat{y}_i|}{n} \tag{3-41}$$

相对标准误差 σ_t 为：

$$\sigma_t=\sqrt{\frac{\sum_{i=1}^{n}[(y_i-\hat{y}_i)/\hat{y}_i]^2}{n-1}} \tag{3-42}$$

标准误差 σ 为：

$$\sigma=\sqrt{\frac{1}{n-2}\sum_{i=1}^{n}(y_i-\hat{y}_i)^2}=\sqrt{\frac{L_{YY}-L_{XY}b}{n-2}}=\sqrt{\frac{(1-r^2)L_{YY}}{n-2}} \tag{3-43}$$

式中　y_i——试验实测因变量值；

$\hat{y}_i$——某检测指标 x_i 按回归方程计算的计算值；

n——试件数。

其余各项含义同前。

2. 一元线性回归实例

桥梁或建筑结构静载试验时，结构多处于弹性工作状态，因此实测挠度、应变往往与加载效率呈线性关系，分析时也常常观察实测挠度、应变往往与加载效率成线性程度来判定结构受力状况，图 3-21 就是某混凝土梁实测挠度与加载效率、实测应变与加载效率的一元线性回归结果，从图中可以看出，结构挠度、应变与加载效率基本呈线性关系，结构基本处于线性工作状态。

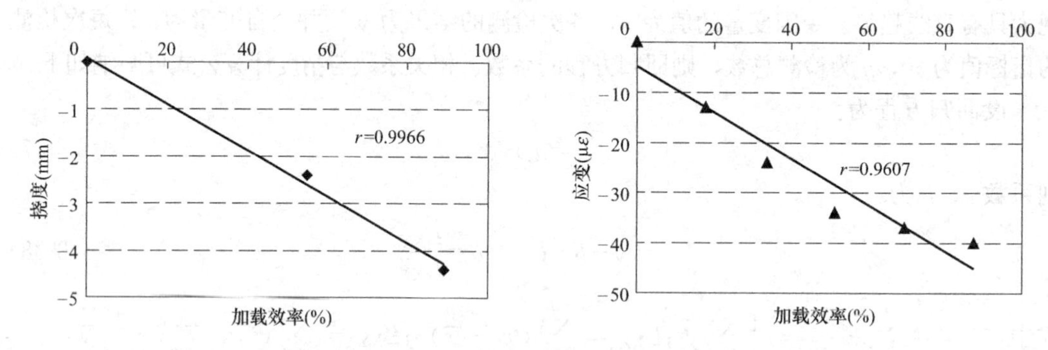

图 3-21　某混凝土梁实测挠度、实测应变与加载效率的一元线性回归关系

思　考　题

1. 模型设计的控制因素有哪些？
2. 为什么局部模型要采用较大的缩尺比例？
3. 动力试验模型为什么要满足质量及其分布的相似关系？
4. 结构动力特性测试的激振方法有哪些？各有什么优缺点？
5. 现场静载试验的分析计算中，要不要考虑内力组合系数，为什么？
6. 静载试验时，为什么要进行强度检算？
7. 为什么具有同一理论值的位置要布置 2～3 个应变测点？
8. 误差产生的因素有哪些？如何避免过大误差产生？

第四章　无损检测技术

第一节　概　　述

一、混凝土无损检测技术的形成和发展

混凝土的无损检测技术，是指在不影响结构受力性能或其他使用功能的前提下，直接在结构上通过测定某些物理量，推定混凝土的强度、均匀性、连续性、耐久性等一系列性能的检测方法。

早在20世纪30年代，人们就开始探索混凝土无损检测技术。1930年首先出现了表面压痕法。1948年瑞士人施密特研制成功回弹仪。1949年加拿大的莱斯利等运用超声脉冲进行混凝土检测获得成功。20世纪60年代罗马尼亚的费格瓦洛提出超声-回弹综合法。随后，许多国家也相继开展了这方面的研究工作，制订了有关的技术标准。我国在20世纪50年代开始引进瑞士、英国、波兰等国的回弹仪和超声仪，并结合工程应用开展了许多研究工作。经过几十年的研究和工程应用，我国研制了一系列的无损检测仪器设备，结合工程实践进行了大量的应用研究，逐步形成了《回弹法检测混凝土抗压强度技术规程》JGJ/T 23—2011、《超声-回弹综合法检测混凝土强度技术规程》CECS 02：2005、《后装拔出法检测混凝土强度技术规程》CECS 69：2011、《超声法检测混凝土缺陷技术规程》CECS 21：2000等技术规程，并由此解决了工程实践中的问题，产生了巨大的社会经济效益。

无损检测技术与常规的混凝土结构破坏试验相比，具有如下一些特点：

（1）不破坏被检测构件，不影响其使用性能，且简便快速；

（2）可以在构件上直接进行表层或内部的全面检测，对新建工程和既有结构物都适用；

（3）能获得破坏试验不能获得的信息，如能检测混凝土内部空洞、疏松、开裂、不均匀性、表层烧伤、冻害及化学腐蚀等；

（4）可在同一构件上进行连续测试和重复测试，使检测结果有良好的可比性；

（5）测试快速方便，费用低廉；

（6）由于是间接检测，检测结果要受到许多因素的影响，检测精度相对低一些。

目前，混凝土无损检测技术主要用于既有结构的强度推定、施工质量检验、结构内部缺陷检测等方面。随着对混凝土制作全过程质量控制要求的不断提高，对既有结构物维修养护的日益重视，无损检测技术在工程建设中会发挥越来越重要的作用。

二、常用无损检测方法的分类和特点

由于混凝土无损检测技术不仅能推定混凝土的强度，而且能够反映混凝土的均匀性、

连续性等各项质量指标，因此在新建工程质量评价、已建工程的安全性评价等方面具有无可替代的作用，越来越受到人们的重视。为了便于了解全貌，按检测目的、基本原理分类如下。

1. 混凝土强度的无损检测方法

在工程实践中，需要运用无损检测方法推定混凝土实际强度的情况主要有如下几种：

（1）在施工过程中，由于管理、工艺或意外事故等原因影响了混凝土质量，或预留试块的取样、制作、养护、抗压试验等不符合有关技术规程或标准的规定，以致预留试件的强度不能代表结构混凝土的实际强度时，可以采用无损检测方法推定混凝土强度，作为混凝土合格性评定及验收依据。

（2）当需要了解混凝土结构在施工期间的强度增长情况，以便进行吊装、预应力筋张拉或放张等后续工序时，可运用无损检测方法连续监测结构混凝土强度的发展，以便及时调整施工进程。同时，无损检测方法也可作为施工过程中质量控制的重要手段。

（3）对于既有结构，在使用过程中，有些结构已不能满足当前使用荷载的要求，有些结构由于各种自然原因而产生不同程度的损伤与破坏，有些结构由于设计或施工不当而产生各种缺陷。对于这些结构的维修、加固、改建，可通过无损检测方法推定混凝土强度，以便提供加固、改建设计时的基本强度参数和其他设计依据。

混凝土强度的无损检测方法根据其测试原理可分为非破损法、半破损法、综合法三种，简介如下。

（1）非破损法

非破损法以混凝土强度与某些物理量之间的相关性为基础，检测时在不影响混凝土任何性能的前提下，测试这些物理量，然后根据相关关系推算被测混凝土的强度。属于这类方法的有回弹法、超声脉冲法、射线吸收与散射法、成熟度法等等。这类方法的特点是测试方便、费用低廉，但其测试结果的可靠性主要取决于混凝土的强度与所测试物理量之间的相关性。

回弹法是采用回弹仪进行混凝土强度测定，属于表面硬度法的一种。其原理是回弹仪中运动的重锤以一定冲击动能撞击顶在混凝土表面的冲击杆后，测出重锤被反弹回来的距离，以回弹值作为与强度相关的指标，来推定混凝土强度的一种方法。

超声波法检测混凝土强度的基本依据是超声波传播速度与混凝土弹性性质的密切关系。在实际检测中，超声声速又通过混凝土弹性模量与其力学强度的内在联系，与混凝土抗压强度建立相关关系并借以推定混凝土的强度。

成熟度法主要以“度时积” $M(t)=\sum(T_s-T_0)\Delta t$ 作为推定强度的依据（式中 $M(t)$ 为成熟度，T_0 为基准温度，T_s 为时间 Δt 区间内混凝土的平均温度）。主要用于现场测量控制混凝土早期强度发展状况，一般多作为施工质量控制手段。

射线法主要根据 γ 射线在混凝土中的穿透衰减或散射强度推算混凝土的密实度，并据此推定混凝土的强度。这种方法由于涉及放射线防护问题，目前在国内外应用较少。

（2）半破损法

半破损法是以不影响构件的承载能力为前提，在构件上直接进行局部破坏性试验，或直接钻取芯样进行破坏性试验。属于这类方法的有钻芯法、拔出法、射击法等。这类方法的特点是以局部破坏性试验获得混凝土强度，因而较为直观可靠。其缺点是造成结构物的局部破坏，需进行修补，因而不宜用于大面积检测。

钻芯法是利用专用钻机，从混凝土结构中钻取芯样以检测混凝土强度或观察混凝土内部缺陷的方法。钻芯法检测混凝土强度具有直观准确的优点，但其缺点是对构件的损伤较大，检测成本较高。因此，一般宜将钻芯法与其他非破损方法结合使用。

拔出法是使用拔出仪器拉拔埋在混凝土表层内的锚固件，将混凝土拔出一锥形体，根据混凝土抗拔力推算其抗压强度的方法。该法分为预埋法和后装法两种，前者是浇筑混凝土时预先将锚杆埋入，后者是在硬化后的混凝土上钻孔，装入（粘结或胀嵌）锚杆。

射击法也称穿透探针法或贯入阻力方法，是采用一种称为温泽探针（Windor prode）的射击装置，将硬质合金钉打入混凝土中，根据钉的外露长度作为混凝土贯入阻力的度量并以此推算混凝土强度。钉的外露长度越多，表明其混凝土强度越高。这种方法适宜于混凝土早期强度发展情况的测定，也适用于同一结构不同部位混凝土强度的相对比较。该法的优点是测量迅速简便，由于有一定的射入深度（20～70mm），受混凝土表面状况及碳化层影响较小，但受混凝土粗骨料的影响十分明显。

(3) 综合法

所谓综合法就是采用两种或两种以上的无损检测方法，获取多种物理参量，并建立强度与多项物理参量的综合相关关系，以便从不同角度综合评价混凝土的强度。由于综合法采用多项物理参数，能较全面地反映构成混凝土强度的各种因素，因而它比单一物理量的无损检测方法具有更高的准确性和可靠性。目前已被采用的综合法有超声-回弹综合法、超声钻芯综合法、超声衰减综合法等等，其中超声-回弹综合法已在国内外获得广泛应用。

2. 钢筋混凝土缺陷无损检测方法

所谓混凝土的缺陷，是指那些在宏观材质不连续、性能参数有明显变异，而且对结构的承载能力和使用性能产生影响的区域。即使整个结构的混凝土的普遍强度已达到设计要求，这些缺陷的存在也会使结构整体承载力严重下降，或影响结构的耐久性。因此，必须探明缺陷的部位、大小和性质，以便采取切实的处理措施，排除工程隐患。混凝土缺陷的成因十分复杂，检测要求也各不相同。混凝土缺陷现象大致有：内部空洞、蜂窝麻面、疏松、断层、结合面不密实、裂缝、碳化、冻融、化学腐蚀等。混凝土缺陷的无损检测方法主要有超声脉冲法、脉冲回波法、雷达扫描法、红外热谱法、声发射法等等。

超声脉冲法检测内部缺陷分为穿透法和反射法。穿透法是根据超声脉冲穿过混凝土时，在缺陷区的声时、波幅、波形、接收信号的频率等参数所发生的变化来判断缺陷的，因此它只能在结构物的两个相对面上或在同一面上进行测试。目前超声脉冲穿透法已较为成熟，并已普遍用于工程实践，许多国家都已编制了相应的技术规程。反射法则根据超声脉冲在缺陷表面产生反射波的现象进行缺陷判断。由于它不必像穿透法那样在两个测试面上进行，因此对某些只能在一个测试面上检测的结构物（如桩基础、路面等）具有特殊意义，也取得了广泛的工程应用。

脉冲回波法是采用落球、锤击等方法在被测物件中产生应力波，用传感器接收回波，然后采用时域或频域方法分析回波的反射位置，以判断混凝土中缺陷位置的方法。其特点是激励力足以产生较强的回波，因而可检测尺寸较大的构件，如深度达数十米的基桩或厚度较大的混凝土板等。

雷达扫描法是利用混凝土反射电磁波的原理，先向被检测的结构物发射电磁波，在电特性（电容率及导电率）不同的物质界面产生反射波，再根据反射波的性质，分析反射波的影像，便可检测出结构的内部缺陷。其特点是可迅速对被测结构进行扫描，适用于道路、机场等结构物的大面积快速扫测。

红外热谱法是测量或记录混凝土热发射的方法。当混凝土中存在缺陷时，这些有缺陷的部位与正常部位相比，温度上升与下降的状况是不同的，其外表面会产生温度差。所以，从红外线照相机所测得的温度分布图像中，便能推断出缺陷的位置和大小。

声发射法是利用混凝土受力时因内部微小区域破坏而发声的现象，根据声发射信号分析混凝土损伤程度的一种方法，这种方法常用于混凝土受力破坏过程的监视，用以确定混凝土的受力历史和损伤程度。

3. 混凝土其他性能的无损检测方法

除了混凝土强度和缺陷检测以外，还有其他一些性能可用无损检测方法予以测定。主要有混凝土碳化深度、保护层厚度、受冻层深度、含水率、钢筋位置与钢筋锈蚀状况等，常用的检测方法有共振法、敲击法、磁测法、电测法、微波吸收法、中子散射法、渗透法等。

4. 钢结构性能的无损检测方法

钢结构的一些性能，例如钢结构焊缝质量、涂层厚度、高强度螺栓的摩擦-滑移系数等，也可采用无损检测方法进行测试，常用的检测方法有超声检测、射线检测、磁粉检测、渗透检测等，其中，最常用的是钢结构焊缝质量检测。

第二节　回弹法检测混凝土强度

一、回弹法的基本原理

回弹法是采用回弹仪进行混凝土强度测定，属于表面硬度法的一种，其原理是回弹仪中运动的重锤以一定冲击动能撞击顶在混凝土表面的冲击杆后，测出重锤被反弹回来的距离，以回弹值（反弹距离与弹簧初始长度之比）作为与强度相关的指标，来推定混凝土强度的一种方法。混凝土表面硬度是一个与混凝土强度有关的量，表面硬度值是随强度的增大而提高的，采用具有一定动能的钢锤冲击混凝土表面时，其回弹值与混凝土表面硬度也有相关关系。所以，混凝土强度与回弹值存在相关关系。回弹法由于其操作简便、经济、快速，在国内外得到广泛的应用。

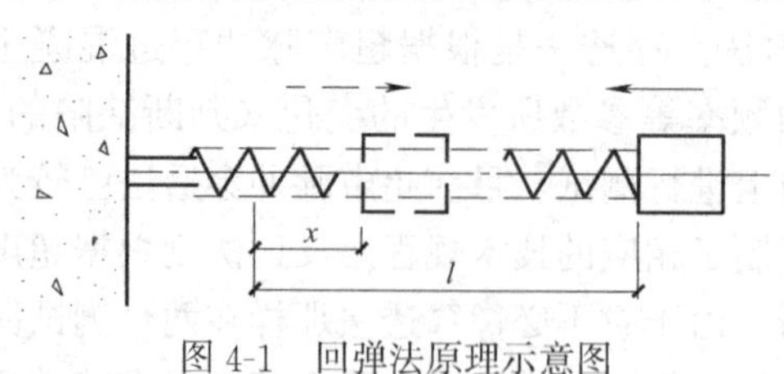

图 4-1　回弹法原理示意图

图 4-1 为回弹法的原理示意图。当重锤被拉到冲击前的起始状态时，若重锤的质量等于 1，则这时重锤所具有的势能 e 为：

$$e=\frac{1}{2}E_s l^2 \tag{4-1}$$

式中　E_s——拉力弹簧的刚度系数；

l——拉力弹簧起始拉伸长度。

混凝土受冲击后产生瞬时弹性变形，其恢复力使重锤回弹，重锤被弹回到 x 位置时

所具有的势能 e_x 为：

$$e_x=\frac{1}{2}E_s x^2 \tag{4-2}$$

式中 x——重锤反弹位置或重锤回弹时弹簧的拉伸长度。

重锤在弹击过程中所消耗的能量 Δe 为：

$$\Delta e=e-e_x \tag{4-3}$$

将式（4-1）、式（4-2）代入式（4-3）得：

$$\Delta e=\frac{E_s l^2}{2}-\frac{E_s x^2}{2}=e\left[1-\left(\frac{x}{l}\right)^2\right] \tag{4-4}$$

令

$$R=\frac{x}{l} \tag{4-5}$$

在回弹仪中，l 为定值，故 R 与 x 成正比，称为回弹值。将 R 代入式（4-4）得：

$$R=\sqrt{1-\frac{\Delta e}{e}}=\sqrt{\frac{e_x}{e}} \tag{4-6}$$

从式（4-6）可知，回弹值 R 是重锤冲击混凝土表面后剩余的势能与原有势能之比的平方根。简言之，回弹值是重锤冲击过程中能量损失的反映。能量损失越小，说明混凝土表面硬度越大，其相应的回弹值也就越高。由于混凝土表面硬度与其抗压强度有一致性的变化关系，因此，回弹值 R 的大小亦反映了混凝土抗压强度的大小。

二、回弹仪

1. 回弹仪的类型、构造及工作原理

回弹仪分类见表 4-1，按照冲击能量的大小，可分为小型、中型与大型回弹仪，其中，中型（N 型）回弹仪主要用于混凝土构件，应用最为广泛，这种中型回弹仪是一种指针直读的直射锤击式仪器，其构造如图 4-2 所示。使用时，先对回弹仪施压，弹击杆 1 徐徐向机壳内推进，弹击拉簧 2 被拉伸，使连接弹击拉簧的弹击锤 4 获得恒定的冲击能量（如图 4-3 所示），当仪器水平状态工作时，其冲击能量可由下式计算：

$$e=\frac{1}{2}E_s l^2=2.207\ (\text{J}) \tag{4-7}$$

式中 E_s——弹击拉簧的刚度为 0.784N/mm；

l——弹击拉簧工作时拉伸长度为 75mm。

回弹仪分类 **表 4-1**

类别	名称	冲击能量	主要用途	备注
L 型(小型)	L 型	0.735J	小型构件或刚度稍差的混凝土	
	LR 型	0.735J	小型构件或刚度稍差的混凝土	有回弹值自动画线装置
	LB 型	0.735J	烧结材料和陶瓷	
N 型(中型)	N 型	2.207J	普通混凝土构件	
	NA 型	2.207J	水下混凝土构件	
	NR 型	2.207J	普通混凝土构件	有回弹值自动画线装置
	ND-740 型	2.207J	普通混凝土构件	高精度数显式

续表

类别	名称	冲击能量	主要用途	备注
N型(中型)	NP-750型	2.207J	普通混凝土构件	数字处理式
	MTC-850型	2.207J	普通混凝土构件	有专用电脑自动记录处理
	WS-200型	2.207J	普通混凝土构件	远程自动显示记录
P型(摆式)	P型	0.883J	轻质建材、砂浆、饰面等	
	PT型	0.883J	用于低强度胶凝制品	冲击面较大
M型(大型)	M型	29.40J	大型实心块体、机场跑道及公路路面的混凝土	

当挂钩12与调零螺钉16互相挤压时，使弹击锤脱钩，弹击锤的冲击面与弹击杆的后端平面相碰撞如图4-3，此时弹击锤释放出来的能量借助弹击杆传递给混凝土构件，混凝土弹性反应的能量又通过弹击杆传递给弹击锤，使弹击锤获得回弹的能量后向后弹回，弹击锤回弹的距离l'与弹击脱钩前距弹击杆后端平面的距离l之比即回弹值R，它由仪器外壳上的刻度尺8示出，见图4-4所示。

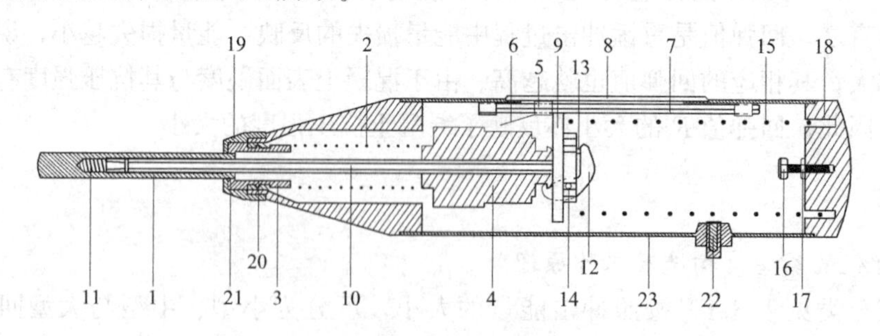

图4-2 回弹仪的构造

1—弹击杆；2—弹击拉簧；3—拉簧座；4—弹击锤；5—指针块；6—指针片；7—指针轴；8—刻度尺；9—导向法兰；10—中心导杆；11—缓冲压簧；12—挂钩；13—挂钩压簧；14—挂钩销子；15—压簧；16—调零螺钉；17—紧固螺母；18—尾盖；19—盖帽；20—卡环；21—密封毡帽；22—按钮；23—外壳

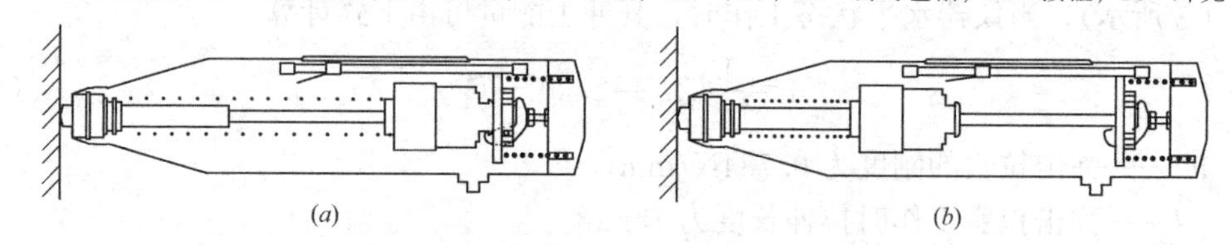

图4-3 弹击状态示意图

(a) 弹击锤脱钩前的状态；(b) 弹击锤脱钩后的状态

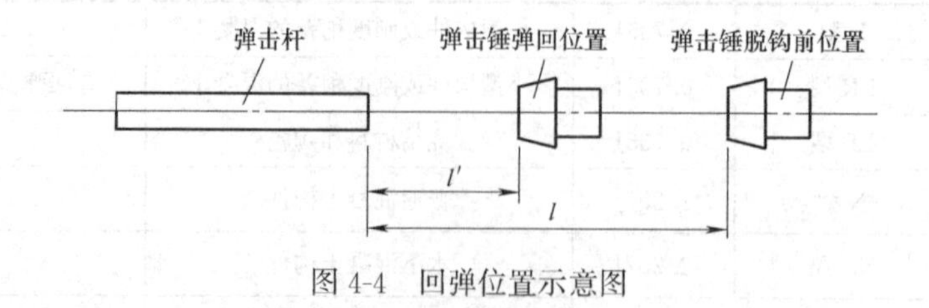

图4-4 回弹位置示意图

2. 回弹仪的率定

回弹仪使用性能的检验方法，一般采用钢砧率定法，即在洛氏硬度HRC为60±2的钢砧上，将仪器垂直向下弹击，每个方向的回弹平均值均应为 80±2，以此作为使用过程中是否需要调整的标准。

《回弹法检测混凝土抗压强度技术规程》JGJ/T 23—2011 规定，如率定值不在 80±2 范围内，应对仪器进行保养后再率定，如仍不合格应送校验单位校验。钢砧率定值不在 80±2 范围内的仪器，不得用于测试。回弹仪率定试验所用的钢砧应每两年送授权计量检定机构检定或校准。

3. 回弹仪的操作、保养及校验

（1）操作。将弹击杆顶住混凝土的表面，轻压仪器，松开按钮，弹击杆徐徐伸出。使仪器对混凝土表面均匀施压，待弹击锤脱钩冲击弹击杆后即回弹，带动指针向后移动并停留在某一位置上，即为回弹值。继续顶住混凝土表面并在读取和记录回弹值后，逐渐对仪器减压，使弹击杆自仪器内伸出，重复进行上述操作，即可测得被测构件或结构的回弹值。操作中注意仪器的轴线应始终垂直于构件混凝土的表面。

（2）保养。仪器使用完毕后，要及时清除伸出仪器外壳的弹击杆、刻度尺表面及外壳上的污垢和尘土，当测试次数较多、对测试值有怀疑时，应将仪器拆卸，并用清洗剂清洗机芯的主要零件及其内孔，然后在中心导杆上抹一层薄薄的钟表油，其他零部件不得抹油。要注意检查尾盖的调零螺丝有无松动，弹击拉簧前端是否钩入拉簧座的原孔位内，否则应送校验单位校验。

（3）校验。目前，国内外生产的中型回弹仪，不一定能保证出厂时为标准状态，因此即使是新的有出厂合格证的仪器，也需送校验单位校验。此外，当仪器超过检定有效期限(半年)，数字回弹仪数字显示的回弹值与指针直读示值相差大于 1，经保养后在钢砧上率定值不合格，或仪器遭受撞击、损害等情况均应送校验单位进行校验。

三、回弹法测强曲线

我国地域辽阔，各地区材料、生产工艺及气候等均有差异，影响混凝土的抗压强度 f_{cu} 与回弹值 R 的因素非常广泛，如水泥品种、粗骨料、细骨料、外加剂的影响，混凝土的成型方法、养护方法的影响，环境湿度的影响，混凝土碳化及龄期的影响等等。回弹法测定混凝土的抗压强度，是建立在混凝土的抗压强度与回弹值之间具有一定的相关性的基础上的，这种相关性可用“$f_{cu}-R$”相关曲线（或公式）来表示，通常称之为测强曲线。在我国，回弹法测强曲线分为全国统一测强曲线、地区曲线和专用曲线三种，以方便测试、提高测试精度，充分考虑各地区的材料差异。三种曲线制定的技术条件及使用范围见表 4-2。

回弹法测强相关曲线 **表 4-2**

名称	统一曲线	地区曲线	专用曲线
定义	由全国有代表性的材料、成型、养护工艺配制的混凝土试块，通过大量的破损与非破损试验所建立的曲线	由本地区有代表性的材料、成型、养护工艺配制的混凝土试块，通过较多的破损与非破损试验所建立的曲线	由与构件混凝土相同的的材料、成型、养护工艺配制的混凝土试块，通过一定数量的破损与非破损试验所建立的曲线

续表

名称	统一曲线	地区曲线	专用曲线
适用范围	适用于无地区曲线或专用曲线时检测符合规定条件的构件或结构混凝土强度	适用于无专用曲线时检测符合规定条件的构件或结构混凝土强度	适用于检测与该构件相同条件的混凝土强度
误差	测强曲线的平均相对误差≤±15%，相对标准差≤18%	测强曲线的平均相对误差≤±14%，相对标准差≤17%	测强曲线的平均相对误差≤±12%，相对标准差≤14%

测强相关曲线一般可用回归方程来表示。对于未碳化混凝土或在一定条件下成型养护的混凝土，可用回归方程表示：

$$f_{cu}^{c}=f(R) \tag{4-8}$$

式中 f_{cu}^{c}——回弹法测区混凝土强度值。

对于已经碳化的混凝土或龄期较长的混凝土，可由下列函数关系表示：

$$f_{cu}^{c}=f(R,d) \tag{4-9}$$

$$f_{cu}^{c}=f(R,d,t) \tag{4-10}$$

式中 d——混凝土的碳化深度；

t——混凝土的龄期。

如果定量测出已硬化的混凝土构件的含水率，可以采用下列函数式：

$$f_{cu}^{c}=f(R,d,t,W) \tag{4-11}$$

式中 W——混凝土的含水率。

目前我国应用最广泛的是式（4-9），即采用回弹值和碳化深度两个指标来推定混凝土强度。按全国统一曲线制订的测区混凝土强度换算表见有关规程。

四、检测方法与数据处理

1. 检测准备

检测前，一般需要了解工程名称，设计、施工和建设单位名称；构件名称、编号、施工图及混凝土设计强度等级；水泥品种、强度等级、出厂厂名；砂石品种、粒径，外加剂或掺合料品种、掺量，以及混凝土配合比等；模板类型，混凝土灌注和养护情况、成型日期；构件存在的质量问题，混凝土试块抗压强度等。

一般地，检测构件的混凝土强度有两类方法，一类是逐个检测被测构件，另一类是抽样检测。逐个检测方法主要用于对混凝土强度质量有怀疑的独立结构或有明显质量问题的构件。抽样检测主要用于在相同的生产工艺条件下，强度等级相同、原材料、配合比、养护条件基本一致且龄期相近的同类混凝土构件。被检测的试样应随机抽取不宜少于同批构件总数的30%且不宜少于10件，当检验批构件数量大于30个时，抽样数量可适当调整，并不得少于国家现行有关标准规定的最少抽样数量。

2. 检测方法

当了解了被检测的混凝土构件情况后，需要在构件上选择及布置测区。所谓“测区”系指每一试样的测试区域。每一测区相当于试样同条件混凝土的一组试块。行业标准《回弹法检测混凝土抗压强度技术规程》（JGJ/T 23—2011）规定，取一个构件混凝土作为评定混凝土强度的最小单元，至少取 10 个测区。当受检构件某一方向尺寸不大于 4.5m 且另一方向尺寸不大于 0.3m 时，每个构件的测区数量可适当减少，但不应少于 5 个。测区的大小以能容纳 16 个回弹测点为宜。测区表面应清洁、平整、干燥，不应有接缝、饰面层、粉刷层、浮浆、油垢、蜂窝麻面等。必要时可采用砂轮清除表面杂物和不平整处。测区宜均匀布置在构件或结构的检测面上，相邻测区间距不宜过大，当混凝土浇筑质量比较均匀时可酌情增大间距，但不宜大于 2m；构件或结构的受力部位及易产生缺陷部位（如梁与柱相接的节点处）需布置测区；测区优先考虑布置在混凝土浇筑的侧面（与混凝土浇筑方向相垂直的贴模板的一面），如不能满足这一要求时，可选在混凝土浇筑的表面或底面；测区须避开位于混凝土内保护层附近设置的钢筋和预埋钢板。对于体积小、刚度差以及测试部位的厚度小于 100mm 的构件，应设置支撑加以固定。

按上述方法选取试样和布置测区后，先测量回弹值。测试时回弹仪应始终与测面相垂直，并不得打在气孔和外露石子上。每一测区的两个测面用回弹仪各弹击 8 点，如一个测区只有一个测面，则需测 16 个点。同一测点只允许弹击一次，测点宜在测面范围内均匀分布，每一测点的回弹值读数准确至一度，相邻两测点的净距一般不小于 20mm，测点距构件边缘或外露钢筋、钢板的间距不得小于 30 mm。

回弹完后即测量构件的碳化深度，用冲击钻在测区表面开直径为 15mm 的孔洞，其深度应大于混凝土的碳化深度。清除洞中的粉末和碎屑后（注意不能用液体冲洗孔洞），立即用 1%～2%的酚酞酒精溶液滴在孔洞内壁的边缘处，碳化部分的混凝土不变色，而未碳化部分的混凝土会变成紫红色，然后用碳化深度测量仪测量出碳化深度值，应准确至 0.25mm。

一般一个测区选择 1～3 处测量混凝土的碳化深度值，当相邻测区的混凝土质量或回弹值与它基本相同时，那么该测区的碳化深度值也可代表相邻测区的碳化深度值，一般应选不少于构件的 30%测区数测量碳化深度值。当碳化深度值相差大于 2.0mm 时，应在每一个测区分别测量碳化深度值。

3. 回弹值计算

当回弹仪水平方向测试混凝土浇筑侧面时，应从每一测区的 16 个回弹值中剔除 3 个最大值和 3 个最小值，取余下的 10 个回弹值的平均值作为该测区的平均回弹值，计算公式为：

$$R_{\mathrm{m}} = \frac{\sum_{i=1}^{10} R_i}{10} \tag{4-12}$$

式中 R_{m}——测区平均回弹值，精确至 0.1；

R_i——第 i 个测点的回弹值。

回弹法测强曲线是根据回弹仪水平方向测试混凝土试件侧面的试验数据计算得出的，当回弹仪非水平方向检测混凝土浇筑侧面时，应按下列公式修正：

$$R_{\mathrm{m}} = R_{\mathrm{m}\alpha} + R_{\mathrm{a}\alpha} \tag{4-13}$$

式中 $R_{\mathrm{m}\alpha}$——非水平方向检测时测区的平均回弹值；

$R_{\mathrm{a}\alpha}$——测试角度为 α 的回弹修正值，按表 4-3 采用。

非水平方向检测时回弹值的修正值 $R_{a\alpha}$　　表 4-3

测试角度 / $R_{m\alpha}$	+90	+60	+45	+30	−30	−45	−60	−90
20	−6.0	−5.0	−4.0	−3.0	+2.5	+3.0	+3.5	+4.0
30	−5.0	−4.0	−3.5	−2.5	+2.0	+2.5	+3.0	+3.5
40	−4.0	−3.5	−3.0	−2.0	+1.5	+2.0	+2.5	+3.0
50	−3.5	−3.0	−2.5	−1.5	+1.0	+1.5	+2.0	+2.5

当水平方向检测混凝土浇筑表面时，应按下列公式修正：

$$R_m = R_m^t + R_a^t \tag{4-14}$$

$$R_m = R_m^b + R_a^b \tag{4-15}$$

式中　R_m^t、R_m^b——水平方向检测混凝土浇筑表面、底面时，测区的平均回弹值，精确至0.1；

R_a^t、R_a^b——混凝土浇筑表面、底面回弹值的修正值，按表4-4采用。

不同浇筑面上的回弹修正值 R_a^t、R_a^b　　表 4-4

测试面 / R_m^t、R_m^b	表面修正值(R_a^t)	底面修正值(R_a^b)
20	+2.5	−3.0
25	+2.0	−2.5
30	+1.5	−2.0
35	+1.0	−1.5
40	+0.5	−1.0
45	0	−0.5
50	0	0

在测试时，如仪器处于非水平状态，同时构件测区又非混凝土的浇灌侧面，则应对测得的回弹值先进行角度修正，再进行表面或底面修正。

五、混凝土强度的计算

根据行业标准《回弹法检测混凝土抗压强度技术规程》JGJ/T 23—2011 的规定，用回弹法检测混凝土强度时，除给出强度推定值外，对于测区数小于10个的构件，还要给出平均强度值、测区最小强度值；测区数大于等于10个的构件还要给出标准差。

1. 测区混凝土强度值换算值

测区混凝土强度换算值是指将测得的回弹值和碳化深度值换算成被测构件的测区的混凝土抗压强度值。构件第 i 个测区混凝土强度换算值（$f_{cu,i}^c$），根据每一测区的平均回弹值（R_m）及平均碳化深度值（d_m），查阅由统一曲线编制的"测区混凝土强度换算表"

得出；有地区或专用测强曲线时，混凝土强度换算值应按地区或专用测强曲线换算得出。

2. 构件混凝土强度的计算

(1) 构件混凝土强度平均值及标准差

结构或构件的测区混凝土强度平均值可根据各测区的混凝土强度换算值计算。当测区数为 10 个及以上时，应计算强度标准差。平均值和标准差应按下列公式计算：

$$m_{f_{cu}^{c}} = \frac{\sum_{i=1}^{n} f_{cu,i}^{c}}{n} \tag{4-16}$$

$$S_{f_{cu}^{c}} = \sqrt{\frac{\sum_{i=1}^{n} (f_{cu,i}^{c})^2 - n(m_{f_{cu}^{c}})^2}{n-1}} \tag{4-17}$$

式中 $m_{f_{cu}^{c}}$——构件测区混凝土强度换算值的平均值（MPa），精确至 0.1MPa；

n——对于单个检测的构件，取一个构件的测区数；对批量检测的构件，取被抽检构件测区数之和；

$S_{f_{cu}^{c}}$——构件测检混凝土强度换算值的标准差（MPa），精确至 0.01MPa。

(2) 构件混凝土强度推定值

结构或构件的混凝土强度推定值（$f_{cu,e}$）是指相应于强度换算值总体分布中保证率不低于 95%的结构或构件中的混凝土抗压强度值，应按下列公式确定：

① 当该构件测区数少于 10 个时：

$$f_{cu,e} = f_{cu,min}^{c} \tag{4-18}$$

式中 $f_{cu,min}^{c}$——构件中最小的测区混凝土强度换算值。

② 当构件测区混凝土强度值中出现小于 10MPa 时：

$$f_{cu,e} < 10.0\text{MPa} \tag{4-19}$$

③ 当该构件测区数不少于 10 个或按批量检测时，应按下列公式计算：

$$f_{cu,e} = m_{f_{cu}^{c}} - 1.645 S_{f_{cu}^{c}} \tag{4-20}$$

(3) 对于按批量检测的构件，当该批构件混凝土强度标准差出现下列情况之一时，则该批构件应全部按单个构件检测，即

① 当该批构件混凝土强度平均值小于 25MPa 时：$S_{f_{cu}^{c}} > 4.5$MPa；

② 当该批构件混凝土强度平均值不小于 25MPa 时：$S_{f_{cu}^{c}} > 5.5$MPa。

第三节　超声-回弹综合法检测混凝土强度

一、概述

波动是自然界中普遍存在的一种物质运动形式，机械振动在物体中的传播即为机械波。当机械波的频率在人耳可闻的范围内（20～20000Hz）时，称为可闻声波，低于此范围的称为次声波，而超过 20000Hz 的称为超声波。超声波用于非破损检测，就是以超声波为媒介，获得物体内部信息的一种方法。目前超声波检测方法已应用于医疗诊断、钢材探伤、混凝土检测等许多领域。

混凝土超声检测应用主要有两个方面，一是推定混凝土强度，二是测定混凝土内部缺陷。我国自20世纪50年代开始这项技术的研究，在60年代初即应用于工程检测，发展极为迅速，目前已应用于建筑、水电、交通、铁道等各类工程中，从上部结构的检测发展到地下结构的检测；从一般小构件的检测发展到大体积混凝土的检测；从单一测强发展到测裂缝、测缺陷的全面检测等。随着计算机广泛应用与超声检测技术、仪器设备的发展，混凝土超声检测逐步实现了数据处理、分析自动化，提高了检测技术的准确性和可靠性，将会在土木工程中发挥更大作用。

混凝土超声检测目前主要是采用“穿透法”，其基本原理是用一发射换能器重复发射一定频率的超声脉冲波，让超声波在所检测的混凝土中传播，然后由接收换能器将信号传递给超声仪，由超声仪测量接收到的超声波信号的各种声学参数，并转化为电信号显示在示波屏上。研究表明：在混凝土中传播的超声波的波速、振幅、频率和波形等波动参数与所测混凝土的力学参数如弹性模量、泊松比、剪切模量以及内部应力分布状态有直接的关系，也与混凝土内部缺陷如断裂面、孔洞的大小及形状的分布有关。因此，当超声波在混凝土中传播后，它携带了有关混凝土的材料性能、内部结构及其组成的信息，准确测定这些声学参数的大小及变化，可以推断混凝土的强度和内部缺陷等情况。

超声仪是超声检测的基本装置。它的作用是产生重复的电脉冲去激励发射换能器，发射换能器发射的超声波在混凝土中传播后被接收换能器接收，并转换成电信号放大后显示在示波屏上。超声仪除了产生、接收、显示超声波外，还具有量测超声波有关参数，如声传播时间、接收波振幅、频率等功能。超声仪可分为非金属超声检测仪和金属超声检测仪两大类。

应用超声波检测混凝土性能时，需要将电信号转换成发射探头的机械振动，再向被测介质发送超声波。超声波在被测介质中传播一定距离后由接收探头接收，并将其转换成电信号后再送入仪器进行处理。这种将声能与电能相互转换的器具称换能器。上述发射探头和接收探头即为超声换能器。常用换能器按波形不同分为纵波换能器与横波换能器，分别用于纵波与横波的测量。目前，一般检测中所用的多是纵波换能器，其中又分为平面换能器、径向换能器等。在混凝土超声检测中，应根据结构的尺寸及检测目的来选择换能器。平面换能器用于一般结构的表面对测和平测；径向换能器（增压式、圆环式、一发双收式）则用在需钻孔检测或灌注桩声测管中检测等场合以及水下检测。由于超声波在混凝土中衰减较大，为了使其传播距离较远，混凝土超声检测时多使用频率在200kHz以下的低频超声波。

二、混凝土主要声学参数

目前在混凝土超声检测中所常用的声学参数为声速、波形、频率及振幅，简介如下。

1. 声速

声速即超声波在混凝土中传播的速度。它是混凝土超声检测中一个主要参数。混凝土的声速与混凝土弹性性质有关，也与混凝土内部结构（孔隙、材料组成等）有关。一般说来，弹性模量越高，密实性越好，声速也越高。同时，混凝土的强度与它的弹性模量和孔隙率（密实性）有密切关系，因此，对于同种材料与配合比的混凝土，强度越高，声速也越高。当混凝土内部有缺陷时（孔洞、蜂窝等），则该处混凝土的声速将比正常部位低。

当超声波穿过裂缝传播时，所测得的声速也将比无裂缝处的声速有所降低。

2. 波形

波形系指在示波屏上显示的接收波波形。当超声波在传播过程中碰到混凝土内部缺陷、裂缝或异物时，由于超声波的绕射、反射和传播路径的复杂化，直达波、反射波、绕射波相继到达接收换能器，它们的频率和相位各不相同。这些波的叠加有时会使波形畸变。因此，对接收波波形的分析研究，有助于对混凝土内部质量及缺陷的判断。

3. 频率和振幅

在超声检测中，由电脉冲激发出的声脉冲信号是复频超声脉冲波，它包含了一系列不同成分的余弦波分量。这种含有各种频率成分的超声波在传播过程中，高频成分首先衰减。因此，可以把混凝土看作是一种类似高频滤波器的介质，超声波愈往前传播，其所包含的高频分量愈少，则主频率也逐渐下降。主频率下降的量值除与传播距离有关外，主要取决于混凝土本身的性质和内部是否存在缺陷等。因此，测量超声波通过混凝土后频率的变化可以判断混凝土质量和内部缺陷、裂缝等情况。

接收波振幅通常指首波，即第一个波前半周的幅值，接收波振幅值反映了接收到的声波的强弱。对于内部有缺陷或裂缝的混凝土，由于缺陷使超声波反射或绕射，振幅也将明显减小。因此，振幅值也是判断混凝土缺陷的重要指标。

三、超声-回弹综合法测强的特点

超声波检测混凝土强度的基本依据是超声波传播速度与混凝土弹性性质有密切关系，而混凝土弹性性质与其力学强度存在内在联系。因此，在实际检测中，可以建立超声声速与混凝土抗压强度相关关系，推定混凝土强度。超声测强以混凝土立方体试块 28d 龄期抗压强度为基准，通过大量试验研究原材料品种、配合比、施工工艺等因素对超声检测参数的影响，建立超声测强的经验公式，这样，通过测量超声波声速便可得出混凝土的抗压强度。目前，国内外按统计方法建立的“$f_{cu}-v$”相关曲线基本上采用以下两种非线性的数学表达式：

$$f_{cu}=Av^{B} \tag{4-21}$$

$$f_{cu}=Ae^{Bv} \tag{4-22}$$

式中 f_{cu}——混凝土抗压强度；

v——超声波声速；

A、B——经验系数。

混凝土强度的综合法检测，就是采用两种或两种以上的单一方法或参数（力学的、物理的或声学的等）联合测试混凝土强度的方法。由于综合法比单一法测试误差小、适用范围广，因此在混凝土的质量控制与检测中的应用越来越多。目前已被采用的综合法有超声-回弹综合法、超声钻芯综合法、超声衰减综合法等，最常用的综合测试方法是超声-回弹综合法。

1. 特点

超声-回弹综合法是指采用超声仪和回弹仪，在结构混凝土同一测区分别测量声时值和回弹值，然后利用已建立起来的测强公式推算该测区混凝土强度的一种方法。与单一的回弹或超声法相比，综合法具有以下特点：

(1) 减少混凝土龄期和含水率的影响。混凝土的龄期和含水率对超声波声速和回弹值的影响有着本质的不同：混凝土含水率越大，超声声速偏高而回弹值偏低；混凝土龄期长，超声声速的增长率下降，而回弹值则因混凝土碳化程度增大而提高。因此，二者综合起来测定混凝土强度就可以部分减少龄期和含水率的影响。

(2) 可以弥补相互间的不足。一个物理参数只能从某一方面、在一定范围内反映混凝土的力学性能，超过一定范围，它可能不很敏感或不起作用。例如回弹值 R 主要以表层的弹性性能来反映混凝土强度，当构件截面尺寸较大或内外质量有较大差异时，就很难反映混凝土的实际强度。超声声速主要反映材料的弹性性质，同时，由于超声波穿过材料，因而也反映材料内部的信息，但对于强度较高的混凝土（一般认为大于 35MPa)，其"$f_{cu}-v$" 相关性较差。因此，采用回弹法和超声法综合测定混凝土强度，既可内外结合，又能在较低或较高的强度区间相互弥补各自的不足，能够较确切地反映混凝土强度。

(3) 提高测试精度。由于综合法能减少一些因素的影响程度，较全面地反映整体混凝土质量，所以对提高无损检测混凝土强度的精度，具有明显的效果。

2. 影响因素

超声-回弹综合法测定混凝土强度的影响因素，比单一的超声法或回弹法要小。现将各影响因素及其修正方法汇总列于表 4-5 中。

"超声-回弹"综合法的影响因素及修正方法　　表 4-5

因　素	试验验证范围	影响程度	修正方法
水泥品种及用量	普通水泥、矿渣水泥、粉煤灰水泥 250～450kg/m^3	不显著	不修正
细骨料品种及砂率	山砂、特细砂、中砂；28%～40%	不显著	不修正
粗骨料品种及用量	卵石、碎石；骨灰比：1∶4.6～1∶5.5	显著	必须修正或制订不同的测强曲线
粗骨料粒径	0.6～2cm；0.6～3.2cm；0.6～4cm	不显著	>4cm 应修正
外加剂	木钙减水剂，硫酸钠，三乙醇胺	不显著	不修正
碳化深度		不显著	不修正
含水率		有影响	尽可能干燥状态
测试面	浇筑侧面与浇筑上表面混凝土及底面比较	有影响	对 v、R 分别进行修正

3. 测强曲线

用混凝土试块的抗压强度与非破损参数之间建立起来的相关关系曲线即为测强曲线。对于超声-回弹综合法来说，即先对试块进行超声测试，然后进行回弹测试，最后将试块抗压破坏，当取得超声声速值 v、回弹值 R 和混凝土强度值 f_{cu} 之后，选择相应的数学模型来拟合它们之间的关系。综合法测强曲线按其适用范围分为以下三类。

(1) 统一测强曲线（全国曲线）

统一测强曲线的建立是以全国许多地区曲线为基础，经过大量的分析研究和计算汇总而成。该曲线以全国经常使用的有代表性的混凝土原材料、成型养护工艺和龄期为基本条件，适用于无地区测强曲线和专用测强曲线的单位，对全国大多数地区来说，具有一定的现场适应性，因此使用范围广，但精度稍差，超声-回弹综合法测区混凝土强度换算表见相关规程。

(2) 地区（部门）测强曲线

以本地区或本部门通常使用的有代表性的混凝土原材料、成型养护工艺和龄期作为基本条件，制作相当数量的试块进行试验建立的测强曲线。这类曲线适用于无专用测强曲线的工程测试，充分反映了我国地域辽阔、各地材料差别较大的特点，因此，对本地区或本部门来说，其现场适应性和测试精度均优于统一测强曲线。

(3) 专用测强曲线

以某一个具体工程为对象，采用与被测工程相同的原材料、配合比、成型养护工艺和龄期，制作一定数量的试块，通过非破损和破损试验建立的测强曲线。这类曲线针对性较强，测试精度较地区（部门）曲线高。

四、检测方法

综合法检测混凝土强度技术，实质上就是超声法和回弹法两种单一测强的综合测试，因此，有关检测方法及规定与前述相同。

1. 检测准备

采用超声波检测时，要使从换能器发出的超声波进入被测体，还必须解决换能器与被测体之间声耦合的问题。由于被测混凝土表面粗糙不平，不论压得多紧，在换能器与被测对象之间仍会有空气夹层存在，固体与空气的特性阻抗相差悬殊，当超声波由换能器传播到空气夹层时，超声能量绝大部分被反射而难以进入混凝土。为此，需要在换能器与混凝土之间加上耦合剂。耦合剂一般是液体或膏体，它们充填于二者之间时，排掉了空气，形成耦合剂层，这样就会使大部分超声波进入混凝土。平面换能器的耦合剂一般采用膏体，如黄油、凡士林等。采用径向换能器在测试孔中测量时，通常用水作耦合剂。

检测构件时布置测区应符合下列规定：(1) 按单个构件检测时，应在构件上均匀布置不少于 10 个测区；(2) 当对同批构件抽样检测时，构件抽样数应不少于同批构件的 30%，且不少于 4 件，每个构件测区数不少于 10 个；(3) 对长度小于或等于 2m 的构件，其测区数量可适当减少，但不应少于 3 个。

当按批抽样检测时，凡符合下列条件的构件，才可作为同批构件：(1) 混凝土强度等级相同；(2) 混凝土原材料、配合比、成型工艺、养护条件及龄期基本相同；(3) 构件种类相同；(4) 在施工阶段所处状态相同。

每个构件的测区，应满足以下的要求：(1) 测区的布置应在混凝土浇筑方向的侧面；(2) 测区应均匀布置，相邻两测区的间距不宜大于 2m；(3) 测区应避开钢筋密集区和预埋钢板；(4) 测区尺寸为 200mm×200mm；相对应的两个 200mm×200mm 区域应视为一个测区；测试面应清洁和平整；测区应标明编号。(5) 测试面应清洁、平整、干燥，不应有接缝、饰面层、浮浆和油垢，并避开蜂窝、麻面部位，必要时可用砂轮片磨平不平整处。

每一测区宜先进行回弹测试，然后进行超声测试。对非同一测区的回弹值和超声声速值，不能按综合法计算混凝土强度。

2. 测试方法

回弹值的测量与计算在本章第二节已详述，这里不再重复。以下简要介绍超声声速值的测量与计算。

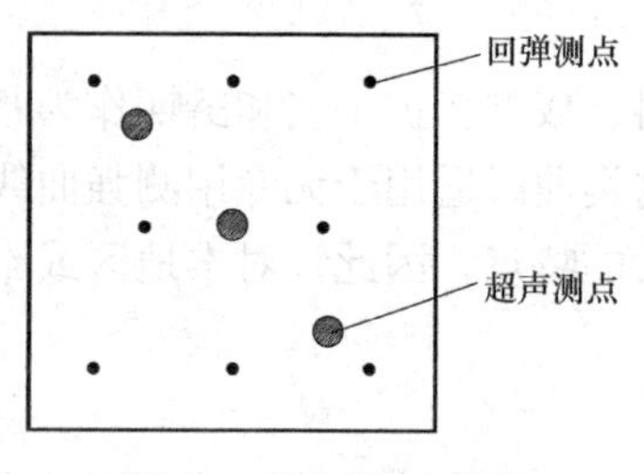

图 4-5　测区测点分布

（1）超声声时值的测量

超声测点应布置在回弹测试的同一测区内。测量超声声时值时，应保证换能器与混凝土耦合良好，测试的声时值应精确至 0.1μs，声速值应精确至 0.01km/s，超声波传播距离的测量误差应不大于±1%。在每个测区内的相对测试面上，应各布置 3 个超声测点，且发射和接收换能器的轴线应在同一直线上，见图 4-5 所示。

（2）声速值的计算

测区声速值应按下式计算：

$$v=l/t_{\mathrm{m}} \tag{4-23}$$

$$t_{\mathrm{m}}=(t_1+t_2+t_3)/3 \tag{4-24}$$

式中　v——测区声速值（km/s）；

l——超声波检测距离（mm）；

t_{m}——测区平均声时值（μs）；

t_1、t_2、t_3——分别为测区中 3 个测点的声时值。

当在混凝土浇筑的顶面与底面测试时，由于上表面砂浆较多强度偏低，底面粗骨料较多强度偏高，综合起来与成型侧面是有区别的，此外，浇筑表面不平整会使声速偏低，所以进行上表面与底面测试时声速应进行修正：

$$v_{\alpha}=1.034v_i \tag{4-25}$$

式中　v_{α}——修正后的测区声速值（km/s）。

3. 混凝土强度的推定

用综合法检测构件混凝土强度时，构件第 i 个测区的混凝土强度换算值 $f_{\mathrm{cu},i}^{\mathrm{c}}$，应根据修正后的测区回弹值 R_{ai} 及修正后的测区声速值 v_{ai}，按已确定的综合法相关测强曲线计算。当结构所用材料与制定的测强曲线所用材料有较大差异时，须用同条件试块或从结构构件测区钻取的混凝土芯样进行修正，试件数量应不少于 3 个。此时，得到的测区混凝土强度换算值应乘以修正系数。修正系数可按下列公式计算：

有同条件立方体试块时

$$\eta=\frac{1}{n}\sum_{i=1}^{n}f_{\mathrm{cu},i}/f_{\mathrm{cu},i}^{\mathrm{c}} \tag{4-26}$$

有混凝土芯样试件时

$$\eta=\frac{1}{n}\sum_{i=1}^{n}f_{\mathrm{cor},i}/f_{\mathrm{cu},i}^{\mathrm{c}} \tag{4-27}$$

式中　η——修正系数；

$f_{\mathrm{cu},i}$——第 i 个混凝土立方体试块抗压强度值；

$f_{\mathrm{cu},i}^{\mathrm{c}}$——对应于第 i 个立方体试块或芯样试件的混凝土强度换算值；

$f_{\mathrm{cor},i}$——第 i 个混凝土芯样试件抗压强度值；

n——试件数。

构件混凝土强度的推定与本章第二节“回弹法检测混凝土强度”相同，这里不再赘述。

第四节　钢筋混凝土结构缺陷检测

一、概述

钢筋混凝土结构的缺陷，是指那些在宏观材质不连续、性能参数有明显变异，而且对结构的承载能力和使用性能产生影响的区域。混凝土结构由于设计、施工等原因或受使用环境、自然灾害的影响，在内部可能会存在不密实区域或空洞、钢筋锈蚀等，在外部可能形成蜂窝、麻面、裂缝或损伤层等缺陷，这些缺陷的存在会严重影响结构的承载能力和耐久性能。采用简便有效的方法查明混凝土各种缺陷的性质、范围及大小，以便进行技术处理，是工程建设、运营养护过程中一个重要问题。目前，在诸多混凝土缺陷的无损检测方法中，应用最广泛、最有效的是超声法检测。

1. 超声波检测混凝土缺陷的基本原理

采用超声脉冲波检测混凝土缺陷的基本依据是：利用超声波在技术条件相同（指混凝土原材料、配合比、龄期和测试距离一致）的混凝土中传播的时间（或速度）、接收波的振幅和频率等声学参数的变化，来判定混凝土的缺陷。因为超声脉冲波传播速度的快慢，与混凝土的密实程度有直接关系，对于技术条件相同的混凝土来说，声速高则混凝土密实，相反则混凝土不密实。当有空洞、裂缝等缺陷存在时，破坏了混凝土的整体性，由于空气的声阻抗率远小于混凝土的声阻抗率，超声波遇到蜂窝、空洞或裂缝等缺陷时，会在缺陷界面发生反射和散射，因此传播的路程会增大，测得的声时会延长，声速会降低。其次，在缺陷界面超声波的声能被衰减，其中频率较高的部分衰减更快，因此接收信号的波幅明显降低，频率明显减小或频率谱中高频成分明显减少。再次，经缺陷反射或绕过缺陷传播的超声波信号与直达波信号之间存在相位差，叠加后互相干扰，致使接收信号的波形发生畸变。根据上述原理，在实际测试中，可以利用混凝土声学参数测量值和相对变化综合分析，判别混凝土缺陷的位置和范围，或者估算缺陷的尺寸。

2. 超声波检测混凝土缺陷的方法

超声脉冲波检测混凝土缺陷技术一般根据被测结构的形状、尺寸及所处环境，确定具体测试方法。常用的测试方法大致分为以下几种。

(1) 平面测试（用厚度振动式换能器）

对测法：一对发射（T）和接收（R）换能器，分别置于被测结构相互平行的两个表面，且两个换能器的轴线位于同一直线上。

斜测法：一对发射和接收换能器分别置于被测结构的两个表面，但两个换能器的轴线不在同一直线上。

单面平测法：一对发射和接收换能器分别置于被测结构同一表面上进行测试。

(2) 测试孔测试（采用径向振动式换能器）

孔中对测：一对换能器分别置于两个对应测试孔中，位于同一高度进行测试；

孔中斜测：一对换能器分别置于两个对应测试孔中，但不在同一高度进行而是在保持一定高程差的条件下进行测试；

孔中平测：一对换能器分别置于同一测试孔中，以一定的高程差同步移动进行测试。

本节将简述混凝土浅裂缝、深裂缝、混凝土匀质性、不密实和空洞区域、两次浇灌混凝土结合面等缺陷的超声波检测方法。

二、混凝土浅裂缝检测

所谓浅裂缝，系指局限于结构表层，深度不大于500mm的裂缝。实际检测时一般可根据结构物的断面尺寸和裂缝在结构表面的宽度，大致估计被测的是浅裂缝还是深裂缝。对一般工程结构中的梁、柱、板和机场跑道等出现的裂缝，都属于浅裂缝。在测试时，根据被测结构的实际情况，浅裂缝可分为单面平测法和对穿斜测法。

1. 平测法

当结构的裂缝部位只具有一个表面可供检测时，可采用平测法进行裂缝深度检测。平测时应在裂缝的被测部位以不同的测距同时按跨缝和不跨缝布置测点进行声时测量。如图4-6所示，首先将发射换能器T和接收换能器R置于被测裂缝的同一侧，并将T耦合好保持不动，以T、R两个换能器内边缘间距l_i'为100mm、150mm、200mm……，依次移动R并读取相应的声时值t_i。以l'为纵轴、t为横轴绘制l'-t坐标图，如图4-7所示。也可用统计方法求l'与t之间的回归直线式$l'=a+bt$，式中a、b为待求的回归系数。

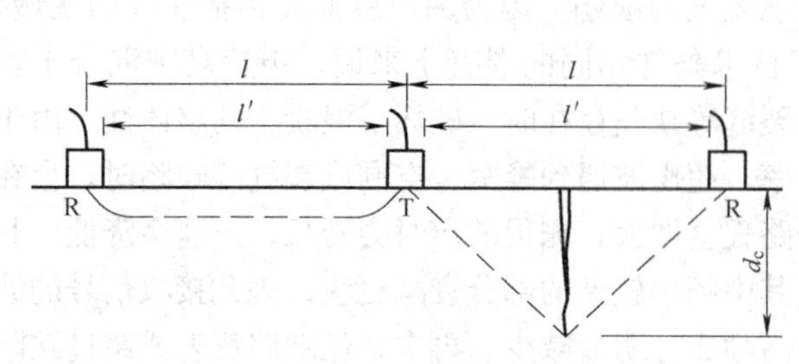

图4-6　单面平测裂缝示意图

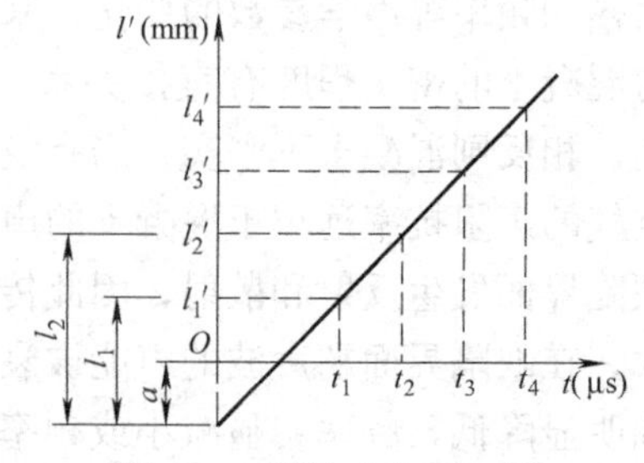

图4-7　平测"时-距"图

每一个测点的超声实际传播距离为：

$$l_i=l_i'+a \tag{4-28}$$

式中　l_i——第i点的超声波实际传播距离（mm）；

l_i'——第i点的T、R换能器内边缘间距（mm）；

a——"时—距"图中l'轴的截距或回归所得的常数项（mm）。

其次，进行跨缝的声时测量。将T、R换能器分别置于以裂缝为轴线的对称两侧，两换能器中心连线垂直于裂缝走向，以$l'=$100mm、150mm、200mm……，分别读取声时值t_i^0。该声时值便是超声波绕过裂缝末端传播的时间。根据几何关系，可推算出裂缝深度的计算式为

$$d_{ci}=\frac{l_i}{2}\sqrt{\left(\frac{t_i^0}{t_i}\right)^2-1} \tag{4-29}$$

式中　d_{ci}——裂缝深度（mm）；

t_i、t_i^0——分别代表测距为l_i时不跨缝、跨缝平测的声时值（μs）。

以不同测距取得的d_{ci}的平均值作为该裂缝的深度值d_c，如所得的d_c值大于原测距中任一个l_i，则应该把该l_i距离的d_{ci}舍弃后重新计算d_c值。

以声时推算浅裂缝深度，是假定裂缝中充满空气，声波绕过裂缝末端传播。若裂缝中

有水或泥浆，则声波经水介质耦合穿裂缝而过，不能反映裂缝的真实深度。因此检测时，裂缝中不得有填充水和泥浆。当有钢筋穿过裂缝且与T、R换能器的连线大致平行靠近时，则沿钢筋传播的超声波首先到达接收换能器，测试结果也不能反映裂缝的深度。因此，布置测点时应注意使T、R换能器的连线至少与该钢筋的轴线相距1.5倍的裂缝预计深度，如图4-8所示，应使$a \geqslant 1.5d_c$。

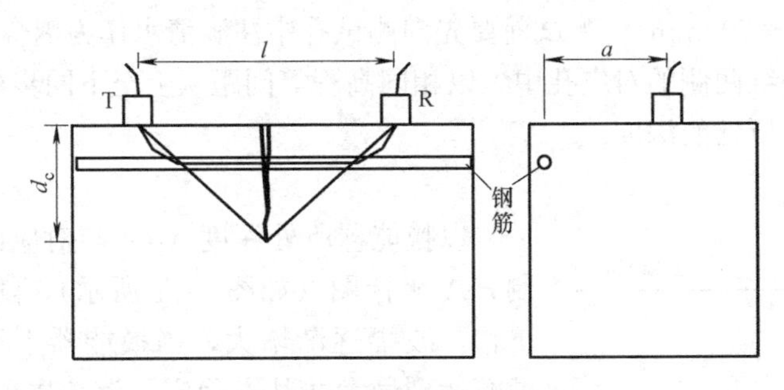

图4-8 平测时避免钢筋影响的措施

2. 斜测法

当结构物的裂缝部位具有两个相互平行的测试表面时，可采用斜测法检测。可按图4-9所示方法布置换能器，保持T、R换能器的连线通过缝和不通过缝的测试距离相等、倾斜角一致的条件下，读取相应的声时、波幅和频率值。当T、R换能器的连线通过裂缝时，由于混凝土不连续性，超声波在裂缝界面上产生很大衰减，接收到的首波信号很微弱，其波幅和频率与不过缝的测点值比较有很大差异。据此便可判断裂缝的深度及是否在水平方向贯通。斜测法检测裂缝深度具有直观、可靠的特点，若条件许可宜优先选用。

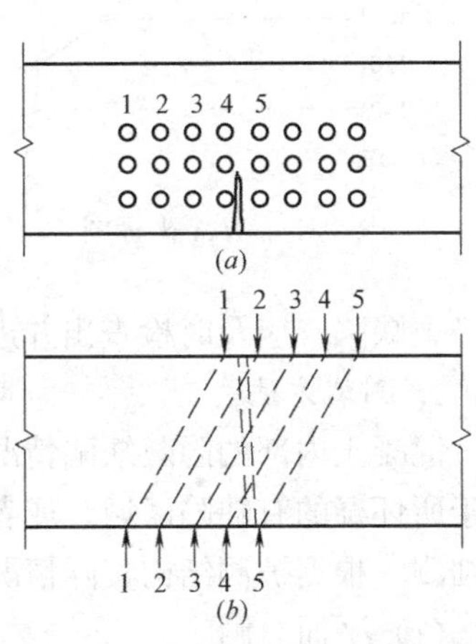

图4-9 斜测裂缝深度示意图

(a) 立面；(b) 平面

三、混凝土深裂缝检测

所谓深裂缝，系指混凝土结构物表面开裂深度在500mm以上的裂缝。对于水坝、桥墩、大型设备基础等大体积混凝土结构，在浇筑混凝土过程中，由于水泥的水化热散失较慢，混凝土的内部温度比表面高，使结构断面形成较大的温差，当由此产生的拉应力大于混凝土抗拉强度时，便会在混凝土中产生裂缝。

1. 测试方法

深裂缝的检测一般是在裂缝两侧钻测试孔，用径向振动式换能器置于测试孔中进行测试。如图4-10所示，在裂缝两侧分别钻测试孔A、B。应在裂缝一侧多钻一个较浅的孔C，测试无缝混

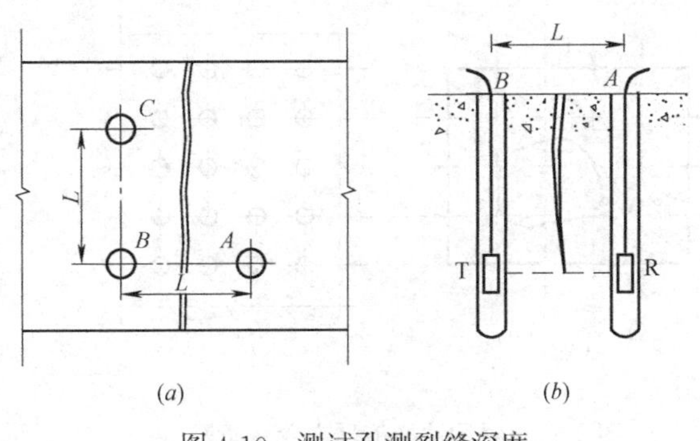

图4-10 测试孔测裂缝深度

(a) 平面；(b) 立面

凝土的声学参数，供对比判别之用。测试孔应满足下列要求：孔径应比换能器直径大5～10mm；孔深应至少比裂缝预计深度深700mm，经试测如其深度浅于裂缝深度，则应加深测试孔；对应的两个测试孔，必须始终位于裂缝两侧，其轴线应保持平行；两个对应测试孔的间距宜为2m，同一结构的各对应测孔间距应相同；孔中粉末碎屑应清理干净。

检测时应选用频率为20～40kHz的径向振动式换能器，并在其接线上做出等距离标志（一般间隔100～500mm）。测试前要先向测试孔中注满清水作为耦合剂，然后将T、R换能器分别置于裂缝两侧的对应孔中，以相同高程等间距从上至下同步移动，逐点读取声时、波幅和换能器所处的深度。

2. 裂缝深度判定

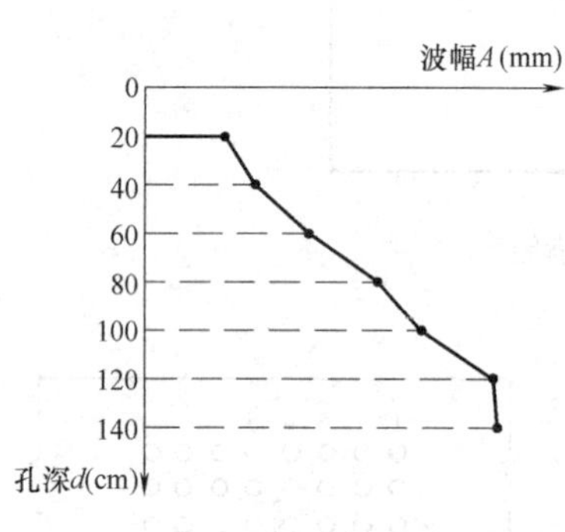

图4-11　d-A坐标图

以换能器所处深度（d）与对应的波幅值（A）绘制d-A坐标图（如图4-11所示），随着换能器位置的下移，波幅逐渐增大，当换能器下移至某一位置后，波幅达到最大并基本稳定，该位置所对应的深度便是裂缝深度d_c。

四、混凝土不密实区和空洞检测

混凝土和钢筋混凝土结构物在施工过程中，有时因漏振、漏浆或因石子架空在钢筋骨架上，导致混凝土内部形成蜂窝状不密实区或空洞。这种结构物内部的隐蔽缺陷，应及时检查出并进行技术处理。

1. 测试方法

混凝土内部的隐蔽缺陷情况，无法凭直觉判断，因此这类缺陷的测试区域，一般总要大于所怀疑的有缺陷区域，或者首先作大范围的粗测，根据粗测情况再着重对可疑区域进行细测。根据被测结构实际情况，可按下列方法布置换能器进行检测。

（1）平面对测

当结构被测部位具有两对平行表面时，可采用对测法。如图4-12所示，在测区的两对相互平行的测试面上，分别画出间距为200～300mm的网格，并编号确定对应的测点位置，然后将T、R换能器分别置于对应测点上，逐点读取相应的声时（t_i）、波幅（A_i）和频率（f_i），并量取测试距离（l_i）。

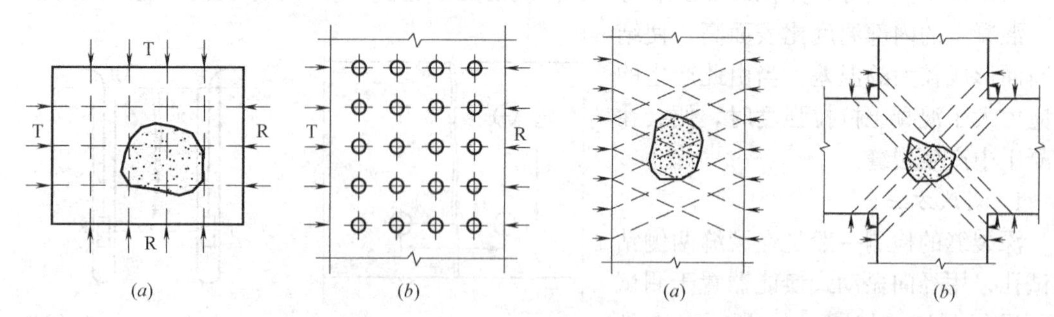

图4-12　对测法换能器布置示意图
（a）平面；（b）立面

图4-13　斜测法换能器布置示意图
（a）一般部位；（b）特殊部位

（2）平面斜测

结构中只有一对相互平行的测试面或被测部位处于结构的特殊位置，可采用斜测法进行检测。测点布置如图 4-13 所示。

（3）测试孔检测法

当结构的测试距离较大时，为了提高测试灵敏度，可在测区适当位置钻一个或多个平行于侧面的测试孔。测孔的直径一般为 45～50mm，测孔深度视检测需要而定。结构侧面采用厚度振动式换能器，一般用黄油耦合，测孔中用径向振动式换能器，用清水作耦合剂。换能器布置如图 4-14 所示。检测时根据需要，可以将孔中和侧面的换能器置于同一高度，也可将二者保持一定的高度差，同步上下移动，逐点读取声时、波幅和频率值，并记下孔中换能器的位置。

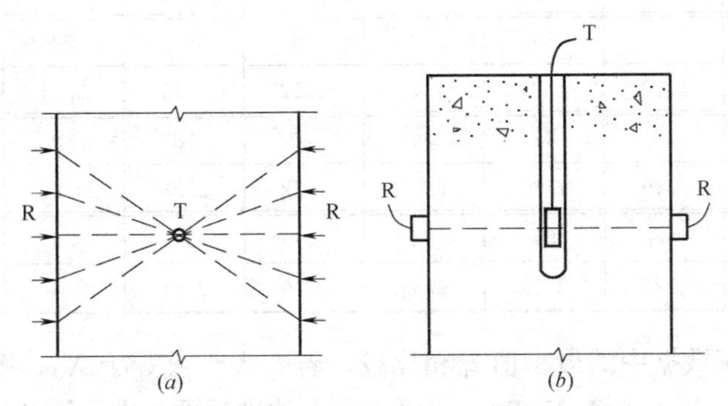

图 4-14　测试孔检测法换能器布置示意图

（*a*）平面；（*b*）立面

2. 不密实区和空洞的判定

由于混凝土本身的不均匀性，即使是没有缺陷的混凝土，测得的声时、波幅等参数值也在一定范围内波动。因此，不可能有一个固定的临界指标作为判断缺陷的标准，一般都利用统计方法进行判别。一个测区的混凝土如果不存在空洞、蜂窝区或其他缺陷，则可认为这个测区的混凝土质量基本符合正态分布。虽因混凝土质量的不均匀性，使声学参数测量值产生一定离散，但 般服从统计规律。若混凝上内部存在缺陷，则这部分混凝土与周围的正常混凝土的声学参数必然存在明显差异。

（1）混凝土声学参数的统计计算

测区混凝土声时（或声速）、波幅、频率测量值的平均值（m_x）和标准差（S_x）应按下式计算：

$$m_x = \frac{1}{n}\sum_{i=1}^{n} X_i \tag{4-30}$$

$$S_x = \sqrt{\left(\sum_{i=1}^{n} X_i^2 - nm_x^2\right) \Big/ (n-1)} \tag{4-31}$$

式中　X_i——第 i 点的声时（或声速）、波幅、频率的测量值；

n——一个测区测点数。

（2）测区中异常数据的判别

将一测区中各测点的声时值由小到大按顺序排列，即 $t_1 \leqslant t_2 \leqslant \cdots \leqslant t_n \leqslant t_{n+1} \cdots\cdots$，将

排在后面明显大的数据视为可疑，再将这些可疑数据中最小的一个（假定为 t_n）连同其前面的数据按式（4-30）、式（4-31）计算出 m_t 及 S_t 并代入式（4-32），算出异常情况的判断值（X_0）为：

$$X_0 = m_t + \lambda_1 S_t \tag{4-32}$$

式中　λ_1——异常值判定系数，应按表 4-6 取值。

统计数的个数 n 与对应的 λ_1 值　　**表 4-6**

n	14	16	18	20	22	24	26	28	30
λ_1	1.47	1.53	1.59	1.64	1.69	1.73	1.77	1.80	1.83
n	32	34	36	38	40	42	44	46	48
λ_1	1.86	1.89	1.92	1.94	1.96	1.98	2.00	2.02	2.04
n	50	52	54	56	58	60	62	64	66
λ_1	2.05	2.07	2.09	2.10	2.12	2.13	2.14	2.16	2.17
n	68	70	72	74	76	78	80	82	84
λ_1	2.18	2.19	2.20	2.21	2.22	2.23	2.24	2.25	2.26
n	86	88	90	92	94	96	98	100	102
λ_1	2.27	2.28	2.29	2.30	2.30	2.31	2.32	2.32	2.33

把 X_0 值与可疑数据中的最小值 t_n 相比较，若 t_n 大于或等于 X_0，则 t_n 及排在其后的声时值均为异常值；当 t_n 小于 X_0 时，应再将 t_{n+1} 放进去重新进行统计计算和判别。

同样，将一侧区测点的波幅、频率或由声时计算的声速值由大到小的顺序排列，即 $X_1 \geqslant X_2 \geqslant \cdots X_n \geqslant X_{n+1} \geqslant \cdots\cdots$，将排在后面明显小的数据视为可疑，再将这些可疑数据中最大的一个（假定为 X_n）连同其前面的数据按式（4-30）、式（4-31）计算出 m_t 及 S_t 并代入式（4-33），算出异常情况的判断值 X_0 为：

$$X_0 = m_x - \lambda_1 S_t \tag{4-33}$$

把判断值 X_0 与可疑数据中的最大值 X_n 相比较，若 X_n 小于或等于 X_0，则 X_n 及排在其后的各数据均为异常值；当 X_n 大于 X_0，应再将 X_{n+1} 放进去重新进行统计计算和判别。

（3）不密实区和空洞范围的判定

一个构件或一个测区中，某些测点的声时（或声速）、波幅或频率被判为异常值，可结合异常测点的分布及波形状况，判定混凝土内部存在不密实区和空洞的范围。当判定缺陷是空洞时，其尺寸可按下面的方法估算。

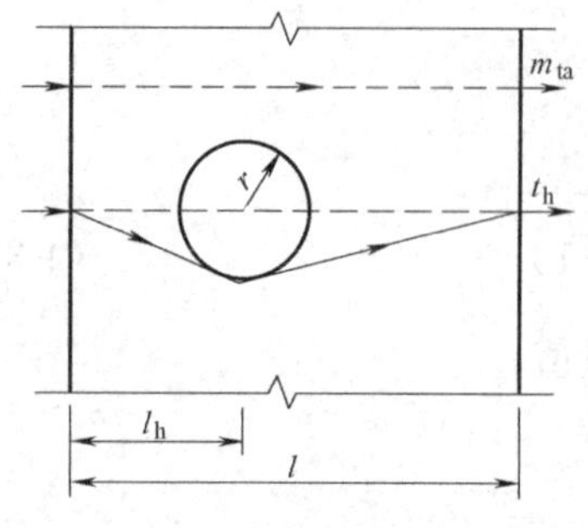

图 4-15　空洞尺寸估算原理示意图

如图 4-15 所示，设检测距离为 l，空洞中心（在另一对测试面上，声时最长的测点位置）距一个测试面的垂直距离为 l_h，声波在空洞附近无缺陷混凝土中传播的时间平均值为 m_{ta}，绕空洞传播的时间（空洞处的最大声时）为 t_h，空洞半径为 r。

根据 l_h/l 值和 $(t_h - m_{ta})/m_{ta} \times 100\%$ 值，可由表 4-7 查得空洞半径 r 与测距 l 的比值，再计算空洞的大致尺寸 r。

如被测部位只有一对可供测试表面，空洞尺寸可用下式计算：

$$r=\frac{l}{2}\sqrt{\left(\frac{t_{\rm h}}{m_{\rm ta}}\right)^{2}-1} \tag{4-34}$$

式中 r——空洞半径（mm）；

l——T、R换能器之间的距离（mm）；

$t_{\rm h}$——缺陷处的最大声时值（μs）；

$m_{\rm ta}$——无缺陷区的平均声时值（μs）。

空洞半径 r 与测区 l 的比值 **表 4-7**

z \ y \ x	0.05	0.08	0.10	0.12	0.14	0.16	0.18	0.20	0.22	0.24	0.26	0.28	0.30
0.10(0.9)	1.42	3.77	6.26										
0.15(0.85)	1.00	2.56	4.06	5.96	8.39								
0.2(0.8)	0.78	2.02	3.17	4.62	6.36	8.44	10.9	13.9					
0.25(0.75)	0.67	1.72	2.69	3.90	5.34	7.03	8.98	11.2	13.8	16.8			
0.3(0.7)	0.60	1.53	2.40	3.46	4.73	6.21	7.91	9.38	12.0	14.4	17.1	20.1	23.6
0.35(0.65)	0.55	1.41	2.21	3.19	4.35	5.70	7.25	9.00	10.9	13.1	15.5	18.1	21.0
0.4(0.6)	0.52	1.34	2.09	3.02	4.12	5.39	6.84	10.3	12.3	14.5	16.9	19.6	19.8
0.45(0.55)	0.50	1.30	2.03	2.92	3.99	5.22	6.62	8.20	9.95	11.9	14.0	16.3	18.8
0.5	0.50	1.28	2.00	2.89	3.94	5.16	6.55	8.11	9.84	11.8	13.8	16.1	18.6

注：表中 $x=(t_{\rm h}-t_{\rm m})/t_{\rm m}\times100\%$；$y=l_{\rm h}/l$；$z=r/l$。

五、两次浇筑的混凝土结合面质量检测

对于一些重要的混凝土和钢筋混凝土结构物，为保证其整体性，应该连续不间断地一次浇筑完混凝土。但有时因施工工艺的需要或意外因素，在混凝土浇筑的中途停顿的间歇时间超过3小时后再继续浇筑；既有的混凝土结构因某些原因需加固补强，进行第二次混凝土浇筑等。在同一构件上，两次浇筑的混凝土之间，应保持良好的结合，使其形成一个整体，方能确保结构的安全使用。因此，一些结构构件新旧混凝土结合面质量的检测就非常必要，超声波检测技术的应用为其提供了有效途径。

1. 检测方法

超声波检测两次浇筑的混凝土结合面质量一般采用斜测法，通过穿过与不穿过结合面的超声波声速、波幅和频率等声学参数相比较进行判断。超声测点的布置方法如图4-16所示。布置测点时应注意以下几点：

（1）测试前应查明结合面的位置及走向，以正确确定被测部位及布置测点；

（2）所布置的测点应避开平行超声波传播方向的主钢筋或预埋钢板；

（3）使测试范围覆盖全部结合面或有怀疑的部位；

（4）为保证各测点具有一定的可比性，每一对测点应保持其测线的倾斜度一致，测距

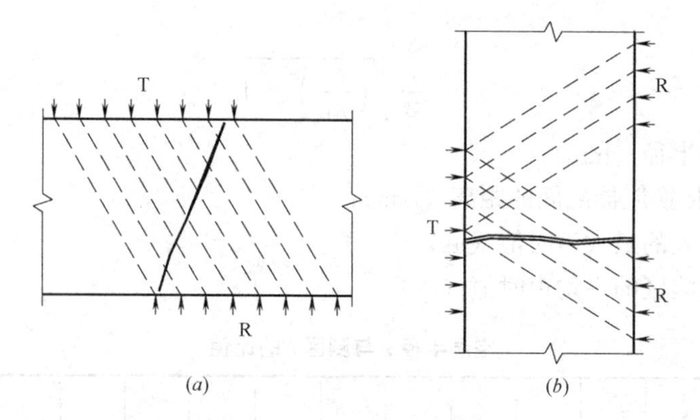

图 4-16　检测混凝土结合面时换能器布置示意图

（a）梁平面图；（b）柱侧面图

相等；

（5）测点间距应根据被测结构尺寸和结合面外观质量情况而定，一般为 100～300mm，间距过大易造成缺陷漏检的危险。

2. 数据处理及判定

两次浇筑的混凝土结合面质量的判定与混凝土不密实区和空洞的判定方法基本相同。把超声波跨缝与不跨缝的声时（或声速）、波幅或频率的测量值放在一起，分别进行排列统计。当混凝土结合面中有局部地方存在缺陷时，该部位的混凝土失去连续性，超声脉冲波通过时，其波幅和频率会明显降低，声时也有不同程度增大。因此，凡被判为异常值的测点，查明无其他原因影响时，可以判定这些部位结合面质量不良。

六、混凝土表面损伤层检测

混凝土和钢筋混凝土结构物，在施工和使用过程中，其表面层会在物理和化学因素的作用下受到损害，如火灾、冻害和化学侵蚀等。从工程实测结果来看，一般总是最外层损伤程度较为严重，越向内部深入，损伤程度越轻。在这种情况下，混凝土强度和超声声速的分布应该是连续的，但为了计算方便，在进行混凝土表面损伤层厚度的超声波检测时，把损伤层与未损伤部分简单地分为两层来考虑。

1. 测试方法

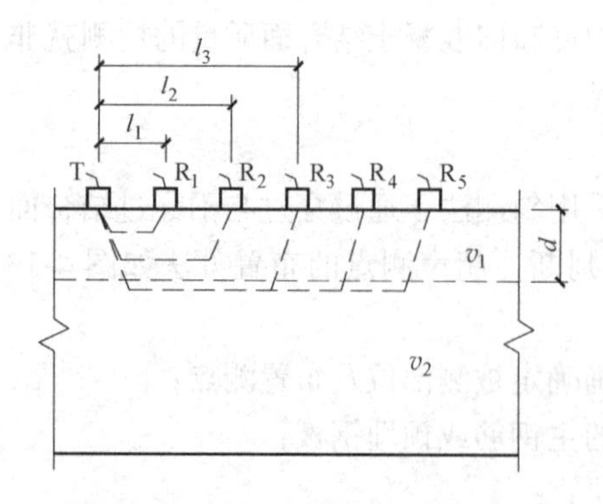

图 4-17　混凝土损伤层检测测点布置

超声脉冲法检测混凝土表面损伤层厚度宜选用频率较低的厚度振动式换能器，采用平测法检测，如图 4-17 所示。将发射换能器 T 置于测试面某一点保持不动，再将接收换能器 R 以测距 l_i＝100 mm、150 mm、200mm……，依次置于各点，读取相应的声时值 t_i。R 换能器每次移动的距离不宜大于 100mm，每一测区的测点数不得少于 5 个。检测时测区测点的布置应满足以下要求：

（1）根据结构的损伤情况和外观质量选取有代表性的部位布置测区；

(2) 结构被测表面应平整并处于自然干燥状态，且无接缝和饰面层；

(3) 测点布置时应避免 T、R 换能器的连线方向与附近主钢筋的轴线平行。

2. 损伤层厚度判定

以各测点的声时值 t_i 和相应测距值 l_i 绘制“时-距”坐标图，如图 4-18 所示。两条直线的交点 B 所对应的测距定为 l_0，直线 AB 的斜率便是损伤层混凝土的声速 v_1，直线 BC 的斜率便是未损伤层混凝土的声速 v_2，则

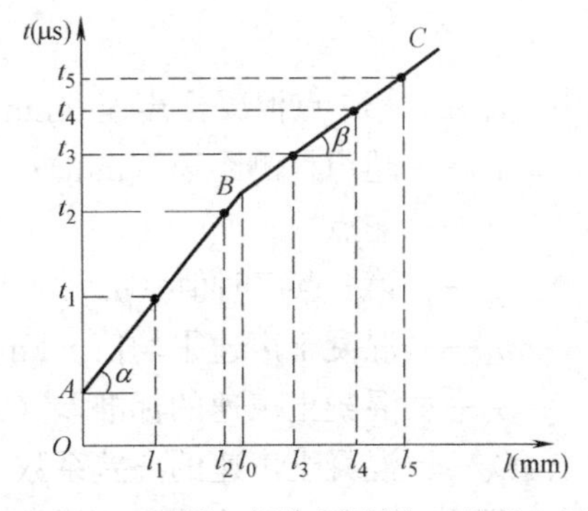

图 4-18 混凝土损伤层检测“时-距”图

损伤层厚度可按下式计算：

$$d=\frac{l_0}{2}\sqrt{\frac{v_2-v_1}{v_2+v_1}} \tag{4-35}$$

式中 d——损伤层厚度（mm）；

l_0——声速产生突变时的测距（mm）；

v_1——损伤层混凝土的声速（km/s）；

v_2——未损伤层混凝土的声速（km/s）。

七、混凝土匀质性检测

所谓混凝土匀质性检测，是对整个结构物或同一批构件的混凝土质量均匀性的检测。混凝土匀质性检测的传统方法是，在结构物浇筑混凝土现场取样制作混凝土标准试块，以其破坏强度的统计值来评价混凝土的匀质性。应该指出这种方法存在一些局限性，例如试块的数量有限，或因结构的几何尺寸、成型方法等不同，结构物混凝土的密实程度与标准试块会存在较大差异，可以说标准试块的强度很难全面反映结构混凝土质量均匀性。为克服这些缺点，通常采用超声脉冲法检测混凝土的匀质性。超声脉冲法直接在结构上进行检测，具有全面、直接、方便、数据代表性强的优点，是检测混凝土匀质性的一种有效的方法。

1. 测试方法

一般采用厚度振动式换能器进行穿透对测法检测结构混凝土的匀质性。要求被测结构应具备一对相互平行的测试表面，并保持平整、干净。先在两个测试面上分别画出等间距的网格，并编上对应的测点序号。网格的间距大小取决于结构的种类和测试要求，一般为200～500mm。对于测距较小，质量要求较高的结构，测点间距宜小些。测点布置时，应避开与超声波传播方向相一致的钢筋。

测试时，应使 T、R 换能器在对应的测点上保持良好耦合状态，逐点读取声时值 t_i 并测量对应测点的距离 l_i 值。

2. 计算和分析

混凝土的声速值、混凝土声速的平均值、标准差及离差系数分别按下列公式计算：

$$S_{\mathrm{v}}=\sqrt{\left(\sum_{i=1}^{n}v_i^2-n\cdot m_{\mathrm{v}}^2\right)/(n-1)} \tag{4-36}$$

$$C_v = \frac{S_v}{m_v} \tag{4-37}$$

式中　v_i——第 i 点混凝土声速（km/s）；

l_i——超声检测距离（mm）；

n——测点数；

t_i——第 i 点声时值（μs）；

m_v——混凝土声速平均值（km/s）；

S_v——混凝土声速的标准差（km/s）；

C_v——混凝土声速的离差系数。

根据声速的标准差和离差系数（变异系数），可以相对比较相同测距的同类结构或各部位混凝土质量均匀性的优劣。

八、钢筋锈蚀检测

钢筋混凝土在建造过程以及其后的使用过程中，将受到周围环境的荷载、温度、湿度、冻融、海水侵蚀、空气中有害化学物质的影响，使材料的性能衰退减弱、钢筋有效截面面积减小，引起结构性能的变化和承载力降低，最终使结构或构件失效，造成严重的经济损失。

目前主要的钢筋锈蚀无损检测方法有分析法、物理法和电化学法等三类。分析法根据现场实测的钢筋直径、保护层厚度、混凝土强度、碳化深度、氯离子侵入深度及其含量、裂缝数量及宽度等数据，综合考虑构件所处的环境情况推断钢筋锈蚀程度；物理方法主要是通过测定钢筋锈蚀引起电阻、电磁、热传导、声波传播等物理特性的变化来反映钢筋锈蚀情况；电化学方法是通过测定钢筋/混凝土腐蚀体系的电化学特性来确定混凝土中钢筋锈蚀程度或速率。电化学方法具有测试速度快、灵敏度高、可连续跟踪测量等优点，是目前较多采用的检测方法。

半电池电位法是电化学方法之一，其基本原理是钢筋混凝土阳极区和阴极区存在着电位差，此电位差使电子流动并导致钢筋腐蚀，因此，可通过测量钢筋和一个放在混凝土表面的半电池（参比电极）之间的电位差来预测钢筋可能的锈蚀程度。标准半电池电位法测量钢筋腐蚀电位的原理图如图 4-19 所示。钢筋锈蚀检测，就是通过测量混凝土构件表面的电势分布来判断，如果出现某种电势梯度（电阻率值变化），则可探明锈蚀钢筋的位置及锈蚀程度。根据这一原理，研制了专门的钢筋锈蚀检测仪。

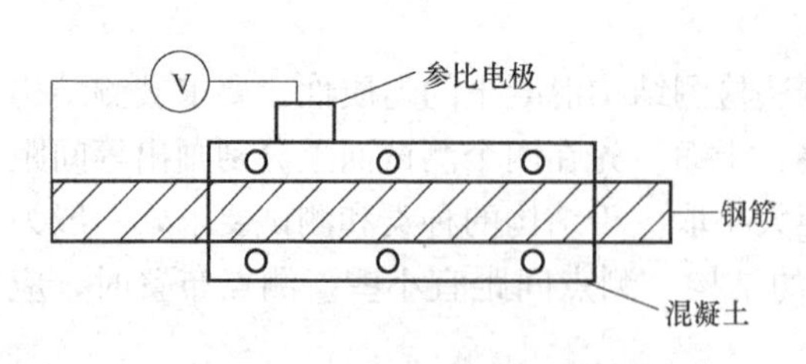

图 4-19　标准半电池测量钢筋腐蚀电位的原理图

1. 测试方法

检测时，先在混凝土结构及构件上布置若干测区，测区面积不宜大于 5m×5m，并应按照确定的位置编号，每个测区应采用组矩阵式（行、列）布置测点，依据被测结构及构件的尺寸，宜用 10cm×10cm～50cm×50cm 划分网格，网格的节点即为电位测点。实际操作中，可在结构上选取 50cm×50cm 的区域进行检测，每 10cm 为一个测点，一个区域设 36 个测点。当测区混凝土有绝缘涂层介质隔离时，应清除绝缘涂层介质，使测点处混凝土表面应平整、清洁。必要时应采用砂轮或钢丝刷打磨，并应将粉尘等杂物清除。

2. 钢筋锈蚀检测结果判定

半电池电位检测结果可采用电位等值线图表示被测结构及构件中钢筋的锈蚀情况性状，其可以较直观地反映不同锈蚀性状的钢筋分布。当采用半电池电位值评价钢筋锈蚀性状时，应根据表 4-8 进行判断。

半电池电位评价钢筋锈蚀性状的判据 **表 4-8**

电位水平(mV)	钢筋锈蚀性状
＞－200	不发生锈蚀的概率＞90％
－200～－350	钢筋锈蚀性状不确定
＜－350	发生锈蚀的概率＞90％

九、钢筋间距和保护层厚度检测

混凝土中钢筋保护层，是指包裹在构件受力主筋外侧、具有一定厚度的混凝土层。保护层厚度，是指从受力主筋的外边缘到混凝土构件外边缘的最短距离，也就是受力主筋外表面到构件表面的最小距离。钢筋保护层对结构的可靠性和耐久性都有很重要的作用，既可以保护钢筋在自然环境因素和各种复杂的使用条件下，不受介质侵蚀，防止锈蚀，增强结构耐久性，也可以保护构件不因高温影响而急剧丧失承载力。

1. 测试方法

目前，所使用的钢筋保护层厚度检测仪器多依据电磁感应原理，即采用仪器在混凝土构件表面部发射电磁波、形成电磁场，混凝土内部的钢筋会切割磁力线、产生感应电磁场，而感应电磁场的强度及空间梯度变化会受到既有钢筋位置、直径、保护层厚度的影响，因此，通过测量感应电磁场的梯度变化，并通过技术分析处理，就能确定钢筋位置、保护层厚度和钢筋直径等参数。针对钢筋保护层厚度的现行检测标准主要有《混凝土结构工程施工质量验收规范》GB 50204—2002、《混凝土中钢筋检测技术规程》JGJ/T 152—2008，比较细致地规定了钢筋保护层厚检测方法，具体检测步骤如下。

(1) 检测前，应对钢筋探测仪进行调零，并结合设计资料了解钢筋布置状况。检测时，应避开钢筋接头和绑丝，先对被测钢筋进行初步定位。将探头有规律的在检测面上移动，直至仪器显示接受信号最强或保护厚度值最小时，此时探头中心线与钢筋轴线基本重合，在相应位置做好标记。然后，按上述步骤将相邻的其他钢筋逐一标出。

(2) 钢筋位置确定后，设定钢筋探测仪量程范围及钢筋公称直径，沿被测钢筋轴线选择相邻影响较小的位置，并应避开钢筋接头和绑丝，读取第 1 次检测指示保护层厚度值 c_1^t。在被测钢筋的同一个位置应重复 1 次，读取第 2 次检测指示保护层厚度值 c_2^t。

(3) 当同一处读取的 2 个混凝土保护层厚度值相差大于 1mm 时，该组检测数据无效，并查明原因，在该处重新进行检测。仍不满足要求时，应更换钢筋探测仪或采用局部开槽（局部破损法）方法验证。

(4) 当实际混凝土保护层厚度值小于钢筋探测仪最小示值时，应采用在探头下附加垫块的方法进行检测。当采用附加垫块的方法进行检测前，宜优先选用仪器所配备的垫块；

如选用自制垫块，应确保对仪器不产生电磁干扰，表面光滑平整，其各方向厚度值偏差不大于0.1mm。在计算c值时，所加垫块厚度应予扣除，并在原始记录中明确反映。

（5）检测时应该注意以下事项：

1）检测前应根据检测构件所采用的混凝土，对电磁感应法钢筋探测仪进行校准；

2）在检测过程中，应经常检查仪器是否偏离初始状态并及时进行调零；

3）检测时，检测结果通常受邻近的钢筋影响，因此要正确的设置各项参数。

2. 钢筋间距及混凝土保护层厚度结果判定

钢筋的混凝土保护层厚度结果平均检测值应按下式计算：

$$c_{m,i}^{t}=(c_1^t+c_2^t+2c_c-2c_0)/2 \tag{4-38}$$

式中 $c_{m,i}^{t}$——第i测点混凝土保护层厚度平均检测值，精确至1mm；

$c_1^t+c_2^t$——第1、2次监测的混凝土保护层厚度检测值，精度至1mm；

c_c——混凝土保护层厚度修正值，为同一规格钢筋的混凝土保护层厚度实测验证值减去检测值，精确至0.1mm；

c_0——探头垫块厚度，精确至0.1mm；不加垫块时$c_0=0$。

检测钢筋间距时，可根据实际需要采用绘图方式给出结果。当同一构件钢筋检测不少于7根钢筋（6个间隔）时，也可给出被测钢筋的最大间距、最小间距，并按照下式计算钢筋平均间距：

$$s_{m,i}=\frac{\sum_{i=1}^{n}s_i}{n} \tag{4-39}$$

式中 $s_{m,i}$——钢筋平均间距，精确至1mm；

s_i——第i个钢筋间距，精度至1mm。

十、钢筋直径检测

目前，国内外的测量效果比较好的钢筋检测仪基本上都是利用电磁感应法的原理而设计的，受物理方法的限制，这类仪器并不能检测混凝土结构物中的多层网状钢筋，一般只是以最外层的钢筋（混凝土表面附近）为检测对象。

1. 测试方法

当探头走向沿垂直钢筋由左向右移动，探头的轴线与钢筋平行，由远及近然后越过钢筋后慢慢远离，如图4-20所示，在这个过程中，由于距离钢筋越近，线圈中的电压变化越大，产生的结果如图4-21所示。

在检测过程中，应注意以下可能对检测结果影响的因素：

（1）避开钢筋之间的相互影响。选择好检测区域后，测试前将探头远离铁磁物复位，用定位功能找到钢筋的走向和分布，用粉笔画出钢筋的位置和走向，测试点尽量避开箍筋。

（2）探头移动的方向和钢筋的走向要垂直。当探头轴线和钢筋轴线平行时灵敏度最高，当探头轴线和钢筋轴线垂直时灵敏度最低，测试时要保证探头轴线平行于被测钢筋，沿着被测钢筋轴线垂直的方向移动探头。

（3）注意被测构件的表面的光滑。为保证测试精度，在测试过程中，应选择平整的测

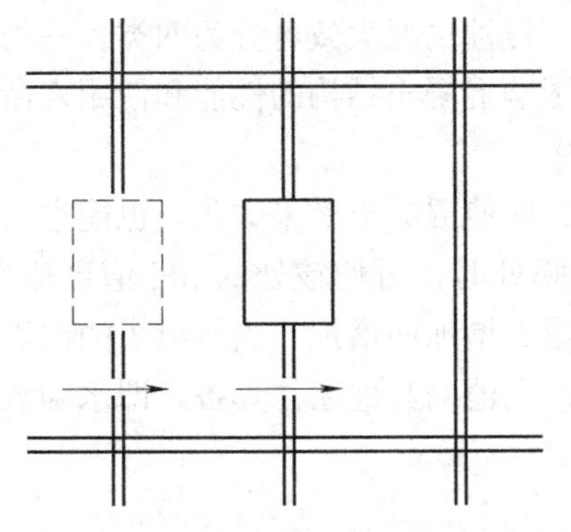

图 4-20　探头垂直于钢筋方向移动

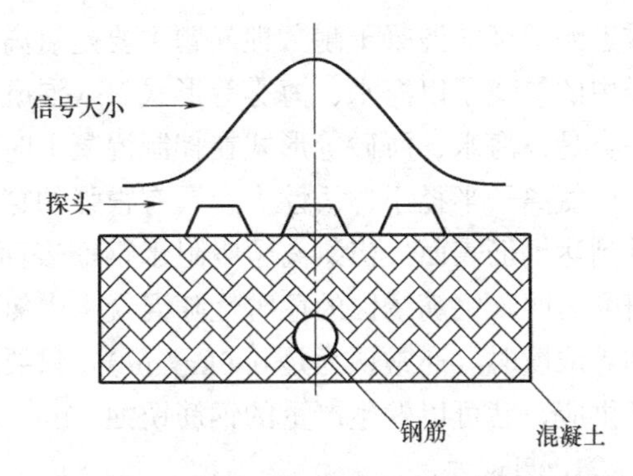

图 4-21　钢筋位置与信号大小的变化示意图

试面，当表面不平整或者保护层很薄时可以放一个已知厚度的非金属薄板，在测量结果中减去该值。

(4) 测试过程中每隔 10min 应复位一次，精确测量时，先复位再测量。

(5) 复位远离铁磁性物质。由于仪器运用的是电磁原理，所以复位时要远离磁性物质和电磁干扰。

2. 钢筋直径检测结果判定

接收信号大小和钢筋位置的相对关系如图 4-22 所示。其中信号值 E 可以表达为：

$$E=f[D,x,y] \tag{4-40}$$

式中　E——信号值；

D——钢筋直径；

x——传感器到钢筋中心的平行距离；

y——传感器到钢筋中心的垂直距离。

当传感器处于钢筋正上方时，$x=0$，由式 (4-39) 可知：

$$E=f[D,y] \tag{4-41}$$

由式 (4-41) 可知，测试时须测量两种状态下的信号值大小，建立以下方程组，就可求解出钢筋直径 D：

$$\begin{cases} E_1=f[D_1,y_1] \\ E_2=f[D_2,y_2] \end{cases} \tag{4-42}$$

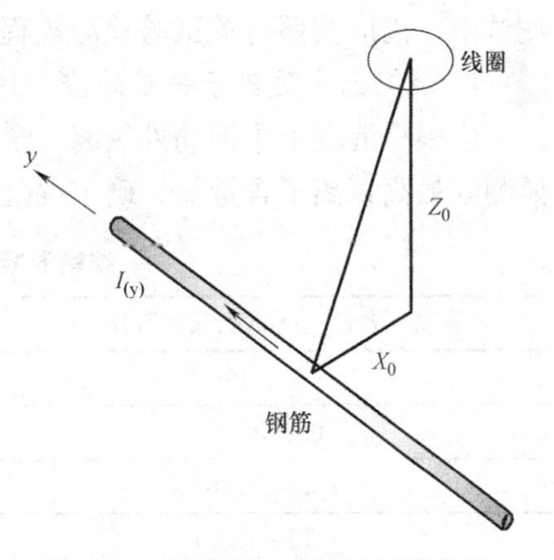

图 4-22　钢筋直径检测原理示意图

当然，如果在测量时探头轴线与钢筋呈某一个角度由左向右移动时，测出的结果就会峰值变得平缓、信号区域也会变宽，因此，测量的时候要尽量保持仪器和钢筋在垂直的方向上面。即便如此，由于现场的情况比较复杂，有时会测出一些并不清晰的图像，比如两根筋离得很近不易分辨，那么就需要根据测得的图像来具体分析、判断实际的情况。

十一、氯离子含量的测定

统计表明，多数提前失效的混凝土结构是由于结构的耐久性不足导致的，而影响沿海或近海地区的混凝土耐久性问题主要是氯离子侵蚀。侵蚀情况大致可分为两类：一类是海洋中的氯离子以海水、海雾等形式渗入混凝土中，影响混凝土结构的性能和使用寿命；另一类是以海水、海砂等形式在拌制混凝土时掺入其中。

氯离子半径小、活性大，具有很强的穿透能力，即使混凝土尚未碳化，也能进入其中并到达钢筋表面。当氯离子吸附于钢筋表面的钝化膜处时，可使该处的 pH 值迅速降低。研究表明，钢筋锈蚀的危害性随混凝土中氯离子含量的增加而增加。当氯离子的浓度超过临界浓度时（通常认为是 0.6kg/m^3），只要形成腐蚀电池的其他条件具备，即水和氧能保证供应，就可以发生严重的钢筋锈蚀。

1. 测试方法

当控制水样中总离子强度为定值时，电池的自动势与待测溶液中氯离子的浓度关系符合能斯特定律：

$$E=E^0-\frac{RT}{nF}\ln a_{Cl^-} \tag{4-43}$$

式中 E——平衡电池电位（mV）；

E^0——标准电位（mV）；

R——气体常数；

F——法拉第常数；

T——热力学温度；

n——电极反应式中参加反应的电子数目；

a_{Cl^-}——溶液氯离子的活度。

根据能斯特方程的原理，原电池电动势 E 与 log[Cl$^-$] 呈线性关系，所以只要测定位置试液所组成的原电池的电动势，根据回归分析公式即可求得氯离子 Cl$^-$ 的浓度。在实际测试中，尚应按照有关试验检测规程，采用相应测试手段，才能得出氯离子 Cl$^-$ 的浓度。

2. 混凝土中氯离子含量的检测结果判定

应根据混凝土中钢筋处氯离子含量，按表 4-9 评判其诱发钢筋锈蚀的可能性，并应按照测区最高氯离子含量值，确定混凝土氯离子含量评定等级。

结构混凝土中氯离子含量的评定标准 **表 4-9**

氯离子含量(占水泥含量的百分比)	诱发钢筋锈蚀的可能性	评定标准
<0.15	很小	1
[0.15,0.40)	不确定	2
[0.40,0.70)	有可能诱发钢筋锈蚀	3
[0.70,1.00)	会诱发钢筋锈蚀	4
≥1.00	钢筋锈蚀活化	5

*第五节 钢结构焊缝缺陷检测

目前，采用全焊接的钢结构比较普遍，焊缝质量的好坏直接影响着构件的受力性能，进而影响钢结构的安全性与耐久性。因此，钢结构构件焊接质量的检验工作是确保桥梁施工质量的重要措施。钢结构焊缝的无损探伤方法有超声波探伤、射线探伤、磁粉探伤、浸透探伤、声发射探伤等。下面介绍目前常用的超声波探伤和射线探伤两种方法。

一、超声波探伤

1. 探伤原理

超声波脉冲（通常为1.5MHz）从探头射入被检测物体，如果其内部有缺陷，缺陷与材料之间便存在界面，则一部分入射的超声波在缺陷处被反射或折射，原来单方向传播的超声能量有一部分被反射，通过此界面的能量就相应减少。这时，在反射方向可以接到此缺陷处的反射波；在传播方向接收到的超声能量会小于正常值，这两种情况的出现都能证明缺陷的存在。在探伤时，观测声脉冲在材料中反射情况的方法称之为反射法，观测穿过材料后的入射声波振幅变化的方法称为穿透法。

2. 探伤方法

(1) 脉冲反射法

图4-23所示为用单探头（一个探头兼作反射和接收）探伤的原理图。图中工件可以是单个零件，也可以是固定在一起的几个零件的组合体。脉冲发生器所产生的超声波垂直入射到工件中，当通过界面A、缺陷F和底面B时，均有部分超声波反射回来，这些反射波各自经历了不同的往返路程回到探头上，探头又重新将其转变为电脉冲，经接收放大器放大后，即可在荧光屏上显现出来。其对应各点的波型分别称为始波（A'）、缺陷波（F'）和底波（B'）。当被测工件中无缺陷存在时，则在荧光屏上只能见到始波A'和底波B'。缺陷的位置（深度AF）可根据各波型之间的间距之比等于所对应的工件中的长度之比求出，即

$$AF=\frac{AB}{A'B'}\times A'F' \tag{4-44}$$

其中AB是工件的厚度，可以测出；$A'B'$和$A'F'$可从荧光屏上读出。缺陷的大小可用当量法确定。这种探伤方法叫纵波探伤或直探头探伤。振动方向与传播方向相同的波称纵波，振动方向与传播方向相垂直的波称横波。

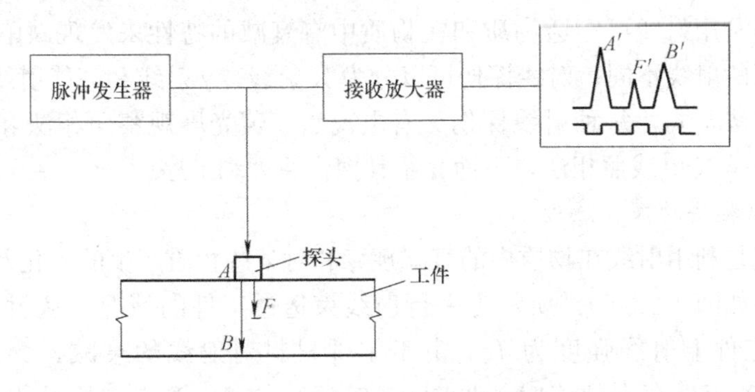

图4-23 脉冲反射法探伤原理

当入射角不为零的超声波入射到固体介质中，且超声波在此介质中的纵波和横波的传播速度均大于在入射介质中的传播速度时，则同时产生纵波和横波。又由于材料的弹性模量总是大于其剪切模量，因而纵波传播速度总是大于横波的传播速度。根据几何光学的折

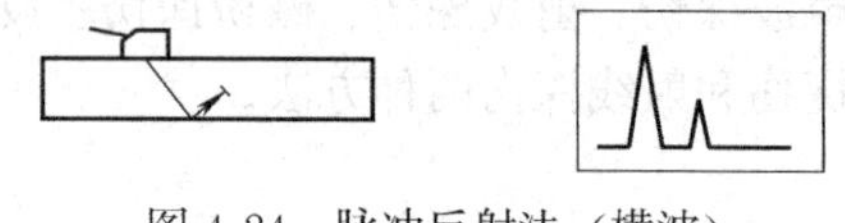

图 4-24　脉冲反射法（横波）波型示意图

射规律，纵波折射角也总是大于横波折射角。当入射角取得足够大时，可以使纵波折射角等于或大于90°，从而使纵波在工件中消失，这时工件中就得到了单一的横波。横波入射工件后，遇到缺陷时便有一部分被反射回来，即可以从荧光屏上见到脉冲信号，如图 4-24 所示。横波探伤的定位可采用标准试块调节或三角试块比较法，缺陷的大小可用当量法确定。

（2）穿透法

穿透法是根据超声波能量变化情况来判断工件内部状况的，它是将发射探头和接收探头分别置于工件的两相对表面。发射探头发射的超声波能量是一定的，在工件不存在缺陷时，超声波穿透一定工件厚度后，在接收探头上所接收到的能量也是一定的。而工件存在缺陷时，由于缺陷的反射使接收到的能量减小，从而断定工件存在缺陷。

根据发射波的不同种类，穿透法有脉冲波探伤法和连续波探伤法两种，如图 4-25 和图 4-26 所示。

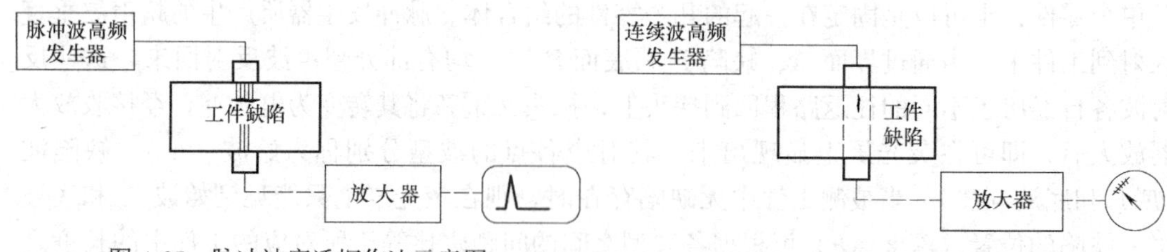

图 4-25　脉冲波穿透探伤法示意图

图 4-26　连续波穿透探伤法示意图

穿透法探伤的灵敏度不如脉冲反射法高，且受工件形状的影响较大，但较适宜检查成批生产的工件，如板材一类的工件，可以通过接收能量的精确对比而得到高的精度，易于实现自动化。

二、射线探伤

射线探伤是利用射线可穿透物质和在物质中有衰减的特性来发现缺陷的一种探伤方法。按探伤所用的射线不同，射线探伤可以分为 X 射线、γ 射线和高能射线探伤三种。由于显示缺陷的方法不同，每种射线探伤又有电离法、荧光屏观察照相法和工业电视法几种。运用最广的是 X 射线照相法，下面介绍其探伤原理和工序。

1. X 射线照相法的探伤原理

照相法探伤是利用射线在物质中的衰减规律和对某些物质产生的光化及荧光作用为基础进行探伤的。如图 4-27（*a*）所示为平行射线束透过工件的情况。从射线强度的角度看，当照射在工件上射线强度为 J_0，由于工件材料对射线的衰减，穿过工件的射线被减弱至 J_C。若工件存在缺陷时，见图 4-27（*a*）的 *A*、*B* 点，因该点的射线透过的工件实际厚度减少，则穿过的射线强度 J_a、J_b 比没有缺陷的 *C* 点的射线强度大一些。从射线对底片的光化作用角度看，射线强的部分对底片的光化作用强烈，即感光量大。感光量较大的底片经暗室处理后变得较黑，如图 4-27（b）中 *A*、*B* 点比 *C* 点黑。因此，工件中的缺陷通过射线在底片上产生黑色的影迹，这就是射线探伤照相法的探伤原理。

2. X射线探伤照相法的工序

(1) 确定产品的探伤位置和对探伤位置进行编号。在探伤工作中，抽查的焊缝位置一般选在：①可能或常出现缺陷的位置；②危险断面或受力最大的焊缝部位；③应力集中的位置。对选定的焊缝探伤位置必须按一定的顺序和规律进行编号，以便容易找出翻修位置。

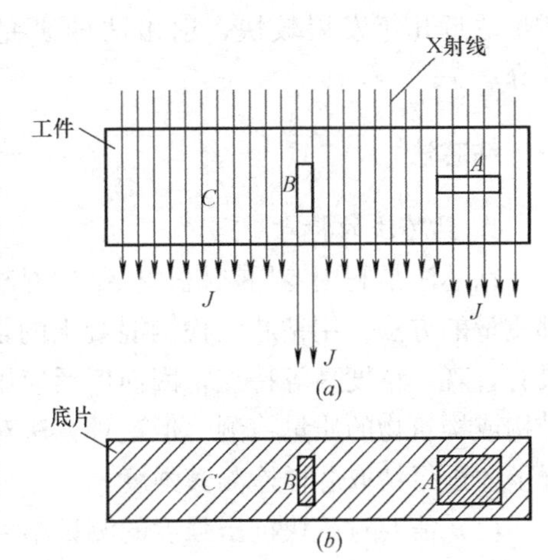

图4-27 射线透过工件的情况和与底片作用的情况
(a) 射线透视有缺陷的工件的强度变化情况；(b) 不同射线强度对底片作用的黑度变化情况

(2) 选取软片、增感屏和增感方式。探伤用的软片一般要求反差高、清晰度高和灰雾少，增感屏和增感方式可根据软片或探伤要求选择。

(3) 选取焦点、焦距和照射方向。照射方向尤其重要，通过多个方向的比较，以选择最佳的透照角度。

(4) 暗室处理后，按照相关规程，进行焊缝质量的评定。

三、钢结构涂层厚度测试

钢结构涂装施工中，按涂装设计要求保证涂层厚度非常重要，如果涂层厚度低于设计要求，钢结构表面就不能被涂层有效覆盖，钢结构就会产生锈蚀，使用寿命就会缩短。但如果涂层厚度过大，除造成材料的浪费外，还存在涂层固化过程中发生开裂的危险。

不同类型涂料的涂层厚度，应分别采用下列方法检测，按《钢结构工程施工质量验收规范》GB 50205—2001的规定进行评定。

(1) 漆膜厚度，用漆膜测厚仪检测，抽检构件的数量不应少于《建筑结构检测技术标准》GB/T 50344—2004表3.3.13中A类检测样本的最小容量，也不应少于3件；每检测5处，每处的数值为3个相距50mm的测点干燥漆膜厚度的平均值。

(2) 对薄型防火涂料涂层厚度，采用涂层厚度测定仪检测，检测方法应符合《钢结构防火涂料应用技术规程》CECS24的规定，按同类构件抽查10%，且不应少于3件。

(3) 对厚型防火涂料涂层厚度，采用测针和钢尺检测，量测方法应符合《钢结构防火涂料应用技术规程》CECS24的规定。

*第六节　局部破损检测方法简介

局部破损检测方法，是以不影响构件的承载能力为前提，在构件上直接进行局部破坏性试验，或直接钻取芯样、拔出混凝土锥体等手段检测混凝土强度或缺陷的方法。属于这类方法的有钻芯法、拔出法、射击法、拔脱法、就地嵌注试件法等。这类方法的优点是以局部破坏性试验获得混凝土性能指标，因而较为直观可靠，缺点是造成结构物的局部破坏，需进行修补，因而不宜用于大面积的检测。

在我国，钻取芯样法应用已比较广泛，已经成为超声-回弹法最有效的补充检测手段，拔出法近几年发展较快，射击法的研究也已取得较大进展，本节仅对这三种方法进行简介。

一、钻芯法

1. 钻芯法的特点

钻芯法是利用专用钻机，从结构混凝土中钻取芯样以检测混凝土强度或观察混凝土内部质量的方法。用钻芯法检测混凝土的强度、裂缝、接缝、分层、孔洞、或离析等缺陷，具有直观、精度高等特点，因而广泛应用于房建、大坝、桥梁、公路、机场跑道等混凝土结构或构筑物的质量检测。但这种方法对构件的损伤较大、检测成本较高，只有在下列情况下才进行钻取芯样检测其强度：

（1）需要对试块抗压强度的测试结果进行核查时；

（2）因材料、施工或养护不良而发生混凝土质量问题时；

（3）混凝土遭受冻害、火灾、化学侵蚀或其他损害时；

（4）需检测经多年使用的建筑结构或构筑物中混凝土强度时；

（5）对施工有特殊要求的构件，如机场跑道测量厚度。

另外，对混凝土立方体抗压强度低于 10MPa 的结构，不宜采用钻芯法检测。因为当混凝土强度低于 10MPa 时，在钻取芯样的过程中容易破坏砂浆与粗骨料之间的粘结力，钻出的芯样表面变得较粗糙，甚至很难取出完整芯样。

2. 混凝土芯样选取

（1）钻芯位置的选择

钻芯时会对结构混凝土造成局部损伤，因此在选择钻芯位置时要特别慎重。芯样应考虑以下几个因素综合确定：构件受力较小部位；混凝土强度质量具有代表性的部位；便于钻芯机安装与操作的部位。芯样钻取应避开主筋、预埋件和管线的位置，并尽量避开其他钢筋。另外，在使用回弹、超声或综合等非破损方法与钻芯法共同检测结构混凝土强度时，取芯位置应选择在具有代表性的非破损检测区内。

（2）芯样尺寸

应根据检测的目的选取适宜尺寸的钻头，当钻取的芯样是为了进行抗压试验时，则芯样的直径与混凝土粗骨料粒径之间应保持一定的比例关系，一般情况芯样直径为粗骨料粒径的 3 倍。在钢筋过密或因取芯位置不允许钻取较大芯样的特殊情况下，芯样直径可为粗骨料直径的 2 倍。为了减少结构构件的损伤程度，确保结构安全，在粗骨料最大粒径限制范围内，应尽量选取小直径钻头。如取芯是为了检测混凝土的内部缺陷或受冻害、腐蚀层的深度等，则芯样直径的选择可不受粗骨料最大粒径的限制。

（3）钻芯数量的确定

取芯的数量，应根据检测要求而定。按单个构件检测时，每个构件的钻芯数量不应少于 3 个，取芯位置应尽量分散，以减少对构件的影响；对于较小构件，钻芯数量可取 2 个。

3. 混凝土强度推定

芯样试件的抗压强度等于试件破坏时的最大压力除以截面积，截面积用平均直径计算。我国是以边长 150mm 的立方体试块作为标准试块，因此，由非标准尺寸圆柱体（芯样）测得的试件强度应换算成标准尺寸立方体试件强度。

芯样试件的混凝土换算强度可按下列公式计算：

$$f_{cu}^{c}=\alpha\frac{4F}{\pi d^2} \tag{4-45}$$

式中 f_{cu}^{c}——芯样试件混凝土强度换算值（MPa），精确至 0.1MPa；

F——芯样试件抗压试验得到的最大压力（N）；

d——芯样试件的平均直径（mm）；

α——不同高径比的芯样试件混凝土强度换算系数，可按表 4-10 选用。

芯样试件混凝土强度换算系数　　表 4-10

高径比(h/d)	1.0	1.1	1.2	1.3	1.4	1.5	1.6	1.7	1.8	1.9	2.0
系数(α)	1.00	1.04	1.07	1.10	1.13	1.15	1.17	1.19	1.21	1.22	1.24

二、拔出法

拔出法是使用拔出仪器拉拔埋在混凝土表层内的锚件，将混凝土拔出一锥形体，根据混凝土抗拔力推算其抗压强度的方法。该法分为两类，一类是预埋拔出法，是浇筑混凝土时预先将锚杆埋入，混凝土硬化后需测定其强度时拔出；另一类是后装拔出法，即在硬化后的混凝土上钻孔，装入（粘结或胀嵌）锚固件进行拔出。拔出法是一种测试结果可靠、适用范围广泛的微破损检测方法。我国从 1985 年开始进行后装拔出法的研究工作，并已制订了相关的行业规范《拔出法检测混凝土强度技术规程》CECS 69：2011。

1. 预埋拔出法

预埋拔出法是在混凝土表层以下一定距离处预先埋入一个钢制锚固件，混凝土硬化后，通过锚固件施加拔出力。当拔出力增至一定限度时，混凝土将沿着一个与轴线呈一定角度的圆锥面破裂，并拔出一个圆锥体。预埋拔出装置包括锚头、拉杆和拔出试验仪的支承环，如图 4-28 所示。锚头直径为 d_2，锚头埋深为 h，承力坏内径为 d_3，拔出夹角为 2α。统计表明：当 d_2、h 和 2α 值在一定范围时，混凝土的抗压强度与极限拉拔力之间具有良好的线性关系。

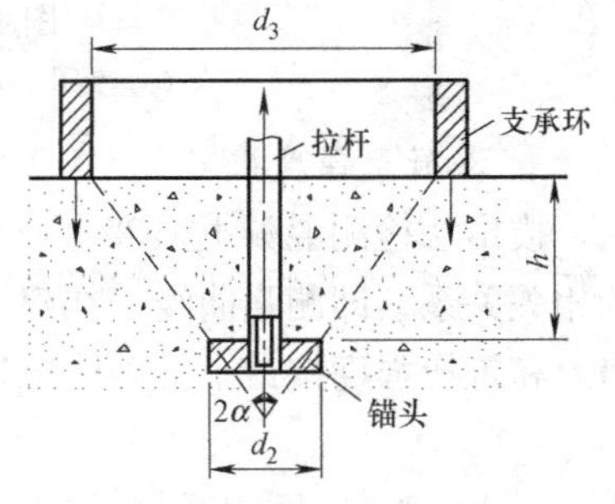

图 4-28　拔出试验简图

预埋拔出试验的操作步骤可分为：安装预埋件、浇筑混凝土、拆除连接件、用拔出仪拉拔锚头，如图 4-29 所示。当拔出试验达到拉拔力时，混凝土将大致沿 2α 的圆锥面产生开裂破坏，最终有一个截头圆锥体脱离母体。

预埋拔出法必须在浇灌混凝土前预先埋设锚头，主要用于混凝土施工控制和特殊混凝土的强度检测，如用于确定拆除模板支架、施加或放松预应力、停止湿热养护、终止保温的适当时间，也可用于喷射混凝土等特种混凝土的强度检测。

2. 后装拔出法

后装拔出法是在硬化后的混凝土上钻孔，装入（粘结或胀嵌）锚固件进行拔出。这种方法不需要预先埋设锚固件，使用时只要避开钢筋或预埋钢板位置即可。因此，后装拔出

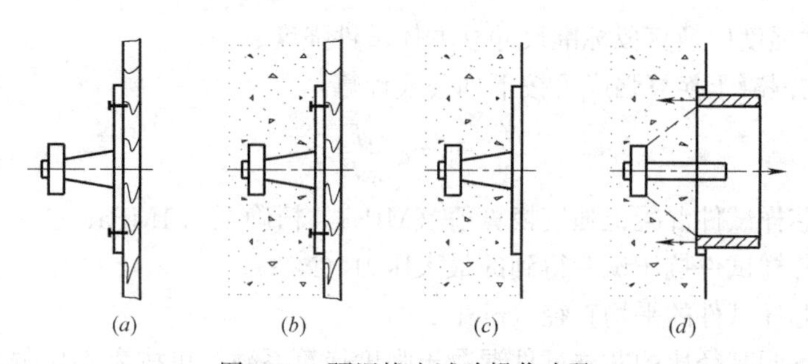

图 4-29 预埋拔出试验操作步骤

(a) 安装预埋件；(b) 浇筑混凝土；(c) 拆除连接件；(d) 拔出试验

法在新旧混凝土的各种构件上都可以使用，适应性较强，检测结果的可靠性也较高。后装拔出法可分为几种，如丹麦的 CAPO 试验法，日本的安装经过改进的膨胀螺栓试验，我国的 TYL 型拔出仪等。各种试验方法虽然并不完全相同，但差异不大。以丹麦的 CAPO 拔出试验为例，试验步骤如图 4-30 所示。试验时先在混凝土检测部位钻一直径 18mm、深 50mm 的孔，在孔深 25mm 处用特制的带金刚石磨头的扩孔装置磨出一环形沟槽，将可以伸张的金属胀环送入孔中沟槽，并使其张开嵌入沟槽内，再将千斤顶与锚固件连接，并施加拉力直至拔出一混凝土圆锥体，用测力计测读其极限抗拔力。

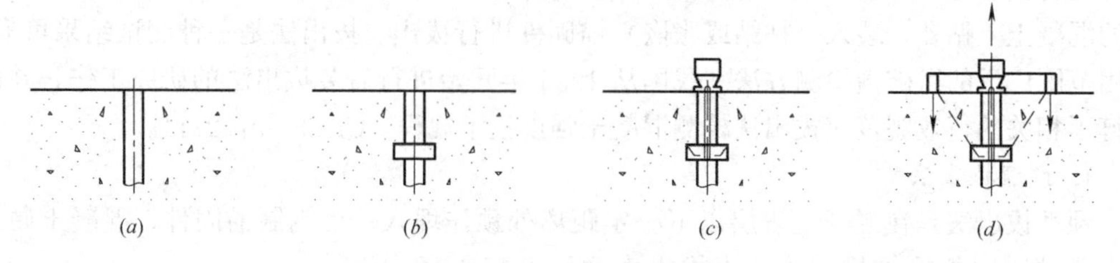

图 4-30 后装拔出法试验操作步骤

(a) 钻孔；(b) 磨槽；(c) 安装锚固件；(d) 拔出试验

3. 混凝土强度推定

拔出法检测混凝土强度，一个重要的前提就是预先建立混凝土极限拔出力和抗压强度的相关关系，即测强曲线。在建立测强曲线时，一般是通过大量的试验，将试验所得的拔出力和抗压强度按最小二乘法原理进行回归分析。回归分析一般是采用直线回归方程，即

$$f_{cu}=A+B\cdot F_{p} \tag{4-46}$$

式中 A、B——回归系数；

f_{cu}——混凝土立方体试块抗压强度（MPa）；

F_{p}——极限拔出力（kN）。

直线方程使用方便、回归简单、相关性好，是国内外上普遍采用的方程形式。有了回归方程后，混凝土强度推定值就可按前述测强方法（如回弹法）进行计算，详见有关技术规程。

三、射击法

射击法又名射钉法或贯入阻力法，其测试仪器是美国于 1964 年最早研制出来的。这种方法是用一个被称作温泽探针（Windor prode）的射击装置，将一硬质合金钉击入混凝

土中，根据钉的外露长度作为混凝土贯入阻力的度量并以此推算混凝土强度。钉的外露长度越多，表明其混凝土强度越高。这种方法主要用于测定混凝土早期强度发展情况，也适用于同一结构不同部位混凝土强度的相对比较。该法的优点是测量迅速简便，由于有一定的射入深度（20～70mm），受混凝土表面状况及碳化层影响较小，但受混凝土粗骨料的影响十分明显。

1. 基本原理

射击法检测混凝土强度是通过精确控制的动力将一根特制的钢钉射入混凝土中，根据贯入阻力推定其强度。由于被测试的混凝土在射钉的冲击作用下产生综合压缩、拉伸、剪切和摩擦等复杂应力状态，要在理论上建立贯入深度与混凝土强度的相关关系是很困难的，一般均借助于试验方法来确定。

射击检测法的基本原理是：发射枪对准混凝土表面发射子弹，弹内火药燃烧释放出来的能量推动钢钉高速进入混凝土中，一部分能量消耗于射钉与混凝土之间的摩擦，另一部分能量由于混凝土受挤压、破碎而被消耗。如果发射枪引发的子弹初始动能固定，射钉的尺寸不变，则射钉贯入混凝土中的深度取决于混凝土的力学性质。因此测出钢钉外露部分的长度，即可确定混凝土的贯入阻力。通过试验，建立贯入阻力与混凝土强度的试验相关关系，便可据以推定混凝土强度。

2. 主要设备及操作

射击法检测混凝土强度所用设备如下。

(1) 发射枪，是引发火药实现射击的装置。火药燃烧后产生气体作用在活塞上，活塞推动射钉射击。

(2) 子弹，与发射枪配套使用。按装药量不同分几种型号，应根据需要选用。

(3) 射钉，是用淬火的合金钢制成的钉，尖端锋利，顶端平整并带有金属垫圈，便于量测和试验后拔出。钉身上带塑料垫圈，发射时起导向作用。

(4) 其他辅助工具，如钉锤、撬棍、游标卡尺等，以量测射入深度，将射进混凝土中的钢钉拔出。

操作步骤如下：由发射管口将射钉装入，用送钉器推至发射管底部；拉出送弹器装上子弹，再推回原位；将发射枪对准预定的射击点，把钢钉射入混凝土中；然后用游标卡尺量出钢钉外露部分的长度。量测前应检查钢钉嵌入混凝土中的情况，嵌入不牢的应予废弃，再补充发射。最后利用混凝土抗压强度与射钉外露长度的相关关系式，推算混凝土强度。

*第七节 无损检测实例

一、钢筋混凝土桥综合检测实例

某桥上部结构为钢筋混凝土简支 T 形梁，下部结构形式为混凝土墩柱、桩基础。为检验该桥的混凝土性能，掌握该桥的工作性能，为今后的正常运营和养护管理提供依据，根据有关技术规范的要求，对该桥进行了系统无损检测。

1. *超声-回弹综合法测试混凝土强度*

检测时在该构件两侧面均匀布置 10 个超声-回弹测区，每一测区的两个相对测试面上均匀布置 8 个回弹测点、3 个超声测点，先进行回弹测试，后进行超声测试。

计算测区回弹值时，从该测区两个相对测试面的 16 个回弹值中，剔除 3 个最大值和 3 个最小值，然后将余下的 10 个回弹值求平均值，得到测区平均回弹值 R_{m}。测区超声声速值 v 是将超声波传播距离除以 3 个超声测点的平均声时值得到的。由于本次测试回弹仪均处于水平状态，且测试面为混凝土浇灌侧面，因而所求得的测区平均回弹值和超声声速值均无需修正，部分测试结果见表 4-11。经过统计整理，可得该桥 T 梁混凝土强度推定值为 24.2MPa，基本上达到设计要求。

超声-回弹综合法测强结果 **表 4-11**

项目 \ 测区		1	2	3	4	6	7	8	9	10
回弹值	1	33	37	38	42	52	40	36	29	36
	2	30	30	34	38	42	25	32	28	35
	3	38	32	32	28	35	35	32	29	35
	4	29	35	28	43	31	29	32	36	38
	5	36	26	40	35	38	31	33	40	40
	6	40	27	35	34	32	30	38	41	40
	7	41	36	38	33	37	32	37	29	35
	8	29	29	40	36	30	35	43	32	38
	9	32	33	29	29	29	26	49	31	40
	10	31	38	35	45	40	37	32	36	29
	11	36	37	31	30	35	36	38	40	35
	12	40	43	38	37	38	29	34	43	31
	13	43	49	32	32	40	33	32	37	38
	14	36	32	35	33	29	38	37	30	30
	15	37	38	31	36	35	40	30	29	32
	16	34	34	38	31	32	28	29	36	35
	R_{m}	35.3	34.4	34.8	34.5	35.2	32.7	34.3	33.6	35.7
超声声时值（μs）	1	224.4	228.1	237.2	221.3	227.4	224.1	228.5	231.3	233.1
	2	224.8	231.5	234.6	240.6	236.2	227.3	233.3	223.5	227.4
	3	225.9	227.3	232.1	243.2	232.2	233.1	232.4	225.3	231.6
	平均值	225.0	229.0	234.6	235.0	231.9	228.2	231.4	226.7	230.7
测距(mm)		1000								
声速(km/s)		4.44	4.37	4.26	4.26	4.31	4.38	4.32	4.41	4.33
换算强度(MPa)		28.0	26.1	25.5	25.1	26.5	24.2	25.5	25.6	27.3

2. *混凝土碳化深度测试*

对于各回弹区域，用冲击钻在混凝土表面钻开直径为 15mm 的孔洞，清除洞中的粉末和碎屑后，立即用1%～2%的酚酞酒精溶液滴在孔洞内壁的边缘处，然后用碳化深度测量仪测量碳化深度值，检测结果见表4-12所示，T形梁测区的碳化深度在5.50～6.00mm之间，说明材料性能有所退化。

混凝土碳化深度检测结果（mm） **表4-12**

测点	1	2	3	4	5	6	7	8	9	10
碳化深度	6.00	5.50	6.00	6.00	5.50	5.50	6.00	6.00	6.00	6.00

3. 钢筋保护层厚度测试

采用Profometer5/Scanlog钢筋扫描仪，对T形梁底面的钢筋保护层厚度进行检测，最小值为19mm，平均值为26.4mm，说明T形梁底面混凝土保护层厚度基本满足规范要求。

4. 钢筋锈蚀测试

采用钢筋锈蚀分析仪，对T形梁箍筋锈蚀情况进行了检测。检测时在T形梁腹板上随机选取50cm×50cm的区域进行检测，每10cm为一个测点，一个区域共6×6=36个测点，共180个测点，部分典型测试结果如表4-13所示，检测结果表明：该桥T形梁箍筋无明显锈蚀。

T形梁腹板测区箍筋锈蚀检测结果分析 **表4-13**

所占比例(%)	0	0	0
电势差(mV)	&>−0	&>−50	−50≥&>−100
所占比例(%)	11.1	88.9	0
电势差(mV)	−100≥&>−150	−150≥&>−200	−200≥&>−250
所占比例(%)	0	0	0
电势差(mV)	−250≥&>−300	−300≥&>−350	&≤−350
检测结果	测区钢筋无明显锈蚀		

5. 钢筋分布及直径测试

采用Profometer5/Scanlog钢筋扫描仪，对T形梁底面主要受力钢筋进行了测试。测试结果为：钢筋分布间距为90mm，钢筋直径为25mm，说明该T形梁受力直径及其分布与设计要求一致。

6. 氯离子含量的测定

利用小型钻孔设备，在该桥T形梁、墩柱取出混凝土芯样，采用电位滴定法，用电位计测定两电极组成原电池的电势，进而通过专门软件，分析测出混凝土试样的氯离子含量，如表4-14所示，说明墩柱氯离子含量较高，存在诱发钢筋锈蚀可能性，而T形梁基本上不存在钢筋锈蚀的可能性。

氯离子含量测试结果 **表4-14**

试样位置	氯离子含量(%)	诱发钢筋锈蚀的可能性
T形梁	0.1647	很小
墩柱	0.6298	有可能诱发钢筋锈蚀

二、钢管混凝土拱肋密实性检测

1. 工程概况

某钢管混凝土系杆拱桥计算跨径为 64.0m，钢管拱肋截面呈圆端形，高 1.60m，宽 1.20m，拱肋内灌注 C50 微膨胀混凝土。在灌注拱肋混凝土时，由于钢管内加劲肋、焊缝、灌注工艺等原因的影响，使钢管与内填混凝土出现脱粘、空隙等缺陷，导致拱肋实际受力性能与设计意图不符。为确保施工质量，探明混凝土与钢管之间的间隙所处位置及其严重程度，针对该桥钢管混凝土拱肋的实际情况，进行了钢管混凝土密实性的超声波检测，以便采取相应对策，现将检测结果简介如下。

2. 测试原理

由于钢管混凝土中钢板的存在，使超声波在钢管混凝土中的传播途径比较复杂，依据超声波测试原理，其测试程序可以概括为：

(1) 当钢管与混凝土之间无空隙存在时，其传播路径是：发射→直线穿过钢管壁→直线穿过混凝土→直线穿过钢管壁→接收，这样，当钢管与混凝土之间无空隙存在时，超声波通过给定距离的时间，可以通过波的现场实测速度来预测。

(2) 当混凝土与钢管壁之间存在间隙时，超声波必须绕过间隙传播，这样，便导致传播时间的增长、波幅衰减幅度的增大、波的相位发生变化。

(3) 比较无间隙和有间隙两种情况下，超声波通过给定距离的时间差别、相位变化及衰减幅度，便可推断出间隙的存在与否、所处位置及其大小程度。

(4) 上述判别方法的前提条件是：超声波通过混凝土传播的声时值必须小于直接通过钢管壁绕射的声时值，否则，超声波首波将不穿过混凝土而直接沿钢管壁到达接收探头，就无法判断其内部缺陷。

图 4-31 是钢管混凝土无缺陷典型超声波形，波形无畸变，脉冲包络线呈圆弧状，首波频率比沿钢管壁传过来的超声脉冲低；图 4-32 是钢管中混凝土与钢管壁脱离或有空洞时典型超声脉冲波形，由混凝土传过来的脉冲波很难测读首波，或虽能测读，但波形畸变大，首波频率极小。

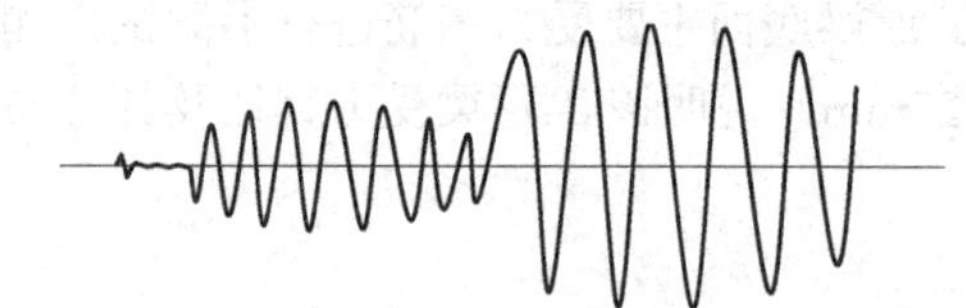

图 4-31 无缺陷钢管混凝土正常波形

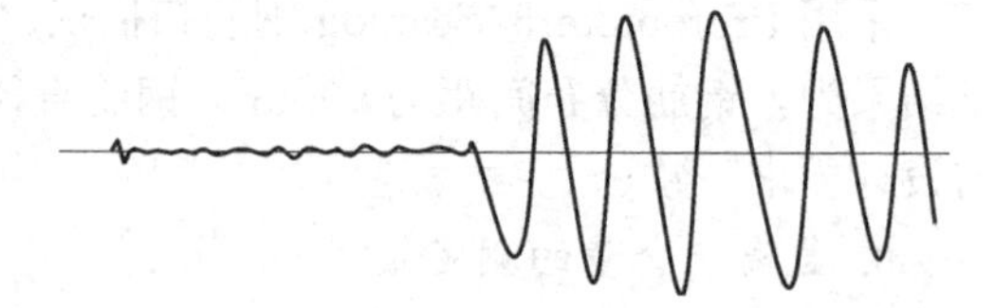

图 4-32 有缺陷钢管混凝土畸变波形

3. 测试方法

(1) 全桥拱肋超声测区布置

考虑到该桥拱肋的实际情况，超声检测测区具体布置为：两根吊杆之间和每根吊杆与拱肋相交的端部各设 1 个测区，拱脚处适当加密增设 2 个测区。这样，每片拱肋共有 25 个测区，全桥共布置 50 个测区，测区具体布置见图 4-33。

(2) 各测区内测点布置

本次测试截面的测点分别布置在钢管顶、底、两侧，一侧发射、一侧接收。每个测试

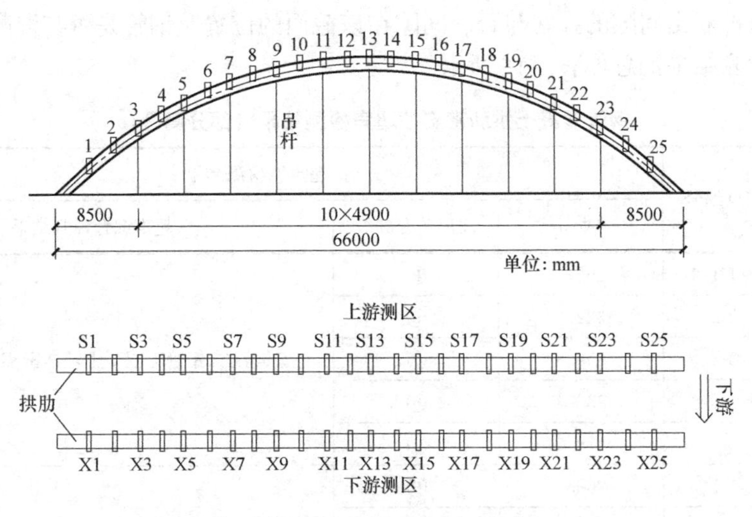

图 4-33　测区平面布置示意图（单位：mm）

截面布五对测点：1＃点位于钢管两侧面的正中，3＃点位于钢管上下正中，2＃、4＃点分别位于 3＃点两侧的 1/8 弧长处，除 1、2、3、4 点对测外，另将 2＃、4＃点对测，如图 4-34 所示。

（3）检测方法步骤

1）现场测试钢板与混凝土的声速。对于混凝土，在现场选取了与拱肋混凝土同期浇筑的标准试块 3 个，进行了 12 对点的声速测试，测得混凝土平均声速为 4630m/s；对于钢管，在现场专门布设了 12 个声速测点，测得钢的平均声速为 5350m/s。

2）根据各测点路径波距及实测声速，计算各测点路径的理论声时，见表 4-15。

3）采用对测法，逐测区、测点进行测试，通过比较超声波实测声时与理论声时的差异、波形的畸变程度与衰减幅度来判定间隙的存在与否及大小。

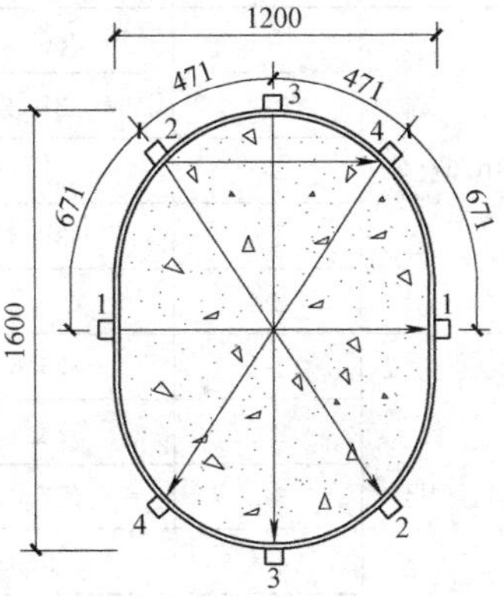

图 4-34　测点布置示意图（单位：mm）

4）综合声时、波形、相位三方面参数，评价该测区内填混凝土的密实性，在此基础上，通过对 94 个测区的测试结果综合分析，评价该桥拱肋内填混凝土的密实性。

各测点波距及理论声时计算值　　　　**表 4-15**

测点路径	直线传播波距(mm)	理论声时计算值(μs)
1-1	1200.0	259.1
2-2、4-4	1509.7	326.1
3-3	1600.0	345.6
2-4	848.6	183.3

4. 测试结果及综合评价

根据超声波检测结果，比较实测声时与计算声时、波形畸变程度、相位变化及波幅衰减幅度，便可推断出间隙的存在与否、间隙在该截面的位置及钢管是否与混凝土脱离等问题。将部分检测结果汇总如表 4-16 所示。

钢管混凝土拱肋密实性超声检测结果（部分测区）　　表 4-16

测区编号	测点编号	超声波检测结果		
		声时(μs)	波形畸变分级	超声综合评判结果
X2 测区	1-1	262.0	Ⓡ	基本正常，钢管与混凝土基本密实
	2-2	322.6	Ⓡ	
	3-3	358.8	Ⓒ	
	4-4	332.4	Ⓡ	
	2-4	178.0	Ⓡ	
X6 测区	1-1	263.6	Ⓡ	钢管上部约 1/3～1/2 弧长范围内与混凝土存在间隙
	2-2	334.8	Ⓡ	
	3-3	380.4	⊗	
	4-4	378.0	⊗	
	2-4	197.2	Ⓡ	
S10 测区	1-1	266.8	Ⓡ	钢管上部约 1/5 弧长范围内与混凝土存在间隙
	2-2	333.2	Ⓒ	
	3-3	361.2	⊗	
	4-4	335.6	Ⓒ	
	2-4	210.8	⊗	
S11 测区	1-1	275.6	Ⓒ	钢管与混凝土基本脱开，拱顶局部间隙严重
	2-2	328.4	Ⓒ	
	3-3	427.6	⊗⊗	
	4-4	338.0	⊗	
	2-4	210.8	⊗	

注：Ⓡ—— 波形正常；Ⓒ—— 有小畸变；⊗—— 畸变较大；⊗⊗—— 畸变严重。

5. 部分实测波形

部分测点实测波形如图 4-35 和图 4-36 所示。

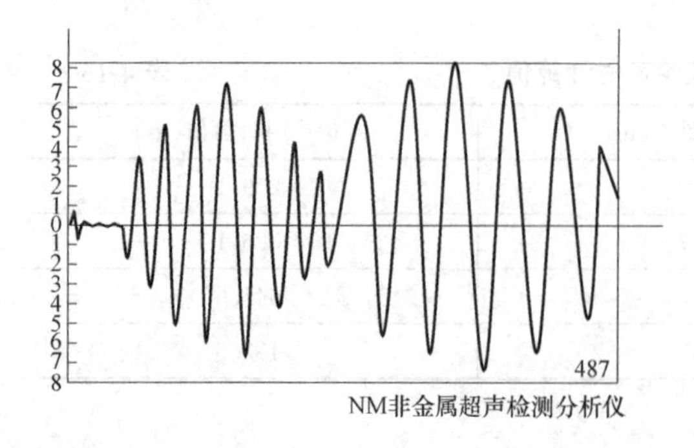

图 4-35　X2 测区 4-4 测点实测波形

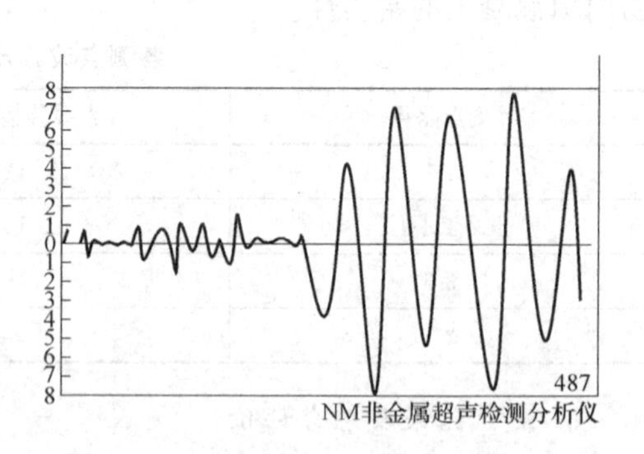

图 4-36　S11 测区 3-3 测点实测波形

6. 结论与建议

该钢管混凝土拱肋 1/5 弧长范围内，普遍存在钢管与混凝土脱空的现象，其中有部分截面空隙占钢管 1/3～1/2 周长；此外，由于焊缝与钢管内纵横肋的存在，空隙的形状比较复杂、多变，缺乏规律性，且连通性较差，需要采取化学灌浆处理措施。

思 考 题

1. 超声-回弹综合法检测混凝土强度与单一的超声法或回弹法比较有哪些优点？
2. 为什么称回弹法或超声-回弹综合法测定的混凝土强度为推定值？
3. 常见混凝土缺陷有哪些？哪些影响混凝土强度？
4. 超声波检测混凝土缺陷的基本原理是什么？
5. 超声波检测混凝土缺陷实测过程中应注意什么问题？
6. 钢结构焊缝的无损探伤方法有哪些？
7. 常用的超声波探伤和射线探伤的基本原理是什么？
8. 局部破损检测方法有哪些？

第五章　地基基础试验与检测方法

第一节　概　　述

任何建筑物都建在地层上，建筑物的全部荷载都由它下面的地层来承担，受建筑物影响的那一部分地层称作地基，建筑物向地基传递荷载的下部结构称为基础。工程常用的地基与基础大致可分为天然地基、复合地基、筏板基础、桩基础等几种，在判断建筑物采用哪种类型的地基时，主要考虑地基承载力是否满足要求、地基沉降是否满足要求以及是否满足整体稳定性要求。

地基基础是保证建筑物安全和满足使用要求的关键，而地基基础试验检测在地基与基础工程中的勘察、设计、施工中起着至关重要的作用，成为影响工程成败的重要因素。对于天然地基和复合地基一般可采用荷载试验、静力触探试验、动力触探试验和标准贯入试验，对于软土还可以采用十字板剪切试验，对桩基础可采用抽芯法、超声波、载荷试验、高应变和低应变试验法。

地基基础试验检测应综合考虑地质条件、地基基础设计等级、施工质量可靠性、各种检测方法的特点和适用范围等因素，合理选择检测方法、确定检测流程与数量。

第二节　平板载荷试验

平板载荷试验是在原位条件下，对原型基础或缩尺模型基础逐级施加荷载，并同时观测地基（或基础）随时间而发展的变形（沉降）的一种测试方法，其作用是掌握地基的荷载-变形基本特性，确定地基的比例界限压力值、极限压力值等特征指标。

平板载荷试验是确定天然地基、复合地基承载力和变形特性参数的综合性测试手段，也是确定某些特殊性土特征指标的有效方法，同时还是其他原位测试手段（如静力触探、标准贯入试验等）赖以对比的基本方法。尽管其试验机理复杂，应力状态难以简单描述，试验反映的深度范围有限，但因试验直观、实用，在岩土工程实践中广为应用。按试验目的、适用条件等，地基土层（包括复合地基）载荷试验大体分平板载荷试验、螺旋板载荷试验等，如表 5-1 所示。总的说来，荷载试验操作虽有所不同，但原理大体类似，本节即以地基土的平板载荷试验为例予以介绍。

一、试验原理

根据什塔耶曼夫的理论公式，竖向均布荷载作用于刚性圆形板，板下各点的沉降为：

$$s=1.57\frac{(1-\upsilon^2)}{E_0}rp \tag{5-1}$$

载荷试验分类表 **表 5-1**

类　别	试验目的	适用范围
平板载荷试验	1. 确定地基岩土的承载力、地基的沉降量； 2. 测定地基土的变形模量；预估建筑物在黄土、膨胀性岩土、盐渍土等特殊性岩土的特征性指标； 3. 测定复合地基的桩土应力比（当埋有土压力盒等测试元件时）	各类土层和软岩、处理土地基、复合地基
螺旋板载荷试验	1. 确定深部地基土的承载力、变形模量； 2. 计算深部地基上的固结系数、不排水抗剪强度	一定埋深的砂土、粉土、黏性土

当为刚性的方形板时，板下各点的沉降为：

$$s=0.88\frac{(1-v^2)}{E_0}bp \tag{5-2}$$

式中　s——板下各点的沉降（mm）；

r——刚性圆形板的半径（mm）；

b——刚性方形板的宽度（mm）；

v——地基土的泊松比（侧膨胀系数）；

E_0——地基土的变形模量（kPa）；

p——刚性圆形板或方形板上的平均压力（kPa）。

平板载荷试验得到的典型压力-沉降曲线（亦即 $p-s$ 曲线）可以分为三个阶段，见图 5-1 所示。

（1）直线变形阶段：当压力小于比例极限压力 p_0 时，$p-s$ 呈直线关系；

（2）剪切变形阶段：当压力大于 p_0 而小于极限压力 p_u 时，$p-s$ 关系由直线变为曲线关系；

（3）破坏阶段：当压力大于极限压力 p_u 时，沉降急剧增大。

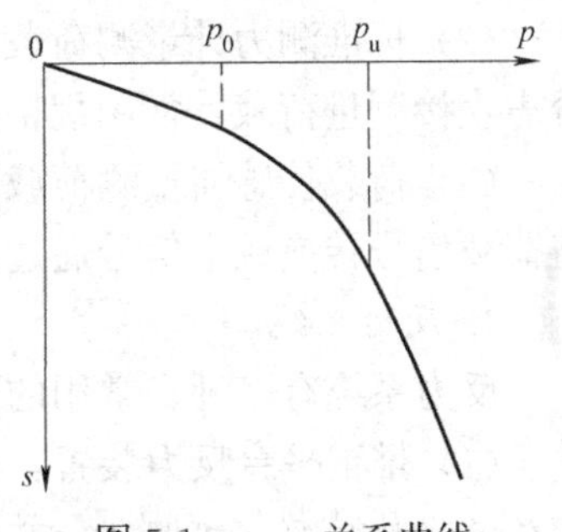

图 5-1　$p-s$ 关系曲线

试验研究表明，载荷试验所得到的 $p-s$ 曲线直接反映土体所处的应力状态，在直线变形阶段，受荷土体中任意点产生的剪应力小于土体的抗剪强度，土的变形主要由土中孔隙的减小而引起，土体变形主要是竖向压缩，随时间的增长逐渐趋于稳定。

在剪切变形阶段，$p-s$ 关系曲线的斜率随压力 p 的增大而增大，土体除了竖向压缩之外，在承压板的边缘已有小范围内土体承受的剪应力达到了或超过了土的抗剪强度，并开始向周围土体扩展，变形由土体的竖向压缩和土颗粒的剪切变位同时引起。

在破坏阶段，即使压力不再增加，承压板仍在不断下沉，土体内部形成连续的滑动面，在承压板周围土体发生隆起及环状或放射状裂隙，此时，在滑动土体内各点的剪应力均达到或超过土体的抗剪强度。

二、试验设备

平板载荷试验设备通常由承压板、加荷系统、反力系统、量测系统四部分组成，加荷系统控制并稳定加荷大小，通过反力系统将荷载反作用于承压板，承压板将荷载均匀传递给地基土，地基土的变形由量测系统测定。

1. 承压板

基本要求：承压板应为刚性，要求承压板具有足够刚度、不破损、不挠曲、压板底部光平，尺寸和传力重心准确，搬运方便；

形状：可加工成正方形或圆形；

压板材质：钢板或钢筋混凝土板；

承压板面积：对天然地基，规范规定宜用0.25～0.5m²；对软土应采用尺寸大些的承压板；对碎石土，要注意碎石的最大粒径；对较硬的裂隙性黏土及岩层，还要注意裂隙的影响。

2. 加载系统

加荷系统是指通过承压板对地基施加荷载的装置，大体可分为四类：

（1）单个手动液压千斤顶加荷装置；

（2）两个或两个以上千斤顶并联加荷、高压油泵；

（3）千斤顶自动控制加荷装置；

（4）压重加荷装置。

3. 荷载测量系统

测量荷载装置有三种方式：

（1）油压表量测荷载，在千斤顶侧壁安装油压表显示油压，根据率定的曲线，将千斤顶油压换算成荷载，或在油泵上安装油压表显示油压，换算成荷载，常用油压表的规格：10MPa、20MPa、40MPa、60MPa、100MPa。

（2）标准测力计量测荷载，在千斤顶端放置标准测力计（压力环），由测力计上的百分表直接测量荷载。常用规格：300kN、600kN、1000kN、2000N、3000kN。

（3）荷载传感器量测荷载（称重传感器的一种），通过放置在千斤顶上的荷载传感器，将荷载信号转换成电信号通过专门显示器，显示荷载大小。

4. 反力系统

反力系统有多种，常用的可分为以下四大类：

（1）堆重平台反力装置：利用钢锭、混凝土块、砂袋等重物堆放在专门平台上。压重应在试验开始前一次加上，并均匀稳固放置于平台上。

（2）锚桩横梁反力装置。

（3）伞形构架式地锚反力装置。

（4）撑壁式反力装置。

常用加荷载装置构造及主要特点如表5-2所示。

常用加荷载装置　表5-2

名称	示意图	主要特点	适用范围
荷载台重加荷		结构简单，加工容易，但堆载有限、易倾斜，欠安全	适用于试验荷载在50～100kN，且要求重物几何形状规则

续表

名称	示意图	主要特点	适用范围
墩式荷载台	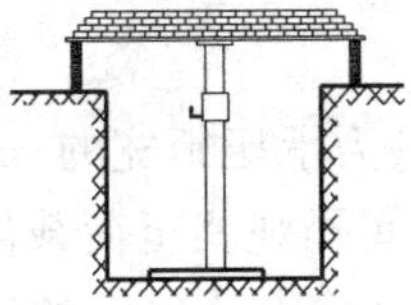	具有较大的反力条件，安全、可靠	适用于具有砌制垛台及吊装重物的条件
伞形构架式	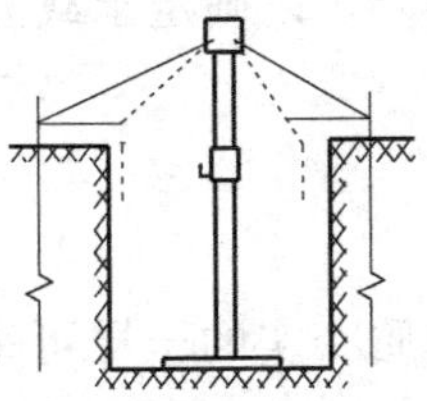	结构简单，装拆容易，对中灵活，下锚费力，且反力大小取决于土层性质	适用于能下锚的场地及土层条件
桁架式	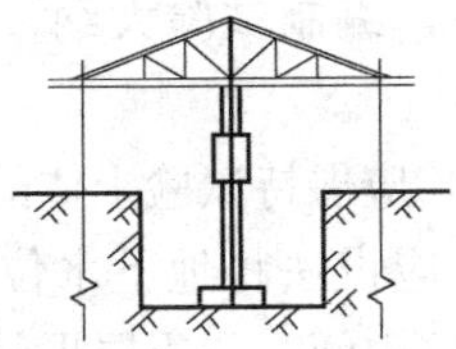	反力梁能根据试验需要配备，荷载易保持竖向，安全系数高	适用于采用地锚（或锚桩）的场地，地锚试坑地应大于1m
坑壁斜撑式	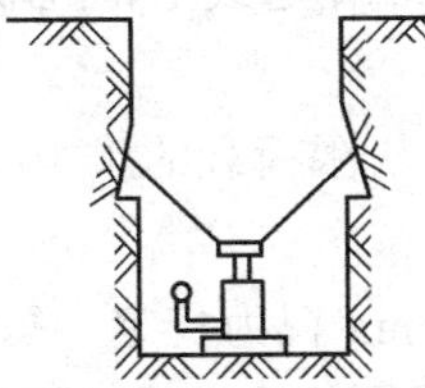	设备简单，反力受坑壁土质强度控制	适用于试验深度大于2m，地下水位以上，硬塑或坚硬的土层

5. 观测系统

测定地基土沉降的观测系统由观测基准支架和测量仪表两部分构成。

（1）观测基准支架用来固定量测仪表，由基准梁和基准桩组成。基准梁和支承量测仪表的夹具在构造上应确保不受气温、振动和其他外界因素影响而发生竖向变位，基准桩距离承压板中距离不小于1.5B，以确保观测系统稳定。

（2）测量仪表可以是精密水准仪、机械百分表或数字式位移计，常用百分表的量程有：0～10mm、0～30mm、0～50mm、0～100mm。

三、试验方法

1. 相对稳定法

每施加一级荷载后，待承压板的沉降达到稳定标准后再施加下一级荷载。它能获得较准确的$p-s$及$t-s$曲线，是常用的、最基本的方法，适用于各种情况，特别当需获得较准的变形模量时。

2. 快速法

每施加一级荷载后，在2h内按每隔15min观测一次，即施加下一级荷载。试验只能

得到瞬时的 $p-s$ 及 $t-s$ 曲线，必须经过外推计算，才能得到近似于相对稳定法的 $p-s$ 曲线。不宜用于确定地基变形模量的试验，对软土地层应慎用，当无地区经验时，宜与相对稳定法配合使用。

3. 等应变法

等应变法也是一种快速法，以每级荷载下的沉降量为承压板宽的 0.5% 来控制荷载。自每级荷载加荷起，按 0.5、1、2、4、8、15min 时间间隔观测至荷载停止变化，或荷载变化的速率在 $p-\lg t$ 曲线上呈线性关系时为止，然后又按上述确定的沉降量，继续加荷达到恒定，直至达到出现极限压力。适用于排水性能差，以确定承载力为主要目的的情况，能较准确地测定土的极限压力。

四、试验要点

(1) 承压板面积应符合有关标准规定，一般对均质密实的土层可采用 $0.1m^2$，对软土、新近堆积土和填土不应小于 $0.5m^2$。

(2) 试验前充分了解试验目的、任务、地基条件，编制试验大纲，进行仪器设备的标定。

(3) 试坑底面的宽度应不小于承压板宽度的三倍，应保持试验土体的原状结构。当试验深度低于地下水位时，在开挖和安装设备过程中，应设法将地下水位降至开挖深度以下；安装设备时，应自下而上进行。承压板应置于试坑中间，与土层平整接触，一般需铺 2cm 左右的中粗砂，承压板中心应在千斤顶、反力构架的中心线上，沉降观测装置的固定点必须设在不受土体变形所影响的范围之外。

(4) 荷载应按等量分级施加。每级荷载增量为预估极限荷载的 1/10～1/8，当不易预估时，可参考表 5-3 选用。

(5) 沉降稳定标准：一般 1h 的沉降量不大于 0.1mm 视为稳定。每级荷载下观测沉降量的时间间隔，在加荷的初步阶段，次数要多，间隔要短，2h 以后可长些，但不宜大于 1h。

(6) 回弹观测的卸载级可为加荷的 2 倍，当荷载全部卸完后，应观测至回弹量趋于稳定为止。

(7) 当试验目的主要是确定地基的承载力时，试验一般应进行到能得到极限压力为止，至少应为设计荷载的 2 倍；当试验主要是用于确定地基的变形模量时，试验至出现比例界限点以后 1～2 级荷载即可终止。

(8) 试验土体出现极限破坏的标志是：①承压板周围土明显隆起；②荷载增加不多，沉降急剧增加；③荷载不变，24h 内沉降无法稳定，随时间等速或加速发展，或超过规范最大限值。

每级荷载增量参考值 **表 5-3**

试验土层特征	每级荷载增量(kPa)
淤泥、流塑黏性土、粉土、松散砂土	≤15
软塑黏性土、粉土；稍密砂土	15～25
可塑～硬塑黏性土、粉土；中密砂土	25～50
坚硬黏性土、粉土；密实砂土	50～100
碎石土；软质岩；风化岩	100～200

五、资料整理分析

1. 修正荷载与沉降量误差

可按下列公式进行修正

$$s'=s_0+cp \tag{5-3}$$

式中 s'——修正后的沉降值（m）；

s_0——直线方程在沉降 s 轴上的截距（m）；

c——直线方程的斜率（m^3/kN）；

p——承压板单位面积上所受的压力（kPa）。

修正的实质是使各点修正后的沉降值与真值的离差平方积为最小，即

$$c=\frac{N\sum p_i s_i-\sum p_i s_i}{N\sum p_i^2-(\sum p_i)^2} \tag{5-4}$$

$$s_0=\frac{\sum s_i\sum p_i^2-\sum p_i\sum p_i s_i}{N\sum p_i^2-(\sum p_i)^2} \tag{5-5}$$

式中 p_i——荷载级的单位压力；

s_i——相应于 p_i 的沉降观测值；

N——荷载级数。

2. 确定比例界限压力值

比例界限压力 p_0 的确定方法见表 5-4，确定极限压力值的常用方法见表 5-5，在实际工程中应根据相关条件，合理取用。

确定比例界限压力的几种方法 **表 5-4**

序号	方法	要点及适用性	示意图
1	转折点法	取 $p-s$，曲线首段直线转折点所对应的压力为比例界限压力； 该法适用于直线段及转折点明显的 $p-s$ 曲线	O, p_0, p, s
2	二倍沉降增量法	当某级压力下的沉降增量 Δs_{i-1} 大于或等于前级压力下沉降增量（Δs_{i-1}）的两倍时，则可取该前级压力为比例界限压力； 该法一般适用于软黏土，但试验时的压力级必须合适	O, p_0, p, Δs_n-1, Δs_n, s_a=2Δs_n-1, s
3	切线交会法	取 $p-s$ 曲线首尾段两切线交会点所对应的压力为比例界限压力； 该法适用于 $p-s$ 曲线首尾段有明显弧度的情况，但作切线任意性较大	O, p_0, p, s

续表

序号	方法	要点及适用性	示意图
4	全对数法	在 $\lg p$—$\lg s$ 曲线上，取曲线急剧转折点所对应的压力为比例界限压力； 适用于各种情况	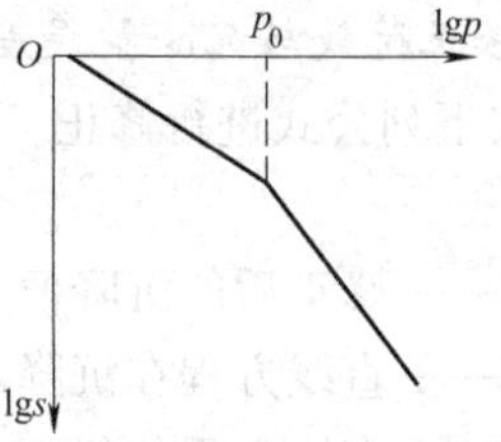 O, p_0, $\lg p$, $\lg s$
5	斜率法	在 p—$\Delta s/\Delta p$ 曲线上，取第一转折点所对应的压力为比例界限压力；第二转折点所对应的压力为极限压力；适用于各种情况	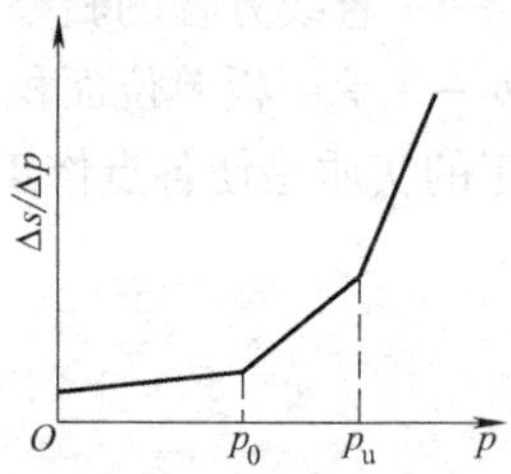 $\Delta s/\Delta p$, O, p_0, p_u, p
6	沉降速率法	在某级压力下，沉降增量与时间增量比趋于常数(即 $\Delta s_i/\Delta p_i$→常数)，则可取前一级压力为比例界限压力； 适用于各种情况，但荷载级必须合适	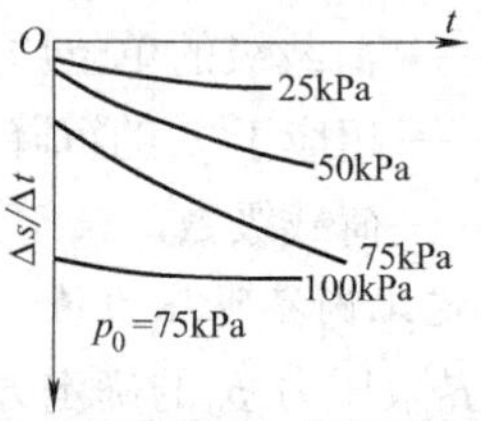 O, t, 25kPa, 50kPa, 75kPa, 100kPa, $\Delta s/\Delta t$, p_0=75kPa

确定极限压力值的常用方法　　表 5-5

序号	方法	要点及适用性	示意图
1	实测法	取 p—s 曲线沉降量急剧增加转折点所对应的压力为极限压力值； 该法适用于急剧沉降量转折点明显的 p—s 曲线	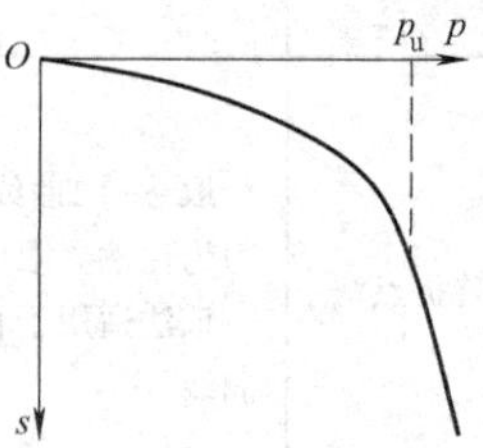 O, p_u, p, s
2	相对沉降量法	在 p—s 曲线上，取沉降量与承压板宽度之比 s/b=0.1(软黏土)或 s/b=0.06(一般黏性土)所对应的压力为极限压力	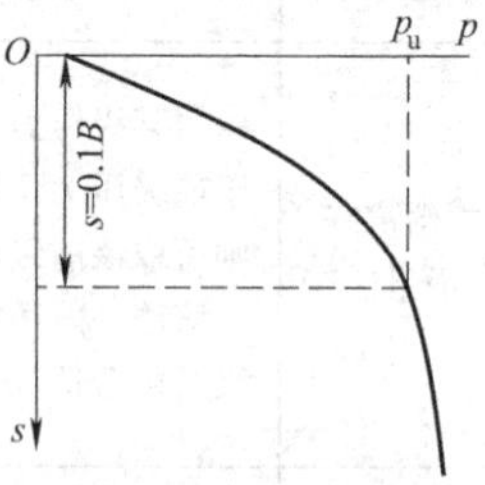 O, p_u, p, s=0.1B, s
3	半对数法 $\lg p$—s	在 $\lg p$—s 或 $\lg s$—p 曲线上，取直线上起点所对应的压力为极限压力； 适用于一般黏性土和砂土	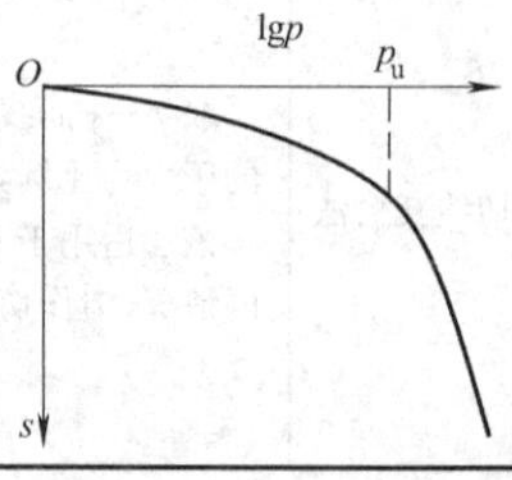 $\lg p$, O, p_u, s

第三节　静力触探试验

静力触探测试技术在很多国家都被列入国家技术规范中，在世界范围内得到了广泛的应用。静力触探试验主要适合于软土、黏性土、粉土和中密以下的砂土等地层中，对于含较多碎石、砾石的土和极密状态砂土不适合采用，此外总的测试深度一般不能超过 80m。静力触探试验的优点是连续、快速、准确，可以在现场直接得到各土层的贯入指标，从而能够了解土层在天然状态下的有关力学参数。

一、试验原理

静力触探试验的基本原理是通过一定的机械装置，用准静力将标准规格的金属探头垂直均匀地压入地层中，同时利用传感器或量测仪表测试土层对触探头的贯入阻力，并根据测得的阻力情况来分析判断土层的物理力学性质。

由于静力触探的贯入机理是个复杂的问题，目前虽然有很多的近似理论对其进行模拟分析，尚没有一种理论能够圆满解释静力触探的机理，目前工程中仍主要采用经验公式将贯入阻力与土的物理力学参数联系起来，根据贯入阻力的大小做定性或半定量分析。

二、试验设备

静力触探的试验设备主要由探头部分、贯入部分和测量部分构成。

1. 探头

常用的静力触探探头分为单桥探头、双桥探头两种，此外还有能同时测量孔隙水压力的孔压探头，是在原有的单桥或双桥探头上增加测量孔隙水压力的装置构成。根据现行《岩土工程勘察规范》GB 50021—2011，探头圆锥截面积应采用 $10cm^2$ 或者 $15cm^2$，现在工程中大多使用锥头底面积为 $10cm^2$ 的探头。

（1）单桥探头

单桥探头在锥尖上部带有一定长度的侧壁摩擦筒，它只能测得一个触探指标，即比贯入阻力，它是一个反应锥尖阻力和侧壁摩擦力的综合值：

$$p_s = \frac{P}{A} \tag{5-6}$$

式中　P——总贯入阻力；

A——锥尖底面积；

p_s——比贯入阻力。

单桥探头的结构如图 5-2 所示。

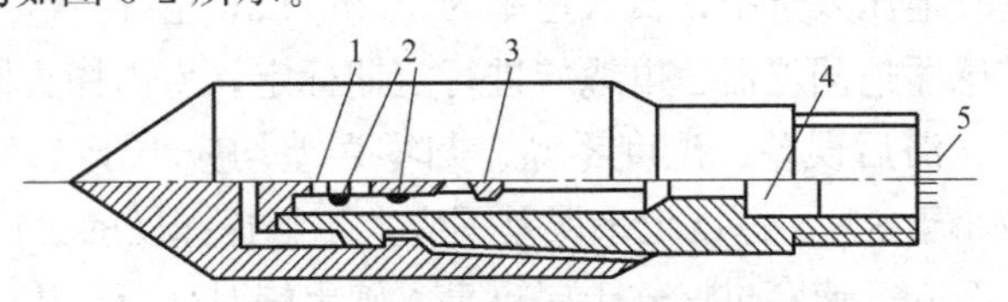

图 5-2　单桥探头结构示意图

1—顶柱；2—电阻变应片；3—传感器；4—密封垫圈套；5—四芯电缆

（2）双桥探头

双桥探头是将锥尖和侧壁摩擦筒分开，因而分别测定锥尖阻力 q_c 和侧壁摩擦力 f_s，其中：

$$q_c=\frac{Q_c}{A} \tag{5-7}$$

$$f_s=\frac{P_f}{F} \tag{5-8}$$

式中 Q_c、P_f——分别为锥尖总阻力和侧壁总阻力；

A、F——分别为锥底截面积和摩擦筒截面积。

由锥尖阻力 q_c 和侧壁摩擦力 f_s 还可以得到摩阻比 R_f 如下：

$$R_f=\frac{f_s}{q_c}\times 100\% \tag{5-9}$$

双桥探头的结构如图 5-3 所示。

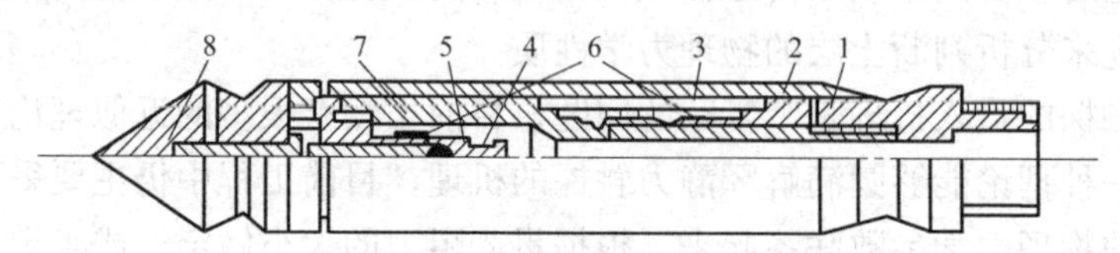

图 5-3 双桥探头结构示意图

1—传力杆；2—摩擦传感器；3—摩擦筒；4—锥尖传感器；
5—顶柱；6—电阻应变片；7—钢珠；8—锥尖头

2. 贯入装置

贯入装置由两部分构成，一是触探杆加压的压力装置，常见的压力装置有三种：液压传动式、电动机械式及手摇链条式；二是提供加压所需的反力，反力系统主要有两种，第一种是利用旋入地下的地锚的抗拔力提供反力，第二种是利用重物提供加压反力，当需要贯入阻力比较大时，可以将这两种反力系统结合起来使用。

3. 测量装置

触探头在贯入土层的过程中其变形柱会随探头遇到的阻力大小产生相应的变形，因此通过测量其变形就可以反算土层阻力的大小。变形柱的变形一般是通过贴在其上的应变片来测量的，应变计通过配套的测量电路及位于地表的读数装置来工作，同时，自动记录装置可以绘制出贯入阻力随深度的变化曲线，可以直观地反映土层力学性质随深度的变化，常用的液压式静力触探机如图 5-4 所示。

三、技术要求

触探头应匀速垂直地压入土中，贯入速率为 1.2m/min 左右。

触探头的测力传感器连同仪器、电缆应进行定期标定，室内探头标定测力传感器的非线性误差、重复误差、滞后误差、温度零漂、归零误差均应小于 1%FS（满量程读数），现场试验归零误差应小于 3%。深度记录误差不应大于触探深度的±1%。

当贯入深度大于 30m，或穿过厚软土层再贯入硬土层时，应采用措施防止孔斜，也可以通过量测触探孔的偏斜角来修正土层界线的深度。

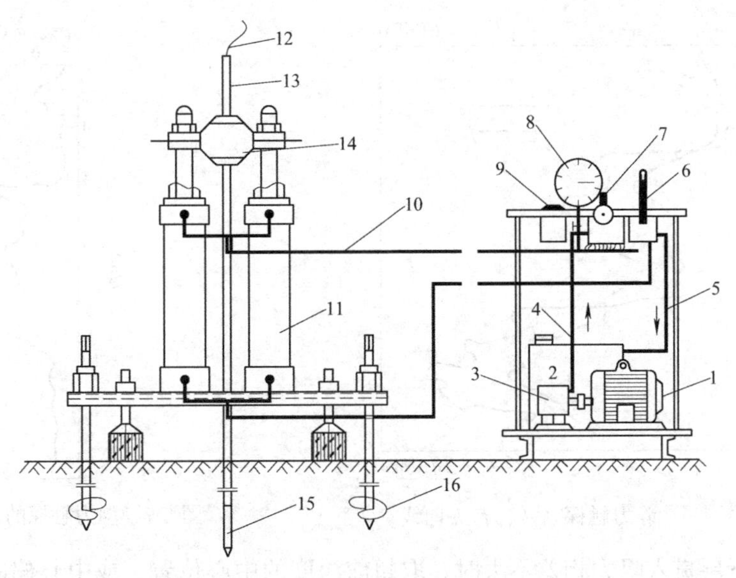

图 5-4　液压式静力触探机

1—马达；2—油箱；3—油泵；4—进油路；5—回油路；6—换向阀；7—节流阀；8—压力表；9—开关；10—油管；11—油缸；12—电缆；13—探杆；14—卡杆器；15—探头；16—地锚

孔压探头在贯入前，应在室内保证探头应变腔被已排除气泡的液体充满，并在现场采取措施保持探头应变腔的饱和状态，直到探头进入地下水位以下的土层为止。在孔压静探试验过程中不得上提探头，以免探头处出现真空负压，破坏应变腔的饱和状态影响测试结果的准确性。在预定深度进行孔压消散试验时，应量测停止贯入后不同时间的孔压值，其计时间隔应由密而疏合理控制。

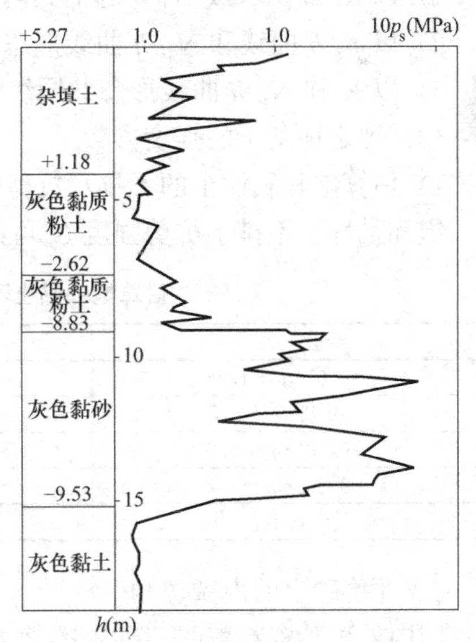

图 5-5　静力触探的 p_s-h 曲线

四、试验成果及应用

1. 主要成果

（1）单桥静力触探：比贯入阻力（p_s）-深度（h）关系曲线（图 5-5）。

（2）双桥静力触探：锥尖阻力（q_c）-深度（h）关系曲线、侧壁摩阻力（f_s）-深度（h）关系曲线（图 5-6）、摩阻比（R_f）-深度（h）关系曲线（图 5-7）。

2. 成果应用

（1）划分土层界线

土层界线划分是岩土工程勘察工作的一个重要内容，特别是在桩基工程勘察时，对桩尖持力层顶面标高的确定和桩的施工长度控制具有十分重要的意义。根据静力触探试验曲线结合钻探分层可以准确确定土层分层界线，土层分界线的确定应考虑到试验时超前和滞后的影响，其具体确定方法如下：

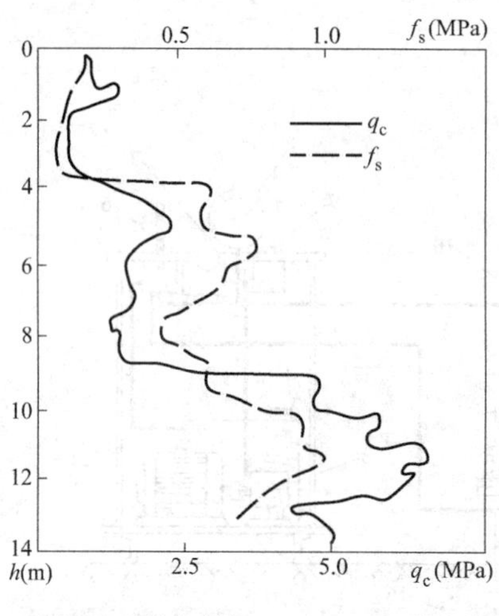

图 5-6　静力触探 q_c-h、f_s-h 曲线

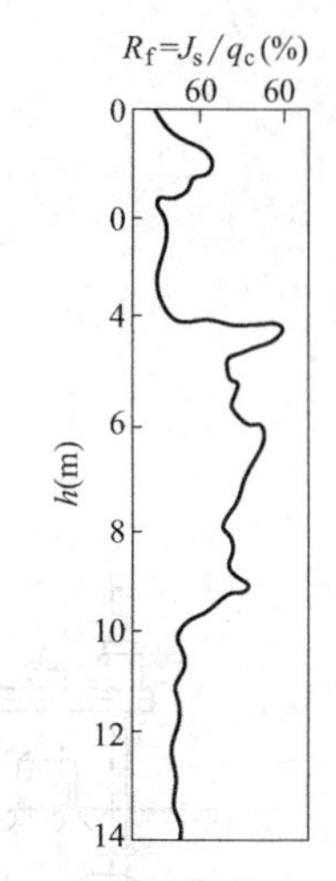

图 5-7　静力触探的 R_f-f 曲线

1）上、下层贯入阻力相差不大时，取超前深度的中心位置，或中心偏向小阻力土层 5～10cm 处作为分层界线；

2）上、下层贯入阻力相差一倍以上时，当由软土层进入硬土层（或由硬土层进入软土层）时，取软土层最后一个贯入阻力小值偏向硬土层 10cm 作为分层界线；

3）上、下层贯入阻力变化不明显时，可结合 f_s 和 R_f 的变化情况确定分层界线。

（2）划分场地土的类别

利用静力触探试验结果划分土层类别的方法主要有三种：

1）以 R_f 和 p_s（或 N_p）的值共同判别土的类别；

2）以 p_s-h 曲线和 N_p-h 曲线形态判别土的类别；

3）以 R_f 和 N_p-h 曲线形态共同综合判别土的类别。

（3）评定地基土的强度参数

1）估算饱和黏性土的不排水抗剪强度 C_u

饱和黏性土不排水抗剪强度 C_u 可以直接按表 5-6 所列出的经验公式估算。

估算饱和黏土不排水抗剪强度 C_u 的经验公式　　表 5-6

经验公式	适用条件	来　源
$C_u=0.071q_c+1.28$	q_c＜700kPa 的滨海相软土	同济大学
$C_u=0.039q_c+2.7$	q_c＜800kPa	铁道部
$C_u=0.0308q_c+4.0$	p_s＝100～1500kPa 新近沉积软黏土	交通部一航局设计院
$C_u=0.0696q_c-2.7$	p_s＝300～1200kPa 饱和软黏土	武汉静探联合组
$C_u=0.1q_c$	$\varphi=0$ 的纯黏土	日本

2）评价砂土的内摩擦角

国内外试验资料表明，砂土的静力触探试验得到的 p_s、q_c 与其内摩擦角有着较好的相关性。我国铁道部《静力触探技术规则》提出可按表 5-7 估算砂土的内摩擦角。

根据静力触探的比贯入阻力（p_s）估算砂土的内摩擦角（φ）　　表 5-7

p_s(Mpa)	1.0	2.0	3.0	4.0	6.0	11.0	15.0	30.0
φ(°)	29	31	32	33	34	36	37	39

(4) 评定地基土的变形参数

估算黏性土的压缩模量 E_s、变形模量 E_0 或砂土的压缩模量 E_s，例如我国铁道部《静力触探技术规则》提出可按表 5-8 估算砂土的压缩模量 E_s。

根据比贯入阻力 p_s 估算砂土压缩模量 E_s 对照表　　表 5-8

p_s(MPa)	0.5	0.8	1.0	1.5	2.0	3.0	4.0	5.0
E_s(MPa)	2.6～5.0	3.5～5.6	4.1～6.0	5.1～7.5	6.0～9.0	9.0～11.5	11.5～13.0	13.0～15.0

(5) 评定地基土的承载力

利用静力触探结果评定地基土承载力，国内外已开展了大量的工作，各地区和部门取得了许多对比经验公式或表格，各地之间并不统一，如表 5-9 是武汉地区 Q4 土层常用的比贯入阻力与地基承载力基本值的关系表，数值之间内插使用。

根据静力触探 p_0 估算地基土承载力基本值 f_0（kPa）的关系表　　表 5-9

P_s(MPa)	0.1	0.3	0.5	0.8	1.0	1.5	2.0	3.0	4.0	5.0	6.0	7.0	8.0
一般黏性土				115	135	180	210	270	320	365			
粉土及饱和砂土					80	100	120	150	180	200	220	235	250

(6) 预估单桩承载力

采用静力触探试验预估单桩承载力的技术已经比较成熟，许多国家已将这种方法列入了国家规范，如我国《建筑桩基技术规范》(JGJ 94—2008) 规定，应用单桥静力触探试验确定单桩极限承载力标准值时，可按下式计算：

$$Q_{uk}=u\sum q_{sik}l_i+\alpha p_{sk}A_p \tag{5-10}$$

式中　u——桩身周长；

q_{sik}——用静力触探比贯入值估算的桩周第 i 层土的极限摩擦阻力标准值；

l_i——桩穿越第 i 层土的厚度；

α——桩端阻力修正系数；

p_{sk}——桩端附近的静力触探比贯入阻力标准值（平均值）；

A_p——桩端面积。

采用双桥探头静力触探试验资料确定混凝土预制桩单桩竖向承载力标准值时，对于黏性土、粉土和砂土，当无地区经验公式时可按下式计算：

$$Q_{uk}=u\sum\beta_i l_i f_{si}+\alpha q_c A_p \tag{5-11}$$

式中　f_{si}——第 i 层土的探头平均侧阻力；

q_c——桩端平面处探头锥尖阻力；

α——桩端阻力修正系数；

β_i——第 i 层土桩侧阻力修正系数。

第四节　十字板剪切试验

十字板剪切试验是一种在钻孔内快速测定饱和软黏土抗剪强度的原位测试方法。自 1954 年由南京水科院等单位对这项技术开发应用以来，在我国沿海地区得到广泛的应用。

理论上，十字板剪切试验测得的抗剪强度相当于室内三轴不排水剪总应力强度。由于十字板剪切试验不需要采取土样，可以在现场基本保持原始应力状态的情况下测试，对于难以取样的高灵敏度的黏性土来说具有不可替代的优越性。

一、试验原理

十字板剪切试验是将具有一定高径比的十字板插入土层中，通过钻杆对十字板头施加扭矩使其匀速旋转，根据测得的抵抗扭矩，换算得到该土层的抗剪强度。

扭转十字板时，十字板周围的土体将出现一个圆柱状的剪切破坏面，土体产生的抵抗扭矩 M 由两部分构成，一是圆柱侧面的抵抗扭矩 M_1，二是圆柱的圆形底面和顶面产生的抵抗扭矩 M_2，即：

$$M=M_1+M_2 \tag{5-12}$$

$$M_1=C_u\pi DH\frac{D}{2} \tag{5-13}$$

$$M_2=2C_u\cdot\frac{\pi D^2}{4}\cdot\frac{2}{3}\cdot\frac{D}{2} \tag{5-14}$$

式中 C_u——饱和黏性土不排水抗剪强度（kPa）；

H——十字板的高度（m）；

D——十字板的直径（m）。

十字板头匀速旋转时，施加扭矩和土层抵抗扭矩相等，即土体抵抗扭矩 M 是已知的，将上两式稍加整理即可得到土的不排水抗剪强度表达式如下：

$$C_u=\frac{2M}{\pi D^3\left(H+\dfrac{D}{3}\right)} \tag{5-15}$$

需要说明的是，上述推导是在假设圆柱形剪切破坏面的侧面和顶、底面具有相同的抗剪强度的前提下进行的，实际上，由于土体存在各向异性，圆柱侧面和顶、底面的强度可能是不同的，按上述公式得到的抗剪强度是某种意义上的平均值。

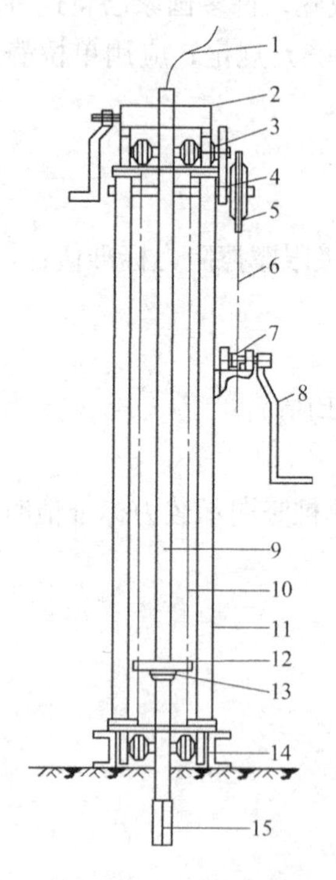

图 5-8 手摇式十字板-静力触探两用机

1—电缆；2—加力装置；3—大齿轮；4—小齿轮；5—大链条；6、10—链条；7—小链条；8—摇把；9—探杆；11—支架立杆；12—山形板；13—垫压板；14—槽钢；15—十字板头

二、试验设备

十字板剪切试验主要由十字板头、传力系统、加力装置和力的测量装置等四部分构成。根据力的量测系统不同，近年来已逐渐从机械式过渡到电测式，电测式十字板剪切仪的构造如图 5-8 所示。国内和美国常用的十字板头尺寸规格如表 5-10 所示。

十字板头规格表 表 5-10

十字板规格	高度 H(mm)	直径 D(mm)	板厚(mm)
我国国家标准推荐	100	50	2～3
	150	75	2～3
美国国家标准推荐	76.2	38.1	1.6
	101.2	50.8	1.6
	127	63.5	3.2
	184.0	92.1	3.2

三、试验要点

（1）十字板剪切试验点布置在软土中，竖向上的间距可为 1m；

（2）十字板头形状宜为矩形，径高比为 1∶2，板厚宜为 2～3mm；

（3）十字板头插入钻孔底（或套管底部）深度不应小于孔径或套管直径的 3～5 倍；

（4）十字板插入至试验深度后，至少应静置 2～3min，方可开始试验；

（5）扭转剪切速率宜采用（1°～2°）/10s，并在测得峰值强度后继续测记 1min；

（6）在峰值强度或稳定值测试完毕后，再顺扭转方向连续转动 6 圈，测定重塑土的不排水抗剪强度。

四、试验成果及应用

十字板剪切试验的成果主要有：各试验点土的不排水抗剪峰值强度、残余强度、重塑土强度和灵敏度及其随深度变化曲线；抗剪强度与扭转角的关系曲线等。

由于十字板剪切试验得到的不排水抗剪强度一般偏高，因此要经过修正才能用于工程设计，其修正方法如下：

$$(C_u)_f = \mu \cdot C_u \tag{5-16}$$

式中 C_u——现场实测的十字板不排水抗剪强度；

$(C_u)_f$——修正后的不排水抗剪强度；

μ——修正系数，根据经验可按表 5-11 取值。

十字板剪切试验修正系数 μ 取值 表 5-11

修正系数 μ \ 液性指数 I_p	10	15	20	25
各向同性土	0.91	0.88	0.85	0.82
各向异性土	0.95	0.92	0.90	0.88

软黏土的灵敏度按式（5-17）计算：

$$S_t = \frac{(C_u)_f}{C_{u0}} \tag{5-17}$$

式中 C_{u0}——重塑土的十字板强度（kPa）；

S_t——软黏土的灵敏度。

当 $S_t \leqslant 2$ 时，为低灵敏度土；当 $2 < S_t < 4$ 时，为中等灵敏度土；当 $S_t \geqslant 4$ 时，为高灵敏度土。

十字板剪切试验成果还可以用来检验地基加固效果、估算单桩极限承载力以及用于估算软土的液性指数等，参见有关参考资料。

第五节　圆锥动力触探试验

圆锥动力触探是利用一定的落锤能量，将一定尺寸、一定形状的圆锥探头打入土中，根据打入的难易程度来评价土的物理力学性质的一种原位测试方法。圆锥动力触探以落锤冲击力提供贯入能量，不像静力触探那样需要专门的反力设备，因此设备简单，操作方便。此外由于冲击力比较大，所以它的适用范围更加广泛，对于静力触探难以贯入的碎石土、密实砂层甚至软岩亦可适用。

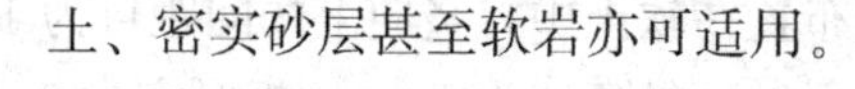

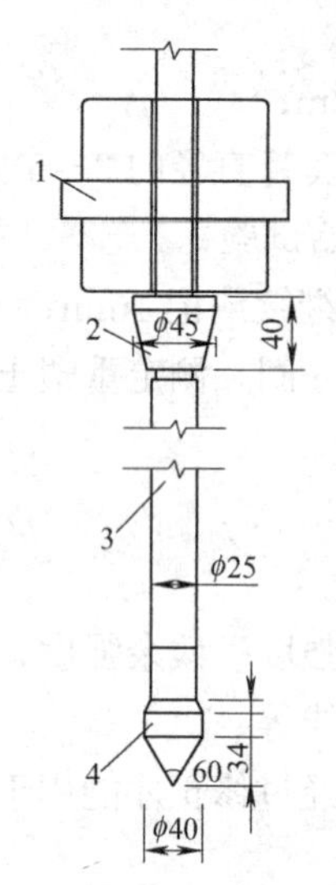

图 5-9　圆锥动力触探设备
1—穿心锤；2—锤垫；3—探杆；4—圆锥探头

一、试验原理

圆锥动力触探试验中，一般以打入土中一定距离（贯入度）所需落锤次数（锤击数）来表示探头在土层中贯入的难易程度。同样贯入条件下，锤击数越多，表明土层阻力越大，土的力学性质越好；反之，锤击数越少，表明土层阻力越小，土的力学性质越差。通过锤击数的大小很容易定性地了解土的力学性质，再结合大量的对比试验，进行统计分析就可以对土体物理力学性质作出定量化的评估。

二、试验设备

圆锥动力触探设备较为简单，主要由三部分构成，一是探头部分；二是穿心落锤；三是穿心锤导向的触探杆，如图 5-9 所示。根据设备尺寸、规格及锤击能量的不同，圆锥动力触探又分为轻型、重型与超重型三种类型，见表 5-12。

圆锥动力触探类型及设备规格　　**表 5-12**

类型		轻型	重型	超重型
落锤	质量(kg)	10	63.5	120
	落距(cm)	50	76	100
触探指标		贯入 30cm 的锤击数	贯入 10cm 的锤击数	贯入 10cm 的锤击数
主要适应土类		浅部的填土、砂土、粉土、黏性土	砂土、中密以下碎石土、极软岩石	密实和极密的碎石土、软岩

三、试验的技术要求

(1) 落锤方式对锤击能量的影响较大，现在实际工程中已不再采用人拉绳、卷扬钢丝方式，而采用固定落距的自动落锤的锤击方式。

(2) 触探杆最大偏斜度不应超过 2%，锤击贯入应保持连续进行，同时应防止锤击偏心、探杆倾斜和侧向晃动，锤击速率宜为每分钟 15～30 击；

(3) 对轻型动力触探，当 $N_{10}>100$ 或贯入 15cm 锤击数超过 50 时，可停止试验或改用重型动力触探；对重型动力触探，当连续三次 $N_{63.5}>50$ 时，可停止试验或改用超重型动力触探；

(4) 为了减少探杆与孔壁的接触，探杆直径应小于探头直径。

四、试验成果及应用

圆锥动力触探试验的主要成果有锤击数及锤击数随深度的变化曲线，下面介绍其应用。

1. *按力学性质划分土层*

根据圆锥动力触探试验结果划分土层时，先绘制单孔触探锤击数 N 与深度 H 的关系曲线，再结合地质资料对土层进行分层。

一般情况下，划分土层是以某层土动力触探锤击数的平均值来考虑的，如果某土层各孔锤击数离散性较大，则不宜采用单孔资料评定土层的性质，应采用多孔资料或与钻探及其他原位测试资料进行综合分析。由于锤击数不仅与探头位置土层性质有关，它还与探头位置以下一定深度范围内的土层性质有关，因此在分析触探曲线时，应考虑到曲线上的超前或滞后现象。具体而言当下卧层的密度较小或力学性质较差时，锤击数值提前减小，如图 5-10 所示的 5.5m 处，而当下卧层的力学性质相对较好时，锤击数值提前增大，如图 5-10 所示的 10.5m 处。

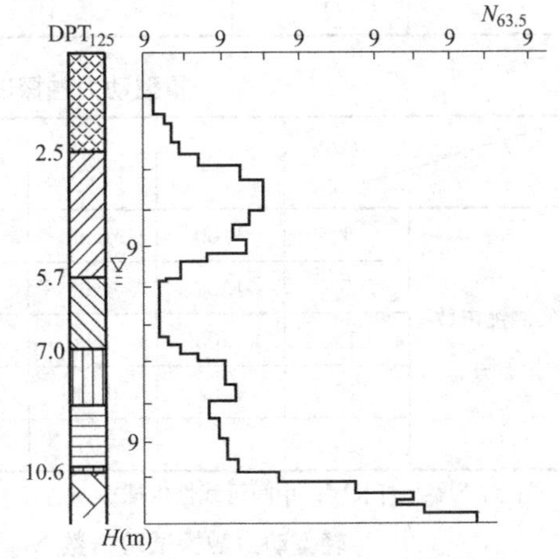

图 5-10 动力触探锤击数与深度关系

2. *确定砂土、圆砾卵石孔隙比*

由大量实验归纳，根据重型动力触探的试验结果可确定砂土、圆砾、卵石的孔隙比，值得注意的是，表 5-13 中所列的锤击数是经过较正以后的锤击数，其计算公式如下：

$$N'_{63.5}=\alpha N_{63.5} \tag{5-18}$$

式中 $N_{63.5}$——实测的重型触探锤击数；

$N'_{63.5}$——校正后的锤击数；

α——触探杆长度校正系数，可按表 5-14 确定。

3. *确定地基土的承载力*

用轻型圆锥动力触探的结果 N_{10} 来确定黏性土地基及由黏性土和粉土组成的素填土地基的承载力标准值，见表 5-15。

需要补充说明的是，上述 N_{10} 是经过修正后的锤击数值，其修正计算公式如下：

$$N_{10}=\overline{N}_{10}-1.645\sigma \tag{5-19}$$

式中 $\overline{N}_{10}$——同一土层轻便触探的锤击数现场多次读数的平均值；

N_{10}——修正以后的锤击数；

σ——锤击数现场多次读数的标准差。

根据重型动力触探结果确定砂土、圆砾、卵石的孔隙比 表 5-13

土的种类			中砂	粗砂	砾砂	圆砾	卵石
校正后的触探击数 $N'_{63.5}$	3	天然孔隙比 e	1.14	1.05	0.90	0.73	0.66
	4		0.97	0.90	0.75	0.62	0.56
	5		0.88	0.80	0.65	0.55	0.50
	6		0.81	0.73	0.58	0.50	0.45
	7		0.76	0.68	0.53	0.46	0.41
	8		0.73	0.64	0.50	0.43	0.39
	9			0.62	0.47	0.41	0.36
	10				0.45	0.39	0.35
	12					0.36	0.32
	15						0.29

重型动力触探试验触探杆长度校正系数 α 表 5-14

α \ l(m)		≤2	4	6	8	10	12	14	16
实测锤击数 $N_{63.5}$	1	1.00	0.98	0.96	0.93	0.90	0.87	0.84	0.81
	5	1.00	0.96	0.93	0.90	0.86	0.83	0.80	0.77
	10	1.00	0.95	0.91	0.87	0.83	0.79	0.76	0.73
	15	1.00	0.94	0.89	0.84	0.80	0.76	0.72	0.69
	20					0.77	0.73	0.69	0.66

注：l 为触探杆长度，中间可线性内插。

轻型动力触探试验击数 N_{10} 与地基承载力标准值 f_k（kPa）对照表 表 5-15

土类型	黏性土				素填土			
触探击数 N_{10}	15	20	25	30	10	20	30	40
f_k(kPa)	105	145	190	230	85	115	135	160

第六节　标准贯入试验

标准贯入试验原来被归入动力触探试验，实际上，它在设备规格上与前述重型圆锥动力触探试验有很多相同之处，主要是将原来的圆锥形探头换成了由两个半圆筒组成的对开式管状贯入器，另外规定将贯入器贯入土中 30cm 所需要的锤击数（又称为标贯击数）作为分析判断的依据。

标准贯入试验具有圆锥动力触探试验所具有的所有优点，另外它还可以通过贯入器采取扰动的土样，可以对土层的颗粒组成情况进行直接鉴别，因而对于土层的分层及定名更为准确可靠，使用极为普遍，标准贯入试验一般都结合钻探进行。

一、试验原理

与圆锥动力触探试验类似，标准贯入试验中，也是采用将标准贯入器打入土中一定距离（30cm）所需落锤次数（标贯击数）来表示土阻力大小的，并根据大量的对比试验资料分析统计得到土的物理力学性质指标的。

二、试验设备

标准贯入试验设备已完全标准化，其规格见表 5-16。

标准贯入试验设备规格及适用土类　　表 5-16

落　锤		质量(kg)	63.5
		落距(cm)	76
		直径 d(mm)	74
贯入器	对开管	长度(mm)	500
		外径(mm)	51
		内径(mm)	35
探杆(钻杆)		直径(mm)	42
		相对弯曲	<1‰
贯入指标			贯入 30cm 的锤击数 $N_{63.5}$
主要使用土类			砂土、粉土、一般黏性土

三、试验要求

（1）标准贯入试验应采用回转钻进，钻进过程中要保持孔中水位略高于地下水位，以防止孔底涌土，加剧孔底以下土层的扰动。当孔壁不稳定时，可采用泥浆或套管护壁，钻时应停止钻进，清除孔底残土至试验标高以上 15cm 后再进行贯入试验。

（2）应采用自动脱钩的自由落锤装置并保证落锤平稳下落，减小导向杆与锤间的摩阻力，避免锤击偏心和侧向晃动，保持贯入器、探杆、导向杆连接后的垂直度，锤击速率应 30 击。

（3）探杆最大相对弯曲度应小于 1‰。

（4）正式试验前，应预先将贯入器打入土中 15cm，然后开始记录每打入 10cm 的锤击数，累计打入 30cm 的锤击数为标准贯入试验锤击数 N。当锤击数已达到 50 击，而贯入深度未达到 30cm 时，可记录 50 击的实际贯入度，并按下式换算成相当于 30cm 贯入度的标准贯入试验锤击数 N 并终止实验：

$$N=30\times\frac{50}{\Delta S} \tag{5-20}$$

式中　ΔS——50 击时的实际贯入深度（cm）。

（5）标准贯入试验可在钻孔全深度范围内进行，也可仅在砂土、粉土等需要试验的土层中进行，间距一般为 1.0～2.0m。

（6）由于标准贯入试验锤击数 N 值的离散性往往较大，故在利用其解决工程问题时应持慎重态度，仅仅依据单孔标贯试验资料提供设计参数是不可信的，如要提供定量的设计参数，应有当地经验，否则只能提供定性的结果，供初步评定用。

四、试验成果及应用

标准贯入试验的成果就是试验点土层的标贯击数。对于标贯击数首先要说明一点的是，实测的标贯击数是否要进行探杆长度修正的问题，对于这一问题有两种截然不同的观点。一种观点认为探杆长度对标贯试验有显著影响，因此必须要进行杆长的修正，如日本的有关规范都规定要对实测的标贯击数进行杆长修正。而我国国标《岩土工程勘察规范》GB 50021—2011、《建筑抗震设计规范》GB 50011—2010 及一些欧美国家的规范均明确规定不必进行杆长修正。其实由于标贯击数与土层的物理力学性质参数之间是统计关系，可以由各地当地经验决定是否修正。

1. 判定砂土的密实程度

显然，砂土的密实度越高，标贯击数 N 就越大；反之，砂土密实度越低，标贯击数 N 就越小，因此可以利用标贯击数对砂土的密实程度进行判别，具体可按表 5-17 进行。

标贯击数 N 与砂土密实度的关系对照表 **表 5-17**

密实程度	相对密实度 Dr	标贯击数 N
松散	0～0.2	0～10
稍密	0.2～0.33	10～15
中密	0.33～0.67	15～30
密实	0.67～1	>30

2. 评定黏性土的稠度状态和无侧限抗压强度

在国内经过大量实验，标贯击数与黏性土的稠度状态存在表 5-18 所列的统计关系。

黏性土的稠度状态与标贯击数的关系 **表 5-18**

标贯击数 N	<2	2～4	4～7	7～18	18～35	>35
稠度状态	流动	软塑	软可塑	硬可塑	硬塑	坚硬
液性指数 I_L	>1	1～0.75	0.75～0.5	0.5～0.25	0.25～0	<0

3. 评定砂土的抗剪强度指标 φ

Peck 提出了砂土内摩擦角 φ 与标贯击数 N 的关系式如下：

$$\varphi=0.3N+27 \tag{5-21}$$

我国《建筑基础设计规范》采用如下经验公式：

$$\varphi=\sqrt{20N}+15 \tag{5-22}$$

4. 评定地基土的承载力

用标贯击数 N 值确定砂土和黏性土的承载力标准值时，可按表 5-19、表 5-20 进行，中间采用线性内插。

砂土承载力标准值 f_k (kPa) 与标贯击数的关系 **表 5-19**

标贯击数 N / f_k(kPa)		10	15	30	50
土类	中、粗砂	180	250	340	500
	粉、细沙	140	180	250	340

黏性土承载力标准值 f_k（kPa）与标贯击数的关系　　　　表 5-20

标贯击数 N	3	5	7	9	11	13	15	17	19	21	23
f_k(kPa)	105	145	190	235	280	325	370	430	515	600	680

5. 饱和砂土、粉土的液化判定

标准贯入试验是判别饱和砂土、粉土液化的重要手段。我国《建筑抗震设计规范》（GB 50011—2010）推荐采用标准贯入试验判别法对地面以下 20m 深度范围内的可液化土，按下式进行判别：

$$N < N_{cr} \tag{5-23}$$

$$N_{cr} = N_0 \beta [\ln(0.6 d_s + 1.5) - 0.1 d_w] \sqrt{3/\rho_c} \tag{5-24}$$

式中　N——待判别饱和土的实测标贯击数；

N_{cr}——是否液化的标贯击数临界值；

N_0——是否液化的标贯击数基准值，按表 5-21 取用；

d_s——饱和土标准贯入试验点深度（m）；

d_w——地下水位深度（m），宜按建筑使用期内年平均最高水位采用，也可按近期内年最高水位采用；

ρ_c——黏粒含量百分率，当小于 3 或为砂土时均取 3；

β——调整系数，设计地震第一组取 0.8，第二组取 0.95，第三组取 1.05。

液化判别标准贯入锤击数基准值 N_0　　　　表 5-21

设计基本地震加速度(g)	0.10	0.15	0.20	0.30	0.40
液化判别标准贯入锤击数基准值	7	10	12	16	19

经上述判别为液化土层的地基，应进一步探明各液化土层的深度和厚度，并按下式计算液化指数：

$$L_{le} = \sum_{i=1}^{n} \left(1 - \frac{N_i}{N_{cri}}\right) d_i w_i \tag{5-25}$$

式中　L_{le}——液化指数；

n——在判别深度内每一个钻孔标准贯入试验点的总数；

N_i、N_{cri}——分别为第 i 试验点标贯锤击数的实测值和临界值，当实测值大于临界值时，应取临界值的数值；当只需要判别 15m 范围以内的液化时，15m 以下的实测值可按临界值采用；

d_i——第 i 试验点所代表的土层厚度（m），可采用与该标准贯入试验点相邻的上、下两标贯试验点深度差值的一半，但上界不高于地下水位深度，下界不深于液化深度；

w_i——i 试验点所在土层的层厚影响权函数（单位 m^{-1}），当该土层中点深度不大于 5m 时应取 10，等于 20m 时取 0，大于 5m 而小于 20m 时，应按线性内插法确定。

根据计算结果，按表 5-22 确定液化等级。

液化等级判别表 **表 5-22**

液化指数 L_{le}	$0<L_{le}\leqslant5$	$5<L_{le}\leqslant15$	$L_{le}>15$
液化等级	轻微	中等	严重

第七节　桩基静载试验

建筑基桩按承载性状分为摩擦桩、端承桩；按桩的使用功能分竖向抗压桩（抗压桩）、竖向抗拔桩（抗拔桩）、水平受荷桩（主要承受水平荷载）、复合受荷桩（竖向、水平荷载均较大）；按桩身材料分混凝土桩、钢桩、组合材料桩；按成桩方法分非挤土桩、部分挤土桩、挤土桩；按成桩工艺分沉管灌注桩、钻（冲）孔灌注桩、人工挖孔灌注桩。

桩基质量监控和监测具有不言而喻的重要意义，根据桩型和检测目的，可采用不同的检测方法，其中最基本的就是桩基静载荷试验，包括单桩竖向抗压静载试验、单桩竖向抗拔静载荷试验、单桩水平静载试验，其试验测试原理相似，本节仅介绍单桩竖向抗压静载试验。

一、试验设备

单桩竖向抗压静载荷试验的试验装置包括加载装置、力的量测装置、位移量测仪器和桩身量测装置：

1. 加载装置

单桩竖向抗压静载荷试验一般选用单台或多台同型号的千斤顶并联加载。千斤顶加载反力装置可根据现场实际条件采取锚桩横梁反力装置（图 5-11）、压重平台反力装置和锚桩——压重联合反力装置（图 5-12）。

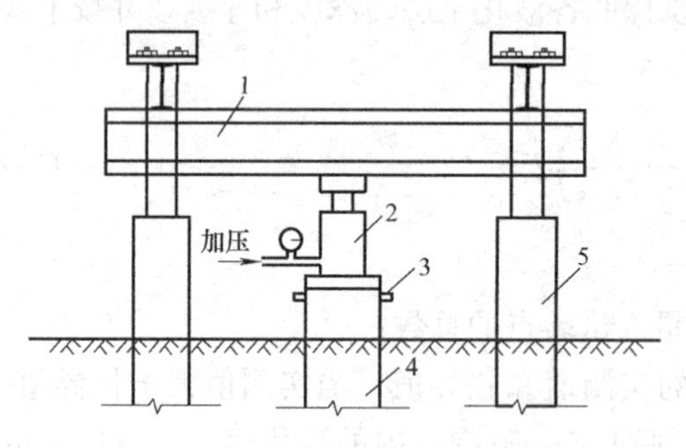

图 5-11　锚桩横梁反力装置示意图

1—主梁；2—千斤顶；3—沉降观测点；4—试桩；5—锚桩

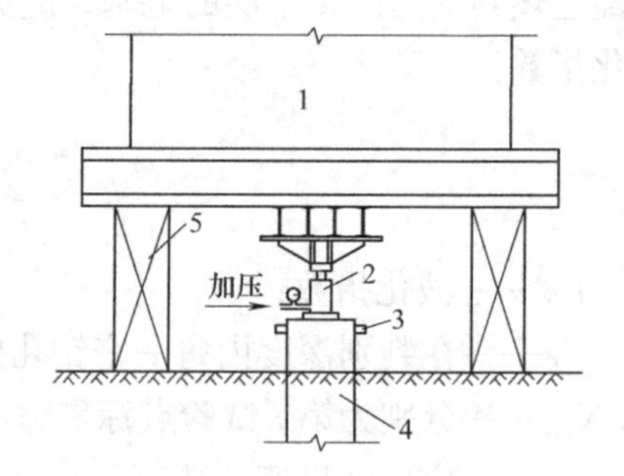

图 5-12　压重平台反力装置

1—重物；2—千斤顶；3—沉降观测点；4—试桩；5—支墩

上述各种加载方式中，单个千斤顶均应平放于试桩中心，并保持严格的物理对中，当采用两个以上千斤顶并联加载时，其上下部应设置足够刚度的钢垫箱，并使千斤顶的合力通过试桩中心。试桩、锚桩和基准桩之间的中心距离应大于 4 倍桩径且不小于 2m。

2. 量测装置

荷载可用放置于千斤顶上的应力环、应变式压力传感器直接测定。亦可采用并联于千斤顶上的高精度压力表测定，然后根据千斤顶的率定曲线换算成荷载。重要的桩基试验尚需在千斤顶上放置应力环或压力传感器，实行双控校正。

沉降测量一般采用百分表或电测位移计。对于大直径桩，应在桩的两正交直径方向对称安装 4 个位移测试仪表；中、小直径桩可安装 2 个或 3 个。当采用堆载反力装置时，为了防止堆载引起的地面下沉影响测读精度，应用水准仪对基准梁进行监控，固定和支承百分表的夹具和横梁在构造上应确保不因气温、振动及其他外界因素的影响而发生竖向变位。

为了比较准确地了解桩顶荷载作用下桩侧土的阻力及桩端土阻力的变化情况，可在桩身中土层变化部位和桩端埋设振弦式钢筋应力计、电阻应变片或测杆式应变计等量测元件。通过量测振弦频率、应变片电阻等得到桩身应力、应变及其变化情况。

二、试验要求

为了保证试验能够最大限度地模拟实际工作条件，使试验结果更准确、更具有代表性，进行载荷试验的试桩必须满足一定的要求：

（1）试桩顶部一般应予以加强，凿除浮浆，在桩顶配置加密钢筋网 2～3 层，或以薄钢板圆筒做成加劲箍与桩顶混凝土浇成一体，用高强度等级砂浆将桩顶抹平；

（2）对于预制桩顶，如果桩头出现破损，其顶部要外加封闭箍后浇捣高强细石混凝土予以加强；

（3）为了仪表和沉降测点安置的方便，试桩顶部露出地面高度不宜小于 60cm，试桩的倾斜度不得大于 1%；

（4）试桩的成桩工艺和质量控制标准应严格遵守有关规程，并与工程桩保持一致；

（5）从预制桩打入和灌注桩成桩到开始试验的时间间隔，在桩身强度达到设计要求的前提下：对于砂类土，不应少于 7d；对于一般黏性土，不应少于 15d；对于黏土与砂交互的土层可取中间值；对于淤泥或淤泥质土，不应少于 25d；

（6）在试桩间歇期内，试桩区周围 30m 范围内尽量不要产生能造成桩间土中孔隙水压力上升的干扰，如打桩等。

三、试验方法

进行单桩竖向抗压静载试验时，试桩的加载量应满足以下要求：

（1）对于以桩身承载力控制极限承载力的工程桩试验，加荷至设计承载力 2.0 倍；

（2）对于嵌岩桩，当桩身沉降量很小时，最大加载量不应小于设计承载力的 2.0 倍；

（3）当以堆载为反力时，堆载重量不应小于试桩预估极限承载力的 1.2 倍。

单桩竖向抗压静载荷试验的加载方式有慢速法、快速法、等贯入速率法和循环法等，现在工程中常用的是慢速法。

1. 慢速法

慢速法是慢速维持荷载法的简称，即先逐级加载，待该级荷载达到相对稳定后，再加下一级荷载，直到试验破坏，然后按每级加荷量的两倍卸载到零。慢速法载荷试验的加载分级，一般是按试桩的最大预估承载力将荷载等分成 10～12 级逐级施加。实际试验过程中，也可将开始阶段沉降变化较小的第一、二级荷载合并，将试验最后一级荷载分成两级施加，这对提高极限承载力的判断精度是有益的。

慢速法载荷试验沉降测读规定：每级加载后，隔 5、10、15min 各测读一次读数，以后每隔 15min 后测读一次，累计 1h 后每隔 0.5h 测读一次。

慢速法载荷试验的稳定标准：在每级荷载作用下，桩的沉降量满足连续两次 0.1mm/h即可视为稳定。在软土地区，这个标准可适当放宽，如上海地区的一些工程中，试桩沉降速率虽然还没有达到 0.1mm/h，但在连续观测的半小时沉降量中，出现相邻三次平均沉降速率呈现衰减，即可认为该级荷载下的沉降已趋于稳定。

慢速载荷试验的试验终止条件：当试桩过程中出现下列条件之一时，可终止加荷：①某级荷载作用下，桩顶沉降量大于前一级荷载作用下沉降量的 5 倍；②某级荷载作用下，桩的沉降量大于等于前一级荷载作用下沉降量的 2 倍，且经过 24h 尚未达到相对稳定标准；③已达到设计要求的最大加载量；④当工程桩作锚桩时，锚桩上拔量已达到允许值；⑤当荷载沉降曲线呈缓变型时，可加载至桩顶总沉降量 60～80mm。

慢速载荷试验的卸荷规定：每级卸载值为加载增量的二倍。每级荷载维持 1h，卸载后按第 15、30、60min 测读一次桩顶沉降量后，即可卸下一级荷载。全部卸载后，维持时间为 3h，测读时间为第 15、30min，以后每隔 30 min 读一次。

2. 快速法

快速法是快速维持荷载法的简称。当考虑缩短试桩时间，对于工程的检验性试验，可采用快速维持荷载法，即一般每隔 1h 加一级荷载。该方法取消了慢速法中维持各增量荷载到满足相对沉降稳定标准的要求，而是将预计施加的最大荷载分为若干等级，以相等的时间间隔施加外荷载并读取其相应的沉降量。大量试桩资料分析表明，快速法载荷试验所得单桩承载力比慢速法要高，在上海地区，快速法所得到的极限荷载比慢速法要高一级左右的加荷增量，而沉降比慢速法要偏小百分之十几。

四、试验资料的整理分析

1. 绘制有关试验成果曲线

一般绘制 Q-S、S-lg$t$、S-lg$Q$ 曲线以及其他进行辅助分析所需曲线，图 5-13 是最典型的 Q-S 曲线。

2. 单桩竖向极限承载力的确定

在工程实践中，按照有关的规范规程，以下列标准确定极限承载力：

（1）当 $Q-S$ 曲线的陡降段明显时，取相应于陡降段起点的荷载为极限承载力；

（2）对于缓变型 $Q-S$ 曲线，一般可取 S=40～60mm 对应的荷载；

（3）对于细长桩（$L/D>80$）和超长桩（$L/D>100$），一般可取桩沉降 $S=2QL/3E_c A_p$＋20mm 所对应的荷载或取 S=60～80mm 对应的荷载；

（4）取 S-lg$t$ 曲线尾部出现明显向下弯曲的前一级荷载；

（5）对于摩擦型灌注桩，取 S-lg$Q$ 线出现陡降直线段的起始点所对应的荷载值；

（6）对于大直径钻孔灌注桩，取桩端沉降 S_b=(0.03～0.06)D（大桩径取低值，小直径取高值）所对应的荷载为极限承载力；

（7）当桩顶沉降量尚小，但因受荷条件的限制而提前终止试验时，其极限承载力一般应取最大加荷值；

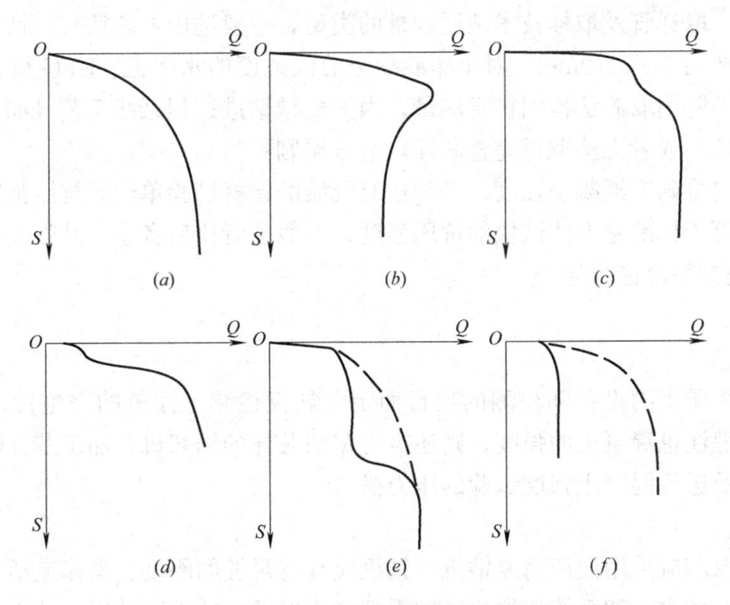

图 5-13　典型的单位竖向抗压静载荷试验曲线

(*a*) 软至半硬黏土中或松砂中的摩擦桩；(*b*) 硬黏土中的摩擦桩；(*c*) 桩端支承在软弱而有孔隙的岩石上；(*d*) 桩端开始离开了坚硬岩石，当被试验荷载压下后又重新支承在岩石上；(*e*) 桩身的裂缝被试验的下压荷载闭合；(*f*) 桩身混凝土被试验荷载剪断

(8) 在桩身材料破坏的情况下，其极限承载力可取破坏前一级的荷载值。

第八节　桩的钻芯检测

在桩体上钻孔取芯不仅可以了解灌注桩的完整性，查明桩底沉渣厚度以及桩端持力层的情况，而且还是检验灌注桩混凝土强度的最可靠方法。

由于钻孔取芯法需要在工程桩的桩身上钻孔，所以不属于无损检测，通常适用于直径不小于 800mm 的混凝土灌注桩。另外需注意的是，钻孔取芯法对查明大面积的混凝土离析、疏松、夹泥、孔洞等比较有效，而对局部缺陷和水平裂缝等判断就不一定十分准确，因此钻孔取芯法宜与其他无损检测的方法结合进行。钻芯法检测的主要目的和任务有：

(1) 检测桩身混凝土质量，直观检查桩的制作状况，如蜂窝麻面、气孔状况、是否断裂，判断其完整性；

(2) 取样进行混凝土强度测定，判断是否达到设计要求；

(3) 检查桩长及桩底沉渣、嵌岩情况；

(4) 检查持力层性状。

一、技术要点

该方法借鉴了地质钻探技术，检测的关键在于：

(1) 钻杆垂直度要求高，打成斜孔后容易伤及桩身配筋，造成钻孔困难；

（2）钻头、取样管及取样技术须适合桩的类型，一般选用岩芯钻头，钻头直径按骨料粒径大小，可选用 91～110mm。对于非混凝土的低强度的水泥桩、CFG 桩、灰土桩或注浆碎石桩等均不能用取芯法检测桩身质量，因为机械钻进过程某些工艺（如冲洗液等）会对芯样造成破坏，或者无法取得完整芯样，造成误判；

（3）如要定量确定混凝土强度，必须送有资质的建材试验单位做抗压强度实验。芯样的抗压强度不等于标准立方体试块的抗压强度，一般前者比后者小，其强度比值由0.65～0.8，宜根据地方规范进行修正。

二、检测设备

钻孔取芯法所需的设备随检测的项目而定，如仅检测灌注桩的完整性，只需钻机即可，如要检测灌注桩混凝土的强度，则还需有锯切芯样的锯切机、加工芯样的磨平机和专用补平器，以及进行混凝土强度试验的压力机。

1. 钻机

桩基钻孔取芯应采用液压高速钻机，钻机应具有足够的刚度、操作灵活、固定和移动方便，并应有循环水冷却系统。严禁采用手把式或振动大的破旧钻机，钻机主轴的径向跳动不应超过 0.1mm，钻机宜采用 ϕ50mm 的方扣钻杆，钻杆必须平直，钻机应采用双管单动钻具。

钻机取芯宜采用内径最小尺寸大于混凝土骨料粒径 2 倍的人造金刚石薄壁钻头（通常内径为 100mm 或 150mm）。钻头胎体不得有肉眼可见的裂纹、缺边、少角、倾斜和喇叭口变形等，钻头的径向跳动不得大于 1.5mm。

2. 锯切机、磨平机和补平器

锯切机应具有冷却系统和牢固夹紧芯样的装置，配套使用的人造金刚石圆锯片应有足够的刚度。

磨平机和补平器除保证芯样端面平整外，还应保证芯样端面与轴线垂直。

3. 压力机

压力机的量度和精度应能满足芯样试件的强度要求，压力机应能平稳连续加载而无冲击，承压板必须具有足够刚度，板面必须平整光滑，球座灵活轻便。承压板的直径应不小于芯样试件的直径，也不宜大于试件直径的 2 倍，否则应在试件上下两端加辅助承压板。

三、检测方法

钻孔取芯的检测按以下步骤进行。

1. 确定钻孔位置

灌注桩的钻孔位置，应根据需要与委托方共同商议确定。一般当桩径小于 1600mm 时，宜选择靠近桩中心钻孔，当桩径等于或大于 1600mm 时，钻孔数不宜少于 2 个。

2. 安置钻机

钻孔位置确定后，应对准孔位安置钻机。钻机就位并安放平稳后，应将钻机固定，以使工作时不致产生位置偏移。固定方法应根据钻机构造和施工现场的具体情况，分别采用顶杆支撑、配重或地锚膨胀螺栓等方法。

在固定钻机时，还应检查底盘的水平度，保证钻杆以及钻孔的垂直度。

3. 施钻前的检查

施钻前应先通电检查主轴的旋转方向，当旋转方向为顺时针时，方可安装钻头。并调整钻机主轴的旋转轴线，使其呈垂直状态。

4. 开钻

开钻前先接水源和电源，将变速钮拨到所需转速，正向转动操作手柄，使合金钻头慢慢地接触混凝土表面，待钻头刃部入槽稳定后方可加压进行正常钻进。

5. 钻进取芯

在钻进过程中，应保持钻机的平稳，转速不宜小于140r/min，钻孔内的循环水流不得中断，水压应保证能充分排除孔内混凝土屑料，循环冷却水出口的温度不宜超过30℃，水流量宜为3～5L/min。每次钻孔进尺长度不宜超过1.5m。

提钻取芯时，应拧下钻头和胀圈，严禁敲打卸取芯样。卸取的芯样应冲洗干净后标上深度，按顺序置于芯样箱中。当钻孔接近可能存在断裂，或混凝土可能存在疏松、离析、夹泥等质量问题的部位以及桩底时，应改用适当的钻进方法和工艺，并注意观察回水变色、钻进速度的变化等，并做好记录。

灌注桩钻孔取芯检测的取芯数目视桩径和桩长而定。通常至少每1.5m应取1个芯样，沿桩长均匀选取，每个芯样均应标明取样深度，以便判明有无缺陷以及缺陷的位置。对于用于判明灌注桩混凝土强度的芯样，则根据情况，每一桩不得少于10个试样。

钻孔取芯的深度应进入桩底持力层不小于1m。

6. 补孔

在钻孔取芯以后，桩上留下的孔洞应及时进行修补，修补时宜用高于桩原来强度等级的混凝土来填充。由于钻孔孔径较小，填补的混凝土不易振捣密实，故应采用坍落度较大的混凝土浇灌，以保证其密实性。

芯样试件一般一组3个，宜在同一高度附近取样。取样的位置可根据目测的混凝土胶结情况，选择芯样较差的部位取样，由此所得的抗压强度可视作最小值。如最小值已满足设计要求，整根桩的强度就满足要求。

四、检测数据的分析

混凝土芯样试件抗压强度代表值应按一组三块试件强度值的平均值确定。同一受检桩同一深度部位有两组或两组以上混凝土芯样试件抗压强度代表值时，取其平均值为该桩该深度处混凝土芯样试件抗压强度代表值。

受检桩中不同深度位置的混凝土芯样试件抗压强度代表值中的最小值为该桩混凝土芯样试件抗压强度代表值。芯样的制备、尺寸要求以及试验方法应按照有关国家标准、行业规范严格执行，详见本书第四章相关内容。

桩端持力层性状应根据芯样特征、岩石芯样单轴抗压强度试验、动力触探或标准贯入试验结果综合判定。

桩身完整性类别应结合钻芯孔数、现场混凝土芯样特征、芯样单轴抗压强度试验结果，按表5-23进行综合判定。

钻芯法判定桩基等级类别　　表 5-23

类别	特　征
Ⅰ	混凝土芯样连续、完整、表面光滑、胶结好、骨料分布均匀、呈长柱状、断口吻合，芯样侧面仅见少量气孔
Ⅱ	混凝土芯样连续、完整、胶结较好、骨料分布基本均匀、呈柱状、断口基本吻合
Ⅲ	大部分混凝土芯样胶结较好，无松散、夹泥或分层现象，但有下列情况之一： 1)芯样局部破碎且破碎长度大于 10cm； 2)芯样骨料分布不均匀； 3)芯样多呈短柱状或块状； 4)芯样侧面蜂窝麻面、沟槽连续
Ⅳ	钻进很困难； 芯样任意端松散、夹泥或分层； 芯样局部破碎且破碎长度不大于 10cm

成桩质量评价应按单桩进行，当出现下列情况之一时，应判定该受检桩不满足设计要求：

（1）桩身完整性类别为Ⅳ类的桩；

（2）受检桩混凝土芯样试件抗压强度代表值小于混凝土设计强度等级的桩。

钻芯孔偏出桩外时，仅对钻取芯样部分进行评价。

第九节　桩的低应变检测

低应变动力试桩法按行业标准《建筑基桩检测技术规范》JGJ 106—2003 称之为低应变动测法，俗称“小应变测桩”。按照其激励方法的不同，又分为应力波反射法、机械阻抗法、水电效应法、动参数法、共振法等数种，目前普遍采用的低应变应力波反射法。其主要目的是检测单桩的完整性，即检查桩身质量和完整性有无变化，桩身是否有离析、断裂、夹泥等、缩颈、扩颈等缺陷，以及缺陷所处位置，并判别缺陷的严重程度。

一、基本原理

在桩顶激起竖向激振，弹性波沿着桩身向下传播，当桩身存在明显阻抗差异的界面（如桩底、断桩和严重离析等）或桩身截面积发生变化（如缩颈和扩颈），将产生反射波，经接收、放大、滤波和数据处理，可以识别来自不同部位的反射信息，通过对反射信息进行分析，判断桩身混凝土的完整性，判定桩身缺陷的程度和位置，如图 5-14 所示。

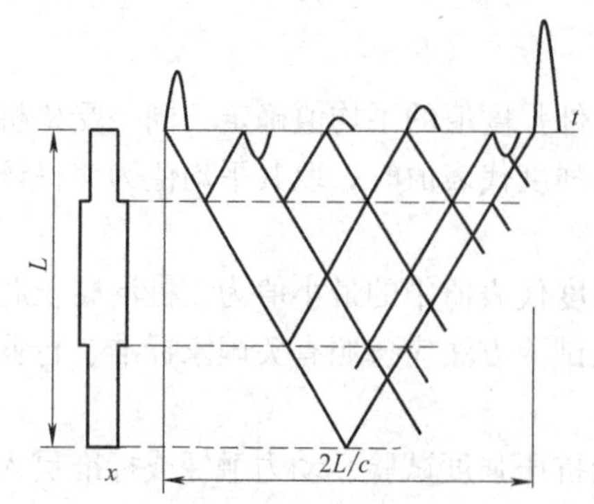

图 5-14　波在两个阻抗变化截面（扩径）自由桩中的特征线传播图示

通过力锤敲击，在桩顶击发一个压缩波，压缩波沿着桩向下传播，当遇到波阻抗界面，压缩波被反射回来。将桩顶接受到的各种反射波与击发波比较，根据时间差及频谱特性即可判断波阻抗界面的性质。出现反射波的条件是，在界面两侧的波阻抗不一致，波阻抗的定义：

$$Z=\rho VA=\frac{EA}{C} \tag{5-26}$$

式中 C——压缩波在桩身中传播速度；

E——桩身材料的弹性模量；

A——桩身面积。

桩顶激发可以是瞬态激发（如冲击）也可以是稳态激发，输入某一频率振动测得振幅，然后改变激振频率，记录各频率的振幅，并绘制频谱图即可分析。

缺陷位置计算的基本公式

$$t=\frac{2L}{C} \tag{5-27}$$

式中 L——桩顶至反射界面的距离；

t——压缩波自桩顶激发，传至反射界面后，反射回桩顶所需时间。

由此可知，如能测到弹性波的传输时间，当波速已知时，即可确定缺陷的位置；反之，如桩长已知，即可测到混凝土波速。

二、反射波法的测试仪器

1. 激振设备

通常用手锤或力棒，棒和锤的重量可根据需要调整。

2. 传感器

传感器可采用速度传感器或加速度传感器，若用后者则需在放大器或采集系统或传感器本身中另加积分线路。

3. 放大器

要求放大器的增益高、噪声低、频带宽。对速度传感器用电压放大器；对加速度传感器则采用电荷放大器。

4. 信号采集分析仪

要求仪器体积小、重量轻、性能稳定，便于野外使用，同时具备数据采集、记录贮存、数字计算和信号分析的功能。

三、反射波信号采集及分析

在桩顶安置加速度计（也可安装速度计），用螺丝、黄油、橡皮泥等加以固定。桩顶表面要平整，可进行适当的打磨处理，传感器放置的位置宜在中心至边缘的 1/2 处，对于 PHC 桩，宜在管壁中心。当前实际工程中一般采用瞬态激发时域法，完整桩和缺陷桩（断桩）的时域曲线如图 5-15、图 5-16 所示。

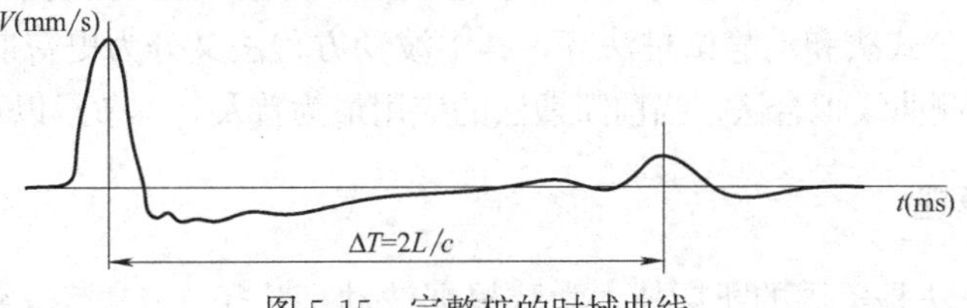

图 5-15　完整桩的时域曲线

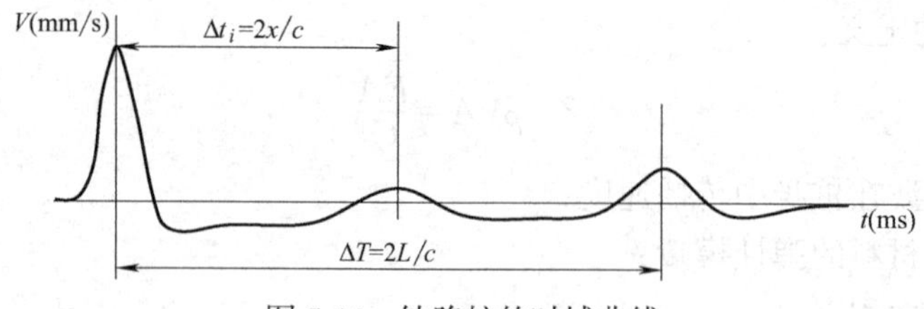

图 5-16　缺陷桩的时域曲线

为了分析缺陷位置，根据反射波到达时间，按下列公式可得：

$$L_n = \frac{1}{2} C t_i \tag{5-28}$$

式中　L_n——缺陷离桩顶距离；

t_i——缺陷处反射波到达的时间；

C——桩基中压缩波波速。

根据反射波出现的时间可以确定界面的位置，但是无法确定阻抗变化的程度（或缺损率）。假如三根材质相同（即 E、ρ、v_c 一样）但具有不同缺损率 $\eta = A_2/A_1$ 的桩的实测桩顶速度时域曲线，曲线表明，缺损率愈大，界面上下阻抗变化愈大，其反射波愈明显，因此，可以根据反射波峰与初始入射波峰的幅值之比判断其缺损率：

$\eta=1$ 无缺损；

$\eta=1 \sim 0.8$ 轻微缺损；

$\eta=0.8 \sim 0.6$ 缺损；

$\eta=0.6 \sim 0.4$ 严重缺损；

$\eta<0.4$ 断裂。

四、检桩数量规定

（1）柱下三桩或三桩以下的承台抽检桩数不得少于一根；

（2）设计等级为甲级，或地质条件复杂，成桩质量可靠性较低的灌注桩，抽检不低于30%，其他桩基工程不少于20%，且不得少于10根；

（3）地下水位以上且终孔后桩端持力层得到校验的人工挖孔桩，可适当减少，不低于10%，不少于10根。

当完整性检验发现Ⅲ、Ⅳ类桩大于20%时，应加倍扩大抽检比例。

第十节　桩的高应变检测

高应变检测，全称为基桩高应变动力试桩法，俗称“大应变测桩”。是以重锤敲击桩顶，使桩产生一定的贯入度，通过测量与计算，确定单桩承载力和桩身质量。常用的方法有波动方程法、动力打桩公式法和动静试桩法等，其中波动方程法又分为史密斯（Smith）法、凯斯（Case）法和实测曲线拟合法，当前凯斯法的应用最为普及，本节予以重点介绍。

一、凯斯法基本原理

凯斯（Case）法是美国的凯斯技术学院根据波动理论于1975年研究成功的桩的动力

量测和分析方法，是目前最常用的高应变动力试桩方法，也是狭义的高应变动力试桩法，通过重锤冲击桩头，产生沿桩身向下传播的应力波和一定的桩土位移，利用对称安装于桩顶两侧的加速度计和特制应变计记录冲击波作用下的加速度和应变，并通过电缆传输给桩基动测仪，然后利用不同软件求得相应承载力和桩基质量完整性指数。

1. 基本假定和行波理论

首先假定桩为均质的线弹性杆，当桩顶受到冲击后，桩身上任意点（深度为 Z）的位移 W 都随时间 t 而变化，换句话说，位移是深度 Z 和时间 t 的函数，此时，桩的纵向振动符合一维波动微分方程。

在桩顶受到冲击后，产生一速度波（或应力波），某一截面处的振动速度乘以阻抗即为该截面处的内力。应当指出，这里的振动速度与桩身内力（或应力）大小有关，它与波在桩身内的传播速度不同，后者仅与桩的材料性质有关。

速度波（或应力波）在桩身内来回传播，传播中假定无能量损失，波在自由端反射后，质点的振动速度增大一倍，应力符号改变（压力波变为拉力波或反之）；由于桩是线弹性杆件，故任意截面的振动速度或应力等于锤击力和各土阻力所产生的速度或应力的叠加。

2. 桩顶的振动速度

因为加速度计是安装在桩顶的（实际离桩顶有一定距离），所以实际能测到的是桩顶的速度（实际是测得加速度后积分求得速度的）。由上述基本理论和假定可知，桩顶速度是有锤击力和土阻力引起的桩顶速度叠加而得的。

3. 桩的静极限承载力

桩的锤击阻力是总阻力，还必须减去阻尼力 R_d，才能得到静阻力 R_s 也即我们所想知道的桩的极限承载力 P_u。

为求得阻尼力 R_d，凯斯法假定阻尼力集中在桩尖，并与桩尖质点的运动速度成正比，即

$$R_d = J v_{toe} \tag{5-29}$$

式中 v_{toe}——桩尖质点的运动速度；

J——桩尖阻尼系数。

求得阻尼力后，即可按下式求出桩的静极限承载力：

$$P_u = R_s = R - R_d \tag{5-30}$$

凯斯法作如下假定：

① 桩身质量均匀，且无明显缺陷，所以桩身阻抗恒定；

② 动阻尼只存在桩端，忽略桩侧阻尼的影响；

③ 应力波在桩身中传播时，除土阻力影响外，没有其他因素造成能量扩散；

④ 土体对桩的阻力只与其相对位移有关，与其位移大小无关。

二、检测设备

凯斯法所用的检测设备除锤和锤架外，还有专用的测试仪器及工具式的应变传感器和加速度传感器。目前国内外生产凯斯法测试仪器很多，如美国 PDI 公司生产的 PDA 打桩分析仪、瑞典生产的 PID 打桩分析仪、荷兰 TNO 生产的 FPDS 打桩分析仪和我国岩海公司生产的 RS 基桩动测仪等，都是将应变传感器和加速度传感器所测得的桩顶处力和速度

的信号，经采集处理后，由专门的计算机软件将分析结果显示出来。检测设备由锤击设备和量测仪器两部分组成。

(1) 锤击设备的配制。首要的是选择适当的锤重，保证在锤击时，使桩产生足够的贯入度（应不小于 2.5～3mm）。

(2) 工具式的应变传感器通常由四片箔式电阻片构成，连成一个桥路，并通过螺栓固定在桩侧表面。

(3) 打桩分析仪或基桩检测仪。其结构和线路虽不尽相同，但其功能都是接收传感器传来的信号，进一步采集和处理，通过放大、滤波、采样、转换和运算，最后将结果显示和贮存起来。

(4) 测量桩贯入度的仪器或装置，保证精度在 1mm 以内，一般采用精密水准仪或激光位移计等。

三、现场检测与参数设定

1. 处理桩头

被测桩必须满足最短休止养护期，桩头事先处理，桩顶需平整，其轴线与重锤一致。安装传感器处无缺陷，截面均匀，表面平整（或打磨平整），传感器紧贴桩身，锤击时不产生滑移、抖动。

2. 传感器安装

传感器主要有两类，一类为应变式力传感器，另一类为加速度计，各两支对称安装在桩的两侧，以便取平均值以消除偏心的影响。安装高度为离桩顶大于 2 倍桩径处，如图 5-17 所示。

3. 检测仪器和设备的检查

在接通检测仪器后，应先检查各部分仪器和设备是否能正常进行。为此，可在正式测

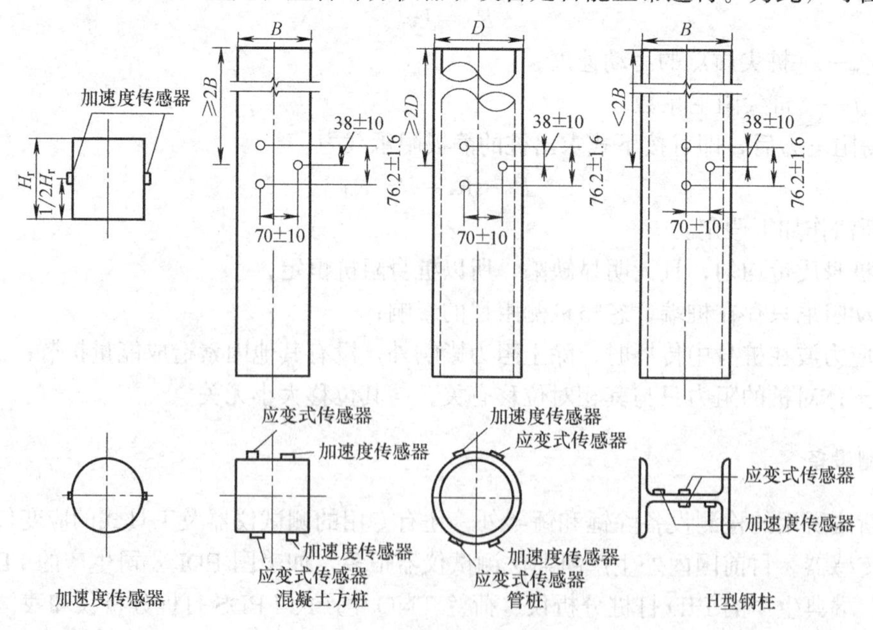

图 5-17 传感器安装示意图

试前进行试锤，重锤轻击，调节传感器设置参数，若发现某部分仪器设备不能正常运行，应立即找出原因并排除故障。

4. 信号采集及数据记录

正式测试开始后，每次锤击，基桩检测仪都自动采集桩顶的力（即应变）和速度（即由加速度积分）信号，得到两条曲线。

5. 参数设定

（1）桩长 L 和桩截面积 A

对打入桩，可采用建设或施工单位提供的实际桩长和桩截面积作为设定值；对混凝土灌注桩，宜按建设或施工单位提供的施工记录设定桩长和桩截面积。根据设定桩长，即可求得传感器安装点至桩底的距离。

（2）桩身的波速 v_c

对于钢桩，可设定波速为5120m/s，也可实测已知桩长的波速；对混凝土预制桩，宜在打入前实测无缺陷桩的桩身平均波速，以此作为设定值；对于混凝土灌注桩，可用反射法按桩底反射信号计算已知桩长的平均波速。

（3）桩身材料的质量密度 ρ

对钢桩，质量密度应设定为 $7.85\times10^3\,kg/m^3$；对混凝土预制桩，质量密度可设定为 $2.45\sim2.55\times10^3\,kg/m^3$；对混凝土灌注桩，质量密度可设定为 $2.40\times10^3\,kg/m^3$。

四、分析计算

1. 单桩承载力计算

单桩承载力可按下式计算：

$$R_c=\frac{1}{2}(1-J_c)[F(t_1)+ZV(t_1)]+\frac{1}{2}(1+J_c)\left[F\left(t_1+\frac{2L}{c}\right)-ZV\left(t_1+\frac{2L}{c}\right)\right] \tag{5-31}$$

$$Z=\frac{EA}{c} \tag{5-32}$$

式中 R_c——由凯斯法判定的单桩竖向抗压承载力（kN）；

J_c——凯斯法阻尼系数；

t_1——速度第一峰对应的时刻（ms）；

$F(t_1)$——t_1时刻的锤击力（kN）；

$V(t_1)$——t_1时刻的质点运动速度（m/s）；

Z——桩身截面力学阻抗（kN·s/m）；

A——桩身横截面面积（m^2）；

L——测点下桩长（m）。

上式适用于 t_1+2L/c 时刻桩侧和桩端土阻力均已充分发挥的摩擦型桩。对于土阻力滞后于 t_1+2L/c 时刻明显发挥或先于 t_1+2L/c 时刻发挥并造成桩中上部侧阻力卸荷这两种情况，宜分别采用以下两种方法对 R_c 值进行增值修正：

（1）适当将 t_1 延时，确定 R_c 的最大值；

（2）考虑卸载回弹部分土阻力对 R_c 值进行修正。

2. 桩身完整性计算

桩身完整性系数 β 可按下式计算：

$$\beta = Z_x / Z \quad (5\text{-}33)$$

式中 β——桩身完整性系数；

Z_x——桩身缺陷处的阻抗。

当采用凯斯法时，对于等截面桩，桩身完整性系数 β 和桩身缺陷位置 x 应分别按下列公式计算：

$$\beta = \frac{[F(t_1)+ZV(t_1)]-2R_x+[F(t_x)-ZV(t_x)]}{[F(t_1)+ZV(t_1)]-[F(t_x)-ZV(t_x)]} \quad (5\text{-}34)$$

式中 t_x——缺陷反射峰对应的时刻（ms）；

x——桩身缺陷至传感器安装点的距离（m）；

R_x——缺陷以上部位土阻力的估计值，等于缺陷反射波起始点的力与速度乘以桩身截面力学阻抗之差值，取值方法见表 5-24。

桩身完整性类别判定 **表 5-24**

类　别	β值	类　别	β值
Ⅰ	$\beta=1.0$	Ⅲ	$0.6\leqslant\beta<0.8$
Ⅱ	$0.8\leqslant\beta<1.0$	Ⅳ	$\beta<0.6$

思　考　题

一、下表是一组在某地区进行静载试验的沉降-荷载观测数据（黏性土，地面测试 1.0 m×1.0m 刚性方形板），请根据观测数据完成以下工作。

	第1级	第2级	第3级	第4级	第5级	第6级	第7级	第8级	第9级	第10级	第11级
荷载(kPa)	25	50	75	100	125	150	175	200	225	250	275
沉降(mm)	1.8	3.8	5.9	8.3	12.5	18.8	26.1	41.7	76	180	破坏

1. 选择适当的比例尺，作 $P\sim S$ 曲线；

2. 确定比例界限点 P_0 和极限荷载点 P_u；

3. 取安全系数 $F_s=2.0$，按照安全系数法确定地基土的容许承载力；

4. 基础宽度 1.5m，求地基土基床系数。

二、下表是某工程的钻孔剖面资料，请根据资料完成以下工作。

1. 根据静力触探曲线，对土层进行力学分层，确定土层界线；

2. 统计各土层平均 P_s 值；(算术平均值，统计修正系数分别为 0.95、0.88、0.93、0.91)

3. 评定各地基土层的压缩模量 E_s（利用下表，内插法）；

P_s(MPa)	0.1	0.3	0.5	0.8	1.0	1.5	2.0	3.0	4.0	5.0	6.0	7.0	8.0
$I_P>10$ 的黏性土	0.9	1.8	2.6	3.5	4.1	5.4	6.5	8.6	10.7	12.9	15.0	17.2	19.3
砂土和粉土			5.0	5.6	6.0	7.5	9.0	11.5	13.0	15.0	16.5	18.5	20.0

4. 根据静探指标求第 1、2 层土做地基时的地基承载力标准值 F_k（利用下表，内插法）；

P_s(MPa)	0.1	0.3	0.5	0.8	1.0	1.5	2.0	3.0	4.0	5.0	6.0	7.0	8.0
一般黏性土(Q4)				115	135	180	210	270	320	365			
粉土及饱和砂土(Q4)					80	100	120	150	180	200	220	235	250

5. 进行标贯击数杆长校正；

6. 统计各土层平均标贯击数；（统计修正系数分别为 0.85、0.78、0.83、0.91）

7. 根据标贯指标分别求取 1、2、3、4 层土的地基承载力标准值 F_k。

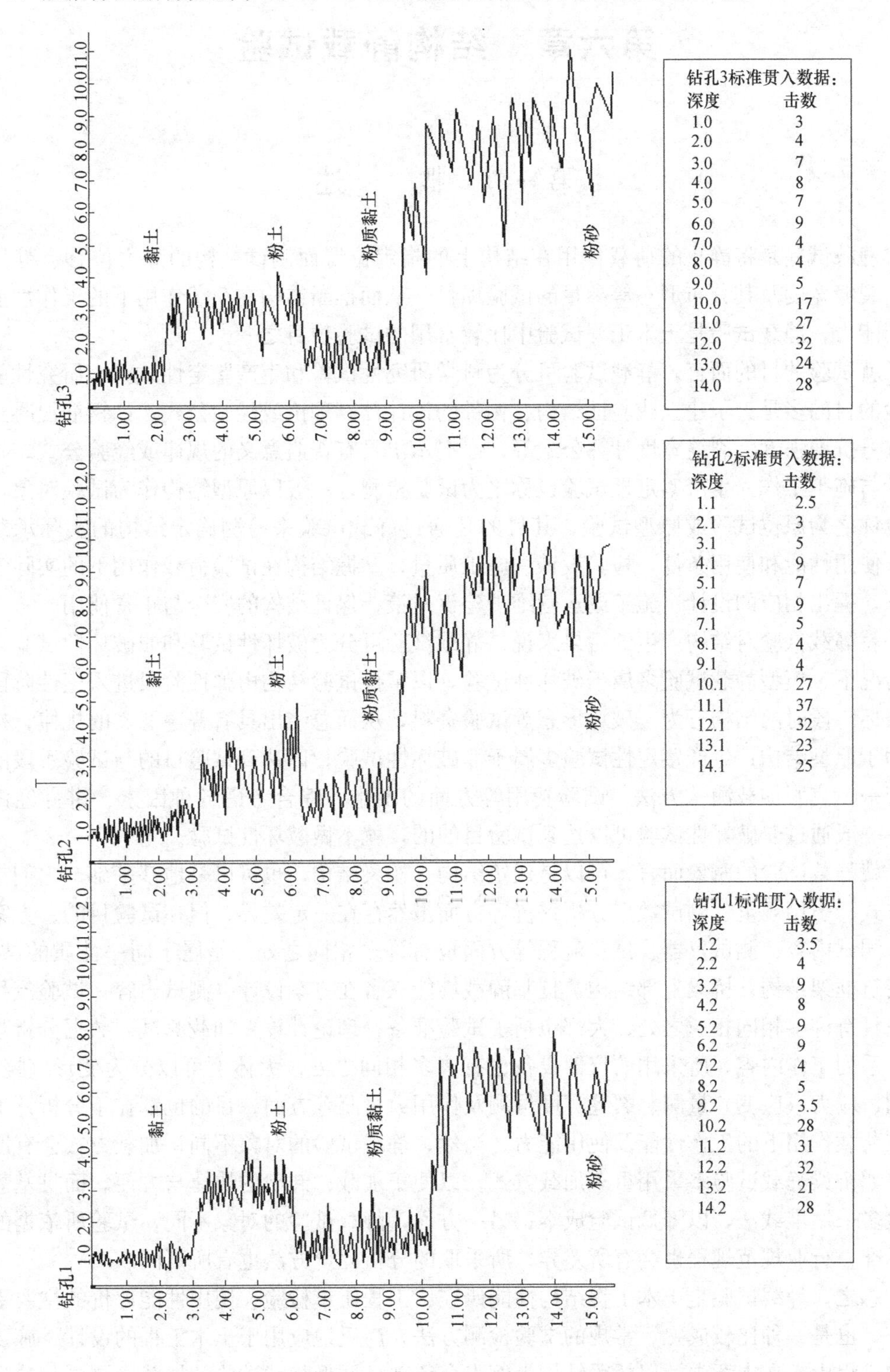

第六章 结构静载试验

第一节 概 述

静载试验是将静止的荷载作用在结构上的指定位置而测试结构的静力位移、静力应变、裂缝宽度及其分布形态等参量的试验项目，从而推断结构在荷载作用下的工作性能及使用能力，静载试验是土木工程试验中比较常用的试验项目之一。

就试验的目的而言，静载试验可分为科学研究性试验和生产鉴定性试验。研究性静载试验的目的多是为了建立或验证结构、构件的设计计算理论或经验公式，如钢筋混凝土梁的抗弯抗剪强度、裂缝宽度计算公式等，以揭示出具有普遍意义的规律或经验公式，指导设计与施工工作。生产鉴定性试验也称之为试验检测，一般以原型结构作为试验对象，因此也称之为原位试验或原型试验，其目的是通过静载试验来检测确定结构的实际承载能力、使用性能和使用条件，检验设计、施工质量，掌握结构在试验荷载作用下的实际工作状态，提出相应的设计、施工或运营维护建议对策，保证结构的安全与正常使用。

就静载试验对结构产生的后果来说，静载试验可分为破坏性试验和非破坏性试验。一般情况下，模型静载试验多属于破坏性试验，以掌握试验结构由弹性阶段进入塑性阶段甚至破坏阶段时的结构行为、破坏形态等试验资料，从而总结出具有普遍意义的规律，推广应用于原型结构；生产鉴定性试验多属于非破坏性试验，以达到试验目的与试验手段的协调统一，克服加载测试方法、试验费用等方面的困难。综合考虑各种因素、讲究经济成本，一般通过非破坏性试验可以达到试验目的的，就不做破坏性试验。

就静载试验的对象而言，可以是建筑结构、桥梁结构，也可以是地基基础。它们在加载方式、引用规范、测试数据分析评价等方面虽然存在一定差异，但在试验目的、方案设计、测试内容、测试仪器、试验流程等方面也有许多相同之处，是属于同一性质的试验，如建筑框架结构、桥梁上部结构、桩基静载性能三者在方案设计、测试内容、试验流程等方面具有许多相同相通之处，大都包括了试验准备、理论计算、加载测试、数据分析整理等一系列工作内容，所采用的仪器设备也有诸多相同之处，大体上可以分为变形（挠度）量测、应力（应变）量测、裂缝宽度量测及作用力量测等方面，目的也都在于分析评价结构在荷载作用下的工作性能及使用能力。当然，静载试验的对象不同，加载方式会有所不同，如桥梁静载试验多采用重车加载方式，以便于加载、卸载的快捷与方便，而桩基静载试验多采用堆载法，以降低试验成本；另一方面，静载试验的对象不同，试验所依据的国家标准、行业规范规程也会有所差异，所采取的分析评价方法也有所不同。

总之，静载试验是土木工程结构性能研究、工程质量检验、使用性能评价的主要手段之一，也是一种比较成熟、常规的试验检测方法，广泛地应用于土木工程的设计、施工与养护过程中。在本章中，以桥梁结构为例来介绍现场原型静载试验的加载、测试与分析方法，对于地基基础静载试验，其相关内容见第五章。

第二节　现场原型静载试验

现场原型静载试验就是以建成的结构或构件为试验对象，通过加载、测试、实测数据分析等手段，具体地、全面地评价试验对象的受力行为与工作性能，检验试验对象的承载能力，验证设计计算理论或计算参数，从而为试验对象的投入使用或维修、加固、改建提供科学的依据。现场原型静载试验的对象可以是建筑结构、桥梁结构整体或局部构件，也可以是地基基础，目前，受荷载作用差异、加载方式、试验费用、行业规范要求等因素的制约和影响，在工程实践中，现场原型静载试验这一检测评估手段主要用于桥梁结构和地基基础承载能力评估，当应用于地基基础工程时，也称之为原位静载试验。

在本节中，以桥梁工程上部结构静载试验为例，简要介绍静载试验的目的、加载试验程序、测试方案设计、实测数据分析评价等内容。地基基础、建筑结构以及模型结构或构件的静载试验基本程序与桥梁结构静载试验大体相同，但也存在一些比较细微的差异，因此，在本节的最后，简要介绍建筑结构静载试验、模型静载试验与桥梁结构静载试验的差别。

目前，桥梁静载试验应按照我国现行的《大跨径混凝土桥梁的试验方法（试行)》、《公路桥涵通用设计规范》JTG D60—2004、《公路钢筋混凝土及预应力混凝土桥涵设计规范》JTG D62—2004、《公路桥涵养护规范》JTG H11—2004、《城市桥梁养护技术规范》CJJ 99—2003 等规范规程进行，必要时，可参考借鉴国内外其他相关相近技术规范规程进行评价。最后，综合上述三个阶段的内容，形成桥梁静载试验报告。

一、静载试验的目的

根据各种结构形式的受力特点，结合病害特征或静载试验的主要目的，按照技术上可行、经济上合理、测试上可靠的原则，来设计桥梁静载试验的加载方案与测试方法。一般地，桥梁静载试验的主要目的如下。

1. 检验桥梁结构的设计与施工质量，验证结构的安全性与可靠性。对于大、中跨度桥梁，相关规范规程都要求在竣工之后，通过试验来具体地、综合地鉴定其工程质量的可靠性，并将试验报告作为评定工程质量优劣的主要依据之一。

2. 验证桥梁结构的设计理论与计算方法，充实与完善桥梁结构的计算理论与结构构造，积累工程技术资料。随着交通事业的不断发展，采用新结构、新材料、新工艺的桥梁结构日益增多，这些桥梁在设计、施工中必然会遇到一些新问题，其设计计算理论或设计参数需要通过桥梁试验予以验证或确定，在大量试验检测数据积累的基础上，就可以逐步建立或完善这类桥梁的设计理论与计算方法。

3. 掌握既有桥梁结构的工作性能，判断既有桥梁的实际承载能力。目前，我国已建成了 60 多万座各种形式的公路桥梁，在使用过程中，有些桥梁已不能满足当前通行荷载的要求，既有桥梁在运营若干年后或遭受各种灾害后，会产生不同程度的损伤与破坏，有些桥梁由于设计或施工差错而产生各种缺陷。对于这些桥梁，经常采用静载试验的方法，来判定其承载能力和使用性能，以此作为继续运营或加固改造的主要依据，特别是对于那些原始设计施工资料保存不完整的既有桥梁，通过静载试验确定其承载能力与使用性能就显得非常必要。

二、静载试验的程序

一般情况下，桥梁静载试验可分为三个阶段，即桥梁结构的考察与试验工作准备阶段、加载试验与观测阶段、测试结果的分析总结阶段。

桥梁结构的考察与试验方案设计阶段是桥梁检测顺利进行的必要条件。桥梁检测与桥梁设计计算、桥梁施工状况的关系十分密切。准备工作包括技术资料的收集、桥梁现状检查、理论分析计算、试验方案制定、现场实施准备等一系列工作。因此，这一阶段工作是大量而细致的，实践证明，静载试验检测工作的顺利与否很大程度上取决于检测前的准备工作。一般说来，桥梁结构的考察与试验工作准备阶段的具体工作内容如下。

1. 技术资料的收集。桥梁技术资料包括桥梁设计文件、施工记录、监理记录、验收文件、既有试验资料、桥梁养护与维修加固记录、环境因素的影响及其变化、现有交通量及重载车辆的情况等，掌握了这些资料，能让我们对于试验对象的技术状况有一个全面的了解。

2. 桥梁现状检查。桥梁检查是指按照有关养护规范的要求，对桥梁的外观进行系统而细致的检查评价，具体包括桥面平整度、排水情况、纵横坡的检查；包括承重结构开裂与否及裂缝分布情况、有无露筋现象及钢筋锈蚀程度、混凝土碳化剥落程度等情况的检查；也包括支座是否老化、河流冲刷情况、基础病害等方面的检查。通过桥梁检查，能使我们对静载试验对象的基本情况做到心中有数，对试验桥梁的现状做出宏观判断与估计。

3. 理论分析计算。理论分析计算包括设计内力计算和试验荷载效应计算两个方面，设计内力计算是按照试验桥梁的设计图纸与设计荷载等级，根据有关设计规范，采用专用桥梁计算软件或通用分析软件，计算出结构的设计内力；试验荷载效应计算是根据实际加载等级、加载位置及加载重量，计算出各级试验荷载作用下桥梁结构各测点的反应如位移、应变等，以便与实测值进行比较。

4. 试验方案制定。试验方案制定包括测试内容的确定、加载方案设计、观测方案设计、仪器仪表选用等方面，试验方案是整个检测工作技术纲领性文件，因此，必须具备全面、翔实、可操作性强等基本特点。

5. 现场实施准备。现场准备工作包括搭设工作脚手架、设置测量仪表支架、测点放样及表面处理、测试元件布置、测量仪器仪表安装调试、通信照明安排等一系列工作，现场准备阶段工作量大，工作条件复杂，是整个检测工作比较重要的一个环节。

加载与观测阶段是整个检测工作的中心环节。这一阶段的工作是在各项准备工作就绪的基础上，按照预定的试验方案与试验程序，利用适宜的加载设备进行加载，运用各种测试仪器，观测试验结构受力后的各项性能指标如挠度、应变、裂缝宽度等，并采用人工记录或仪器自动记录各种观测数据和资料。需要强调的是，对于静载试验，应根据当前所测得的各种指标与理论计算结果进行现场分析比较，以判断受力后结构行为是否正常，是否可以进行下一级加载，以确保试验结构、仪器设备及试验人员的安全，这对于病害比较严重的既有桥梁结构进行试验时尤为重要。

分析总结阶段是对原始测试资料进行综合分析的过程。原始测试资料包括大量的观测数据、文字记载和图片记录等各种原始材料，受各种因素的影响，原始测试数据一般显得缺乏条理性与规律性，未必能直接揭示试验结构的内在行为。因此，应对它们进行科学的分析与处理，以去伪存真、去粗存精、由表及里，进行综合分析比较，从中提取有价值的资料，揭示结构受力特征。对于一些数据，有时还需按照数理统计或其他方法进行分析，或按照有关规程的方法进行计算。这一阶段的工作，直接反映整个检测工作的质量。测试数据经分析处理后，按照检测的目的要求，依据相关规范规程，对检测对象做出科学准确的判断与评价。

三、静载试验的方案设计

试验方案设计是桥梁静载试验的重要环节，是对整个试验的全过程进行全面的规划和系统的安排。一般说来，试验方案的制定应根据试验目的，在充分考察和研究试验对象的基础上，分析与掌握各种有利条件与不利因素，进行理论分析计算后，对试验的加载方式、测试方法、具体操作等方面做出全面地规划。试验方案设计包括试验对象的选择、理论分析计算、加载方案设计、观测内容确定、测点布置及测试仪器选择等方面。

1. 试验对象的选择

桥梁静载试验既要能够客观全面地评定结构的承载能力与使用性能，又要兼顾试验费用、试验时间的制约，因此，要进行必要的简化，科学合理地从全桥中选择具体的试验对象。一般说来，对于结构形式与跨度相同的多孔桥跨结构，可选择具有代表性的一孔或几孔进行加载试验量测；对于结构形式不相同的多孔桥跨结构，应按不同的结构形式分别选取具有代表性的一孔或几孔进行试验；对于结构形式相同但跨度不同的多孔桥跨结构，应选取跨度最大的一孔或几孔进行试验；对于预制梁，应根据不同跨度及制梁工艺，按照一定的比例进行随机抽查试验。除了这几点之外，试验对象的选择还应考虑以下条件：

（1）试验孔或试验墩台的受力状态最为不利；

（2）试验孔或试验墩台的病害或缺陷比较严重；

（3）试验孔或试验墩台便于搭设脚手支架、布置测点及加载。

2. 理论分析计算

确定了试验对象之后，要进行试验桥跨的理论分析计算。理论分析计算是加载方案、观测方案及试验桥跨性能评价的基础与依据。因此，理论分析计算应采用先进可靠的计算手段和工具，以使计算结果准确可靠。一般地，理论分析计算包括试验桥跨的设计内力计算和试验荷载效应计算两个方面。

设计内力计算是根据试验桥梁的设计图纸与设计荷载，选取合理可靠的计算图式，按照设计规范，运用结构分析方法，采用专用桥梁计算软件或通用分析软件，计算出桥梁结构的设计内力。一般地，由于永久作用（如结构重力）已经作用在桥梁结构上，设计内力计算是指可变作用下的内力计算，即按照《公路桥梁设计规范》计算由汽车、人群荷载或挂车荷载所产生的各控制截面最不利活载内力。对于常见桥型，控制截面的数量多少取决于准确地绘制出内力包络图的需要，控制截面最不利活载内力计算的一般方法是先求出该截面的各类影响线，然后进行影响线加载，再按照车道数、冲击系数及车道折减系数计算出该截面的最不利活载内力。此外，对于存在病害或缺陷的桥梁，还应计算其恒载内力，按照《公路桥梁设计规范》进行内力组合，验算控制截面强度，以确保试验荷载达到或接近活载内力时桥梁结构的安全。

控制截面不仅出现设计内力峰值，也往往是进行观测量测的主要部位，把握住控制截面，就可以较为宏观全面地反映试验桥梁承载能力和工作性能。在进行静载试验时，常见桥型设计内力的控制截面及观测内容见表 6-1，可大致归纳如下：

（1）简支梁桥：控制截面的设计内力包括跨中截面的弯矩与支点截面的剪力，对于曲线梁还包括支点截面的扭矩。相应的应变观测内容为跨中截面应变，必要时可增加 $L/4$ 截面、$3L/4$ 截面的应变；变形观测内容为支点沉降以及 $L/4$、跨中、$3L/4$ 截面的挠度，对于曲线梁还包括跨中截面的扭转角。

（2）连续梁桥（连续刚构桥）：控制截面的设计内力包括中跨跨中截面、中跨 $L/4$ 截面、中跨 $3L/4$ 截面、中支点截面、边跨（次边跨）跨中截面的弯矩、剪力。一般地，应变观测内容为中跨跨中截面、中支点截面、近中支点的边跨跨中截面的应变，必要时可增加中跨 $L/4$ 截面、中跨 $3L/4$ 截面的应变；变形观测内容为各跨支点沉降，各跨 $L/4$、跨中、$3L/4$ 截面的挠度，对于曲线连续梁还应包括各跨支点、$L/4$、跨中、$3L/4$ 截面的扭转角。

（3）T 形刚构：控制截面的设计内力包括固端根部截面的弯矩与剪力、墩身控制截面的弯矩与轴力，相应的观测内容为固端根部截面、墩身控制截面的应变，悬臂端部的挠度、墩顶截面的水平位移与转角。

（4）拱桥：控制截面的设计内力包括拱肋或拱圈控制截面（拱顶、$L/4$、拱脚）的轴力、弯矩，对于中承式、下承式拱桥还包括吊杆的轴力，对于上承式拱桥还包括立柱的轴力，对于系杆拱桥还应包括系杆的轴力。与此相对应，观测内容为拱脚、$L/4$、跨中、$3L/4$ 处拱肋或拱圈截面的应变与挠度，墩台顶的挠度与水平位移，必要时还可增加 $L/8$、$3L/8$、$5L/8$、$7L/8$ 截面的挠度。对于中承式或下承式拱桥，还应测试吊杆的应变或伸长量；对于系杆拱，还应测试系杆的内力变化。

（5）斜拉桥：控制截面的设计内力包括加劲梁控制截面的弯矩、扭矩与轴力，索塔控制截面的弯矩与轴力，控制拉索的轴力，桥面系的局部弯曲应力等。相应的观测内容为各跨支点、$L/4$、跨中、$3L/4$ 截面的挠度，必要时还要观测上述部位的扭转角和横桥向位移，加劲梁控制截面及索塔控制截面的应变，索塔塔顶的水平位移，控制拉索的索力，桥面系的工作性能等。

（6）悬索桥：控制截面的设计内力包括主缆的轴力，索塔控制截面的轴力、弯矩，吊杆的轴力，加劲梁控制截面的弯矩与剪力，桥面系的应力等。观测内容包括加劲梁支点、$L/8$、$L/4$、$3L/8$、跨中、$5L/8$、$3L/4$、$7L/8$ 截面的挠度以及上述测点在偏载情况下的扭转角和横桥向位移，加劲梁跨中截面、$L/8$ 截面、索塔控制截面的应变，索塔塔顶的水平位移，控制吊杆的轴力，最大索股索力，主缆的表面温度，桥面系的工作性能等。

常见桥型的设计内力控制截面及重点观测内容 **表 6-1**

结构体系	内力控制截面及变形观测内容	应力(应变)观测内容
简支梁桥	$L/4$ $L/4$ $L/4$ $L/4$ ϕ支点沉降以及四分点、跨中挠度测点	测量 $L/4$、跨中和 $3L/4$ 截面上下缘的应变

续表

结构体系	内力控制截面及变形观测内容	应力(应变)观测内容
连续梁桥	$L_1/2$ $L_1/2$ $L_2/4$ $L_2/4$ $L_2/4$ $L_2/4$ $L_3/2$ $L_3/2$ ϕ支点沉降以及四分点、跨中挠度测点	测量 $L/4$、跨中和 $3L/4$、支点截面的应变
T形刚构	L_1 L_2 L_3 θ 墩顶扭转角 ▲墩顶水平位移 ϕ悬臂端部、挂梁跨中挠度	测量固端根部截面、墩身控制截面以及挂梁跨中的应变
拱桥	$L/8$ $L/8$ $L/8$ $L/8$ $L/8$ $L/8$ $L/8$ $L/8$ ▲墩台水平位移 ϕ 拱脚、八分点、四分点及跨中挠度测点	测量拱脚、八分点、四分点以及跨中截面的应变
斜拉桥	$L_2/4$ $L_2/4$ $L_2/4$ $L_2/4$ $L_2/4$ $L_2/4$ $L_2/4$ $L_2/4$ $L_1/4$ $L_1/4$ $L_1/4$ $L_1/4$ ▲索塔塔顶的水平位移 ϕ 支点、跨中及四分点的挠度测点	测量各跨支点、四分点、跨中截面的应变以及索塔控制截面应变等
悬索桥	$L_1/4$ $L_1/4$ $L_1/4$ $L_1/4$ $L_2/8$ $L_2/8$ $L_2/8$ $L_2/8$ $L_2/8$ $L_2/8$ $L_2/8$ $L_2/8$ $L_3/4$ $L_3/4$ $L_3/4$ $L_3/4$ L_1 L_2 L_3 ▲索塔塔顶水平位移测点 ϕ 支点、八分点、四分点及跨中挠度测点	测量加劲梁支点、八分点、四分点、跨中截面的应变以及索塔控制截面应变等

试验荷载效应计算是在设计内力计算结果的基础上，来确定加载位置、加载等级以及在试验荷载作用下结构反应大小的过程，也是一个反复试算的过程。由于桥梁静载试验为鉴定荷载试验，试验荷载原则上应尽量采用与设计标准荷载相同的荷载，但由于客观条件的限制，实际采用的试验荷载往往很难与设计标准荷载一致。在不影响主要试验目的的前提下，一般采用内力（应力）或变形等效的加载方式，即计算出设计标准荷载对控制截面产生的最不利内力，以此作为控制值，然后调整试验荷载使该截面内力逐级达到此控制值，从而实现检验鉴定的目的。为保证试验效果，根据《大跨径混凝土桥梁的试验方法》的要求，在选择试验荷载大小及加载位置时应采用静载试验效率 η 进行调控，即

$$\eta=\frac{S_t}{S_d(1+\mu)} \tag{6-1}$$

式中　S_t——试验荷载作用下，检测部位变形或内力的计算值；

S_d——设计标准荷载作用下，检测部位变形或内力的计算值；

$1+\mu$——设计取用的冲击系数。

根据最大试验荷载量及试验目的的不同，η 取值范围可以分为：

(1) 基本荷载试验：最大试验荷载为设计标准规定的荷载，即 $1.0 \geqslant \eta > 0.8$，包括设计标准规定的动力系数或荷载增大系数等因素的作用；

(2) 重荷载试验：最大试验荷载大于基本荷载，即 $\eta > 1.0$，一般只在特殊情况下才进行重荷载试验，其上限值根据检验要求确定；

(3) 轻荷载试验：最大试验荷载小于基本荷载，即 $0.8 \geqslant \eta > 0.5$，但为了充分反映结构的整体工作和减少量测的误差，要求试验荷载不小于基本荷载的 0.5 倍。

根据上述三点，在计算试验荷载效应时，首先要根据控制截面的设计内力及加载设备的种类，初步确定加载位置、加载等级，以使试验荷载逐级达到该截面的设计内力，实现预定的加载效率，同时，应计算其他控制截面在试验荷载作用下的内力，如未超过其设计内力，说明试验荷载的加载位置、加载等级有效且安全，如超过其设计内力，则应重新调整试验荷载的加载位置、加载等级，直至找到既可使控制截面达到其加载效率、又确保其他截面在试验荷载作用下不超过其设计内力的加载方式为止。其次，根据最终确定的加载等级、加载位置及加载重量，计算出试验桥梁各级试验荷载作用下的结构行为，包括试验桥梁各应力测试截面的应力应变，各挠度测点的挠度，必要时还要根据试验桥梁的受力特点，计算出各测点的扭角、水平位移等结构反应，以便与实测值进行比较，评价该桥的工作性能。最后，在上述工作的基础上，结合现场实际情况，形成严密可行的加载程序，以便试验时实施。

3. *加载方案设计*

加载是桥梁静载试验重要的环节之一，包括加载设备的选用，加载、卸载程序的确定以及加载持续时间三个方面。实践证明，合理地选择加载设备及加载方法，对于顺利完成试验工作和保证试验质量，有着很大的影响。

(1) 加载设备

桥梁静载试验的加载设备应根据试验目的要求、现场条件、加载量大小和经济方便的原则选用。对于现场静载试验，常用的加载设备主要有两种，即对于公路桥利用车辆荷载加载，对于人行桥利用重物加载。

采用车辆荷载进行加载具有便于运输、加载卸载方便迅速等优点，是桥梁静载试验较常用的一种方法。通常可选用重载汽车或利用施工机械车辆。利用车辆荷载加载需注意两点，一是对于加载车辆应严格称重，保证试验车辆的重量、轴距与理论计算的取用值相差不超过 5%；二是尽可能采用与标准车相近的加载车辆，同时，应准确测量车轴之间的距离，如轴距与标准车辆差异较大时，则应按照实际轴距与重量重新计算试验荷载所产生的结构内力与结构反应。

重物加载是将重物（如铸铁块、预制块、沙包、水箱等）施加在桥面或构件上，通过重物逐级增加以实现控制截面的设计内力，达到加载效率。采用重物加载时也要进行重量检查，如重物数量较大时可进行随机抽查，以保证加载重量的准确性。采用重物直接加载的准备工作量较大，加载卸载时间较长，实际应用受到一定限制，重物加载一般用于现场单片梁试验、人行桥梁静载试验等场合。

(2) 加载卸载程序

为使试验工作顺利进行，获得结构应变和变形随荷载变化的连续关系曲线，防止意外破坏，桥梁静载试验应采用科学严密的加载卸载程序。加载卸载程序就是试验进行期间荷载与时间的关系，如加载速度的快慢，分级荷载量值的大小，加载、卸载的流程等。对于短期试验，加载卸载程序确定的基本原则可归纳如下：

1) 加载卸载应该是分级递加和递减，不宜一次完成。分级加载的目的在于较全面地掌握试验桥梁实测变形、应变与荷载的相互关系，了解桥梁结构各阶段的工作性能，且便于观测操作。因此，《大跨径混凝土桥梁的试验方法》要求，静载试验荷载一般情况下应不少于四级加载，当使用较重车辆或达到设计内力所需的车辆较少时，应不少于三级加载，逐级使控制截面由试验所产生的内力逼近设计内力。采用分级加载方法，每级加载量值的大小和分级数量的多少要根据试验目的、观测项目与试验桥梁的具体情况来确定，必要时减小荷载增量幅度，加密荷载等级。

2) 正式加载前，要对试验桥梁进行预加载。预加载的目的在于消除结构的非弹性变形，并起到演习作用，发现试验组织观测等方面的问题，以便在正式加载试验前予以解决。如检查试验仪器仪表的工作状态，检验试验设备的可靠性，检查现场组织工作与试验人员分工协作方面所存在的问题。此外，对于新建结构，通过预加载可以使结构进入正常工作状态，消除支点沉降、支座压缩等非弹性变形。预加载的荷载大小一般宜取为最大试验荷载的 1/3～1/2，对钢筋混凝土结构还应小于其开裂荷载。

3) 当所检测的桥梁状况较差或存在缺陷时，应尽可能增加加载分级，并在试验过程中密切监测结构的反应，以便在试验过程中根据实测数据对加载程序进行必要的调整或及时终止试验，以确保试验桥梁、量测设备和人员的安全。

4) 一般情况下，加载车辆全部到位、达到设计内力后方可进行卸载，卸载可分 2～3 级卸载，并尽量使卸载的部分工况与加载的部分工况相对应，以便进行校核。

5) 加载车辆位置应尽可能靠近测试截面内力影响线的峰值处，以便用较少的车辆来产生较大的试验荷载效应，从而节省试验费用与测试时间。同时，加载车辆位置还应尽可能兼顾不同测试截面的试验荷载效应，以减少加载工况与测试工作量，如三跨连续梁中跨跨中截面的加载与中支点截面的加载就可以互相兼顾。此外，对于直线桥跨每级荷载应尽可能对称于桥轴线，以便利用对称性校核测试数据，减少测试工作量。

在上述工作的基础上，根据所确定的加载设备、加载等级、加载顺序与加载位置几个方面，就可以形成一个比较严密的、操作性较强的加载程序，作为正式试验时加载实施的纲领。

(3) 加载卸载注意事项

为减少温度变化对测试结果的影响，加载时间宜选在温度较为稳定的晚 22 时至次日凌晨 6 时之间进行，尤其是对于加载工况较多、加载时间较长的试验。如夜间加载或量测存在困难而必须在白天进行时，一方面要采取严格良好的温度补偿措施，另一方面应采取加载-卸载-加载的对策，同时保证每一加卸载周期不超过 20min 为宜。

每次加载、卸载持续一定时间后方可进行观测，以使结构的反应能够充分地表现出来，如加载后持续的时间较短，则测得的应变、变形值有可能偏小。通常要根据观测仪表所指示的变化来确定加载持续时间，当结构应力、变形基本稳定时方可进行各观测点读数。对于卸载后残余变形的观测，零载持续时间则应适当延长，这是因为结构的残余变形与其承载历史有关，对于新建结构在第一次荷载作用下，常有较大的残余变形，以后再受力，残余变形增加得很少。一般情况下，试验时每级荷载持续时间应不少于 15min 方可进行观测；卸载后观测残余变形、残余应变的时间间隔应不少于 30min。

4. 观测内容

桥梁结构在荷载作用下所产生的变形可以分为两大类，一类变形是反映结构整体工作性能的，如梁的挠度、转角，索塔的水平变位等，称之为整体变形；另一类变形是反映结构局部工作状况的，如裂缝宽度、相对错位、结构应变等，这类称之为局部变形。在确定桥梁静载试验的观测项目时，首先应考虑到结构的整体变形，以利把握结构受力的宏观行为；其次要针对结构的特点及存在的主要问题，抓住重点，有的放矢，不宜过分庞杂，以能够全面地反映加载后结构的工作状态、解决桥梁的主要技术问题为宜。一般说来，主要观测内容如下：

(1) 桥梁结构控制截面最大应力（应变）的数值及其随荷载的变化规律，包括混凝土表面应力及外缘受力主筋的应力。通常，应力测试以混凝土表面正应力测试为主，一方面测试应力沿截面高度的分布，借以检验中心轴高度计算值是否可信，推断结构的极限强度；另一方面测试应力随试验荷载的变化规律，由此判断结构是否处于弹性工作状态。对于受力较为复杂的情况，还要测试最大主应力大小、方向及其随荷载的变化规律，此外，为了能够全面地反映结构应力分布，常常在结构内部布设应力测点，如钢筋应力测点、混凝土内部应力测点，这类测点须在施工阶段就预埋相应的测试元件。

(2) 一般情况下，要观测桥梁结构在各级试验荷载作用下的最大竖向挠度以及挠度沿桥轴线分布曲线。对于一些桥梁结构形式如拱桥、斜拉桥、悬索桥，还要观测拱肋或索塔控制点在试验荷载作用下顺桥向或横桥向的水平位移；对于采用偏载加载方式或对于曲线桥梁，还要观测试验结构变形控制点的水平位移和扭转变形。

(3) 裂缝的出现和扩展，包括初始裂缝所处的位置，裂缝的长度、宽度、间距与方向的变化以及卸载后裂缝的闭合情况。

(4) 在试验荷载作用下，支座的压缩或支点的沉降，墩台的位移与转角。

(5) 一些桥梁结构如斜拉桥、悬索桥、系杆拱的吊索（拉索）的索力以及主缆（拉索）的表面温度。

5. 测点布置

测点布置应遵循必要、适量、方便观测的基本原则，并使观测数据尽可能地准确、可靠。测点布置可按照以下几点进行：

(1) 测点的位置应具有较强的代表性，以便进行测试数据分析。桥梁结构的最大挠度与最大应变，通常是最能反映结构性能的，也是试验者最感兴趣的，掌握了这些数据就可以比较宏观地了解结构的工作性能及强度储备。例如简支梁桥跨中截面的挠度最大，该截面上下缘混凝土的应力也最大，这种很有代表性的测点必须设法予以量测。

(2) 测点的设置一定要有目的性，避免盲目设置测点。在满足试验要求的前提下，测点不宜设置过多，以便使试验工作重点突出，提高效率，保证质量。

(3) 测点的布置也要有利于仪表的安装与观测读数，并便于试验操作。为了便于测试读数，测点布置宜适当集中；对于测试读数比较困难危险的部位，应有妥善的安全措施或采用无线传输设备。

（4）为了保证测试数据的可靠性，尚应布置一定数量的校核性测点。在现场检测过程中，由于偶然因素或外界干扰，会有部分测试元件、测试仪器不能处于正常工作状态或发生故障，影响量测数据的可靠性。因此，在量测部位应布置一定数量的校核性测点，如一个对称截面，在同一截面的同一高度应变测点不应少于2个，同一截面应变测点不应少于6个，以便判别量测数据的可靠程度，舍去可疑数据。

（5）在试验时，有时可以利用结构对称互等原理来进行数据分析校核，适当减少测点数量。例如简支梁在对称荷载作用下，$L/4$、$3L/4$截面的挠度相等，两截面对应位置的应变也相等，利用这一点可适当布置一些测点，进行测试数据校核。

6. 测试仪器选择

根据测试项目的需要，在选择测试仪器仪表时，要注意以下几点：

（1）选择仪器仪表必须从试验的实际情况出发，选用的仪器仪表应满足测试精度的要求，一般情况下要求测量结果的最大相对误差不超过5%。

（2）在选用仪器仪表时，既要注意环境适用条件，又要避免盲目追求精度，因为精密量测仪器仪表的使用，常常要求有比较良好的环境条件。

（3）为了简化测试工作，避免出现差错，量测仪器仪表的型号、规格，在同一次试验中种类愈少愈好，尽可能选用同一类型或规格的仪器仪表。

（4）仪器仪表应当有足够的量程，以满足测试的要求，试验中途调试，会增大试验的误差。

（5）由于现场检测的测试条件较差，受外部环境因素的影响较大，一般说来，电测仪器的适应性不如机械式仪器仪表，而机械式仪器仪表的适应性不如光学仪器，因此，应根据实际情况，采用既简便可靠又符合要求的仪器仪表。例如，预制梁静载试验的挠度量测应优先采用百分表。

四、加载控制及终止条件

在桥梁静载试验过程中，试验指挥人员应及时掌握各方面的情况，对加载进行控制。既要取得良好的试验效果，又要确保人员、仪器设备及试验桥梁的安全，避免不应有的损失。为此，应注意以下几点：

（1）严格按照预定试验方案的加载程序进行加载，试验荷载的大小，测试截面的内力大小都应由小到大，逐步增加，并随时做好停止加载和卸载的准备。

（2）对于变形控制点、应变控制点应随时观测、随时计算，必要时应对变形、应变控制点的量值变化进行在线实时监控观测，并将测试结果及时报告试验指挥人员。如实测值超过理论计算值较多、裂缝宽度急剧增大或听到异常的声响，则应暂停加载，待查明原因后再决定是否继续加载。

（3）加载过程中应指定专人注意观察结构的薄弱部位是否有新裂缝出现，组合结构的结合面是否出现错位或相对滑移现象，结构是否出现不正常的响声，加载时墩台是否发生摇晃现象等。如发生这些情况应及时报告试验指挥人员，以便采取相应的措施。

（4）试验过程中发生下列情况之一时应中途终止加载：

1）在某一级试验荷载作用下，控制点的应变急剧增大，或某些测点应变处于继续增大的不稳定状态。

2）在某一级试验荷载作用下，控制测点的应变或挠度超过规范允许值。

3）加载过程中，结构原有的裂缝的长度、宽度急剧增大，或超过规范限值的裂缝数量迅速增多，对结构的使用寿命造成较大影响。

4）发生其他损坏，影响桥梁结构的正常使用或承载能力。

五、静载试验数据分析与评价

桥梁结构静载试验结束以后，要从试验结果的分析中对结构性能做出评价。如果试验的目的是为了探索结构内在的某种规律，或者是某一计算理论的准确度或适用程度，就需要对试验结果进行综合分析，找出互有联系的诸变量之间的相互关系，总结出相应的数学表达式或关系表。如果试验属于生产鉴定试验，则应从试验资料的整理分析中，提取充分而必要的数据，对结构的承载能力、使用性能做出判断，进而说明结构安全可靠和满足使用要求的程度。静载试验数据整理分析的直接目的是由表及里、去粗存精，对桥梁结构做出相应的技术评价。静载试验数据整理分析包括对现场实测数据进行修正、整理，也包括实测数据的评价方法与评价指标的取用。

桥梁结构静载试验的评价指标有两个方面。其一是把控制测点的实测值与相应的理论计算值进行比较，来判断结构的工作性能和安全储备；其二是将控制测点的实测值与规范规定的允许值进行比较，从而判断结构所处的工作状况。下面对此做一详细说明。

1. 校验系数

所谓校验系数，是指某一测点的实测值与相应的理论计算值的比值，实测值可以是挠度、位移、应变或力的大小，校验系数表达式为：

$$\lambda=\frac{\text{测点的实测值}}{\text{测点的理论计算值}} \tag{6-2}$$

当 $\lambda=1$ 时，说明理论值与实测值完全相符；

$\lambda<1$ 时，说明结构工作性能较好，承载能力有一定富余，有安全储备；

$\lambda>1$ 时，说明结构的工作性能较差，设计强度不足，不够安全。

通常，桥梁结构的校验系数如表 6-2 所示，可供参考。

桥梁结构静载试验的校验系数 λ 　　　　表 6-2

类　别	项　目	校验系数 λ
钢桥	应力	0.75～0.95
	挠度	0.75～0.95
预应力混凝土桥	混凝土应力	0.70～0.90
	钢筋应力	0.70～0.85
	挠度	0.60～0.85
钢筋混凝土桥	混凝土应力	0.60～0.85
	钢筋应力	0.70～0.85
	挠度	0.60～0.85

在大多数情况下，设计理论总是偏于安全的，往往忽略了一些次要因素，故桥梁结构的校验系数往往小于1。然而，安全和经济是相对重要的，过度的安全储备是不必要的，设计时两者应尽可能兼顾。因此，《大跨径混凝土桥梁试验方法》规定，在最大试验荷载作用下，实测挠度、实测应变应满足下式要求：

$$\beta < \frac{W_t}{W_d} \leqslant \alpha \tag{6-3}$$

式中 W_t——实测变形或应力的弹性反应值；

W_d——相应的理论计算值；

α、β 值与加载效率 η 相关，可参照表6-3取值。

α、β 值表 **表6-3**

承重结构	β	α				
		$\eta \leqslant 1.0$	$\eta = 1.1$	$\eta = 1.2$	$\eta = 1.3$	$\eta \geqslant 1.4$
预应力混凝土与组合结构	0.7	1.05	1.07	1.10	1.12	1.15
钢筋混凝土与圬工结构	0.6	1.10	1.12	1.15	1.17	1.20

注：η 为中间数值时，α 值时可直线内插。

同时，对于残余变形，《大跨径混凝土桥梁试验方法》规定，卸载后最大残余变形与该点的最大实测值的比值应满足下式的要求：

$$\frac{W_p}{W_{max}} \leqslant \gamma \tag{6-4}$$

式中 γ——残余变形系数，对于预应力混凝土与组合结构，$\gamma = 0.2$；对于钢筋混凝土与圬工结构，$\gamma = 0.25$；

W_p——卸载后最大残余变形的实测值；

W_{max}——该点在试验过程中的最大实测值。

2. 规范允许限值

在设计规范中，从保证正常使用条件出发，对不同结构形式的桥梁分别规定了允许挠度、允许裂缝宽度的限值。在桥梁静载试验中，可以测出桥梁结构在设计荷载作用下控制截面的最大挠度及最大裂缝宽度，二者比较，即可做出试验桥梁工作性能与承载能力的评价。挠度评价指标为：

$$f'/l \leqslant [f/L] \tag{6-5}$$

式中 $[f/L]$——规范规定的允许挠度限值，对于梁式桥主梁跨中，允许限值为1/600；对于拱桥、桁架桥，允许限值为1/800；对于梁式桥主梁悬臂端，允许限值为1/300；

f'——消除支座沉陷等影响的跨中截面最大实测挠度；

l——桥梁计算跨度或悬臂长度。

对于钢筋混凝土桥，裂缝宽度应满足一定限值，即

正常大气条件下 $\delta_{fmax} \leqslant 0.2\text{mm}$ (6-6)

有侵蚀气体或海洋大气条件下 $\delta_{fmax} \leqslant 0.1\text{mm}$ (6-7)

对于部分预应力 B 类构件，裂缝宽度采用名义拉应力进行限制，即

$$\sigma_{bl} \leqslant [\sigma] \tag{6-8}$$

式中　σ_{bl}——假设截面不开裂的弹性应力计算值，可按照材料力学方法计算；

$[\sigma]$——混凝土名义拉应力限值。

六、建筑结构静载试验与桥梁静载试验的差异

建筑结构与桥梁结构的静载试验在试验目的、方案设计、测试方法、测试仪器、试验流程等方面有许多相同相通之处，但在加载方式、试验内容、引用规范、测试数据分析评价等方面也存在一定差异，总的说来，两者是属于同一性质的试验，相同之处多于相异之处，为便于从总体上把握建筑结构静载试验的要点，现将其与桥梁静载试验的差异简要列举如下。

1. 试验荷载值确定方法不同。与桥梁结构一样，建筑结构试验荷载取值的大小也取决于结构形式、设计荷载、控制截面设计内力以及具体拟采用的加载方式，但随着结构体系、结构形式的不同，结构构件控制截面的分布不同，控制截面荷载效应短期组合的设计值也会不同。现将常见建筑结构构件控制截面及重点观测内容汇总如表 6-4 所示，这些控制截面荷载效应短期组合的设计值应按照国家标准《建筑结构荷载规范》GB 50009—2012，采用相应的专业或通用软件计算确定。

2. 加载设备不同。与桥梁结构静载试验主要采用重车加载不同，建筑结构静载试验的加载方式要根据试验对象的特点，在重物加载、反力架-千斤顶立式加载、反力架-千斤顶卧式加载、试验机加载等多种加载方式中灵活选择，以最大限度地保障试验顺利进行，降低试验成本。对于一些结构或构件如墙板轴向受力性能试验，还要采用特殊专门的加载装置（图 6-1）。此外，当试验条件受限制时，也可与桥梁静载试验一样，采用控制截面（或部位）试验荷载内力效应等效的方法进行加载，但要考虑等效荷载对结构构件测试结果的影响。

常见建筑结构构件设计内力控制截面及重点观测内容　　**表 6-4**

结构体系	内力控制截面及变形观测内容	应力(应变)观测内容
梁板结构	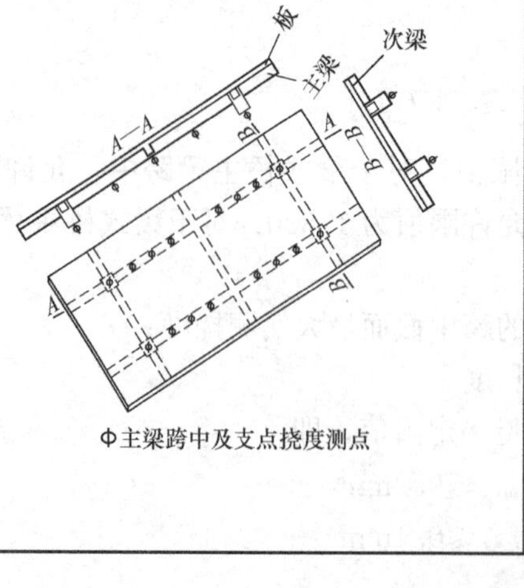 板　主梁　次梁　A—A　B—B　A　B Φ主梁跨中及支点挠度测点	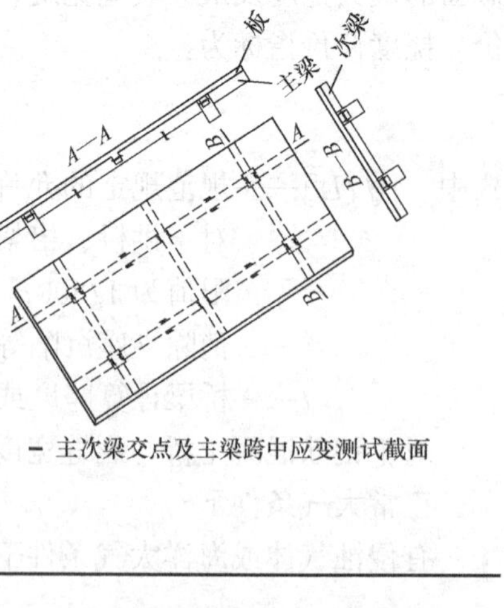 板　主梁　次梁　A—A　B—B　A　B – 主次梁交点及主梁跨中应变测试截面

续表

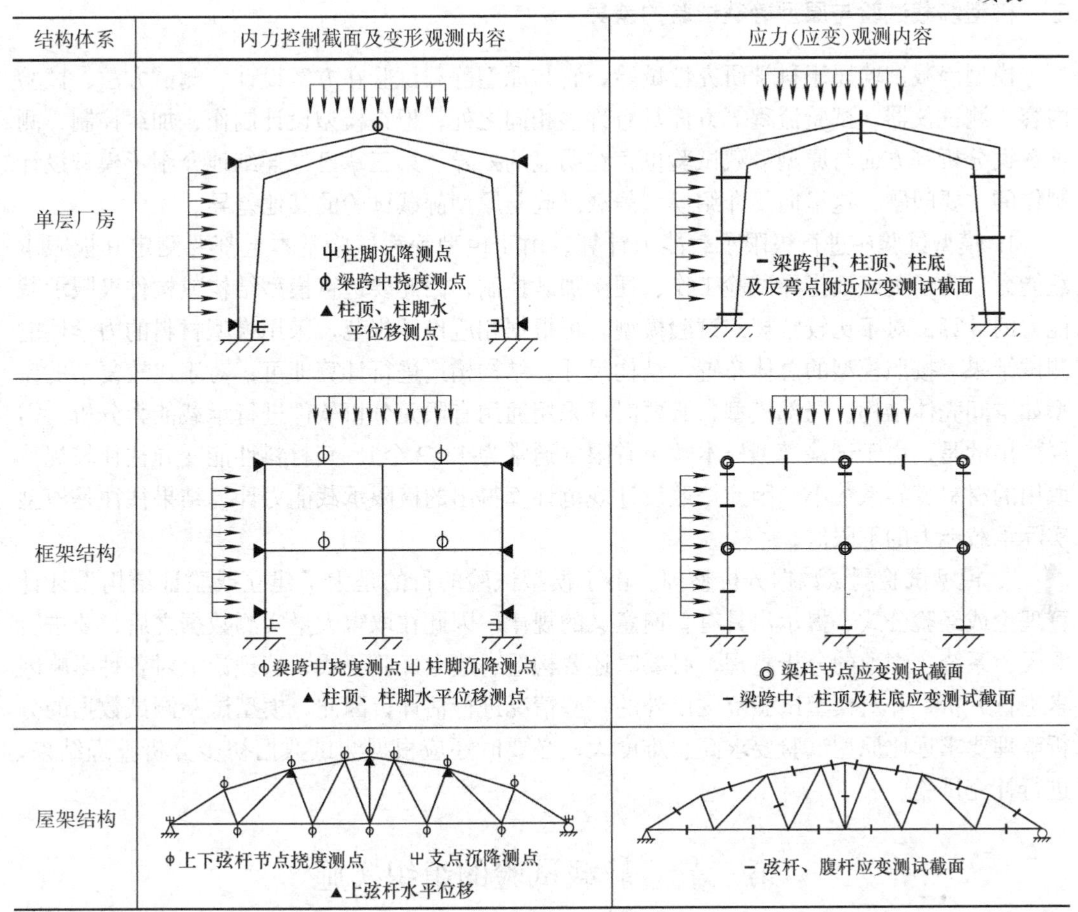

结构体系	内力控制截面及变形观测内容	应力(应变)观测内容
单层厂房	柱脚沉降测点 梁跨中挠度测点 ▲柱顶、柱脚水平位移测点	梁跨中、柱顶、柱底及反弯点附近应变测试截面
框架结构	梁跨中挠度测点 柱脚沉降测点 ▲柱顶、柱脚水平位移测点	梁柱节点应变测试截面 梁跨中、柱顶及柱底应变测试截面
屋架结构	上下弦杆节点挠度测点 支点沉降测点 ▲上弦杆水平位移	弦杆、腹杆应变测试截面

3. 加载程序与持荷时间的要求有一定差别。与桥梁结构静载试验一样，建筑结构静载试验也要确定详细的、可操作性强的试验加载程序，所不同的是，由于可以采用比较灵活的加载方式，建筑结构静载试验对加载程序划分更为细致，对试验荷载持续时间要求更长一些，如要求每级加载值不大于试验荷载值的 20%，对于新结构构件、大跨度屋架、桁架等，要求荷载持续时间不小于12h等。

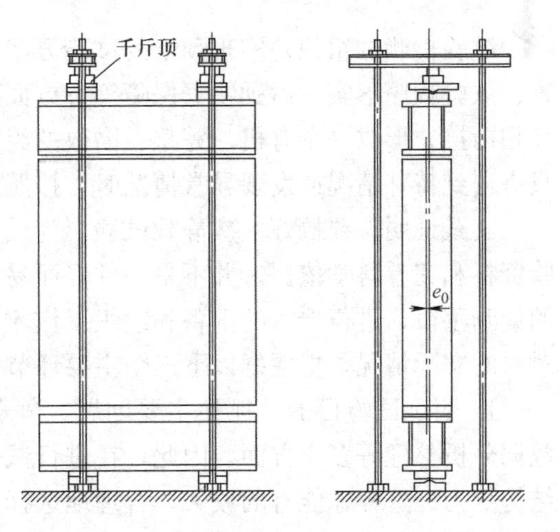

图 6-1　墙板轴向加载装置

4. 试验结果整理要求有一些区别。由于静载试验内容、试验目的的不同，建筑结构与桥梁结构在静载试验的测试结果整理方面有一些细微的差别，如对建筑结构，相关试验规范标准没有明确规定实测值与理论计算值的校验系数、残余变形限值等，但设计规范给出了比较明确严格的实测值允许限值、承载能力要求等，在某些情况下还要明确回答结构抗裂性、抗渗性是否满足设计要求等。

七、模型静载试验与原型静载试验的差异

模型静载试验属于科学研究性试验，它与原型静载试验在方案设计、测试方法、试验内容、测试仪器、试验流程等方面具有许多相同之处，但在模型设计制作、加载控制、测试数据分析等方面与原型静载试验也存在明显的差异。第三章已经详细地介绍了模型设计制作的主要问题，这里简要介绍模型静载试验与原型静载试验的其他差异。

1. 模型试验应进行极限承载能力计算。由于模型静载试验基本上都要测定其极限承载能力，为了更好地指导试验工作、便于加载控制，因此要进行模型结构或构件极限承载能力的计算。对于比较常规的试验模型，可根据相应设计规范，采用模型材料的力学性能测试结果，按照模型的总体布置、结构尺寸、结构构造进行计算即可；对于比较复杂的模型如空间壳体结构、局部模型，必要时可采用通用有限元分析软件进行承载能力分析。需要指出的是，由于试验模型样本数量有限（通常为1～3个），其材料性能变异往往较规范取用的材料变异系数小，因此按照设计规范计算得出的极限承载能力计算结果往往是模型实际承载能力的下限值。

2. 模型试验测试数据分析整理。由于模型试验的目的是为了建立或验证结构设计计算理论或经验公式，揭示出具有普遍意义的规律，因此在取得大量实测数据之后，要进行深入、系统、细致的分析整理，必要时还要构造、建立经验公式，从理论上对各种影响因素进行分析，并对模型试验范围以外的一些情况进行估计，因此，模型试验测试数据的分析整理要求远比原型试验要求高、难度大，必要时还应根据测试数据初步分析整理结果，进行补充试验。

第三节　静载试验的组织实施

试验检测的组织是实现预定的试验方案的重要保证，涉及试验人员调配、仪器设备配置、试验程序落实、后勤物资保障等方方面面。试验检测组织就是把上述内容按先后顺序互相衔接，形成一个有机、完整、高效的组织计划，并在试验检测中按照这个计划进行，只有遇到特殊情况或发现异常情况时，按照预定的方案予以调整。

实践证明，要搞好一次静载试验，为设计、施工、理论研究或加固改造提供可靠的试验资料和完整科学依据，并不是一件轻而易举的事情，必须明确试验目的，采用科学先进的量测手段，进行严密的准备和组织工作才可能达到预期的目标。为此，应根据静载试验对象的实际情况，把握好以下三个主要环节。

1. 明确试验目的，抓住主要问题。静载试验涉及理论计算、测点布置、加载测试、数据分析整理等多个方面，因此，在进行试验之前一定要明确试验目的，预测试验对象的结构行为。这样才能有的放矢，合理地选择仪器仪表，准确地确定加载设备及加载程序，科学地布置测点及测试元件，充分地利用有限的人力、物力及其他有利条件，以达到预期的试验效果。

2. 精心准备、严密组织。静载试验由于观测项目多、测点多、仪器仪表多，这就要求试验工作必须有严格的组织，统一的指挥，并能够紧密配合，协同作战。在正式试验之前，要做好充分的准备工作，对一些关键性的测试项目和测点要考虑备用的测试方法，注

意防止和消除意外事故。大量试验证明，如果试验工作的某些环节考虑不周，轻者会使试验工作不能顺利进行，严重的会导致整个试验工作的失败。

3. 加强测试人员培训，提高测试水平。参加试验检测的工作人员，必须在试验之前，熟练地掌握仪器的性能、操作要领以及故障排除技术和技巧，了解本次试验的目的、试验程序及测试要求，及时发现、反映试验过程中的问题。

试验检测现场准备及测试工作包括试验前准备工作、加载测试及试验后现场清理工作。一般说来，试验前准备工作比较庞杂，试验方案的大部分工作都要在该阶段具体化，要占用全部试验检测工作的大部分时间。一般说来，现场试验检测组织实施相对比较复杂、影响因素较多、要求相对较为严格，室内模型试验的组织与实施相对容易一些、干扰因素相对较少、回旋余地大一些，但大体都包括了试验前的准备工作、加载或测试工作、试验现场清理以及异常情况的分析处理。以下以现场试验检测为主，简要叙述试验检测组织实施的要点。

一、试验前准备工作

试验前准备工作内容比较多，主要包括以下工作：

(1) 进行仪器仪表、加载设备的检查标定工作。试验出发前应对所携带的仪器仪表、设备进行全面的检查与标定，确保仪器仪表状态良好，做到有备用、无遗漏，同时准备好各类人工记录仪器的记录表格。如采用加力架进行加载，要对加力架的强度、刚度、稳定性等方面进行验算，避免加载设备先于试验对象破坏的现象，并进行千斤顶油压表的校验；如使用汽车或重物加载，要采用地磅进行严格地称重，测量加载车辆轴距。

(2) 为了能够较方便地布置应力、变形或动力性能测点，安装仪表或进行读数，必要时根据现场情况，搭设脚手架或使用升降设备，搭设的支架应牢固可靠，便于使用，同时注意所搭设的支架不能影响试验检测对象的自由变形。此外，要在距离测试部位适当的地方搭设棚帐，以供操作仪器使用，还要接通电源或自备发电设备，安装照明设备。

(3) 测点放样定位。按照试验方案设计的应变测点、变形测点、动力特性测点及其他测点的位置，进行测点的放样定位。对于结构表面的应变测点，要进行表面打磨处理或局部改造（如在测点位置局部铲除桥面铺装或建筑批档）；对于结构内部应变测点如钢筋应力计，则要在施工过程中预埋测试元件；然后，进行应变测试元件的粘贴、编号、防潮与防护处理，连接应变测试元件与数据采集仪，采取温度补偿措施，进行数据采集仪的预调平。对于采用百分表、千分表或位移计进行变形测量的，根据理论挠度计算值的大小和方向，安装测表并进行初读数调整及测读。对于采用精密水准仪、全站仪等光学仪器进行挠度或水平位移测量，要进行控制基准网、站牌标志、反光棱镜、测量路线的布设，测量测点的布置要牢靠、醒目，防止在试验过程中移位或破坏。对于要进行裂缝观测的试验对象，要提前安装裂缝监测仪，必要时用石灰浆溶液进行表面粉刷分格，表面分格可采用铅笔或木工墨斗，分格大小以 20～30cm 见方为宜，以便于观察和查找新出现的裂缝。

(4) 根据预定的加载方案与加载程序，进行加载位置的放样定位，采用油漆或粉笔明确地划出加载的位置、加载等级，以便正式试验时指挥加载车辆或加载重物准确就位。对于处于使用状态的桥梁或建筑结构，试验准备工作要注意测试元件、测试导线的防护，试验开始前应封闭现场，禁止闲杂人员进入。

（5）建立试验领导组织，进行人员分工安排。一般地，根据试验实际情况，设指挥长一人，其下可根据使用的仪器形式、测试项目的情况划分小组，每组由经验丰富的人员担任组长，配备相应的通信联络工具或明确联络方式，以便统一指挥，统一行动。正式开始试验前，指挥长根据试验程序向全体工作人员进行技术交底，交底的内容包括试验测试内容、试验程序、注意事项等，明确所有测试人员的职责，做到人人心中有数。

（6）正式加载前，要进行预加载，以检查仪器的工作状态，消除非弹性变形。预加荷载卸载后，进行零荷载测量，读取各测点零荷载的读数。

二、试验工作

在现场野外进行试验时，应开始前收集天气变化资料，核查估计试验过程中温度、湿度变化情况，尽量远离或隔离各种电磁干扰源，以保证试验检测尽可能在环境干扰较小的情况下顺利进行。具体试验工作如下：

（1）加载的位置、顺序、重量要准确无误，当利用反力架加载时，应注意检查反力架的状况，避免反力架出现倾覆、破坏现象；当利用重物加载时，要尽量采用机械起吊设备，以提高加载速度、缩短试验时间；当利用汽车加载时，要有专人指挥汽车行驶到指定位置。

（2）静载试验时，每台仪器应配备一个以上的观测人员进行观测记录，每级荷载作用下的实测值应与对应理论计算值或经验值进行比较，如发现异常情况，应立即停止加载、检查加载及测试情况、分析原因，并立即向试验指挥人员汇报，以便试验指挥人员做出正确的判断。

（3）在每级荷载作用下，待结构反应稳定后，不同类别的测试项目（应变、变形、裂缝等）应尽可能在同一时间进行读数。如某些项目观测时间较长，则应将观测时间较短的项目的读数时间安排在中间进行，以使各测试项目的读数基本同步。

（4）在试验过程中，如出现异常情况如实测值超过理论计算值较大或实测值超出规范允许限制，应停止试验，进行慎重细致的分析，找出问题原因后，再决定继续试验或终止试验加载测试。

三、试验后现场清理工作

静载试验完成后，应核查测试数据的完备性，测试数据与试验方案的吻合性，如无遗漏，就可清理现场。现场清理主要包括以下工作：

（1）拆除脚手架、棚帐、反力架，清理现场，运走加载重物等，以便试验检测对象重新投入使用或开展下一步的施工工序。

（2）清理仪器仪表及可重复利用的测试元件，回收测试导线。

（3）对于进行了打磨或局部改造的应变、变形测点，用混凝土或环氧砂浆进行修补，并拆除变形测量时所埋设的测点标志或临时站点等设施。

四、试验报告的编制

在对全部试验测试资料整理与分析的基础上，编制检测试验报告。检测试验报告的内容一般包括以下各项。

1. 试验对象概况

试验概况的主要内容包括：试验对象的设计荷载、构造特点、设计施工概况、存在问题或病害情况概述等。对于鉴定性试验，要说明设计或施工过程中存在的技术问题，以及其对使用性能的影响；对于科学研究性的试验，要说明本试验要解决什么问题。

2. 试验目的与依据

根据试验对象的特点，要有针对性地说明试验检测所要达到的目的与要求，说明试验的依据，试验对象的选取原则等。

3. 试验方案

试验方案主要包括理论分析计算结果、加载方案及加载程序、观测项目、测点布置、测试人员的组织安排及测试仪器选择等方面。

4. 试验日期及试验过程

主要说明组织试验检测的起讫日期，气象温湿度情况，加载观测时间的安排及试验准备阶段的情况，此外还要说明试验过程有无异常情况出现，试验时遇到的特殊问题及其解决方法等。

5. 试验主要成果与分析评价

依据试验检测的观测项目，将实测值与理论计算值或有关规范规程的参考限值进行比较，说明试验检测对象的承载能力与使用性能是否符合规范限值，以及试验中所发现的新问题。综合实测数据、外观检查等方面的资料，说明试验对象的施工质量及使用性能。对于一些科研性试验，要通过综合分析，说明计算理论的正确性或适用范围，以及存在的尚未解决的问题，如果试验资料丰富，还可以提出经验公式、总结性的观点或参数图表。

6. 技术结论

在对测试资料综合分析的基础上，得出最后的技术结论，并对试验对象做出科学的评价。对于存在问题的试验对象，还要提出维修加固改建的处治意见或建议。

7. 试验记录、图表、照片的摘录

将试验实测数据，以图表曲线的形式表达出来；对于试验桥梁所存在的各种缺陷，应以照片等形式记录下来。

第四节　静载试验实例

一、混凝土连续梁桥

1. 概述

某大桥是一座跨江桥梁，全长 392m，桥宽 12 m，其中主桥长 200m，为 55mm＋90mm＋55m 变截面预应力混凝土连续梁，引桥长 192m，分别为 3×16m 和 9×16m 钢筋混凝土箱梁，该桥总体布置如图 6-2 所示。该桥设计荷载为汽车-20 级、挂车-100、人群荷载为 3.5kN/m^2。由于近期交通量急剧增长，导致该桥主桥出现了振动较大、线形下挠、桥面铺装层破损等病害。为了检验主桥承载能力及使用性能，对该桥主桥三跨连续梁进行了静载试验。

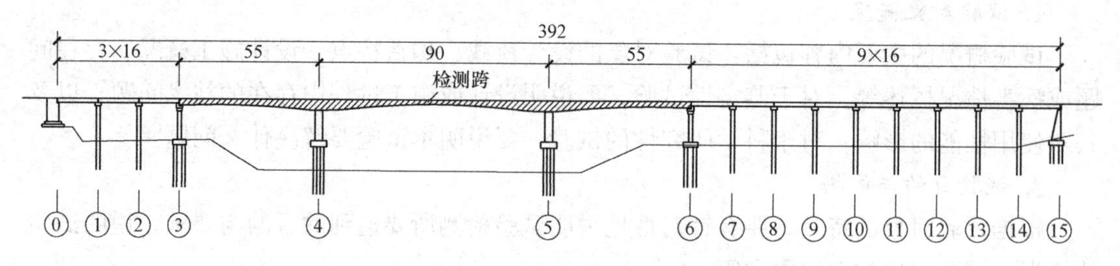

图 6-2　某大桥总体布置及检测桥跨示意图（m）

2. 静载试验方案

（1）设计内力计算

主桥计算模型为空间杆系结构，梁体被划分为 200 个空间梁单元，活载效应计算采用动态规划法加载，根据规范有关规定可得出各控制截面的活载内力如表 6-5 所示，弯矩包络图见图 6-3。

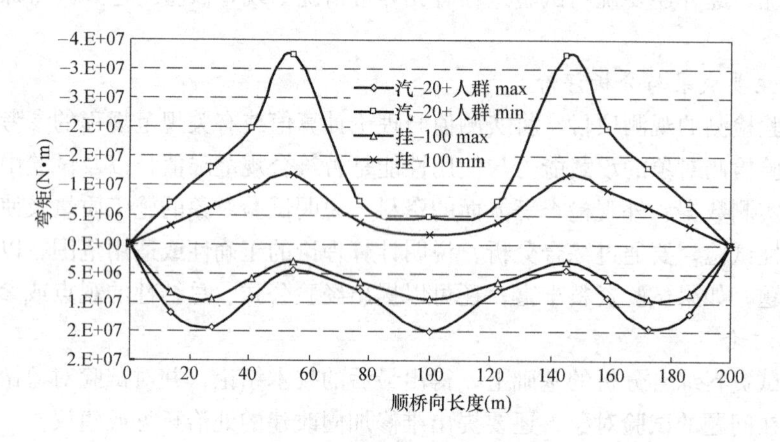

图 6-3　主桥活载弯矩包络图

（2）加载方案

试验时用 10 台汽车作为试验荷载，单车重均在 330kN 左右。试验时，将主跨跨中截面 *A-A*、边跨跨中截面 *B-B*、5 轴支点截面 *C-C* 作为控制内力截面（图 6-4）。根据试验荷载的载位布置，可得出试验荷载内力效应，如表 6-6 所示。在二级加载工况下，主跨跨中截面弯矩加载效率达到 85.3%，在五级加载工况下，边跨跨中截面和 5#支点截面弯矩加载效率分别达到 94.0%和 93.5%。在试验荷载载位情况下，校核其他截面弯矩及剪力，均未超过其设计内力，说明试验荷载方式有效安全。

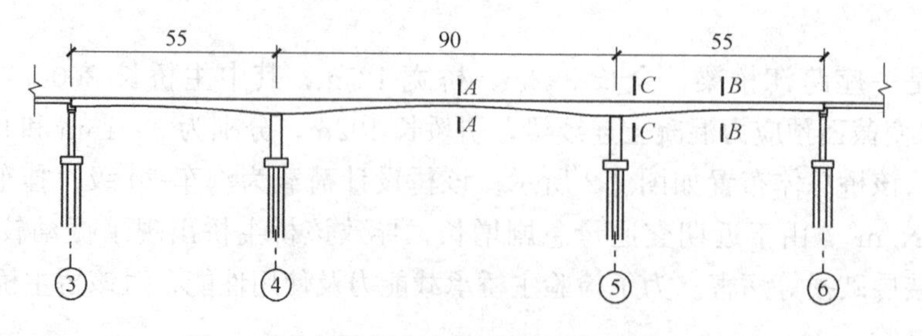

图 6-4　主桥控制内力截面示意图（单位：m）

主桥活载弯矩汇总（N·m）　　表 6-5

断面位置		汽-20+人群		挂-100		控制值	
		max	min	max	min	max	min
3#～4#	3#墩顶	0.00E+00	0.00E+00	0.00E+00	0.00E+00	0.00E+00	0.00E+00
	0.5L	1.43E+07	−1.31E+07	9.44E+06	−6.19E+06	1.43E+07	−1.31E+07
	4#墩顶	4.47E+06	−3.25E+07	2.89E+06	−1.20E+07	4.47E+06	−3.25E+07
4#～5#	0.5L	1.51E+07	−4.48E+06	9.39E+06	−1.59E+06	1.51E+07	−4.48E+06
	5#墩顶	4.47E+06	−3.25E+07	2.89E+06	−1.20E+07	4.47E+06	−3.25E+07
5#～6#	0.5L	1.43E+07	−1.31E+07	9.44E+06	−6.19E+06	1.43E+07	−1.31E+07
	6#墩顶	0.00E+00	0.00E+00	0.00E+00	0.00E+00	0.00E+00	0.00E+00

主桥试验荷载弯矩汇总（N·m）　　表 6-6

断面位置		一级加载	二级加载	三级加载	四级加载	五级加载
5#～6#	6#墩顶	0.00E+00	0.00E+00	0.00E+00	0.00E+00	0.00E+00
	0.5L	6.56E+06	1.22E+07	8.09E+06	4.16E+06	6.24E+05
4#～5#	5#墩顶	−4.03E+06	−7.91E+06	−1.58E+07	−2.35E+07	−3.04E+07
	0.5L	−1.06E+06	−2.07E+06	2.07E+06	8.59E+06	1.42E+07
3#～4#	4#墩顶	1.92E+06	3.76E+06	−2.14E+06	−9.47E+06	−1.73E+07
	0.5L	9.75E+05	1.91E+06	−1.10E+06	−4.85E+06	−8.89E+06
	3#墩顶	0.00E+00	0.00E+00	0.00E+00	0.00E+00	0.00E+00

注：表中带下划线者为截面控制内力。

加载车辆称重结果表明：车辆重量、轴距与试验计算取用值的偏差均在5%以内，能够满足加载精度要求。具体的试验加载的程序如下。

1）第一加载阶段——使边跨跨中正弯矩最大

一级加载：两台重约330kN的汽车在边跨跨中对称布置，车后轴正对跨中；

二级加载：两台重约330kN的汽车在边跨跨中对称布置，车后轴距离前两台车后轴3m。

2）第二加载阶段——使中跨跨中正弯矩最大，同时使5轴支点截面负弯矩最大

三级加载：两台重约330kN的汽车在中跨跨中对称布置，车后轴距离跨中9m；

四级加载：两台重约330kN的汽车在中跨跨中对称布置，车前轴距离前两台车后轴3.9m；

五级加载：两台重约330kN的汽车在中跨跨中对称布置，车后轴距离前两台车后轴3m。

3）卸载阶段

一级卸载：三级加载～五级加载中的6台汽车撤离；

二级卸载：一级加载～二级加载中的4台汽车撤离。

部分加载阶段载位图及受力简图如图6-5所示。

（3）量测方案

试验时，变形测点布置如图6-6所示，变形测点共计9个，量测内容为各级荷载下的

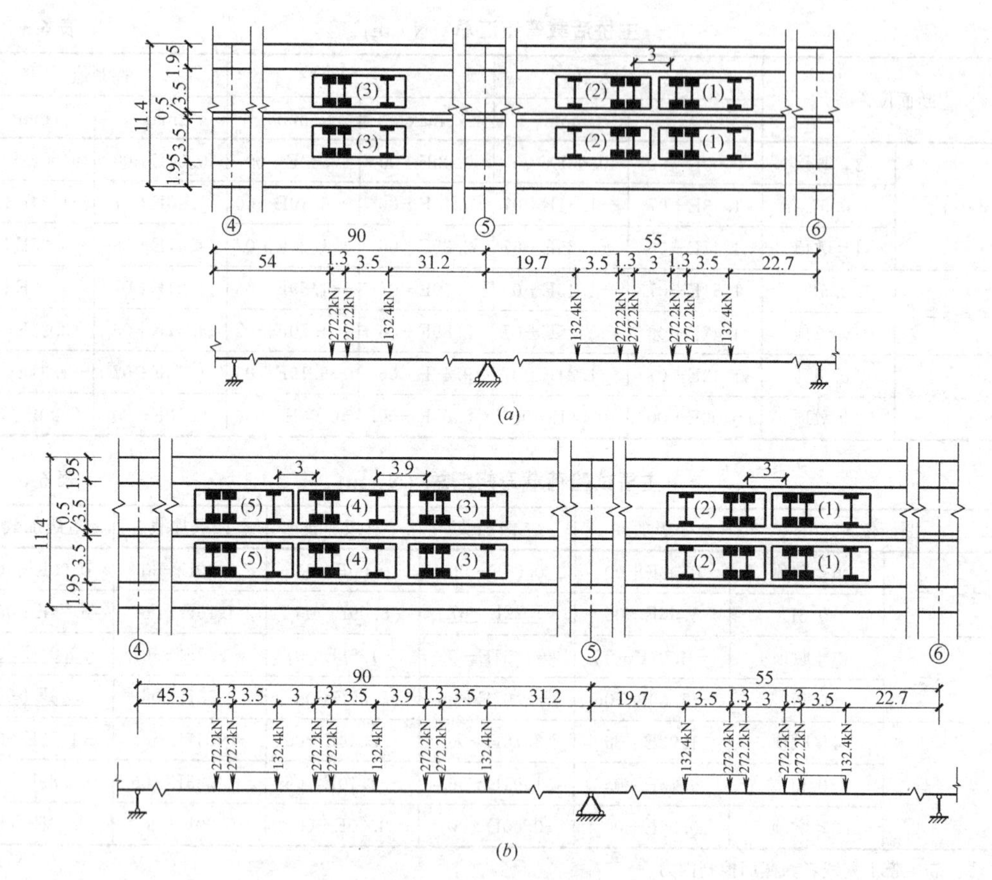

图 6-5　加载阶段载位图及受力简图　（单位：m）

（a）第三级加载；（b）第五级加载

变形及卸载后残余变形；将主跨跨中截面 A-A、边跨跨中截面 B-B、5 轴支点截面 C-C 作为应变测试截面，各应变测点布置如图 6-7 所示，共布置 21 个应变测点，采用钢弦式应变计测量，量测内容为各级荷载下的应变及卸载后残余应变。

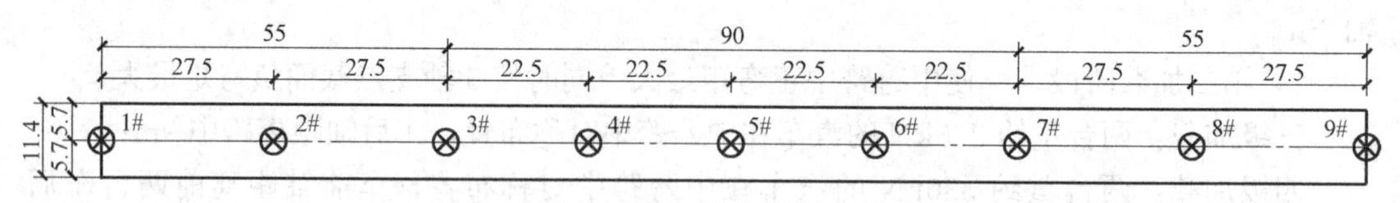

图 6-6　主桥变形测点布置示意图（单位：m）

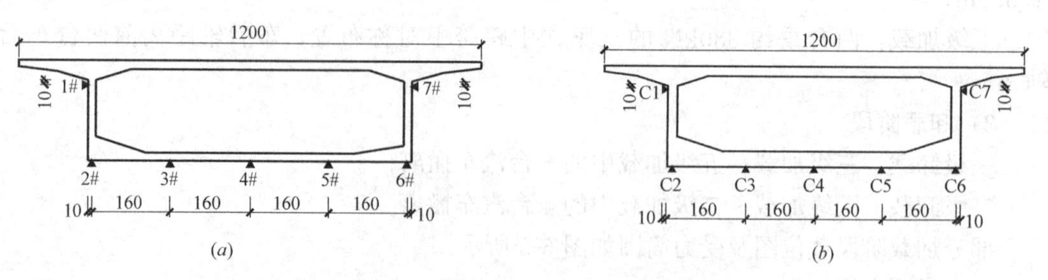

图 6-7　主桥测试断面应变测点布置示意图（单位：cm）

（a）边、中跨跨中截面　（b）支点截面

3. 静载试验主要结果及分析评定

（1）挠度

试验实测挠度见表6-7、图6-8，实测挠度与计算挠度比较见表6-8及图6-9，在五级试验荷载作用下，实测主跨跨中截面最大挠度20.8mm，而对应的理论计算挠度值为26.0mm，两者的比值0.80；能满足《大跨径混凝土桥梁试验方法》的要求，即

$$\beta<\frac{S_e}{S_{stat}}\leqslant\alpha$$

式中 $\alpha=1.05, \beta=0.7$

在五级试验荷载作用下，试验实测主跨跨中最大挠度满足《公路钢筋混凝土及预应力混凝土桥涵设计规范》中关于梁式桥竖向变形允许限值的要求，即

$$[f]\leqslant l/600=150\text{mm}$$

主桥实测挠度值（mm） **表6-7**

测点号	位置	一级加载	二级加载	三级加载	四级加载	五级加载	一级卸载	二级卸载
1#	3轴墩顶	0.2	0.1	−0.3	−0.6	−0.7	−0.1	−0.4
2#	3轴～4轴跨中	−1.0	−1.4	0.5	2.5	5.0	−2.1	−1.6
3#	4轴墩顶	−0.2	−0.2	−0.5	−0.6	−0.7	−0.1	−0.3
4#	4轴～5轴跨 $L/4$	2.0	3.9	−0.2	−5.1	−10.6	4.7	2.5
5#	4轴～5轴跨中	3.6	7.1	−0.7	−10.5	−20.8	9.9	5.0
6#	4轴～5轴跨 $3L/4$	3.1	5.5	0.5	−3.8	−9.4	7.8	3.3
7#	5轴墩顶	0.0	−0.5	−0.7	0.2	−1.4	−0.3	0.7
8#	5轴～6轴跨中	−3.4	−9.7	−6.3	−2.0	−0.8	−8.9	−0.4
9#	6轴墩顶	−1.4	−1.4	−1.3	−0.3	−0.7	−1.4	−0.1

实测最大挠度值与对应的理论值比较 **表6-8**

测点位置	4轴～5轴跨中	5轴～6轴跨中
实测最大挠度值(mm)	−20.8	−9.7
理论最大挠度值(mm)	−26.0	−9.8
实测/理论	0.80	0.99

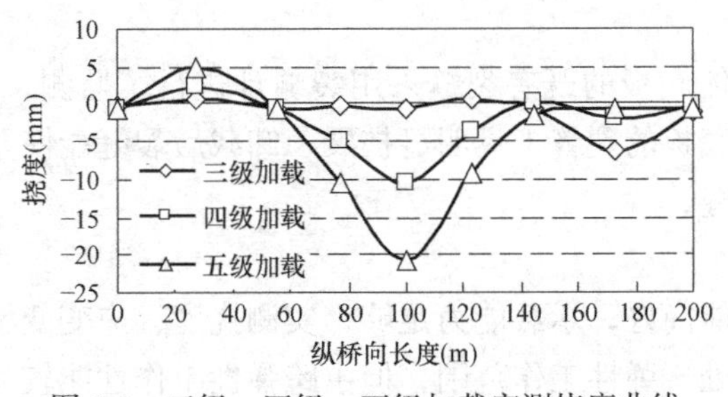

图6-8 三级、四级、五级加载实测挠度曲线

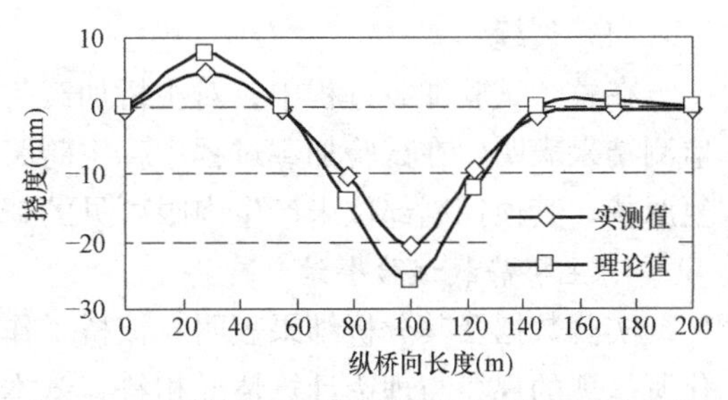

图6-9 五级加载挠度实测值与计算值比较曲线

（2）应力（应变）

在各级试验荷载作用下，主桥各测点应变理论计算值及实测值见表6-9、表6-10，试

验实测最大应变值与对应的理论计算值比较见表 6-11，两者的比值在 0.82～1.00 之间，均能满足《大跨径混凝土桥梁试验方法》的要求，即

$$\beta<\frac{S_e}{S_{stat}}\leqslant\alpha$$

式中

$$\alpha=1.05, \beta=0.7$$

主桥各测点应变计算值（$\mu\varepsilon$） **表 6-9**

测点位置	一级加载	二级加载	三级加载	四级加载	五级加载
边跨跨中底板下缘	31	58	39	20	9
边-中跨间支点底板下缘	−6	−13	−26	−38	−49
中跨跨中底板下缘	−8	−15	15	64	107

主桥各测点应变实测值（$\mu\varepsilon$） **表 6-10**

测点位置	一级加载	二级加载	三级加载	四级加载	五级加载	一级卸载	二级卸载
中跨跨中底板下缘	−16.5	−28.1	6.2	59.5	107.0	−51.0	−32.0
支座底板下缘	−3.0	−6.5	−0.4	−20.1	−40.0	0.7	6.8
边跨跨中底板下缘	26.2	48.3	44.2	25.3	8.7	44.4	2.1

注：下缘应变为 5 个应变测点的平均值。

主桥 4＃～6＃跨测点实测最大应变值与理论最大值的比较 **表 6-11**

断面位置	4＃～5＃跨中底板下缘	5＃支点底板下缘	5＃～6＃跨中底板下缘
实测最大应变值($\mu\varepsilon$)	107.0	−40.0	48.3
理论最大应变值($\mu\varepsilon$)	107.0	−49.0	58.0
实测/理论	1.00	0.82	0.83

（3）残余变形（应变）

试验结束前对该主桥进行了残余变形观测，主跨跨中截面的最大残余挠度为 5.0mm、残余应变为 32.0$\mu\varepsilon$，与该跨相应的最大挠度 20.8mm、最大应变 107.0$\mu\varepsilon$ 之比为 0.24 和 0.29，不能满足《大跨径混凝土桥梁试验方法》的要求，即

$$\frac{S_p}{S_{tot}}\leqslant\alpha=0.2$$

（4）裂缝

在整个试验加载过程中，对主桥加载跨梁体底板的既有裂缝采用裂缝计进行了监测，监测结果表明：在试验加载过程中，主跨跨中底板的裂缝未见明显扩展，卸载后裂缝能恢复原状，其他控制部位未产生肉眼可见的新裂缝。

4. 主桥静载试验小结

实测数据及其分析结果表明：该桥工作性能尚好，承载能力足够，实测挠度、应变变化所呈现的规律与理论计算情况相符，基本上处于弹性工作范围，但主跨弹性工作性能较差，残余变形较大，在试验过程中未见梁体有新裂缝出现，大部分检测指标能满足设计规范及《大跨径混凝土桥梁试验方法》的要求，可以继续使用，但应加强主桥梁体线形的长期监测。

二、碳纤维板加固混凝土梁试验

1. 试验目的

通过RC梁、碳纤维板加固的RC梁、预应力碳纤维板加固的RC梁对比试验，研究预应力碳纤维板加固混凝土简支梁的抗弯刚度、工作性能、承载能力等参数指标，检验预应力碳纤维板加固RC梁的效果。

2. 试件设计

经过综合考虑试验条件、碳纤维板材料规格及研究目的，选定试验梁总长 $l=3200mm$，简支净跨 $l_0=3000mm$，截面为150mm×350mm，配筋率为0.586%，混凝土强度等级为C30，碳纤维板断面为 $50\times1.2mm^2$，碳纤维板材料强度允许值为2500MPa，其他主要设计参数如表6-12所示。为研究预应力碳纤维板加固效果，试验梁设计遵循以下两个基本原则：①强化抗剪设计，确保抗弯破坏；②适当减小纵向受力钢筋配筋率，确保纵向受力钢筋屈服时，碳纤维板的应力水准与其强度允许值保持一定富余。

试验梁对比试验参数　　表6-12

试验梁编号	施加预应力情况	预应力与其抗拉强度比
LN20-1；LN20-2	梁底碳纤维板张拉20kN后与混凝土梁粘贴	10%
LN40-1；LN40-2	梁底碳纤维板张拉40kN后与混凝土梁粘贴	20%
NBL-1；NBL-2	碳纤维板只粘贴在梁底，不张拉	0%
BN-1；BN-2	不粘贴碳纤维板加固，作对比用	—

3. 加载测试方案

试验采用分配梁在三分点处两点加载，中间区段为纯弯段，加载控制采用电液伺服加载控制系统进行，如图6-10所示。经计算，并考虑梁体自重、分配梁重及碳纤维板张拉情况，采用分级加载方式，在每级荷载作用下持荷10min后，测读试验梁的挠度，混凝土、钢筋及碳纤维板的应变，观察记录混凝土梁的裂缝发展变化情况。具体加载程序为：①一级加载：$P=6kN$；②二级加载：$P=12kN$；③三级加载：$P=18kN$；④四级加载：$P=28kN$；⑤此后每级荷载增量取10kN，直到构件破坏为止。

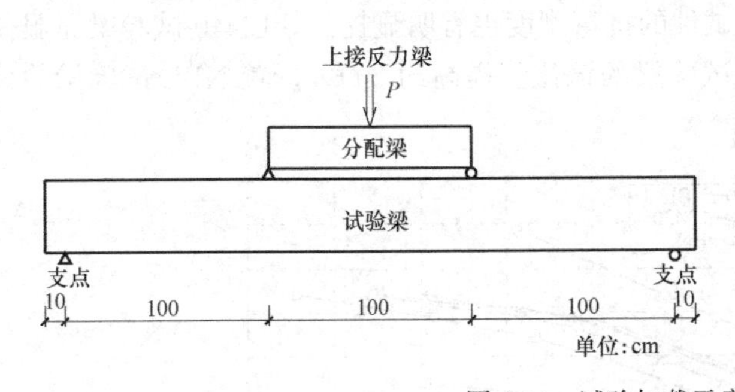

图6-10　试验加载示意图

挠度测点及编号如图6-11所示，挠度测试采用百分表。典型试验梁应变布置测量截面、应变测点如图6-12所示，以测试各级荷载情况下混凝土、钢筋及碳纤维板的应变情况，并据此分析梁底混凝土与碳纤维板的应变是否协调、平截面假定是否成立。

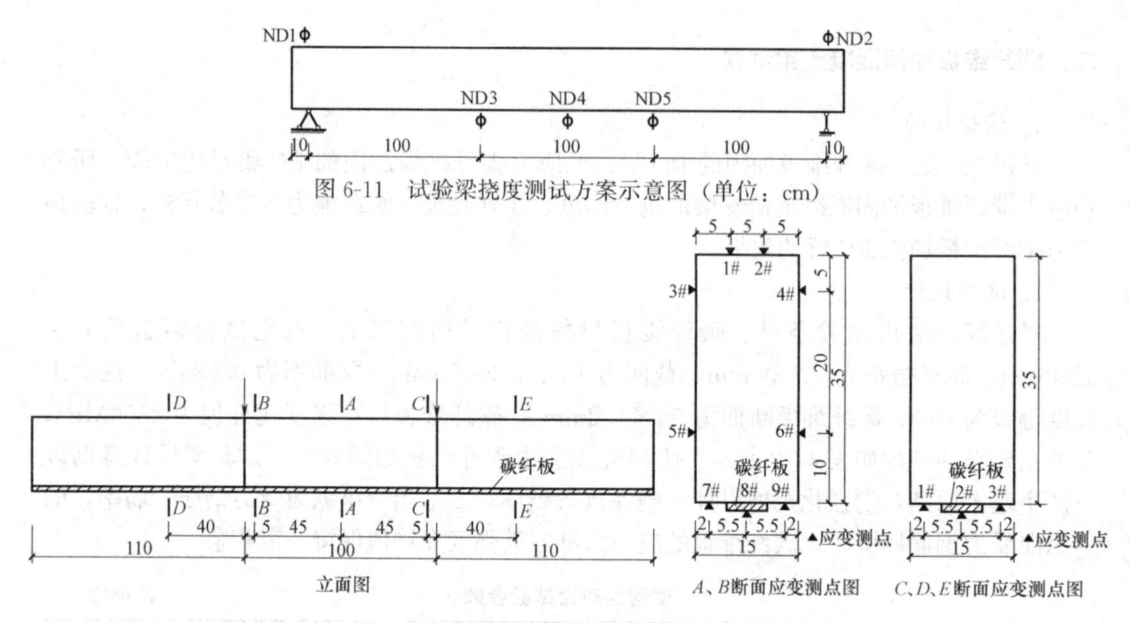

图 6-12　典型试验梁应变测点布置（单位：cm）

4. 试验结果分析

通过对试验测试结果的整理分析，可以得出如下基本研究结论：

(1) 在保证碳纤维板与混凝土粘结锚固性能的情况下，随着预应力张拉值的增大，开裂荷载、破坏荷载、承载能力大幅度提高，裂缝分布特征也有所改善，LN20 试验梁的破坏荷载较非预应力试验梁 BN 提高约 10%，LN40 试验梁的破坏荷载较试验梁 BN 提高了约 30%（见表 6-13），预应力碳纤维板加固效果较为显著。

试验梁的开裂荷载、破坏荷载试验结果　　**表 6-13**

试验梁编号	BN-1	NBL-1	NBL-2	LN20-1	LN20-2	LN40-1
开裂荷载 P(kN)	15.0	16.0	16.0	18.0	18.0	45.0
破坏荷载 P(kN)	48.0	97.0	94.0	108.0	118.0	128.0
破坏时的跨中弯矩(kN·m)	24.0	48.5	47.0	54.0	59.0	64.0

(2) 随着预应力张拉值的增大，试件的抗弯刚度也有明显提高，LN40 试验梁屈服荷载与其对应跨中挠度的比值，较 BN 试验梁的该比值提高约 309%，较 NBL 试验梁的该比值提高了约 60%（表 6-14，图 6-13）。

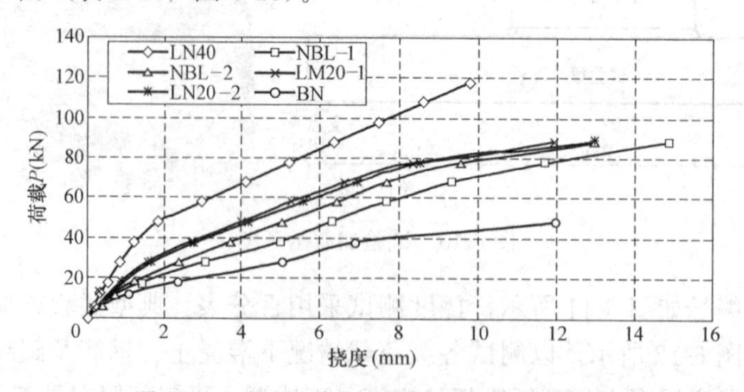

图 6-13　试验梁跨中截面的荷载—挠度曲线

试验梁纵筋屈服时的荷载量值及挠度　　　　表 6-14

试验梁编号	BN-1	NBL-1	NBL-2	LN20-1	LN20-2	LN40-1
屈服荷载(kN)	48	58	58	68	68	88
跨中挠度(mm)	10.59	5.28	4.57	5.32	5.23	4.75
屈服荷载/跨中挠度(kN/mm)	4.53	10.98	12.69	12.78	13.00	18.53

（3）从试验梁应变沿截面高度的分布曲线可看出，在整个加载过程中，试验梁应变基本符合平截面假定，梁底混凝土与碳纤维板应变基本协调，但进入破坏阶段后，碳纤维板与混凝土粘结性能遭受一定程度的破坏，梁底混凝土与碳纤维板应变不太协调，平截面假定不再严格成立（图 6-14，图 6-15）。

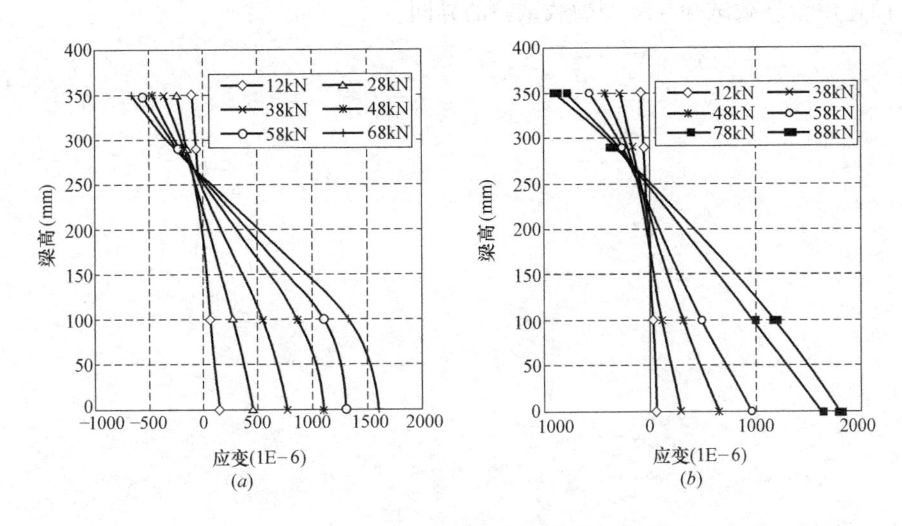

图 6-14　LN20-2 梁混凝土应变沿截面高度的分布
（*a*）LN20-2 梁 *A* 截面；（*b*）LN40-1 梁 *A* 截面

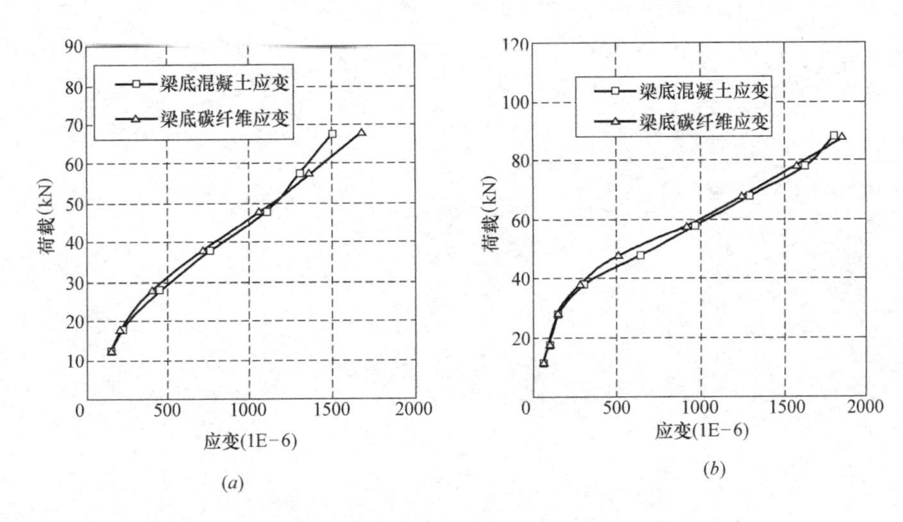

图 6-15　试验梁梁底混凝土、碳纤维板应变随荷载的变化曲线
（*a*）LN20-2 试验梁 *A* 截面；（*b*）LN40-1 试验梁 *A* 截面

思　考　题

1. 静载试验方案设计要点是什么？
2. 如何选择静载试验试验对象，主要考虑的因素有哪些？
3. 静载试验方案制定时为什么要进行理论分析计算？理论计算内容有哪些？
4. 静载试验的加载效率取值范围为什么要有上下限值？
5. 常见的静载加载方式有哪几种？其适用范围是什么？
6. 静载试验测点布置的基本原则是什么？主要观测内容有哪些？
7. 简述建筑结构和桥梁结构静载试验的异同。
8. 简述模型静载试验与原型静载试验的异同。

第七章　结构动力试验

第一节　概　　述

在实际工程中，结构所受的荷载中，除了静荷载外，往往还会受到动荷载的作用。所谓动荷载，通俗地讲，就是随着时间变化的荷载。如冲击荷载、随机荷载（如风荷载、地震作用）等均属于动荷载范畴。从动态的角度来讲，静荷载只是动荷载的一种特殊的形式而已。动荷载与静荷载的作用不同，动荷载除了增大结构的受力外，还会引起结构振动，影响建筑物的使用，使结构产生疲劳破坏，甚至发生共振现象。

对结构进行动力试验分析的目的就是研究结构在使用期间，在各种动荷载作用下的动力响应及工作状态，确保结构在使用环境下可靠安全地工作，这就要求寻求结构在各种动荷载作用下随时间而变化的响应，因而也就需要采用结构动力试验的测试技术。一般来说，结构动力试验测试主要包括以下三个方面：

(1) 动荷载特性的测定；

(2) 结构自振特性的测定；

(3) 结构在动荷载作用下的反应的测定。

虽然结构试验已经有几百年的历史，但真正意义上的结构动力试验到 20 世纪中后期才开始逐步完善。并且随着大型结构试验机、模拟振动台、大型起振机、伪静力试验装置、高精度传感器、电液伺服控制加载系统、瞬态波形存储器、动态分析仪、信号采集数据处理与计算机联机以及大型试验台座、风洞实验室的相继建立，特别是现代计算机技术在结构动力试验中的广泛应用，高灵敏度传感器、多通道高精度大容量的数据采集分析仪的发展，使得结构动力试验有着明显的进步。

动力荷载作用下，结构的响应不仅与动力荷载的大小、位置、作用方式、变化规律有关，还与结构自身的动力特性有关。因此，一般将结构动力试验分为结构动力特性试验和结构动力响应试验两大类。结构动力特性试验主要是研究与外荷载无关的结构自身动力学特性，内容包括结构的自振频率、振型、阻尼特性等。结构动力响应试验主要是研究结构在动力作用下位移、速度、加速度及变形、内力的变化情况。进一步按照荷载作用的时间、反复作用的次数，结构动力试验可以分为如下四类。

1. 结构动力响应测试

使结构产生振动的原因大体可分为两类。一类是包括工业生产过程产生的振动，如大型机械设备（冲压机、发电机等）的运转，吊车的水平制动力。另一类是自然环境使结构产生振动，如高层结构在强风下的振动。结构振动的危害表现为几个方面：影响精密仪器或设备的运行，引起人的不舒服的感觉，导致结构响应增大等。结构振动试验的主要目的是为了获取结构的动力特性参数，如自振频率、振型和阻尼比等。

2. 结构抗震试验

地震一直以来是对人类生存环境造成最大危害的自然灾害之一。而地震中的生命财产的损失主要来源于工程结构的破坏。结构抗震试验的目的是通过试验来掌握结构的抗震性能，从而提高结构的抗震能力。地震模拟振动台试验是结构抗震试验的一种主要类型。在地震模拟振动台试验中，安放在振动台上的试件受到类似于地震加速度作用而产生的惯性力。振动台试验中，地震作用时间从数秒到几十秒。模拟地震的强度范围可以从结构产生弹性反应的小震到结构产生破坏的大震。

3. 爆炸或冲击荷载试验

国防工程建设需要考虑工程结构抗爆性能，研究如何抵抗爆炸引起的冲击波对结构的影响。在工程事故中，高速行驶的车辆或者船舶对桥梁结构的撞击也可能导致倒塌破坏。爆炸或者冲击荷载试验的目的就是模拟实际工程结构所经受的爆炸或冲击荷载作用以及结构的受力性能。在这类试验中，荷载持续时间短，从千分之几秒到几秒；荷载的强度大，作用次数少，往往是一次荷载作用就可以使结构产生破坏。

4. 结构疲劳试验

公路或铁路桥梁受到车辆重力的反复作用。这种反复作用可能使结构产生内部损伤而疲劳破坏，缩短结构的使用寿命。疲劳试验按一定的规则模拟结构在整个使用期内可能遭到重复荷载作用。对钢筋混凝土和预应力混凝土结构，疲劳试验的重复作用次数一般 200 万次；而对于钢结构，重复荷载作用次数可达到 500 万次之多。疲劳试验中，重复荷载作用的频率一般不大于 10Hz，最大试验荷载通常小于结构静力破坏荷载的 70%。

在本章中，主要阐述结构动力响应测试、结构抗震试验两类试验的原理与测试分析方法，并结合试验实例进一步说明结构动力试验的实施要点，对于爆炸或冲击荷载试验、结构疲劳试验，因其加载测试比较特殊复杂，可参阅相关书籍。

第二节　结构动力响应测试

在大量的生产鉴定性试验中，往往需要鉴定结构在动荷载作用下的动力反应是否符合相关规定的要求，以便采取某种措施来抵御或者减缓动力反应。在科学研究性试验中，也往往要研究结构在某种动荷载下的动力反应。因此在生产与科研中，常常要求对结构的动力特性、动力反应进行测试，例如列车引起的桥梁振动，高层建筑物在风荷载作用下的振动，有防振要求的设备及厂房在外界干扰力如汽车、火车及附近的动力设备作用下的动力反应等。研究结构在这类荷载作用下的动力反应，一般不需要专门的激振设备，只要选择测定位置，布置相关量测测试仪器如动态应变仪、激光挠度仪、加速度测试系统等，记录结构振动响应如动应变、动挠度、加速度，在此基础上进行分析，就可得到结构的动力特性。

一、动应变测试

由于动应变是一个随时间而变化的函数，对其进行测量时，要把各种仪器组成测量系统，如图 7-1 所示。应变传感器感应的应变通过测量桥路和动态应变仪的转换、放大、滤波后送入各种记录仪进行记录。最后将记录得到的应变随时间的变化过程送入频谱分析仪或者数据处理机进行数据处理和分析。图 7-2 为结构动应变随时间而变化的时程曲线。H_1、H_2、H_3 和 H_4 是利用动应变仪内标定装置标定的应变标准值，或者称标准应变 ε_0。其值取测量前、后两次标定值得平均值，即

$$\varepsilon_{01}=\frac{H_1+H_3}{2} \quad 或 \quad \varepsilon_{02}=\frac{H_2+H_4}{2} \tag{7-1}$$

则曲线上任一时刻的实际应变 ε_i 可近似按线性关系推出：

$$\varepsilon_{1i}=c_1h_1=\frac{2\varepsilon_{01}}{H_1+H_3}h_{1i} \quad 或 \, \varepsilon_{21i}=c_2h_1=\frac{2\varepsilon_{01}}{H_1+H_3}h_{1i} \tag{7-2}$$

式中 ε_{01}、ε_{02}——正应变和负应变标准值；

c_1、c_2——正应变和负应变的标定常数。

动应变测定后，即可根据结构力学方法求得结构的动应力和动内力。

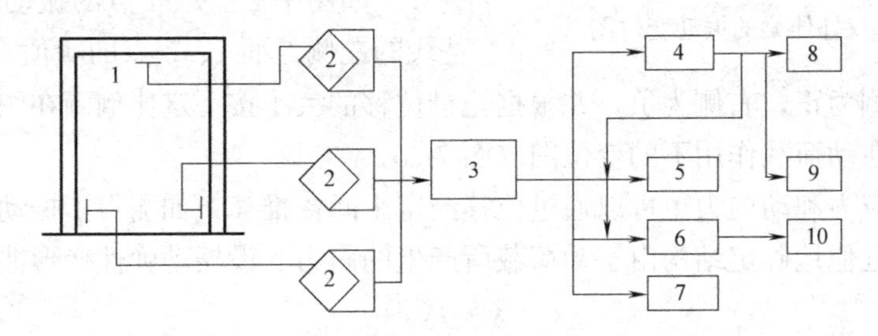

图 7-1 动应变测量系统

1—应变传感器；2—测量桥；3—动态应变仪；4—磁带记录仪；5—光线示波器；6—电子示波器；7—笔录仪；8—频谱分析仪；9—数据处理计算机；10—照相机

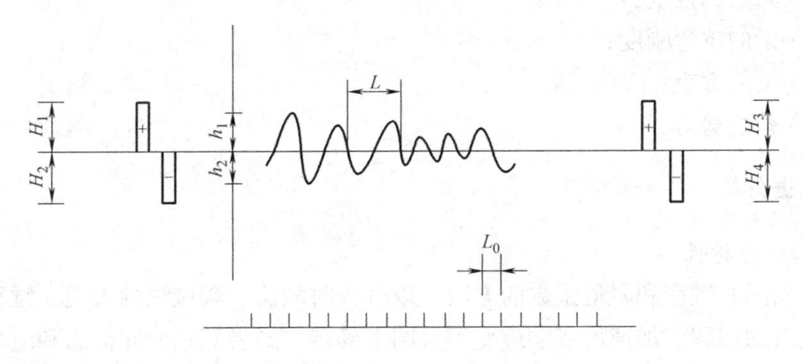

图 7-2 动应变时程曲线

二、加速度测试

在结构振动响应测试中，加速度响应由于不需要绝对的参照点，量测相对比较容易，精度也比较高。加速度响应得到后，既可由加速度响应评价结构动力行为或舒适性，也可通过对时间的积分即可得到速度或动态位移。动态位移与加速度关系如式（7-3）所示：

$$y(t)=\int_0^t y''(t)\mathrm{d}t \tag{7-3}$$

式中 $y(t)$、$y''(t)$——分别为动位移和加速度。

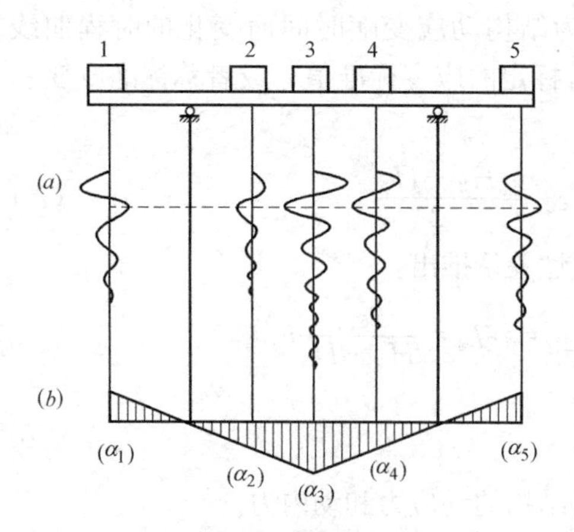

图 7-3 双外伸梁的振动变位图

三、动位移测试

若要全面了解结构在动荷载作用下的振动状态，可以设置多个测点进行动态变位测量，以便据此得出振动变位图。图 7-3 给出了一根双外伸梁动态变位的测量示意。具体方法为：沿梁的跨度选定测点 1～5，在选定的测点上固定拾振器，并与测量系统连接，用记录仪同时记录下五个测点的振动位移时程曲线（图 7-3*a*），根据同一时刻的相位关系确定变位的正负号，如图中 2、3、4 点的振动位移的峰值在基线的左侧，而 1、5 点的峰值在基线的右侧。若定在基线左侧为正，右侧为负，并根据记录位移的大小按一定比例画在图上，连接各点位移值即得到在动荷载作用下的变位图（图 7-3*b*）。

构件的动应力和动内力也可以通过位移测定来间接推算。如测得了振动变位图即可按结构力学理论近似地确定结构由于动荷载所产生的内力。设振动弹性变形曲线方程为：

$$y=f(x) \tag{7-4}$$

则有

$$M=EIy'' \tag{7-5}$$

$$V=EIy''' \tag{7-6}$$

式中 x——测点的水平坐标；

y——测点的挠度；

EI——梁的抗弯刚度；

M——梁的弯矩；

V——梁的剪力。

四、测试数据分析

1. 结构动力特性

测定结构固有频率和阻尼系数的方法可以分为时域法和频域法两大类。频率可直接在动态反应量（动位移、加速度或动应变等）图上确定，或者利用时间标志和应变频率的波长来确定，即

$$f=\frac{L_0}{L}f_0 \tag{7-7}$$

式中 L_0、f_0——时间标志的波长和频率；

L、f——应变的波长和频率。

对于单自由度体系，其自由振动衰减曲线如图 7-4 所示。在其动位移的记录曲线上，直接测量响应曲线上峰-峰值的时标，即可得出固有周期，并由式（7-8）计算得出阻尼比：

$$\zeta=\frac{\delta}{\sqrt{4\pi^2+\delta^2}} \tag{7-8}$$

式中　$\delta=\frac{1}{n-1}\ln\frac{A_n}{A_0}$；

n——单自由度体系衰减曲线上测量峰值的个数；

A_0、A_n——分别为测量的第一个峰值和最后一个峰值。

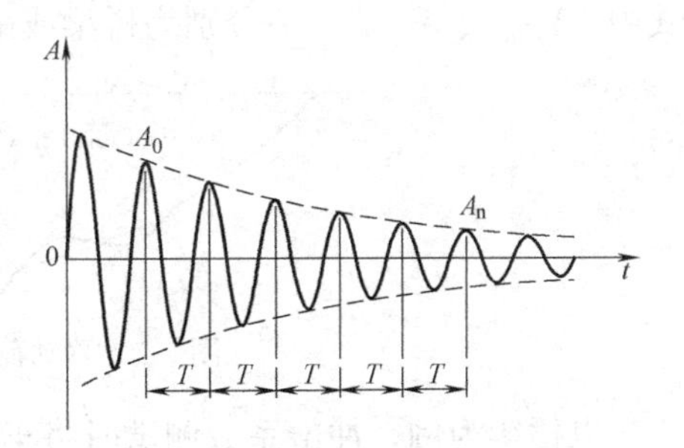

图 7-4　有阻尼自由振动衰减曲线

此外，单自由度结构体系也可利用结构的频响函数曲线确定其阻尼比，参见图 7-5，幅值为 $0.707A_0$（$A_0/\sqrt{2}$）的两点 ω_a、ω_b 称为半功率点，因为这两点处的能量为最大能量的一半，而 $\Delta\omega=\omega_b-\omega_a$ 称为半功率带宽。根据单自由度体系的位移频响函数可以得到位移频响函数的幅值谱为：

$$|H(\omega)|=\frac{1}{k}\cdot\frac{1}{\sqrt{(1-\Omega^2)^2+4\xi^2\Omega^2}} \tag{7-9}$$

式中　$\Omega=\omega/\omega_0$，为频率比；利用上式以及半功率点的性质，通过运算可以得到：

$$\xi=\frac{\omega_b-\omega_a}{\omega_0} \tag{7-10}$$

从式（7-10）可以看出，当结构固有频率相同时，半功率带宽越宽，阻尼比越大，也就说，频响函数曲线的形状决定了阻尼比的大小。

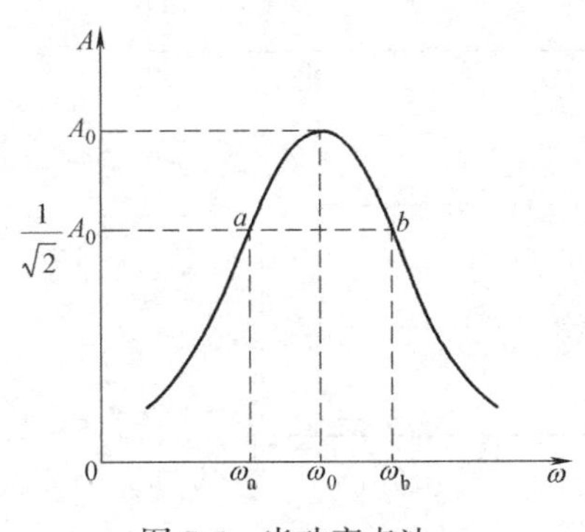

图 7-5　半功率点法

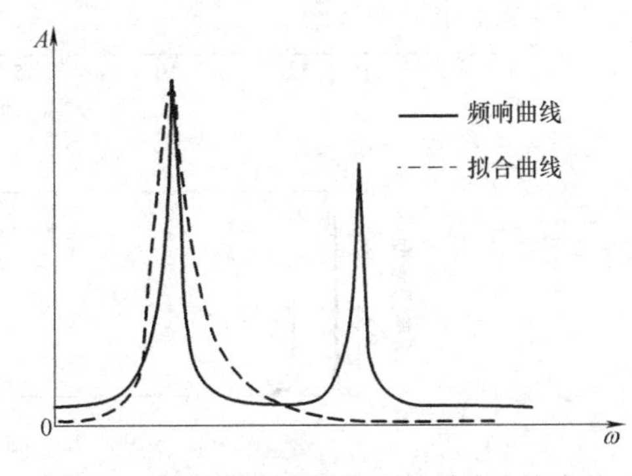

图 7-6　结构模态参数识别的单自由度方法

对于多自由度体系，基于时域信号进行结构模态参数识别的主要途径之一是利用结构的脉冲响应函数。对于多自由度体系，在测试的振动频率范围内，可能有几个峰值，分别对应结构的各阶固有频率。当多自由度结构的各阶固有频率的数值相隔较小，也可采用单自由度体系的频响函数曲线拟合多自由度体系的频响函数曲线，得到结构的各阶固有频率等模态参数（图 7-6），这就是结构模态参数识别的单自由度方法。

2. 动力冲击系数

承受移动荷载的桥梁、厂房的吊车梁等，常常需要确定它的动力系数或冲击系数，它综合地反映了动力荷载对结构的动力作用。动力系数或冲击系数的定义为：在动力荷载作用下，结构最大动挠度与对应的静挠度之比（图 7-7），即

$$K_d=\frac{Y_{dmax}}{Y_{smax}} \tag{7-11}$$

式中　Y_{dmax}、Y_{smax}——分别为桥梁或吊车梁跨中最大动挠度值、最大静挠度值。

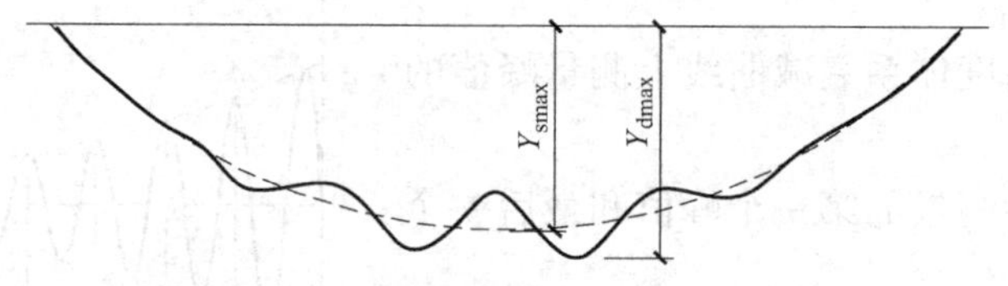

图 7-7　移动荷载作用下简支梁的挠度曲线

以桥梁为例，冲击系数测试时将车辆以不同的速度驶过桥梁，逐次记录跨中截面的挠度时程曲线，进行分析即可得到冲击系数。图 7-8（*a*）即为 1 辆试验车辆以 20km/h 时速通过某预应力混凝土 T 形刚构桥时，T 构牛腿处的动挠度时程曲线，根据实测数据，可得该桥的冲击系数为：

$$K_d=\frac{Y_{dmax}}{Y_{smax}}=\frac{5.576}{5.089}=1.096 \tag{7-12}$$

对动挠度进行频谱分析（图 7-8*b*），从频谱图中可得出该桥第一阶频率为 1.08Hz。

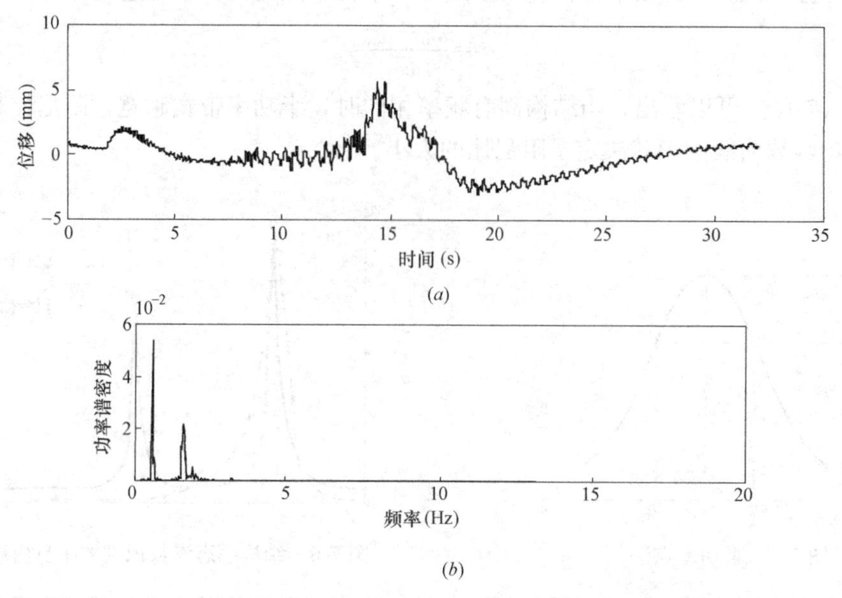

图 7-8　20km/h 跑车所产生的 T 形刚构牛腿处动挠度时程曲线及其频谱图

（*a*）动挠度时程曲线；（*b*）自功率谱图

第三节　结构抗震试验

一、概述

我国是一个地震多发的国家，大部分地区都发生过较强烈的破坏性地震。近几年来的强烈地震，都造成了巨大的生命和财产损失。在付出惨重的代价后，人们对地震灾害的认识越来越深刻。工程结构的抗震理论和试验研究也越来越受到世界各国广泛的重视。在长期抵抗地震灾害中，人们认识到工程结构抗震试验是研究结构抗震性能的一个重要手段。

结构抗震试验也是结构抗震设计理论和方法的基础。结构抗震试验的主要目的是通过试验手段获取结构在地震作用的试验环境下的结构性能。

1. 结构抗震试验的内容

一般来讲，结构抗震试验包括三个环节：结构抗震试验设计、结构抗震试验和结构抗震试验分析。三者中，结构抗震试验设计是关键，结构抗震试验是中心，结构抗震试验分析是目的。它们的关系如图 7-9 所示。

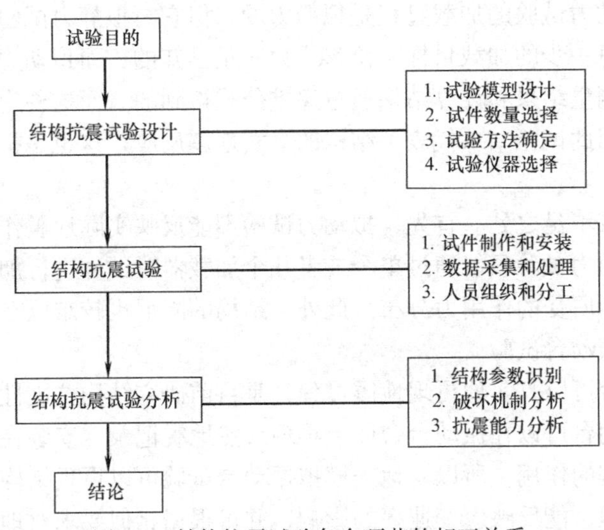

图 7-9 结构抗震试验各个环节的相互关系

结构承受地震作用，实质上就是承受多次反复的可变荷载作用。结构依靠自身变形耗散地震能量，因此结构抗震试验的荷载应具有反复作用的特点。试验过程中，结构构件将屈服并进入非线性工作阶段，直至完全破坏，试验结构具有大变形的特点。目前结构抗震试验主要是从场地原型观测和试验室两个方面进行，一般认为结构的静态试验和结构原型弹性阶段的动力试验所取得的资料数据，对抗震设计来说不能满足客观要求，还需要测试结构工作的各个阶段的动态特性参数。

结构抗震试验是研究结构物在模拟地震的荷载作用下强度、变形情况、非线性性能以及结构的实际破坏状态。试验不仅研究结构或构件的恢复力模型用于地震反应计算，而且还从能量耗散的角度进行滞回特性的研究，分析结构的抗震性能。

2. 结构抗震试验的分类

结构抗震试验分为两大类：结构抗震静力试验和结构抗震动力试验。按试验方法来分，在试验室经常进行的主要有拟静力试验、拟动力试验和模拟地震振动台试验。在现场进行的有人工地震模拟试验和天然地震试验。由于现场试验费用比较昂贵，我国较少采用。

(1) 拟静力试验

拟静力试验又称为低周反复加载试验或者伪静力试验，一般给试验对象施加低周反复作用的力或位移，来模拟地震时结构的作用，并评定结构的抗震性能和耗能能力。由于拟静力试验实质上是用静力加载方式来模拟地震对结构物的作用，其优点是在试验过程中可以随时停下来观测试件的开裂和破坏状态，并可根据试验需要来改变加载历程。但是试验的加载历程是研究者事先主观确定的，与实际地震作用历程可能存在较大差异，不能反映实际地震作用时应变速率的影响，这是拟静力试验存在的主要问题。

（2）拟动力试验

拟动力试验又称计算机-加载器联机试验，是将计算机的计算和控制与结构试验有机地结合在一起的试验方法。它与采用数值积分方法进行的结构非线性动力分析过程十分相似，与数值分析方法不同的是结构的恢复力特性不再来自数学模型，而是直接从被试验结构上实时测取。拟动力试验的加载过程是拟静力的，但它与拟静力试验方法存在着本质的区别，拟静力试验每一步的加载目标（位移或力）是已知的，而拟动力试验每一步的加载目标是由上一步的测量结果和计算结果通过递推公式得到的，而这种递推公式是基于试验对象的动力方程，因此试验结果代表了结构的真实地震反应，这也是拟动力试验优于拟静力试验之处。

拟动力试验也有不足之处。首先，拟动力试验不能反映实际地震作用时材料应变速率的影响；其次，拟动力试验只能通过单个或者几个加载器对试件进行加载，不能完全模拟地震作用时结构实际所受的作用力分布；此外，结构的阻尼也较难以在试验中出现。

（3）模拟地震振动台试验

地震模拟振动台可以真实地再现地震过程，是目前研究结构抗震性能较好的一种试验方法。地震模拟振动台可以在振动台台面上再现天然地震记录，安装在振动台上的试件就能受到类似天然地震的作用。所以，地震模拟振动台试验可以再现结构在地震作用下结构开裂、破坏的全过程，能反映应变速率的影响，并可根据相似要求对地震波进行时域上压缩和加速度幅值调整等处理，对超高层或原型结构进行整体模型试验。

地震模拟振动台试验主要用于检验结构抗震设计理论、方法和计算模型的正确性与合理性。振动台不仅可进行建筑结构、桥梁结构、海洋结构、水工结构试验，同时还可以进行工业产品和设备等的振动特性试验。地震模拟振动台也有它的局限性，一般振动台试验都为模型试验，比例较小，容易产生尺寸效应，难以模拟原结构构造，且试验费用也较高。

（4）人工地震模拟试验

采用地面或者地下爆炸法引起地面运动的动力效应来模拟某一烈度或某一确定性天然地震对结构的影响，对大比例模型或者足尺结构进行试验，并已在实际工程试验中得到实践。这种方法直观简单，并可考虑场地的影响，但试验费用高、难度大。

（5）天然地震试验

在频繁出现地震的地区或者短期预报可能出现较大地震的地区，有意识地建造一些试验性结构或在既有结构上安装测震仪，以便一旦发生地震时可以得到结构的反应。这种方法真实、可靠，但费用高、实现难度较大。

二、拟静力试验

1. 试验目的

拟静力试验的研究目的是：建立恢复力曲线、建立强度计算公式以及研究破坏机制，为设计或研究提供依据。

（1）建立恢复力曲线。在非线性地震反应分析中，往往需要通过试验来建立简化的恢复力模型。因此，大多采用变幅变位移加载。它能够比较明确得到力和位移的关系，特别是在研究性试验中更加能够给出规律性结论。

（2）建立强度计算公式以及研究破坏机制。为了建立强度计算公式以及研究破坏机制，一般采用变幅变位移加载制度或者采用混合加载制度。这两种加载制度所得到的骨架曲线大致相符合，在1～3次反复中，对逐级增加变位的破坏特征可以观察得更清楚。所测得的各种信息也可在1～3次反复中进行比较，这对建立强度计算公式有所帮助。

2. 试验方法

拟静力试验是目前在结构或者构件抗震性能研究中应用最广泛的试验方法。它是以一定的荷载或者位移作为控制值对试件进行低周反复加载，来获得结构非线性的荷载-变形特性，所以又称之为低周反复加载试验或者恢复力特性试验。这种试验方法是在20世纪60～70年代基于结构非线性地震反应分析的要求提出的，应用该试验方法可最大限度利用试件提供的各种信息，如承载力、刚度、变形能力、耗能能力和损伤特征等等。拟静力试验的根本目的是对结构在荷载作用下的基本性能进行深入的研究分析，进而建立恢复力模型和承载力计算公式，探讨结构的破坏机制，并改进结构的抗震构造措施。

3. 加载装置

试验加载装置多采用反力墙或者专用抗侧力构架。加载设备主要用推拉千斤顶或者电液伺服结构试验系统装置，并用计算机进行试验控制和数据采集。电液伺服加载器或者液压千斤顶一方面与试件连接，另一方面与反力装置连接，以便给结构施加作用力。与此同时，试件也需要固定并模拟实际边界条件，所以反力装置都是拟静力加载试验中所必需的。目前常用反力装置主要有试验台座、门式钢架、反力墙、反力架和相应的各种组合荷载架。图7-10为典型的电液伺服拟静力试验加载系统。

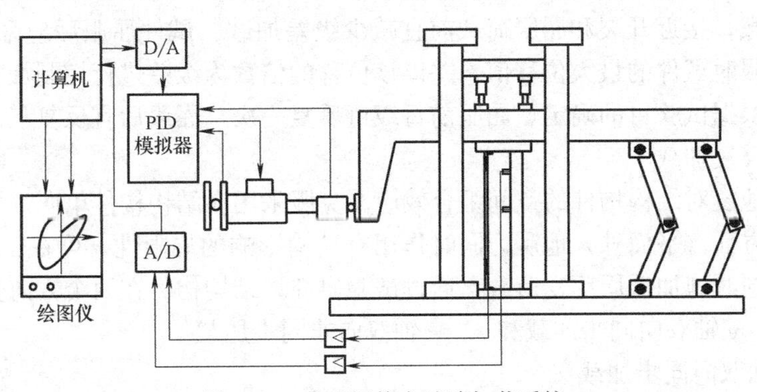

图7-10 典型拟静力试验加载系统

4. 加载制度

（1）单向反复加载

1）位移控制加载

位移控制加载是在每次循环加载过程中以位移为控制量而进行循环加载。当结构有明确屈服点时，一般以屈服位移的倍数为控制值，根据位移控制的幅值不同，又可分为变幅加载、等幅加载和变幅等幅混合加载，加载程序如图7-11所示。变幅加载即在每一循环以后，位移的幅值都将发生变化；等幅加载即在试验过程中，位移的幅值都不发生变化；混合加载即是将等幅加载和变幅加载结合应用，综合研究试件性能。

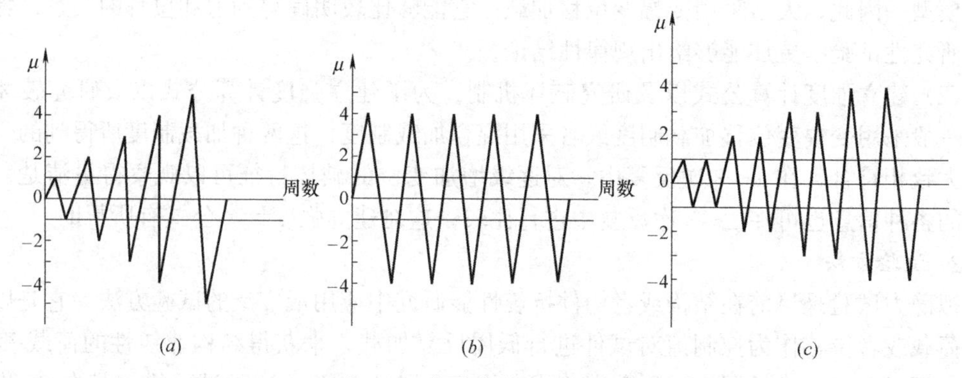

图 7-11　位移控制时加载制度

(*a*) 变幅加载；(*b*) 等幅加载；(*c*) 变幅等幅混合加载

变幅值位移控制加载多用于确定试件的恢复力特性以及建立恢复力模型；等幅值位移控制加载主要应用于确定试件在特定位移下的性能；混合加载用于研究不同加载幅值的变化顺序对试件受力性能的影响，综合研究构件的性能。在以上三种位移控制加载制度中，以变幅等幅混合加载方案使用得最多。

2) 力控制加载

力控制加载是在加载过程中，以力作为控制值，按一定的力幅值进行循环加载。由于试件屈服后难以控制加载的力，因此这种加载制度较少单独使用。

3) 力-位移混合控制加载

这种加载制度是先以力控制进行加载，当试件达到屈服状态时改用位移控制，一直至试件破坏。《建筑抗震试验方法规程》(JGJ 101—96) 规定：试件屈服前，应采用荷载控制并且分级加载，接近开裂和屈服荷载前宜减少级差加载；试件屈服后应采用变形控制，变形值应取屈服时试件的最大位移值，并以该位移的倍数为级差进行控制加载；施加反复荷载的次数应根据试验目的确定，屈服前每级可反复一次，屈服后宜反复三次。

(2) 双向反复加载

为了研究地震对结构构件的空间组合效应，克服采用在结构构件单向（平面内）加载时不考虑另一方面（平面外）地震力同时作用对结构影响的局限性，可在 x、y 两个主轴方向（二维）同时施加低周反复荷载。通过试验研究，结构构件在两个方向受力时反复加载可以分为 x、y 轴双向同步加载和 x、y 轴双向非同步加载。

1) x、y 轴双向同步加载

与单向反复加载制度相同，低周反复荷载在与构件截面主轴成斜角的方向进行斜向加载，使 x、y 两个主轴方向的荷载分量同步作用。双向同步加载同样可以采用控制位移加载法、控制作用力加载法或者作用力及位移两者混合控制的加载方法。

2) x、y 双向非同步加载

非同步加载是在构件截面的 x、y 两个主轴分别施加低周反复荷载。由于 x、y 两个方向可以不同步的先后或者交替加载，因此，它可以有如图 7-12 所示的各种变化方案。图 7-12 中 (*a*) 为在 x 轴不加载，y 轴反复加载，或者情况相反，即是前述的单向加载；(*b*) 为 x 轴加载后保持恒载，而 y 轴反复加载；(*c*) 为 x、y 轴先后反复加载；(*d*) 为 x、y 两轴交替反复加载；此外，还有 (*e*) 的 8 字形加载或者 (*f*) 的方形加载。

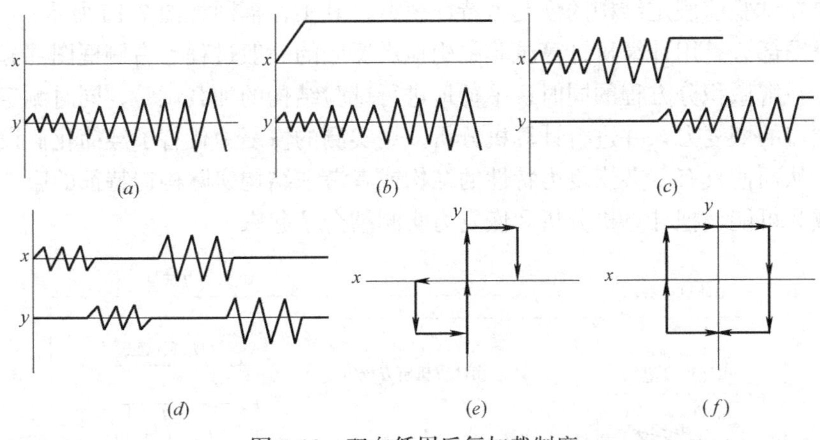

图 7-12　双向低周反复加载制度

当采用由计算机控制的电液伺服加载器进行双向加载时，可以对一结构构件在 x、y 两个方向成 90°作用，实现双向协调稳定的同步反复加载。

5. 加载方法

(1) 正式试验前，应先进行预加反复荷载试验三次；混凝土结构试件加载值不宜超过开裂荷载计算值的 30％；砌体结构试件加载值不宜超过开裂荷载计算值的 20％。

(2) 正式试验时的加载方法应根据试件的特点和试验目的确定，宜先施加试件预计开裂荷载的 40％～60％，并重复 2～3 次，再逐步加载到 100％。

(3) 试验过程中，应该保持反复加载的连续性和均匀性，加载或者卸载的速度宜一致。

(4) 当进行承载能力和破坏特征试验时，应加载至试件极限荷载的下降段；对混凝土结构试件下降值应控制在最大荷载的 85％。

(5) 因为试件屈服后主要是位移量的变化，难以采用荷载控制，所以在进行试验时，加载程序应该采用荷载和变形两种控制方法来加载，也就是说，在弹性阶段用荷载控制加载，屈服后用变形量控制加载，具体操作要求如下：

1) 试件屈服前，应采用荷载控制并分级加载；由于试验时，试件的实际强度值与计算值之间存在一定的偏差，为了更加准确地找到开裂荷载和屈服荷载，因此接近开裂和屈服荷载前宜减少级差而进行加载；

2) 试件屈服后，应采用变形控制。变形值应该取屈服时试件的最大位移值，并以该位移值的倍数为级差进行控制加载；

3) 施加反复荷载的次数应该根据试验目的来确定。屈服前每级荷载可以反复一次，屈服后宜反复三次。当进行刚度退化试验时，反复次数不宜少于五次。

三、拟动力试验

对于一个具体的结构或某一种具体的结构形式，发生地震时，结构受到的惯性力与结构本身的特性有关，地震模拟试验就是要模拟结构受到的这种惯性力。拟动力试验的方法是由计算机进行数值分析并控制加载，即由给定地震加速度记录通过计算机进行非线性结构动力分析，将计算机得到的位移反应作为输入数据，以控制加载器对结构进行试验。这种方法需要在试验前假定结构的恢复力特性模型，其工作框图如图 7-13 所示。

左侧框图部分是用计算机计算试验结构地震反应的一般过程。右侧框图部分是配机试验的过程，在解微积分方程的同时，平行地进行试验结构的加载试验，同时测定试验结构各质点集中点的恢复力，并进行计算机分析。用实测的恢复力代替了经简化假设的恢复力特性模型，从而使具有复杂恢复力特性的结构或者考虑结构实际构造特征的影响在地震反应计算中成为可能，把计算机分析和恢复力实测结合了起来。

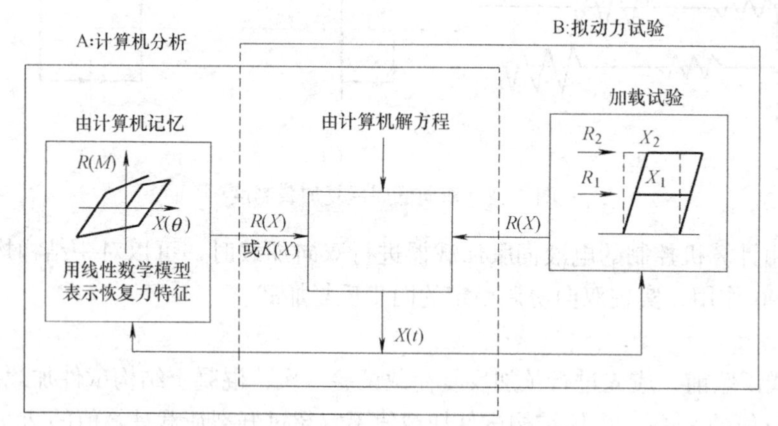

图 7-13　计算机分析和联机试验原理图

1. 拟动力试验的优缺点

拟动力试验分析方法是一种综合性的试验技术。拟动力试验的优点是：① 在整个数值分析过程中不需要对结构的恢复力特性进行假设；②可以对一些足尺模型或者大比例模型进行试验；③ 因为试验加载过程接近静态，所以使试验人员有足够的时间观测结构性能的变化和结构的损坏过程，获得比较详细的试验资料；④可以缓慢地再现地震的反应。

拟动力试验的缺点是：①不能实时再现真实的地震反应，不能反映出应变速率对结构材料强度的影响；②实际反应所产生的惯性力是用加载器来代替。因此，只适用于离散质量分布的结构；③在联机试验中，除控制运动方程的数值积分外，还必须正确控制试验机，正确测定变位和力，要求采用与计算机相同精度水准的加载系统。为了使联机试验成功，必须将数值计算方法、试验机控制方法、变位和力的量测方法与试验模型的性状相互协调，切实选定其组合关系。

2. 试验设备

拟动力试验的加载装置与低周反复加载试验类似，试验设备由电液伺服加载器、传感器、计算机、试验台架等组成。

（1）电液伺服加载器

低周反复加载试验对加载器的要求较低，可采用一般的单作用或双作用的千斤顶。拟动力试验采用计算机控制试验，加载器必须具有电液伺服功能。电液伺服加载器由加载器和电液伺服阀组成。可以将力、位移、加速度、速度等物理量转换为电参量作为控制参数。由于它能较精确地模拟试件所受的外力，产生逼真的试验状态，所以在近代试验加载技术中被用于模拟各种振动荷载，特别是地震荷载等。目前常用的加载器主要是电液伺服作动器。拟动力试验选用电液伺服加载器时应该满足以下要求：

1）加载器最大出力能力应大于试验设计荷载值的150%。因为对被测试对象的受力特征和破坏形式尚不确定，对极限承载能力的估计往往误差较大。所以，加载器的加载能力必须有足够的余量，使得试验能够进行下去。

2）加载器活塞行程的最大位移量应大于试验设计位移量的120%。

3）当对加载速率有较高要求时，应合理选用加载器的频率响应特性。作动器比千斤顶具有更好的频率响应特性，作动器的工作速率不仅受其自身的频率响应特性的制约，还与油源的最大输出油量、作动器的工作位移等工作条件相关。

（2）传感器

拟动力试验中一般采用电测传感器。常用的传感器有力传感器、应变传感器、位移传感器等。力传感器一般内装在电液伺服加载器中。当荷载很小，例如加载器工作荷载值小于传感器标称值得10%时，宜外装力传感器，从而提高力信号的测量精度和信噪比。

电液伺服加载器内常安装有差动式位移传感器，但由于加载设备之间以及加载设备与试件之间存在间隙的影响，其测量数据往往不能满足试验要求，因此常在试件上安装位移传感器进行位移或者变形测量。拟动力试验中采用的位移传感器可以选用电子百分表、差动式位移传感器、滑阻式位移传感器等，应根据结构的最大位移反应确定位移传感器的量程。为了提高位移信号的信噪比和测量精度，位移传感器的量程不宜过大。试验初期加载位移很小时，宜采用小量程、高灵敏度的位移传感器或者改变位移传感器的标定值，提高信噪比。

（3）计算机控制系统

在拟动力试验中，计算机是整个试验系统的核心，加载过程的控制和试验数据的采集都由计算机完成。计算机应具有足够的运算速度、足够可利用的硬盘空间、满足试验要求的操作平台和工作软件。数据采集工作可以由动态数据采集系统完成，也可由计算机完成。数据采集工作由计算机进行时，计算机应配备A/D、D/A转换卡以及数据卡。A/D、D/A转换卡进行模/数以及数/模的转换，转换卡应具有缓冲器和放大器，数据转换精度应达到12位以上。数据采集卡进行数据自动采集和处理，由采集卡中的单卡机根据程序指令控制试验数据采集过程，试验数据存储由计算机完成。

（4）试验装置和台座

试验可采用与静力试验或者低周反复加载试验一样的台座，试验装置的承载能力应大于试验设计荷载的150%。试验安装时，应考虑在推拉力作用下试件与台座之间可能发生的松动。反力架（反力墙）与试件底部宜通过刚性拉杆连接，使反力架与试件之间不发生相对位移，以提高试验加载控制的精度。

3. 试验步骤

计算机-加载器联机加载试验的控制和运行，是由专用软件系统通过数据库和运行系统来控制操作指示并完成预定试验过程的。以下是主要的试验步骤：

（1）在计算机系统中输入地震加速度时程曲线。

（2）把 n 时刻的地震加速度值代入运动方程，解出 n 时刻地震反应位移 X_n。

（3）由计算机控制电液伺服加载器，将 X_n 施加到结构上，实现这一步的地震反应。

（4）量测此时结构的反力 F_n，并代入运动方程，按地震反应过程的加速度进行 $n+1$ 时刻的位移 X_{n+1} 的计算，量测试验结构反力 F_{n+1}。

（5）重复上述步骤，连续进行加载试验，直到试验结束。

四、模拟地震振动台试验

利用地震模拟振动台进行结构抗震试验始于20世纪60年代末期。从人们认识到结构抗震试验对提高结构抗震能力的重要性时开始，振动台就用来产生模拟的地震地面运动，对结构的抗震性能进行研究。在结构抗震试验中，地震模拟振动台试验被认为最真实地反映了结构抗震性能的试验。

1. 试验装置简介

模拟地震振动台是再现各种地震波对结构进行动力试验的一种先进试验设备，主要由下列几个部分组成：台面和基础、电液伺服加载器、高压油源和管路系统、计算机控制系统、模拟控制系统和相应的数据采集处理系统（图7-14）。

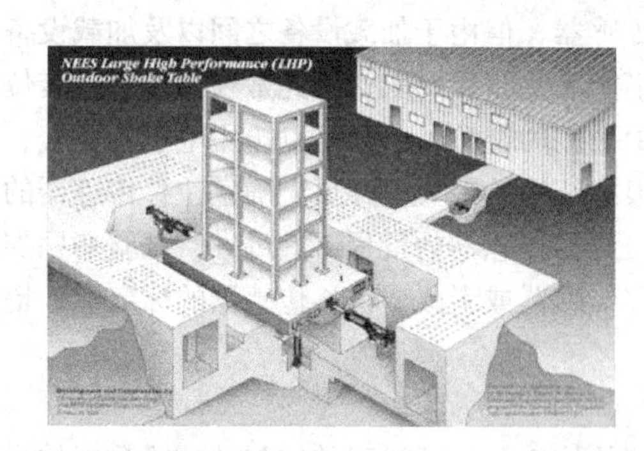

图7-14　地震模拟振动台示意图及实景示例

（1）振动台台体结构。振动台的台面是具有一定尺寸的平板结构，其尺寸的规模确定了结构模型的最大尺寸，台体自重和台身结构与承载的试件质量及使用频率范围有关。振动台必须安装在质量很大的基础上，这样可以减小对周围建筑和其他设备的影响，并改善系统的高频特性。

（2）液压驱动和动力系统。液压驱动系统是给振动台一个巨大的推力，由电液伺服系统来驱动液压加载器，控制进入加载器的液压油的流量方向和大小，从而推动台面能在垂直轴或者水平轴的x和y方向上产生相位受控的随机运动或正弦运动，实现地震模拟和波形再现的要求。液压动力部位是一个巨大的液压功率源，能提供给所需要的变压油流量，来满足巨大推力和台身运动速度的要求。

（3）控制系统。为了提高振动台的控制精度，可以采用计算机进行数字迭代的补偿技术，实现台面地震波的再现。试验时，振动台台面输出的波形是期望再现的某个地震记录或是模拟设计的人工地震波。由于包括台面、试件在内的系统的非线性影响，在计算机给台面的输入信号激励下所得到的反应与输出的期望波形之间会存在误差。这时，可由计算机将台面输出信号与系统本身的传递函数（频率响应）进行比较，求得下一次驱动台面所需的补偿量和修正后的输入信号。经过多次迭代，直至台面输出反应信号与原始输入信号之间的误差小于预先给定的量值，完成迭代补偿并得到满意的期望地震波形。

（4）测试和分析系统。测试系统除了对台身运动进行控制而测量加速度、位移等外，对试验模型也要进行多点测量，一般量测的内容为加速度、位移、频率及应变等，总通道可达数百点。数据采集系统将反应的时间历程记录下来，经过模数转换后储存，进行分析处理。振动台台面运动参数最基本的是位移、速度和加速度等。一般是按模型质量及试验要求来确定台身满负荷时的最大加速度、速度和位移等数值。

2. 加载设计

地震模拟振动台试验的加载设计是非常之重要的，荷载选取过大，试件可能很快进入塑性阶段甚至破坏倒塌，难以完整地量测和观察到结构的弹性和弹塑性反映的全过程，甚至可能发生安全事故。荷载选取得太小，不能达到预期目的，产生不必要的重复，影响试验的进展，而且多次加载会对试件产生损伤积累。因此，为获得系统的试验资料，必须周密地考虑试验加载程序的设计。

进行结构抗震动力试验，振动台台面的输入一般选用地面运动的加速度。常用的地震波谱有天然地震记录和拟合反应谱的人工地震波。如图 7-15 所示为 1940 年美国埃尔森特罗（El-Centro）强震记录的加速度时程。振动台台面输时入可以对地震进行幅值和时间按比例进行调整输入。

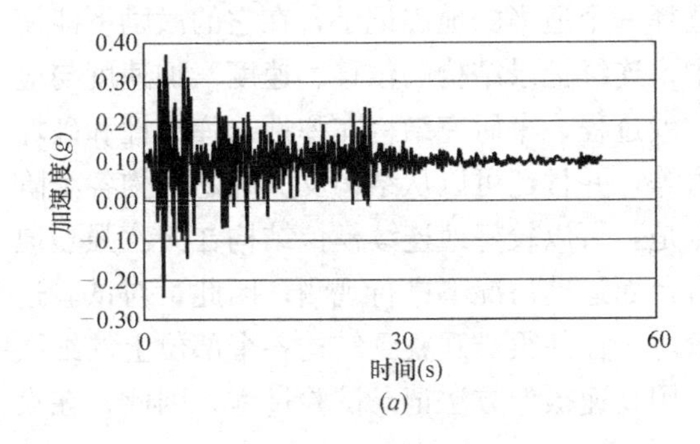

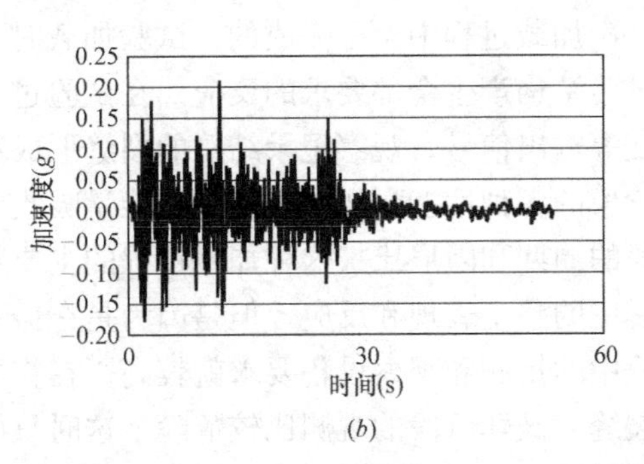

图 7-15 El-Cenctro 地震波时程

（a）南北向时程；（b）东西向时程

振动台是一个非线性系统，直接用地震波信号通过 D/A 转换和模拟控制系统放大后驱动振动台，在台面上无法得到所要求的地震波。在实际试验时，地震模拟振动台的计算机系统将根据振动台的频谱特性，对输入的地震波进行计算、分析，经过处理后再进行 D/A 转换和模拟放大，使振动台能够再现所要的地震波。在选择和设计台面的输入运动时，需要考虑以下有关因素：

（1）试验结构的周期。如果模拟长周期结构并研究它的破坏机理，就要选择长周期分量占主导地位的地震记录或者人工地震波，以便使结构能产生多次瞬时共振而得到清晰的变化和破坏形式。

（2）考虑振动台台面的输出能力。主要考虑振动台台面输出的频率范围、最大位移、速度和加速度、台面承载力等性能，在试验前应认真核查振动台台面特性曲线是否满足试验要求。

（3）结构所在的场地条件。如果要评价建立在某一类场地土上的结构的抗震能力，就应选择与这类场地土相适应的地震记录，即要求选择地震记录的频谱特性尽可能与场地土的频谱特性相一致，并需要考虑地震烈度和震中距离的影响。在进行实际工程地震模拟振动台模型试验时，这个条件就显得尤其重要。

3. 加载程序

地震模拟振动台试验的加载过程包括：结构动力特性试验、地震动力反应试验和量测结构不同工作阶段的自振特性变化等试验内容。

结构动力特性试验，是在结构模型安装在振动台以前，采用自由振动法或者脉动法进行试验量测。模型安装在振动台上以后则采用小振幅的白噪声输入振动台台面，进行激励试验，量测台面和结构的加速度反应。通过分析加速度反应的传递函数、功率谱等，求得结构模型的自振周期、阻尼比以及振型等参数。也可以采用正弦波输入连续扫频，通过共振法测得模型的动力特性。当采用正弦波扫频试验时，应特别注意由于共振作用对结构模型强度所造成的影响，避免结构开裂或者破坏。

根据试验目的的不同，在选择和设计振动台台面输入加速度时程曲线后，试验的加载过程可以是一次性加载或者多次加载的不同方案。

（1）一次性加载

一次性加载试验的特点是：结构从弹性阶段、弹塑性阶段直至破坏阶段的全过程是在一次加载过程中全部完成的。试验加载时要选择一个适当的地震记录，在它的激励下能使试验结构产生全部要求的反应。在试验过程中，连续记录结构的位移、速度、加速度与应变等输出信号，观察记录结构的裂缝形成和发展过程，来研究结构在弹性、弹塑性和破坏阶段的各种性能，如刚度变化、能量吸收能力等，并且还可以从结构反应确定结构各个阶段的周期和阻尼比。这种加载过程的主要特点是：可以较好地连续模拟结构在一次强烈地震中的整个表现和反应。但是因为是在振动台台面运动情况下进行观测，因此，对试验过程中的量测和观察设备要求就较高，在初裂阶段，往往很难观察到结构各个部位上的细微裂缝。破坏阶段的观测比较危险，这时只能采用高速摄像方法记录试验过程，因此，在没有足够经验的情况下很少采用这种加载方法。

（2）多次加载过程

目前，在模拟地震振动台试验中，大多数的研究者都采用多次加载的方案来进行试验研究。一般情况为：

1）动力特性试验。

2）振动台台面输入运动，使结构产生微裂缝。

3）加大台面输入运动，使结构产生中等程度的开裂。

4）加大台面输入加速度的幅值，结构振动使其主要部位产生破坏，但结构还有一定的承载能力。

5）继续加大台面运动，使结构变为机动体系，稍加荷载就会发生破坏倒塌。

在各个试验阶段，被试验结构各种反应的测量和记录与一次性加载时相同，可以明确地得到结构在每个试验阶段的周期、振动变形、刚度退化、阻尼、能量吸收能力和滞回特性等。但是由于采用多次加载，对结构将产生变形积累的影响。

4. 反应量测

在模拟地震振动台试验中一般需观测结构的位移、加速度和应变反应，以及结构的开裂部位、裂缝的发展、结构的破坏部位和破坏形式等。在试验中位移和加速度测点一般布置在产生最大位移、加速度的部位。以房建结构的整体模型试验为例，在主要楼面和顶层高度的位置上布置位移和加速度传感器（要求传感器的频响范围为0～100Hz）。当需测层间位移时，应在相邻两楼层布置位移或加速度传感器。对于结构构件的主要受力部位和截面，要求测量钢筋和混凝土的应变、钢筋和混凝土的粘结滑移等参数。来自位移、加速度和应变传感器的所有信号由专门的数据采集系统进行数据采集和处理，其结果可由计算机终端显示或绘图仪、打印机等外围设备输出。

5. 安全措施

试件在模拟地震作用下将进入开裂与破坏阶段，为保证试验过程中仪器设备与人员的安全，振动台试验必须采取如下安全措施：

(1) 试件与振动台的安装应该牢固，对安装螺栓的强度和刚度应进行相应的验算。

(2) 传感器应与试件牢固相连，并且应采取预防掉落的措施，避免因振动而引起传感器的损坏或掉落。

(3) 有可能发生倒塌的试件，应在振动台四周铺设软垫，并利用吊车通过绳索或钢丝进行相应的保护，以防止试件倒塌时对振动台和周围设备的损坏。进行倒塌试验时，应将传感器全部拆除，同时认真做好摄像记录的工作。

(4) 试验过程中，应做好警戒标志，防止与试验无关的人员进入试验区。

第四节　模拟地震振动台试验实例

一、试验概况

1. 工程概况

某高层建筑平面呈 L 形，高 47 层、166.1m，设有 6 层裙房，在第 5 层进行结构转换，结构为部分框支钢筋混凝土剪力墙结构。建筑场地类别为Ⅱ类，设计时地震作用计算所用的特征周期 $T_g=0.35s$。该工程位于 7 度抗震设防区，其抗震设防重要性类别为乙类建筑，地震作用按 7 度（设计地震分组为第一组）、抗震措施按 8 度考虑。由于该结构平面呈 L 形，伸出的两肢长宽比约 2.0，在 L 形角部外侧每隔一层抽去一层梁板。由此可见，该结构受力比较复杂，需要采用模拟地震振动台进行抗震性能研究。试验研究的目的除测定模型的动力特性和地震反应等一般性要求外，尚要考察结构 L 形扭转的影响，局部缺梁板引起的结构削弱。

试验研究的主要内容有：①测定结构的动力特性（自振频率和振型）及受震前后的变化，判定结构在不同试验工况后刚度变化情况；②测定结构在三种地震波在 7 度小震、中震、大震等不同情况作用下的加速度反应；③给出上述荷载情况下的位移反应和最大位移包络图以及扭转反应；④观察裂缝出现和发展情况，确定结构的薄弱部位、开裂程度、破坏形式和破坏机理，分析判断结构的抗震安全性；⑤根据试验结果判断结构地震反应是否满足有关规范要求，评价结构的总体抗震性能；⑥对结构抗震设计提出改进的建议。

2. 模型设计与制作

试验模型设计依据相似定理，选取 1/30 的几何相似比，经无量纲分析导出控制参数的无量纲积，据此确定各控制参数的相似关系，如表 7-1 所示。根据模型的实际质量，可计算出所需配重。模型总重为 12.034t，其中模型重 3.8815t，底板重 2.590t，所加配重 5.5625t。

模型与原型的相似关系 表 7-1

相似系数	符号	公式	比值(模型/原型)
尺寸	S_l	模型 l/原型 l	1/30
弹性模量	S_E	模型 E/原型 E	0.244
加速度	S_a	$S_a=S_E S_l^2/S_m$	3.796
质量	S_m	模型 m/原型 m	1/14000
时间	S_t	$S_t=\sqrt{s_l/s_a}$	0.0937
频率	S_f	$S_f=1/S_t$	10.67
位移	S_u	$S_u=S_l$	1/30
应力	S_σ	$S_\sigma=S_E$	0.244
力	S_F	$S_F=S_E S_l^2$	2.75e-4

模型采用微粒混凝土制作，材料为水泥砂浆。水泥为 32.5R 级硅酸盐水泥，砂为细砂，对应于原型混凝土强度等级 C35、C45 和 C60，模型微粒混凝土弹性模量分别为 7789、8178 和 8707MPa。在模型制作过程中同时浇筑规定数量的砂浆立方体试块和棱柱体试块以测定微粒混凝土材料的强度和弹性模量。

模型钢筋采用回火镀锌铁丝。根据刚度条件选用直径为 $\phi8\sim\phi22$ 等多种规格。模型浇筑在钢筋混凝土底座上，柱的钢筋与底座钢筋固定连接。底座厚 0.15m，底座上预留螺栓孔，用螺栓与台面连接。外模板用木板制作，由底层往上逐步提升。内模板用泡沫塑料，便于加工成型和捣碎拆除。微粒混凝土浇筑时用小振捣器振捣和小铁杆插捣，保证模型浇筑质量。微粒混凝土采用保水封闭养护。图 7-16 为模型吊装在振动台上准备试验的情景。

图 7-16 模型吊装到振动台上准备试验

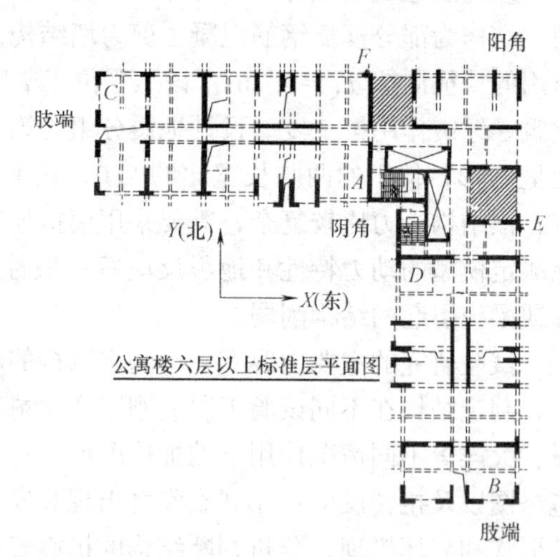

图 7-17 测点位置示意图

二、试验方案

1. 试验用地震波

采用一条场地人工地震波和两条真实强震记录（El Centro 波、Taft 波）。水平加速度峰值按相似系数放大，持续时间按相似系数压缩。试验将分别进行 x 或 y 向单向输入，

x、y 双向输入及 x、y、z 三向输入。

2. 测点布置

30 个压电式加速度传感器及 68 个位移传感器，沿结构高度布置，平面位置位于公寓楼的上肢内角点（A 点）、公寓楼的下肢南端点（B 点）、公寓楼的上肢西端点（C 点）、公寓楼的下肢内角点（D 点）。应变测点布置在重点观测的剪力墙和梁上，激光位移传感器布置在转换层上下和平面收缩处 E、F 点（第 8 层）以测定层间位移，测点位置见图 7-17。

3. 试验工况

在每个能级试验前后，各输入一次白噪声用以测定结构的频率变化情况。在小震作用下，输入人工波、El Centro、Taft 三个地震波 X 向和 Y 向，然后进行 $X+Y$ 双向单向输入，用以比较按《建筑抗震设计规范》弹性计算结果，在中震及大震阶段，地震波分别按 $X+Y$ 双向输入。

三、主要测试结果

1. 动力特性

分了分析模型通过不同强度地震作用后的动力特性，在不同强度地震后对模型输入加速度峰值为 0.09g 的（X 及 Y 向）白噪声扫频，由此得到模型 X 和 Y 方向相对加速度反应的自谱及其对模型底座加速输入的传递函数，通过模态分析得到不同强度地震作用后模型 X 向和 Y 向的自振频率及振型。

通过对试验结果的分析得出不同地震强度作用后结构的频率变化。对于模型 X 轴向的频率变化，经过小震后，一阶振型的频率降低了 8.61%，二阶振型的频率降低了 7.18%；经过中震后，一阶振型的频率降低了 13.79%，二阶振型的频率降低了 18.26%；经过大震后，一阶振型的频率降低了 24.14%，二阶振型的频率降低了 31.59%；经过三向大震后，一阶振型的频率降低了 29.30%，二阶振型的频率降低了 43.65%。

2. 结构扭转反应

根据模型结构在七度小震、七度中震、七度大震各试验阶段，在人工波、EI-Centro 波、Taft 波等三种地震波作用下测得的扭转反应结果可知：模型 L 形的两肢扭转不一致，结构的单肢转动反应较大，结构的整体性较差。

3. 应变测试结果

(1) 7 度小震下各测点的应变最大值和最小值的绝对值基本上是相等的，也就是说测点的拉、压应变是对称的。结构处于弹性阶段，结构未有裂缝出现。

(2) 7 度中震作用下，混凝土测点应变开始出现不对称现象，说明结构有裂缝出现。虽然在应变测点位置没有出现裂缝，但由于其他部位有裂缝出现，使测点位置的拉、压应变不相等。负一层墙底拉应变达到 435$\mu\varepsilon$，已经达到微粒混凝土的开裂应变值 400$\mu\varepsilon$。

(3) 7 度大震作用下，应变测点的不对称现象越来越明显，裂缝逐渐发展。在人工双向地震作用下-1 层墙底最大应变值达到 639.10$\mu\varepsilon$。在 El Centro 波三向地震作用下 6 层墙底应变也达到 618.68$\mu\varepsilon$。均已超过微粒混凝土的开裂应变值。

(4) 由于内部钢结构骨架的应变测点处于混凝土核心区域，其应变值远小于对应混凝土测点的应变值。

(5) 在三向地震作用下，结构各点应变值一般均大于双向地震输入时的应变值。

4. 裂缝情况

(1) 模型结构在7度小震作用下，结构无裂缝产生，结构反应处于弹性阶段。

(2) 模型结构在7度设防烈度地震作用下，某处剪力墙与楼板交接处发现水平裂缝；在7度罕遇地震作用下，以上裂缝有所扩展，其他层相应水平位置也出现水平裂缝，说明结构在该处构造比较薄弱。

(3) 模型结构在经受历次地震后发现，某处剪力墙的根部已经裂断，建议该片剪力墙靠门洞处进行加强，模型多处在多个层分别发现沿剪力墙的根部处产生裂缝。

纵观结构的开裂情况可见，结构在大震下的破坏情况较严重，在小震、中震下的破坏情况较轻微，从而定性地说明了该结构按"三水准、两阶段"进行抗震设计后能够满足"小震不坏、中震可修、大震不倒"的预定功能目标。

四、结论与建议

通过对试验现象及数据的分析，可以得出以下结论与建议：

(1) 在7度多遇地震作用下，结构无明显裂缝产生；在7度设防烈度地震作用下，有剪力墙与楼板交接处发现几处水平裂缝；在7度罕遇地震作用下，以上裂缝有所扩展，并在另一层相应水平位置也出现水平裂缝，说明结构在此处较薄弱。

(2) 模型结构在经受历次地震后，多处剪力墙的根部已经裂断，建议对剪力墙靠门洞处进行加强。

(3) 该结构总体上满足设防烈度下的抗震要求，为了使结构具备更好的抗震性能，建议在施工图设计阶段采取以下改进措施：①对有空中花园部位的剪力墙进行适当加强；②对转换层以上结构平面刚度进行适当调整，以尽量减小扭转反应。

思 考 题

1. 结构动力试验分哪几类？
2. 结构动力响应测试的内容有哪些？
3. 试述结构抗震试验的内容和特点。
4. 简述拟静力试验的方法和特点。
5. 简述拟动力试验的方法和特点。
6. 试述地震模拟振动台试验的方法。

第八章　既有结构的技术状况评估

第一节　概　　述

在既有结构的使用过程中，由于使用期限的延长、使用功能的变更、遭遇地震、火灾的袭击等诸多因素的影响，结构的性能、受力状况会发生一些不利的改变，需要对既有结构的性能进行定期检测和评估，以便做出预防性、针对性的养护维修对策。对既有结构的检测、可靠性鉴定是结构进行维修、加固和改造的基础。但是，这种结构质量检测与鉴定工作不同于施工质量检测工作，因为是在已有建筑物或桥梁上进行的直接取样或直接检测，这就要求尽量不损伤既有结构且达到规定的检测目的，并得出结构的可靠性鉴定等级，客观科学地评估既有结构的技术状况，为养护维修、加固改造方案提供技术支持。

现有的既有结构的技术状况评估按鉴定方法的不同可以归纳为三类，即传统经验法、实用鉴定法和可靠度鉴定法。我国现阶段的结构鉴定方法用得最多的是实用鉴定法，可靠度鉴定法尚未进入实用阶段。

一、传统经验法

传统经验法是以原设计规范为依据，由有经验的技术人员进行现场观测和必要的结构验算，然后凭鉴定人员所拥有的知识、经验做出评价。因为没有统一的鉴定规范可循，结论往往因人而异，得出的结果一般都偏于保守。尽管如此，由于该方法因为程序少、费用低等，在较简单结构问题的鉴定中仍得到广泛应用。

二、实用鉴定法

实用鉴定法是随着现代检测相关技术的发展，在传统经验法的基础上逐渐发展起来的。该方法利用一些现代检测手段和计算工具，运用数理统计方法获得结构的各种技术参数，由此评定结构的可靠性。其特点是重视专家的作用，推崇严格的鉴定程序，缺点是工作量大，所需费用多。实用鉴定法虽然比传统经验法有了很大的改进，但其所做的工作完全集中在对鉴定程序与检测技术的完善，仍存在一定的局限性。

三、可靠度鉴定法

许多工程实例表明，对既有结构的鉴定，除了需要精确估计构件和结构的损坏程度与损伤状态外，还需要根据现代可靠性理论及其实用方法，对结构整体可靠性进行评定，才能对结构、构件的维修、加固或拆换做出合理的决定。可靠度鉴定法是将结构物的作用效

应 S 和结构抗力 R 作为随机变量，运用概率论和数理统计原理，计算出 $R<S$ 时的失效概率，来描述建筑结构可靠性的鉴定方法。由于作用效应和结构抗力的不确定性、检测手段的局限性及计算模型与结构的实际工作状态之间的差异，使得可靠度鉴定法目前还难进入实用阶段。但是可靠度检测法由于它的优异性，越来越受到工程界的重视，而新的检测仪器的发明也不断地推动着它的发展。

既有结构按照使用功能主要分为建筑结构和桥梁结构，受结构形式、使用荷载、受力特点、行业规范等因素的制约，技术状况评价方法、程序存在一些差异。目前，既有建筑结构技术状况评估以实用鉴定法为主，以可靠度鉴定法为辅，相对比较先进；既有桥梁结构技术状况评估传统经验法为核心，但辅以严格实用的检测评估程序与实施时限要求，可靠度鉴定法尚处在研究阶段；在工程实践中，既有建筑结构与既有桥梁结构的技术状况评估方法有时也会相互借鉴、混合使用。

既有建筑结构的技术状况评估方法按评估结构所用建筑材料的不同，可以分为混凝土结构、砌体结构和钢结构的技术状况评估三类，评估主要工作内容大体可以归纳为：混凝土结构的技术状况主要评估结构外观和变形、结构内部缺陷、强度、钢筋状况等方面；砌体结构的技术状况主要评估砌筑块材、砌筑砂浆、砌体强度、砌筑质量与构造等方面；钢结构的技术状况主要评估锈蚀、疲劳裂纹、变形、几何偏差等方面，详见本章第二节。

既有桥梁结构的技术状况评估方法，一般按照桥梁检查的目的、内容、周期、评估要求等，分为经常检查、定期检测和特殊检测，每一种检测评估方法都有严格的时限间隔要求，也有具体的操作流程与评价标准。在检测评估的实施过程中，常按照桥面系、上部结构、下部结构三大块分类评估、综合评价，详见本章第三节。

第二节　建筑结构可靠性鉴定评估

一、概述

1. 可靠度基本概念

工程结构的可靠性，是指在规定的时间和条件下，工程结构具有满足预期安全性、适用性和耐久性等功能的能力。由于影响可靠性的各种因素存在着不确定性，如荷载、材料性能的变异，计算模型不完善，施工质量的差异等，而且这些影响因素都是随机的。工程结构未能完成预定功能的概率称失效概率。

工程结构的可靠度习称安全度。安全度定义是：“结构安全度是指在正常设计、施工和使用的情况下，结构物对抵抗各种影响安全的不利因素所必需的安全储备的大小”。鉴于真实失效概率与结构安全性相联系，必须确定作用效应与结构抗力的真实分布，为此，在分别确定影响失效概率的各单项组成部分的变异性以后，再将它们组合起来估计总的失效概率。由于在各种计算方法中，数据存在不完整性和近似性，难以计算真实的失效概率，但却可以用来“校准”现行规范中各项孤立的计算方法的“理论上的失效概率”，从而衡量它们的安全度水平，并加以相互比较。

下面介绍一次二阶矩概率法的基本原理。结构按极限状态设计时，可以建立包括各有关基本变量 x 的极限状态方程：

$$Z=g(x_1,x_2,x_3,\cdots,x_n)=0 \tag{8-1}$$

式中　Z——结构功能函数。

当仅包括 S 和 R 两个基本变量时，则式（8-1）变为：

$$Z=g(S,R)=R-S=0 \tag{8-2}$$

当基本变量满足极限状态方程式（8-2）时，则结构达到极限状态，按照概率理论，结构的失效概率 P_f 为：

$$P_f=P(Z<0)=P[(R-S)<0] \tag{8-3}$$

式（8-3）中的结构功能函数 Z 的概率分布不易求得，因为 R 和 S 都是许多随机因素的函数。一次二阶矩法并不要求推导随机变量函数的全分布，只需计算其一阶原点矩（平均值）和二阶中心矩（方差），在计算过程中还可将非线性结构功能函数（Z）取一次近似，这样就能比较简单地估算工程结构可靠度中的失效概率 P_f。任何随机变量的平均值和标准差皆容易求得，当 $Z=R-S$ 时，其平均值为：

$$\mu_Z=\mu_R-\mu_S \tag{8-4}$$

标准差为：

$$\sigma_Z=\sqrt{\sigma_R^2-\sigma_S^2} \tag{8-5}$$

设 Z 为任意分布，如图 8-1 所示。阴影面积为失效概率 $P_f=P(Z<0)$，无阴影面积为可靠概率，即可靠度 $P_s=1-P_f$。

用结构功能函数 Z 的标准差 μ_Z 去度量 $Z=0$ 到 μ_Z 这段距离，可得出反映可靠概率大小的系数 β，则 $\beta\times\sigma_Z=\mu_Z$，由此得：

$$\beta=\frac{\mu_Z}{\sigma_Z}=\frac{\mu_R-\mu_S}{\sqrt{\sigma_R^2-\sigma_S^2}} \tag{8-6}$$

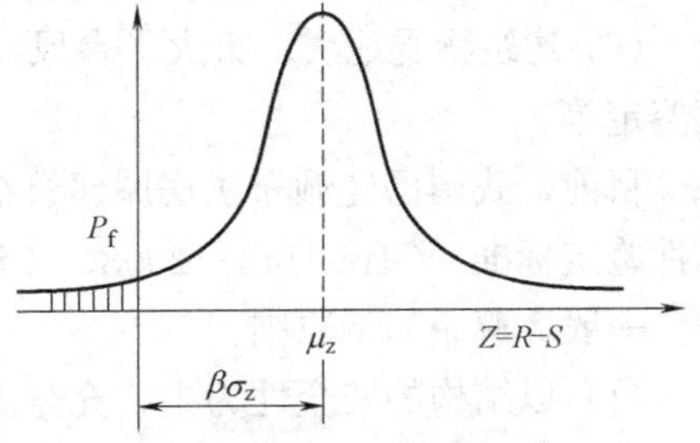

图 8-1　结构功能函数 Z 的概率分布曲线

在随机变量 Z 的分布　定的条件下，β 与 P_f 的关系式对应的。如 β 增大则 P_f 减小，即结构可靠度增大；若 β 减小则 P_f 增大，结构可靠度减小。因此，β 被称为可靠指标。

若 R、S 皆为正态分布的变量，则 Z 也为正态分布的变量，其 β 与 P_f 的关系如式（8-7）、式（8-8）所示：

$$P_f=\Phi\left(-\frac{\mu_Z}{\sigma_Z}\right)=\Phi(-\beta) \tag{8-7}$$

$$\beta=\Phi^{-1}(1-P_f) \tag{8-8}$$

式中　$\Phi(-\beta)$——标准正态分布函数；

$\Phi^{-1}(1-P_f)$——标准正态分布函数的反函数；

P_f——失效概率，一般可从正态分布表中查得，β 与 P_f 的关系的对应关系见表 8-1。

结构构件的目标可靠指标 β 及相应的 P_f 值 **表 8-1**

破坏类型		安全等级		
		一级	二级	三级
延性	β	3.7	3.2	2.7
	P_f	1.0×10^{-4}	6.8×10^{-4}	34×10^{-4}
脆性	β	4.2	3.7	3.2
	P_f	0.13×10^{-4}	1.0×10^{-4}	6.8×10^{-4}

2. 可靠度鉴定基本原则

根据《建筑结构设计统一标准》的规定，结构可靠度时采用的设计基准期为 50 年。设计人员在设计时，虽然考虑了诸多因素，但这些考虑与实际使用中发生的情况总是有一定差距的。建筑物在使用中会遭遇到各种偶然事件而受到损坏，如地基的不均匀沉降、结构的温度变形、疲劳损伤等。这些往往都是随机因素，难以在设计中考虑得周全充分，一旦使用中发生这类问题，将危及结构的安全，因此迫切需要进行结构检测与评估，进行可靠性鉴定。一般而言，当建筑物遇到下列情况之一时，应进行可靠性鉴定：

(1) 建筑物经过长期使用，不同程度地发生了老化。

(2) 由于某种原因发生连接损伤或锚固性破坏以及整体或局部失稳等。

(3) 建筑物发生异常变形、开裂等。

(4) 由于使用用途、使用条件发生了变化而需要重新鉴定。

(5) 一些具有特殊用途的重要性建筑物需要定期检查、鉴定。

(6) 建筑物受地震、火灾、台风、爆炸等突发性的外加荷载作用而造成损坏的损坏程度鉴定等。

目前，我国已经颁布了房屋建筑结构可靠性鉴定的相关规程和标准，如《工业建筑可靠性鉴定标准》GB 50144—2008、《建筑抗震鉴定标准》GB 50023—2009。在鉴定过程中，一般应遵循如下原则：

(1) 以结构的安全性为主，充分满足结构在规定的使用条件下和规定的使用期限内的可靠性要求，同时兼顾其适用性和耐久性，以此为原则制定分项分级标准和单元综合评定等级。对耐久性的评估，是以被鉴定结构物的目标使用年限为准，在评定中需根据结构材料和结构性能、使用环境与条件的检测结果，结合工程经验进行综合判断。

(2) 承载能力、材料强度和结构安全度等方面的取值，应采用以概率论为基础的可靠性理论来决定。结构的鉴定评级是根据我国建筑结构现行设计规范的结构安全度水平，用不同的可靠度指标来确定的。A 级（a 级）标准，为规范设计标准，而最低标准 D 级（d 级）的确定，则是根据《工业厂房可靠性鉴定标准》的相应原则，国内大量的工程事故的经验总结和通过对有关专家的调查后，得出分级指标进行评定。

(3) 在建筑结构综合评定中引用“传力树”概念。“传力树”定义是：由基本构件和非基本构件组成的传力系统，树表示构件与系统失效之间的逻辑关系，而基本构件是指当其本身失效时导致传力树中其他构件失效的构件。“传力树”将传力系统形象化，用逻辑推理关系，表示了构件之间、构件与结构之间的内在联系，从而表达出构件之间，构件与系统失效之间的内在联系。

(4) 统一鉴定程序和检查要点。这是分析综合国内外有关资料和有关模式，结合国内工程检查和鉴定经验，从繁就简归纳整理提出的结论性条文，既为可靠性鉴定提供了统一的程序和标准，亦为日常技术管理提供了科学依据。

(5) 结构的可靠性鉴定分为"子项"、"项目"、"单元"三个层次的评定，每个层次又可分为四个级别。在具体工程实践中层次可能更多，为避免过于复杂和便于掌握运用，将其简化。执行中"项目"评定是作为结构是否应该进行处理的依据，"单元"评定则可作为管理部门进行科学管理的主要依据。

(6) 鉴于不同结构的可靠性鉴定的特殊性和复杂性，应在基本原则统一的前提下，在具体执行中给予鉴定人员一定的经验判断的空间，因此，必须对鉴定单位和鉴定人员的资质提出具体要求，以保证鉴定质量。

二、鉴定评级层次的划分

将建筑结构体系按照结构失效的逻辑关系，划分为构件、子单元和鉴定单元三个层次。构件是鉴定的第一层次，是最基本的鉴定单位，它可以是一个单件，如一根梁或柱，也可以是一个组合件，如一榀桁架，也可以是一个片段，如一片墙。子单元由构件组成，是鉴定的第二层次，子单元层次一般包括地基基础、上部承重结构和围护系统三个子单元。鉴定单元由子单元组成，是鉴定的第三层次。根据建筑物的构造特点和承重体系的种类，将建筑物划分为一个或若干个可以独立进行鉴定的区段，则每一个区段就是一个鉴定单元。

1. 分级原则

建筑物可靠性鉴定评级的分级原则为：

(1) 评定为 a、A 及一级，即满足国家现行规范要求，不必采取措施。

(2) 评定为 b、B 及二级，即略低于国家现行规范要求，但不影响正常使用，可不必采取措施。单元可有个别项目、项目中可有个别次要子项不满足国家现行规范要求，应采取适当措施。

(3) 评定为 c、C 及三级，即不满足国家现行规范要求，影响正常使用，但不至于随时发生事故，应采取措施，单元中可有个别项目、项目中可有个别次要子项严重不满足国家现行规范要求，应立即采取措施。

(4) 评定为 d、D 及四级，即严重不满足国家现行规范要求，随时有发生事故的可能，必须立即采取措施。

鉴于子项是整体评级的基础，所以鉴定标准中对分级标准的划分应力求恰如其分，以保证项目、单元的分级标准仍能遵循上述原则。总的说来，对于评为 b、B 及二级的，一般是指维护，个别的为耐久性处理或加固等措施；对于评为 c、C 及三级的，是指加固、补强，或个别更换等措施；对于评为 d、D 及四级的，是指应急、加固、更换或停用等措施。

现以项目（如结构构件）的分级标准为例作简要说明。若以字母表示主要子项的最低评定等级，下标字母表示次要子项的最低评定等级，则会出现下列 16 种情况（表 8-2 所示）：

(1) 对于情况 a_a、a_b 情况，评为 A 级；

（2）对于 a_c、b_a、b_b、b_c 情况，评为 B 级；

（3）对于 a_d 情况，根据上述分级标准和具体规定，需要综合判断构件的等级。当采取适当措施可保证正常使用时，评为 B 级，否则评为 C 级；

（4）对于 b_d、c_a、c_b、c_c、c_d 情况，评为 C 级；

（5）对于 d_a、d_b、d_c、d_d 情况，评为 D 级。

结构构件分级表 **表 8-2**

a_a	a_b	a_c	a_d
b_a	b_b	b_c	b_d
c_a	c_b	c_c	c_d
d_a	d_b	d_c	d_d

根据子项分级标准的规定，以及主要子项的含义，则上述评定结果可以归纳为：

（1）A 级构件：由于主要子项为 a 级，故满足国家现行规范要求，对次要子项为 b 级者，根据子项的分级标准可不必采取措施。

（2）B 级构件：由于主要子项少数为 a 级多数为 b 级，故可概括为略低于国家现行规范要求，可不必采取措施；在这种情况，要保证构件正常使用，对其中次要子项为 c 级、d 级（仅当 ad 情况且可评为 B 级）者，应采取适当措施。

（3）C 级构件：由于主要子项个别为 b 级、绝大多数为 c 级，故可概括为不满足国家现行规范要求，虽不至于随时发生事故，但影响正常使用，应采取措施；在这种情况下，对其中次要子项为 d 级者，应立即采取措施。

（4）D 级构件：由于主要子项为 d 级，严重不满足国家现行规范要求，随时有发生事故的可能，必须立即采取措施。

2. 鉴定等级的划分

建筑结构可靠性鉴定可以划分为安全性鉴定、可靠性鉴定、使用性鉴定、适修性鉴定四类。对安全性鉴定、可靠性鉴定和适修性鉴定，每个层次划分为四个等级；对使用性鉴定，每个层次划分为三个等级。鉴定从第一层次开始，根据构件各检查项目的评定结果，确定单个构件等级；根据子单元各检查项目及各种构件的评定结果，确定子单元等级；再根据子单元的评定结果，确定鉴定单元等级。

构件或子单元的检查项目是针对影响其可靠性的因素所确定的调查、检测或验算项目，如混凝土构件的安全性鉴定，涉及承载能力、构造、不适于继续承载的位移及裂缝等四个检查项目。检查项目的评定结果最为重要，它不仅是各层次、各组成部分鉴定评级的依据，而且还是处理所查出问题的主要依据。子单元和鉴定单元的评定结果，由于经过了综合，只能作为对被鉴定建筑物进行科学管理和宏观决策的依据，而不能据此处理问题。

（1）安全性鉴定

民用建筑安全性鉴定按构件、子单元和鉴定单元三个层次，每个层次分成四个等级进行鉴定。构件的四个安全性等级用 a_u、b_u、c_u、d_u 表示，子单元的四个安全性等级用 A_u、B_u、C_u、D_u 表示，鉴定单元的四个安全性等级用 A_{su}、B_{su}、C_{su}、D_{su} 表示。安全性鉴定评级的层次、等级划分及工作内容如表 8-3。

安全性鉴定评级的层次、等级划分及工作内容　　表 8-3

<table>
<tr><td>层次</td><td>第一层次</td><td colspan="2">第二层次</td><td>第三层次</td></tr>
<tr><td>层名</td><td>构件</td><td colspan="2">子单元</td><td>鉴定单元</td></tr>
<tr><td>等级</td><td>a_u、b_u、c_u、d_u</td><td colspan="2">A_u、B_u、C_u、D_u</td><td>A_{su}、B_{su}、C_{su}、D_{su}</td></tr>
<tr><td rowspan="2">地基基础</td><td>—</td><td>按地基变形或承载力、地基稳定性（斜坡）等检查项目评定地基等级</td><td rowspan="2">地基基础评级</td><td rowspan="6">鉴定单元安全性评级</td></tr>
<tr><td>按同类材料构件各检查项目评定单个基础等级</td><td>每种基础评级</td></tr>
<tr><td rowspan="3">上部承重结构</td><td rowspan="2">按承载能力、构造、不适于继续承载的位移或残损等检查项目评定单个构件等级</td><td>每种构件评级</td><td rowspan="3">上部承重结构评级</td></tr>
<tr><td>结构侧向位移评级</td></tr>
<tr><td>—</td><td>按结构布置、支撑、圈梁、结构间联系等检查项目评定结构整体性等级</td></tr>
<tr><td>围护系统承重部分</td><td colspan="3">按上部承重结构检查项目及步骤评定围护系统承重部分各层次安全性等级</td></tr>
</table>

一般来说，已有建筑物在鉴定后，通过采取加固措施后通常还要继续使用，不论从保证其下一个目标使用期所必需的可靠度，或是从标准规范的适用性和合法性来说，一般应以鉴定标准作为主要依据，适当参考借鉴现行的设计、施工规范，但不能采用已被废止的原设计、施工规范作为鉴定的依据。

鉴定标准用文字统一表述各类结构各层次评级标准的分级原则，对有些不能用具体数量指标界定的分级标准，也需要依靠它来解释其等级的含义。民用建筑安全性鉴定评级各层次的分级标准如表 8-4。

安全性鉴定分级标准　　表 8-4

	等级	分级标准	处理要求
构件	a_u级	安全性符合鉴定标准对 a_u级的要求，具有足够的承载能力	不必采取措施
	b_u级	安全性略低于鉴定标准对 a_u级的要求，尚不显著影响承载能力	可不采取措施
	c_u级	安全性不符合鉴定标准对 a_u级的要求，显著影响承载能力	应采取措施
	d_u级	安全性极不符合鉴定标准对 a_u级的要求，已严重影响承载能力	必须及时或立即采取措施
子单元	A_u级	安全性符合鉴定标准对 A_u 级的要求，不影响整体承载	可能有个别一般构件应采取措施
	B_u级	安全性略低于鉴定标准对 A_u 级的要求，尚不显著影响整体承载	可能有极少数构件应采取措施
	C_u级	安全性不符合鉴定标准对 A_u 级的要求，显著影响整体承载	应采取措施，且可能有极少数构件必须立即采取措施
	D_u级	安全性极不符合鉴定标准对 A_u 级的要求，严重影响整体承载	必须立即采取措施

续表

	等级	分级标准	处理要求
鉴定单元	A_{su}级	按 A_u 级的要求，各等级表述同“子单元”相应等级	各等级表述同“子单元”相应等级
	B_{su}级		
	C_{su}级		
	D_{su}级		

（2）使用性鉴定

民用建筑使用性鉴定按构件、子单元和鉴定单元三个层次，每个层次分成三个等级进行鉴定。由于使用性鉴定中不存在类似安全性严重不足，必须立即采取措施的情况，所以使用性鉴定分级的档数比安全性和可靠性鉴定少一档。民用建筑使用性鉴定按构件、子单元和鉴定单元三个层次，每个层次分成三个等级进行鉴定。

构件的三个使用性等级用 a_s、b_s、c_s 表示，子单元的三个使用性等级用 A_s、B_s、C_s 表示，鉴定单元的三个使用性等级用 A_{ss}、B_{ss}、C_{ss} 表示。使用性鉴定评级的层次。等级划分及工作内容如表 8-5，各层次分级标准如表 8-6。

使用性鉴定评级的层次、等级划分及工作内容 **表 8-5**

层次	第一层次	第二层次		第三层次
层名	构件	子单元		鉴定单元
等级	a_s、b_s、c_s级	A_s、B_s、C_s级		A_{ss}、B_{ss}、C_{ss}级
地基基础	—	按上部承重结构和围护系统工作状态评估地基基础等级		鉴定单元正常使用性评级
上部承重结构	按位移、裂缝、风化、锈蚀等检查项目评定单个构件等级	每种构件评级	上部承重结构评级	
		结构侧向位移评级	围护系统评级	
围护系统功能	按上部承重结构检查项目及步骤评定围护系统承重部分各层次使用性等级			

使用性鉴定分级标准 **表 8-6**

鉴定对象	等级	分级标准	处理要求
构件	a_s级	符合鉴定标准对 a_s级的要求，具有正常的使用功能	不必采取措施
	b_s级	略低于鉴定标准对 a_s级的要求，尚不显著影响使用功能	可不采取措施
	c_s级	不符合鉴定标准对 a_s级的要求，显著影响使用功能	应采取措施
子单元	A_s级	符合鉴定标准对 A_s级的要求，不影响整体使用功能	可能有极少数一般构件应采取措施
	B_s级	略低于鉴定标准对 A_s级的要求，尚不显著影响整体使用功能	可能有极少数构件应采取措施
	C_s级	不符合鉴定标准对 A_s级的要求，显著影响整体使用功能	应采取措施
鉴定单元	A_{ss}级	按 A_{ss}级的要求，各等级表述同“子单元”相应等级	各等级表述同“子单元”相应等级
	B_{ss}级		
	C_{ss}级		

(3) 可靠性鉴定

建筑结构可靠性鉴定按构件、子单元和鉴定单元三个层次，每个层次分为四个等级进行鉴定。各层次的可靠性鉴定评级，以该层次的安全性和使用性等级的评定结果为依据综合确定。构件的四个可靠性等级用a、b、c、d表示，子单元的四个可靠性等级用A、B、C、D表示，鉴定单元的四个可靠性等级用Ⅰ、Ⅱ、Ⅲ、Ⅳ表示。可靠性鉴定评级的层次、等级划分及工作内容如表8-7，各层次分级标准如表8-8。

可靠性鉴定评级的层次、等级划分及工作内容　　表8-7

层次	第一层次	第二层次	第三层次
层名	构件	子单元	鉴定单元
等级	a、b、c、d级	A、B、C、D级	Ⅰ、Ⅱ、Ⅲ、Ⅳ级
地基基础	以同层次安全性和使用性等级评定结果并列表达，或按鉴定标准规定的原则确定其可靠性等级		鉴定单元可靠性评级
上部承重结构			
围护系统			

可靠性鉴定分级标准　　表8-8

鉴定对象	等级	分级标准	处理要求
构件	a级	可靠性符合鉴定标准对Ⅰ级的要求，具有正常的承载功能和使用功能	不必采取措施
	b级	可靠性略低于鉴定标准对Ⅱ级的要求，尚不显著影响承载功能和使用功能	可不采取措施
	c级	可靠性不符合鉴定标准对Ⅲ级的要求，显著影响承载功能和使用功能	应采取措施
	d级	可靠性极不符合鉴定标准对Ⅳ级的要求，已严重影响安全	必须及时或立即采取措施
子单元	A级	可靠性符合鉴定标准对Ⅰ级的要求，不影响整体承载功能和使用功能	可能有极少数一般构件应采取措施
	B级	可靠性略低于鉴定标准对Ⅱ级的要求，尚不显著影响整体承载功能和使用功能	可能有极少数构件应采取措施
	C级	可靠性不符合鉴定标准对Ⅲ级的要求，显著影响整体承载功能和使用功能	应采取措施，且可能有极少数构件必须立即采取措施
	D级	可靠性极不符合鉴定标准对Ⅳ级的要求，已严重影响安全	必须立即采取措施
鉴定单元	Ⅰ级	按Ⅰ级的要求，各等级表述同"子单元"相应等级	各等级表述同"子单元"相应等级
	Ⅱ级		
	Ⅲ级		
	Ⅳ级		

(4) 适修性鉴定

所谓适修性，是指一种能反映残损结构适修程度与修复价值的技术与经济的综合特性。对于这一特性，建筑物所有或管理部门尤为关注。因为残损结构的鉴定评级固然重要，但鉴定评级后更需要关于结构能否修复及是否值得修复的评价意见。

民用建筑适修性各层次按四个等级进行评定，子单元或其中某组成部分的四个适修性等级用 A'_r、B'_r、CV_r、D'_r表示，鉴定单元的四个适修性等级用 A_r、B_r、C_r、D_r表示各层次适修性的评级标准应按表 8-9 及表 8-10 的规定采用。

每种构件适修性分级标准 **表 8-9**

等级	分 级 标 准
A'_r级	构件易加固或易更换，所涉及的相关构造问题易处理，适修性好，修后可恢复原功能
B'_r级	构件稍难加固或稍难更换，所涉及的相关构造问题尚可处理，适修性尚好，修后尚能恢复原功能或接近恢复原功能
C'_r级	构件难加固，也难更换，或所涉及的相关构造问题较难处理。适修性差，修后对原功能有一定影响
D'_r级	构件很难加固，或很难更换，或所涉及的相关构造问题很难处理。适修性极差，只能从安全性出发采取必要的措施，可能损害建筑物的局部使用功能

子单元或鉴定单元适修性分级标准 **表 8-10**

等级	分 级 标 准
A'_r/A'_r级	易修，或易改造，修后能恢复原功能，或改造后的功能可达到现行设计标准的要求，所需费用远低于新建的造价，适修性好，应予修复或改造
B'_r/B'_r级	稍难修，或稍难改造，修后尚能恢复或接近恢复原功能，或改造后的功能尚可达到现行设计标准的要求，所需费用不到新建造价的 30%。适修性尚好，宜于修复或改造
C'_r/C'_r级	难修，或难改造，修后或改造后需降低使用功能或限制使用条件，或所需费用为新建造价的 70%以上。适修性差，是否有保留价值，取决于其重要性和使用要求
D'_r/D'_r级	该鉴定对象已严重残损，或修后功能极差，已无利用价值，或所需费用接近、甚至超过新建的造价。适修性很差，除纪念性或历史性建筑外，宜予拆除或重建

三、建筑结构可靠度检测与鉴定

1. 混凝土结构检测与鉴定

混凝土是当今建筑工程中应用最广的结构材料之一，由于在配料、搅拌、成型和养护的各个环节中，每个环节的偏差都会影响到结构的质量，甚至有时会威胁到结构的整体安全。因此，加强混凝土结构的可靠度检测是建筑工程技术的重要课题，而钢筋混凝土结构内部的钢筋品种、规格、性能检测具有一定难度，使得混凝土结构的可靠度鉴定相对其他结构形式难度更高。

（1）混凝土结构的鉴定特点

1）材料构成：钢筋混凝土结构是抗压强度高而抗拉强度低的混凝土，与抗拉抗压强度均很高的钢筋的有机结合，发挥了各自的优势的结构形式。所以对其进行检测要借助多种设备和仪器，必要的时候要进行计算才能得出结论。

2）地域特点：配制混凝土所用的材料大多是地区性的材料，不同的材料的粒度和杂质的含量等不同，因此不同地区的混凝土的性能差异很大。

（2）混凝土的外观缺陷和质量的检测

混凝土的外观缺陷和质量的检测可分为蜂窝、麻面、孔洞、裂缝、疏松区、露筋、夹渣和不同时间浇筑的混凝土接合面的质量等项目。一般的缺陷不会影响到结构的性能和使用的功能，但会影响结构的外观质量，而外观质量的重大缺陷会严重影响结构的安全性和耐久性，因此，外观质量缺陷均要进行处理。结构外观质量缺陷分类见表 8-11。

混凝土结构外观质量缺陷　　表 8-11

名称	现　象	严重缺陷	一般缺陷
露筋	构件内钢筋为被混凝土包裹而外露	纵向受力钢筋有露筋	其他部位有少量露筋
蜂窝	混凝土表面缺少水泥砂浆而形成石子外露	构件主要受力部位有蜂窝	其他部位有少量蜂窝
裂缝	裂隙从混凝土的表面延伸到混凝土的内部	构件主要受力部位有影响结构性能和使用功能的缺陷	其他部位有少量不影响结构性能和使用功能的裂缝
疏松	混凝土中局部不密实	构件主要受力部位有疏松	其他部位有少量疏松
夹渣	混凝土中夹有杂物且深度超过保护层的厚度	构件主要受力部位有夹渣	其他部位有少量夹渣
孔洞	混凝土中的空穴深度和长度均超过保护层厚度	构件主要受力部位有孔洞	其他部位有少量孔洞
连接部位缺陷	构将连接出混凝土缺陷及连接钢筋、连接构件有松动	连接部位有影响结构传力性能的缺陷	连接部位有基本不影响结构传力性能的缺陷

(3) 结构构件的外形尺寸的鉴定

结构构件的尺寸直接影响到构件的承载能力。正确的结构尺寸可以为结构验算提供资料。过大的尺寸偏差可能影响结构构件的使用功能、受力性能，而且也很有可能会影响安装在结构上的设备的正常使用。

(4) 建筑结构构件的挠度和垂直度的鉴定

建筑结构构件随着时间的变迁、承受荷载的变化，构件会产生变形，而结构的挠度和垂直度与建筑的安全性息息相关，因此对建筑结构构件的挠度和垂直度进行观测是非常必要的。主要受力构件，除了检测上面提到的有关外观的各项外，还应测量其弯曲变形，构件的侧向弯曲的允许偏差见表 8-12。

构件侧向弯曲允许偏差　　表 8-12

名　称	允许偏差	检验方法
梁、柱、板	$L/1000$ 且≤15mm	拉线、钢尺量最大侧向弯曲处
墙板、薄腹梁、桁架	$L/1000$ 且≤15mm	

2. 钢结构检测与鉴定

钢材与混凝土相比具有诸如强度高、塑性和韧性好、材质均匀、制造简便、施工周期短、质量轻等诸多优点，但也存在耐腐蚀性差、耐火性差的缺点，在结构构件中容易出现失稳破坏、脆性破坏、连接破坏和疲劳破坏等破坏形式。

(1) 钢结构的损伤及检测要点

1) 锈蚀：一般分为化学腐蚀和电化学腐蚀，绝大多数钢材锈蚀是电化学腐蚀或化学腐蚀与电化学腐蚀同时作用形成。钢材腐蚀的检测比较简单，肉眼直观观察即可发现是否锈蚀，进一步的锈蚀参数的检测则需借助一定的专用工具进行，以便查明锈蚀原因，有针对性地提出处理建议。值得指出的是，有些严重锈蚀情况看起来仅仅只是表面有一层锈层，但实际上清除表面锈层后其内部可能锈蚀很严重，甚至有可能钢材已锈穿。

2）疲劳破坏：疲劳断裂是钢材或焊缝中的微观裂缝在重复和在作用下不断扩展直至断裂的脆性破坏。出现疲劳断裂时，截面上的应力低于材料的抗拉强度，甚至低于屈服强度。由于疲劳破坏属于脆性破坏，塑性变形极小，是一种没有明显变形的突然破坏，危险性极大。疲劳破坏出现在承受反复荷载作用下的结构，出现的部位一般是已出现质量缺陷、应力集中现象的部位和焊缝区域以及截面突然变化处。疲劳裂纹开展初期长度往往较短，需对易于出现疲劳裂缝的部位认真、仔细检查，以防遗漏。

3）结构失稳：钢构件壁厚小而长度大，在承载过程中会因持续快速增长的变形而在短时间内失效，发生失稳破坏。这种破坏主要出现于受压构件、受弯构件和压弯构件中。钢结构的失稳分为整体失稳和局部失稳两类。两类失稳形式都将影响结构或构件的正常承载和使用或引发结构的其他形式破坏。丧失稳定的检查可以通过检查构件的平整度、扭曲度及侧移来发现，对于严重丧失稳定的可直接用肉眼观察。

4）变形检测：钢结构的变形有整体变形和局部变形，整体变形主要检测构件的挠度、偏斜、扭转等；局部变形主要检测局部挠曲、局部失稳等，这些数据可采用水准仪、经纬仪、线锤等进行量测。

5）几何偏差检测：主要检测屋架、天窗架和托架垂直度，受压杆件在主受力平面的弯曲矢高，吊车轨道中心对吊车梁轴线的偏差等。

（2）承载能力

钢结构构件应进行承载能力（强度、连接、疲劳等）的验算，验算时材料的强度取值必须科学客观。由于材质不同，其机械性能（强度、屈服强度、延伸率、冷弯性能、冲击韧性等）和化学成分（C、Si、Mn、P等）不同，对结构的可靠性、安全件、耐久性的影响都是很大的，所以当钢材种类和性能符合原设计要求，且原始资料充分可靠时，应按原设计取值；当钢材种类和性能不相符时或材料已变质时，应采用实测试验数据，此时材料强度的标准值应按《建筑结构设计统一标准》规定确定。

（3）变形

结构构件在设计荷载作用下的变形值的限制，主要是为了满足使用功能的要求，主要包括：①应具有足够的安全储备；②不损坏非结构构件；③不超过结构能承受的变形；④不使用途失效；⑤不得有过度的振动和摇晃。

（4）偏差

钢结构对尺寸偏差效应是非常敏感的，安装或使用过程中产生的尺寸偏差会导致承载能力明显下降。安装和使用中的偏差主要指杆件弯曲、侧弯、截面局部压弯、节点板弯折、构件不垂直等，在厂房屋盖构件中比较多见，危害性也大。

（5）项目评定

钢结构和构件的项目评定等级分为A、B、C、D共4级，按承载能力、变形、偏差3个子项评定等级，并以承载能力（包括构造和连接）为主确定该项目的评定等级：

1）当变形、偏差比承载能力相差不大于一级时，以承载能力的等级作为该项目的评定等级。

2）当变形、偏差比承载能力低两级时，以承载能力的等级降低一级作为该项目的评定等级。

3）遇到其他情况时，可根据上述原则综合判断、评定等级。

3. 砌体结构检测与鉴定

与钢结构、钢筋混凝土结构相比，砌体结构有造价低、施工方便，耐火性、保温性、隔热性较好等优点，但是砌体结构的自重大，抗剪、抗弯、抗拉强度比较低，整体性、抗震性比较差，地基的变形易使其产生裂缝。在使用过程中，由于设计缺陷、施工质量差，或由于使用用途变化、环境温度影响等因素，会使砌体结构出现各种裂缝、变形而影响结构的正常使用。因此，对砌体结构的可靠度进行检测，包括对其正常使用功能进行评价。

（1）砌体结构检测要点

1）变形检测：检测高度较大的墙体、柱、梁的变形及倾斜。

2）连接检测：垫块与墙及梁，墙与墙，屋面板、屋架、楼面梁、板与墙、柱的连接点都应做重点检测。

3）墙体稳定性检测：主要测定支撑约束条件和高厚比，重点是墙与主体结构，墙与墙的拉结。

4）裂缝检测：详细检测墙、梁、柱、板、地面等各处出现的裂缝及裂缝的各种参数，分析裂缝出现的可能原因。

5）其他检测：检测砌块及砂浆的腐蚀、风化、冻融等。

（2）砖、砌块、砂浆、砌体的强度检测

在检测前需对要检测的部位进行必要的加工，大部分检测都会对墙体产生一定的、甚至较大的损伤，检测完成后要主动修复。

1）砂浆强度：砂浆的强度检测可用砂浆回弹仪、推出法、砂浆片检测法等中的一种或者多种进行检测。

2）砖的强度：砖的强度检测一般直接从砌体上取样拿回实验室做抗压和抗折试验。取样时注意不要在结构受力较大的位置取样，不应影响房间的正常使用，而且应在不同层均取样。

3）砌体的强度：抗压强度可用轴压法和偏顶法等方法检测，抗剪强度的检测可用原位单剪法、原位单砖双剪法等方法检测。砌体的抗压、抗拉强度抗剪强度还可以根据检测到的砂浆和砖的强度进行推断。与混凝土的强度相比，砌体的强度检测的结果离散性更大，因此需要大量的测点，且往往要用多种方法结合，根据检测的结果进行综合推断。

（3）砌体裂缝

砌体裂缝是砌体结构中最常见的病害之一。砌体裂缝的出现标志着砌体结构的某一部分出现的内应力已经超过了其所能承受的极限强度。砌体裂缝直接影响建筑物的美观以及结构的安全性、可靠性，若是超载引起的裂缝还可能引起结构事故，严重时，甚至会造成结构倒塌。因此，必须详细摸查裂缝分布形态、裂缝宽度、裂缝深度等指标，以利于深入分析裂缝成因，准确评估结构状况。

第三节　桥梁检查与技术状况评定

为了客观地评价桥梁的技术状况，全面了解桥梁使用情况，必须对桥梁的技术状况及其缺陷进行全面而细致的现场检查，及时进行维修养护，使其经常处于完好的技术状态，保证或延长桥涵的使用年限。桥梁检查的目的在于，对运营中的桥梁进行分类管理，通过对桥梁的技术状况的检查，建立健全的桥梁技术档案；对有缺陷和损伤的桥梁进行全面而深入的现场检查，查明缺陷或潜在缺陷和损伤的性质、部位、严重程度及发展趋势，弄清出现缺陷和损伤的主要原因，分析和评价既有缺陷和损伤对桥梁技术状况和承载能力的影响，并为桥梁维修养护和加固设计提供可靠的技术参数。

一、桥梁检查的分类

在我国，按照桥梁的使用用途来划分，在役桥梁分属公路、市政、铁路三个主要行业。一般的，根据行业管理的要求，考虑到桥梁结构的用途、重要性差异等因素，各个行业管理部门制定了相应的养护规范。目前，我国关于桥梁检查检测的规范主要有交通运输部颁布的《公路桥涵养护规范》JTG H11—2004，住房和城乡建设部颁布的《城市桥梁养护技术规范》CJJ 99—2003。《公路桥涵养护规范》和《城市桥梁养护技术规范》都根据桥梁检测的深度、内容不同将桥梁检测分为三大类别。总体说来，《公路桥涵养护规范》和《城市桥梁养护技术规范》对检测类别划分的出发点、检查手段、检查层次基本一致，规定的各类别检测深度、内容也基本相同，其实质都是要深入地检查桥梁缺陷和损伤状况，全面把握桥梁总体状况，为桥梁养护、进一步检测提供依据。不同之处在于，在检查周期、具体表述、评价规定等方面有所不同；同时，《城市桥梁养护技术规范》提出了结构定期检测的概念，对于一些特殊、复杂而且重要的结构提供了更加有针对性、可操作性的检测手段。

一般来说，按照桥梁检查的内容、周期、评估要求等，分为经常检查、定期检测和特殊检测。

1. 经常检查

经常性检查是对结构变异、桥及桥区施工作业情况的检查和桥面系、限载标志、交通标志及其他附属设施等状况进行日常巡检。一般采用目测方法，也可配以简单工具进行测量。经常性检查应由专职桥梁养护管理人员或有一定经验的工程技术人员负责。

按桥梁类别、状态等级分别确定经常性检查周期。遇恶劣天气、汛期、冰冻等特殊情况，周期宜缩短；对重要桥梁，或遇恶劣天气、汛期、雨期、冰冻等特殊情况，周期宜短。现场填写桥梁检查记录表，登记所检查项目的缺损类型，估计缺损范围，为养护维修计划的制订提供依据。

经常性检查过程中发现重要病害或病害发展较快，影响桥梁的正常使用、危及车辆与行人安全时，应及时采取相应措施，并立即向主管部门报告。以便桥梁结构能得到及时的养护、保养或紧急处理，对需要检修和一些重大问题提出报告。

2. 定期检测

定期检测是按规定的周期，对桥梁主体结构及其附属构造物跟踪的全面检查。定期检查要求具有丰富的实践经验、受过专门桥梁检查培训并熟悉桥梁设计、施工等方面知识的工程师来进行。桥梁定期检查采集的数据作为桥梁养护管理系统中结构技术状况动态参数，为评定桥梁使用性能提供基本数据，并据此来确定结构维修、加固或更换的优先排序。

定期检查以目测为主，辅以必要的测量仪器、探查工具、望远镜、照相机和现场用器材等设备进行。通过对结构物及其材料进行彻底的、视觉的和系统的检查，建立和完善桥梁管理与养护档案。

3. 特殊检测

桥梁特殊检测是采用特定的物理、化学或无破损检测手段对桥梁一个或多个组成部分进行的全面察看、测强、测伤或测缺，旨在找出损坏的明确原因、程度和范围，分析损坏所造成的后果以及潜在缺陷可能给桥梁结构带来的危险，为评定桥梁耐久性和承载能力以及确定维修加固工作的实施提供依据。桥梁特殊检查分为应急检查和专门检查。

特殊检测一般由现场检测和实验室测试分析两大部分构成，现场检测可分为一般检查和详细检查两个阶段，一般检查如同定期检查那样对结构及其附属设施的所有构件或部位进行彻底、视觉和系统的检查，记录所有损坏的部位、范围和程度。一般检查的结果是构成是否进行详细检查的依据，详细检查主要是对一些重点部位或典型桥孔采用一些专门技术和设备进行深入而细致的检测。桥梁在下列情况下应进行特殊检测：

（1）桥梁遭受洪水冲刷、流冰、漂流物、船舶或车辆撞击、滑坡、地震、风灾、火灾、化学剂腐蚀、车辆荷载超过桥梁限载的车辆通过等特殊灾害造成结构损伤；

（2）桥梁常规定期检测中难以判明是否安全的桥梁；

（3）为提高或达到设计承载等级而需要进行修复加固、改建、扩建的桥梁；

（4）超过设计年限，需延长使用的桥梁；

（5）定期检测中桥梁技术状况被评定为不合格的桥梁；

（6）定期检测中发现加速退化的桥梁构件需要补充检测的桥梁。

二、桥梁检查内容与方法

不同阶段桥梁检查侧重点不尽相同，所涉及的检查内容也有差别。经常检查主要从外观方面目测主体结构及附属设施有无明显的病害特征；定期检查是按细部结构对桥梁进行全面的技术检查，并依此建立和修正桥梁技术档案；特殊检查针对桥梁存在的具体问题或为满足特殊要求而进行的，并借助检测仪器对结构材料等进行定性或定量分析。

桥梁结构应首先观察是否有异常变形、振动或摆动。如上部结构竖向线形是否平顺、拱轴线变位状况、桥跨结构有无异常振动或摆动等状况，然后检查各部位的技术状况，寻找发生异常的原因。

1. 桥梁检查内容

桥梁外观检查通常应包括下列内容：

（1）桥面是否平整，有无裂缝、局部坑槽、波浪、碎边，桥头是否跳车；

（2）桥面、地道泄水孔、管是否损坏、堵塞；

（3）桥面是否整洁，有无杂物堆积；

（4）伸缩装置是否存在堵塞、变形、漏水、跳车、连接件松动等现象；

（5）人行道铺装是否破损，栏杆、护栏是否破损、断裂，装饰材料有无损坏；

（6）上下部结构位置是否有异常变化；

（7）墩台、锥坡、翼墙、台后背墙有无局部开裂、破损、塌陷等，桥头排水沟、人行台阶是否完好；

(8) 声屏障是否倾斜、破损，屏板、隔声板、安全网的固定端是否松动；

(9) 交通信号、标志、标线、照明设施是否完好；

(10) 其他部位是否有较明显的损坏。

为了客观地评价桥梁的技术状况，从而正确地制定桥梁加固改造的方案，必须对桥梁的技术状况及其缺陷进行全面而细致的现场检查。同时还应全面了解桥梁的设计、施工、使用以及养护等方面的情况，以便对桥梁的质量和承载能力进行分析，做出评价。受人力、仪器和其他条件的限制，桥梁检查时，应根据结构的受力特性进行重点检查。重点检查的部位一般包括：应力集中处、截面突变的部位、构件的薄弱部位、结构的控制截面或控制构件等。桥梁上述部位的缺陷，对桥梁的安全及耐久性起着关键的作用，容易产生裂缝和导致其他缺陷的产生。这些部位的缺陷往往会发展成为结构的重大缺陷，危及整座桥梁的安全和耐久性。

2. 桥梁检查的方法

桥梁检查工作依据桥梁结构，分部件、有次序、按规定进行，一般地，桥梁检查按照桥面系、上部结构、下部结构三大部分进行。

(1) 桥面系检查

桥面系的外观调查，可以按桥面系组成部分依次检查。具体检查内容有：

1) 桥面铺装层裂缝与破损程度、桥头跳车、防水层漏水以及其他病害，人行道及铺砌破损情况。

2) 伸缩缝破损、变形、脱落、淤塞、填料变形、漏水程度、跳车原因。

3) 人行道构件、栏杆和护栏有无断裂、错位、缺件、剥落、锈蚀等状况。

4) 桥面横坡、纵坡顺适度，积水状况；排水设施完好程度。

桥面铺装是最容易产生损坏的部位之一，桥面铺装产生缺陷或损伤后，会导致行车易打滑、桥面凹凸等引起车辆对桥梁的冲击效应增大、使桥面行车道板等的耐久性降低。在伸缩缝的附近，桥面铺装与伸缩缝之间的高低差容易引起伸缩缝装置的破坏等不利后果。桥面铺装的检查首先是调查桥面铺装的类型，然后检查铺装层存在的主要缺陷。沥青桥面铺装主要缺陷与损伤现象有：轻微裂缝（发状或条状）、严重裂缝（龟裂、纵、横裂缝）、坑槽、车辙、壅包、磨光和起皮等。混凝土桥面铺装的主要缺陷及损伤现象有：裂缝、剥落、坑洞、磨光等。

各种伸缩缝装置的缺陷往往表现在伸缩缝本身的破坏损伤、锚固件损坏、接头周围部位后铺筑料的剥落、凹凸不平等，这些缺陷导致伸缩缝漏水，加速主梁、支座和盖梁的退化。在具体检查时可目测，必要时采用水准仪测量。

桥面排水设施的损坏以及尘土、淤泥等堵塞泄水孔致使桥面排水不畅，往往导致桥面积水，影响桥梁主要承重结构构件的耐久性能，降雨时引起车辆滑移，导致交通事故。桥面排水是否顺畅、设施有无缺陷，在降雨和化雪时表现得很明显，检查最好在降雨或化雪后进行。

栏杆、扶手及人行道的检查主要检查部件本身破坏情况以及相互连接处是否脱落。对于人行道，检查路缘石是否有破碎，人行道与桥面板连接的牢固程度等。

(2) 支座的检查

要检查支座功能是否完好，组件是否完整、清洁，有无断裂、错位和脱空现象。各种支座的检查内容如下：

1）简易支座的油毡是否老化、破裂或失效。

2）钢板滑动支座和弧形支座是否干涩、锈蚀。

3）摆柱支座各组件相对位置是否正确，受力是否均匀；四氟板支座是否脏污、老化。

4）橡胶支座是否老化、变形；盆式橡胶支座的固定螺栓有否剪断，螺母是否松动。

5）辊轴支座的辊轴是否出现不允许的错位；摇轴支座的辊轴是否倾斜。

6）活动支座是否灵活，实际位移量是否正常；支座上、下钢垫块是否有锈蚀。

7）球形支座是否灵活、有效；支座垫石有否破碎、腐蚀。

（3）桥梁上部结构的检查

上部结构应首先观察有否异常变形、振动或摆动，如上部结构线型是否平顺，拱轴线是否变形，桥跨有无异常的竖向振动或横向摆动等状况，然后检查各部件的技术状况和异常原因。

1）钢筋混凝土与预应力混凝土桥上部结构的检查内容

混凝土构件有无大于 0.2mm 的裂缝，是否存在腐蚀、渗水、表面风化、疏松、剥落、露筋和钢筋锈蚀现象，有无整体龟裂和混凝土强度降低现象；预应力钢束锚固区段混凝土有无开裂，沿预应力筋的混凝土表面有无纵向裂缝或水侵害；梁（板）式结构主要检查梁（板）跨中、支点、变截面处、悬臂端牛腿或中间铰部位，刚构和桁架结构主要检查刚构固结处和桁架节点部位的混凝土开裂和钢筋锈蚀等缺损状况；连接部位的缺损状况：包括梁与梁之间的接头处以及纵向接缝处混凝土表面有无裂缝，梁（板）接缝混凝土有无开裂和钢筋锈蚀，横向连接构件有无开裂，连接钢板的焊缝有无锈蚀、断裂，边梁有无横移或向外倾斜，预应力拼装结构拼装缝有无较大开裂等方面；拱桥主要检查主拱圈的拱脚、$L/4$、拱顶和拱上结构的变形，混凝土开裂与钢筋锈蚀情况，以及有无缺损；刚构桥梁主要检查各部位产生的裂缝，如跨中处、角隅处、支座处；连续梁和连续刚构桥主要检查跨中下挠变形，桥墩处梁顶部开裂；带有平曲线的梁式桥应每年对横向偏移进行检测。

2）钢桥上部结构的检查内容

构件、特别是受压构件是否有扭曲变形、局部损伤；铆钉和螺栓有无松动、脱落、锈蚀或断裂，节点是否滑动错裂；焊缝及边缘（热影响区）有无脱焊或裂纹；防腐涂装层有无裂纹、起皮、脱落，构件是否腐蚀；钢结构表面是否有污垢、灰尘堆积和污水滴漏；主要节点高强度螺栓的扭矩抽样检测。

3）钢—混凝土结合梁桥上部结构的检查内容

桥面板纵、横向裂缝的位置、宽度、长度、密度及发展程度，必要时应局部拆除铺装层观测；支座附近桥面板的渗漏水情况；钢梁与混凝土结合桥面板之间的剪力连接件是否有破损、纵向滑移及掀起，桥面混凝土铺装层是否有鼓起、破损等现象。

4）悬索桥上部结构的检查内容

索塔有无异常的沉降、倾斜，柱身、横系梁有无开裂、渗水和锈蚀；主索、吊杆和拉索的防护层有否破损、老化和漏水；悬索桥的索鞍、缆索股锚头和吊杆锚头及钢索出口密封处有否漏水、积水和脱漆、锈蚀，拉索及阻尼垫圈式减振器有否漏水、漏胶和老化；主梁应按其结构类型进行相应的检查；每年一次定期对主缆的索力和索箍高强螺栓紧固力进行测试，如测试结果异常，应查明原因，研究对策；每年雷雨季节到来之前，应对防雷系统（包括避雷器、避雷针、连接装置、线路、接地装置、地阻等）进行全面检查、维护。若检测不合格，应立即调整和处理，以达到有关要求，确保使用安全。

5）系杆拱桥上部结构的检查内容

吊杆及横梁节点区有无滴水现象或产生铁锈臭味，套管或吊杆的外包防护层是否破损，吊杆钢丝束的防水情况及阻尼垫圈式减振器橡胶的老化变质情况；吊杆钢丝有否锈蚀，吊杆、特别是短吊杆钢丝束受力是否正常；锚具的封锚混凝土有否裂缝、腐蚀、表面积水，系杆锚固区附近的混凝土有否开裂、剥落，锚固端结构是否异常，吊杆的锚夹具有否松弛和锈蚀，吊杆锚头及吊杆与横梁节点区密封处是否漏水、积水和脱漆、锈蚀；桥面标高、拱肋轴线有无变化，桥墩桥台有无沉降；对于钢拱肋或钢管混凝土拱肋，应检查钢管与混凝土是否存在脱空现象，涂装层是否脱落。

6）斜拉桥上部结构的检查

斜拉索的保护层，通车后第1、第2年内每季度检查一次，以后每半年检查一次，并在损坏处做出标记，做好记录，及时予以处治；斜拉索受力是否正常，减振器的防水情况和橡胶老化变质情况，斜拉索两端的锚固处及锚头、拉索出口密封处、主梁纵、横向限位装置等部件，一般每年检查一次，发现有漏水、积水和脱漆、锈蚀时，应及时处理；设有辅助墩时，应检查基础有无不均匀沉降，以防止结构产生附加内力；主梁部分的检查参照相同或相近的结构进行；索塔应检查变位情况、结构表面的破损情况，必要时可进行强度检测；索塔的扒梯和工作电梯、斜拉索检查设备，应每半年重点检查一次；索塔顶端避雷系统的检查按照有关规定执行。

（4）墩台与基础检查的内容

墩台基础有否滑动、倾斜、下沉；台背填土有无沉降裂缝或挤压隆起；混凝土墩台及盖梁有无冻胀、风化、腐蚀、开裂、剥落、露筋等，空心墩的水下通水孔是否堵塞；石砌墩台有无砌块断裂、脱开、变形，砌体泄水孔是否堵塞，防水层是否破坏；墩台顶面是否清洁，有无积水、泥土、杂物堆积、滋生草木；横系梁连接处是否开裂、破损；墩台防震设施是否有效；基础是否发生冲刷或淘空现象，扩大基础的地基有无侵蚀，桩柱在水位涨落、干湿交替变化处有无磨损、露筋、环裂和水的腐蚀现象。

三、桥梁技术状况评定

桥梁评定就是对已建成桥梁的使用状况及其承载能力进行综合的评价。通过桥梁的评定，可以鉴定该桥是否具有原设计的结构工作性能及承载能力；是否满足目前及未来的交通需要；是否具有承载潜力，从而为桥梁的养护维修、改造加固的决策提供有力的支持。

桥梁评定包括评定方法和相应的评定标准。评定方法是指对桥梁评定时采用的手段及其适用的范围和条件，其内容也包括方法使用的过程和评定结果的表达。评定标准是针对所采用的评定方法根据有关标准、规范、试验结果和工程技术人员成熟的经验所制定的分类等级。在工程上，习惯把评定方法和评定标准统称为评定方法。

对旧桥进行评定远比新桥设计复杂得多，国内外桥梁界提出了各种桥梁评定的方法。桥梁技术状态的评定包括：桥面系、上部结构、下部结构、附属结构和全桥评定五方面的内容，一般采用先分部位再综合的办法评定。这些评定方法大致归纳为三类：①根据外观检查进行评定的方法；②采用分析计算为主的评定方法；③荷载试验的评定方法。

1. 根据外观检查评定桥梁的方法

桥梁在使用过程中，受车辆荷载、环境影响等因素作用，结构功能、技术状况及承载能力都可能发生变化。由于受设计、施工、气候条件及其他环境因素的变化和影响，钢筋混凝土桥和圬工桥可能会出现损坏、过大的裂缝和不正常的变形；钢结构桥梁可能发生锈蚀、松动，由此反映出桥梁的使用性能和承载能力不满足原设计要求的功能。根据外观调查进行评定的方法，就是由有经验的桥梁技术人员通过对桥梁外观所表现出来的现象进行客观调查，推定桥梁实际技术状态。桥梁技术状况等级，公路规范分为一类～五类，城市规范分为A～E级，二者对应的桥梁技术状况大致相当，分别为完好～危险状态。公路规范的评定方法比较简明扼要，但由于大部评价指标未量化，容易导致不同的技术人员对同一座桥梁的技术状况评分不同。城市规范的评定方法对桥梁技术状况指数进行了详细的量化评定，同时，还可考虑不同的桥梁类型特点，使其各组成部分权重不同进行来评定，评定结果更接近实际情况，但城市规范的评定方法计算复杂，对现场技术人员的经验和熟练程度要求较高。详细的评定方法可参阅有关规范。

（1）依据缺损程度评定

桥梁技术状况依据缺损程度（大小、多少或轻重）、缺损时对结构使用功能的影响（无、小、大）和缺损发展变化情况（趋势稳定、发展缓慢、发展较快）三个方面，以累加评分方法对各部件缺损状况做出等级评定。

（2）依据重要部件及其缺损最严重的构件评分

重要部件如墩台与基础、上部承重构件、支座及其缺损最严重的构件作为主要评分依据，其他部件，根据多数构件缺损状况评分。

（3）依据全桥总体技术状况等级评定

依据全桥总体技术状况等级评定，宜采用考虑桥梁各部件权重的综合评定方法，也可以按重要部件最差的缺损状况评定。

各种类型桥梁有下列情况之一时，即可直接评定不合格桥梁：

1）Ⅲ、Ⅳ类环境下的预应力梁产生受力裂缝且裂缝宽度超过规范限值。

2）拱桥的拱脚处产生水平位移或无铰拱拱脚产生较大的转动。

3）钢结构节点板及连接铆钉、螺栓损坏在20%以上、钢箱梁开焊、钢结构主要构件有严重扭曲、变形、开焊，锈蚀削弱截面积10%以上。

4）墩、台、桩基出现结构性断裂缝，裂缝有开合现象，倾斜、位移、沉降变形危及桥梁安全时。

5）关键部位混凝土出现压碎或压杆失稳、变形现象。

6）结构永久变形大于设计规范值。

7）结构刚度达不到设计标准要求。

8）支座错位、变形、破损严重，已失去正常支承功能。

9）基底冲刷面达20%以上。

10）承载能力下降达25%以上（需通过桥梁验算检测得到）。

11）人行道栏杆20%以上残缺。

12）上部结构有落梁和脱空趋势或梁、板断裂。

13）特大桥、特殊结构桥除上述情况外，钢－混凝土组合梁、桥面板发生纵向开裂、支座和梁端区域发生滑移或开裂；斜拉桥拉索、锚具损伤；吊桥钢索、锚具损伤；吊杆拱桥钢丝、吊杆和锚具损伤。

14）其他各种对桥梁结构安全有较大影响的部件损坏。

2. *以分析计算为主的评定方法*

采用以分析计算为主的评定方法，是首先通过对实际桥梁进行详尽的外观调查，然后将调查到的资料，根据桥梁结构理论加以分析和计算，以其结果对桥梁结构进行评定。交通运输部颁布的《公路桥梁承载能力检测评定规程》（JTG/T J21—2011）采用了现场调查和结构检算为主、必要时再辅助以荷载试验对桥梁进行承载能力评定的新方法。该规程围绕桥梁承载能力评定，涉及了桥梁缺损状况评定、材质状况与状态参数评定、结构检算分析、承载能力评定及荷载试验等各个方面。在桥梁缺损状况检查、材质状况与状态参数检测方面，规程较全面地考虑了现有桥梁检测方法手段及其检测成果在桥梁承载能力评定中的应用，并注重桥梁检查工作与现行养护规范、技术状况评定标准的衔接。在桥梁承载力评定方面，该规程以基于概率理论的极限状态设计方法为基础，采用引入分项检算系数修正极限状态设计表达式的方法，对在用桥梁承载力进行检测评定。此外，该规程针对不同类型的桥梁，在计算桥梁结构承载能力极限状态的抗力效应时，应根据桥梁试验检测结果，分别引入相应的分项检算系数，包括反映桥梁总体技术状况的检算系数 Z_1 和 Z_2、考虑结构有效截面折减的截面折减系数 ξ_s 和 ξ_c、考虑结构耐久性影响因素的承载能力恶化系数 ξ_e 以及反映实际通行汽车荷载变异的活载影响系数 ξ_q。

将桥梁结构设计理论引入既有桥梁的评定工作中，就是根据桥梁实际情况，考虑如何利用现行设计规范的计算方法来分析计算既有桥梁的实际承载能力和使用状况，从而评价既有桥梁。具体实施中，以桥梁设计规范为基础，并根据上述实际调查资料、及充分考虑诸影响因素，综合采用“承载能力检算系数” Z_1、“经过荷载试验的承载能力检算系数” Z_2 法进行评定。

由于现役桥梁多数为钢筋混凝土桥，故本节以混凝土桥梁承载能力评定为例作相应的说明。钢筋混凝土桥梁承载能力极限状态评定，采取引入桥梁检算系数，承载能力恶化系数、截面折减系数和活载修正系数分别对极限状态方程中结构抗力效应和荷载效应进行修正，并通过比较判定结构或构件的承载能力情况。钢筋混凝土桥梁承载能力极限状态，根据桥梁检测结果按式（8-9）进行评定：

$$\gamma_0 S \leqslant R(f_d, \xi_c a_{dc}, \xi_s a_{ds}) Z_1 (1-\xi_e) \tag{8-9}$$

式中 γ_0——结构重要性常数；

S——荷载效应系数；

$R(\cdot)$——抗力效应函数；

f_d——材料强度设计值；

a_{dc}——构件混凝土几何参数值；

a_{ds}——构件钢筋几何参数值；

Z_1——承载能力检算系数，按表 8-13 选定；

ξ_e——承载能力恶化系数；

ξ_c——配筋混凝土结构的截面折减系数；

ξ_s——钢筋的截面折减系数。

梁桥的 Z_1 值 表 8-13

承载能力检算系数评定标度	受弯	轴心受压	轴心受拉	偏心受压	偏心受拉	受扭	局部承压
1	1.15	1.20	1.05	1.15	1.15	1.10	1.15
2	1.10	1.15	1.00	1.10	1.10	1.05	1.10
3	1.00	1.05	0.95	1.00	1.00	0.95	1.00
4	0.90	0.95	0.85	0.90	0.90	0.85	0.90
5	0.80	0.85	0.75	0.80	0.80	0.75	0.80

注：1. 小偏心受压可参照轴心受压取用承载能力检算系数 Z_1 值；

2. 检算系数 Z_1 值，可按承载能力检算系数评定标度 D 线性内插。

抗力效应应按线性设计规范进行计算，Z_1，ξ_e，ξ_c，ξ_s 应按照规程有关规定取值。

钢筋混凝土桥梁正常使用极限状态，按现行公路桥涵设计和养护规范及检测结果分以下三方面进行计算评定：

（1）限制应力

$$\sigma_d < Z_1 \sigma_L \tag{8-10}$$

式中 σ_d——计入活载影响修正系数的截面应力计算值；

σ_L——应力限值；

Z_1——承载能力检算系数。

（2）荷载作用下的变形

$$f_{d1} < Z_1 f_L \tag{8-11}$$

式中 f_{d1}——计入活载影响修正系数的荷载变形计算值；

f_L——变形限值；

Z_1——承载能力检算系数。

（3）各类荷载组合作用下裂缝宽度

$$\delta_d < Z_1 \delta_L \tag{8-12}$$

式中 δ_d——计入活载影响修正系数的短期荷载变形计算值；

δ_L——变位限值；

Z_1——承载能力检算系数。

当出现下列情况之一时，判定桥梁承载能力不满足要求：

1）主要测点经历荷载试验校验系数大于 1；

2）控制测点相对残余变位或相对残余应变超过 20%；

3）试验荷载作用下裂缝扩展宽度超过规程的限制，且卸载后裂缝闭合宽度小于扩展宽度的 2/3；

4）在试验荷载作用下，桥梁基础发生不稳定沉降变位。

当不符合上述规定时，应取主要测点应变校验系数或变位校验系数较大值，按表 8-14 确定检算系数 Z_2，代替 Z_1 按规程的有关规定进行承载能力评定。

当再次检算的荷载效应与抗力效应的比值小于 1.05 时，判定桥梁承载能力满足要求，否则判定桥梁承载能力不满足要求。

经过荷载试验的承载能力检算系数 Z_2 值 **表 8-14**

ξ	Z_2	ξ	Z_2
0.4 及以下	1.30	0.8	1.05
0.5	1.20	0.9	1.00
0.6	1.15	1.0	0.95
0.7	1.10		

注：对主要挠度测点和主要应力测点的校验系数，两者取较大值；Z_2 值可按 ξ 值线性内插。

3. 荷载试验的评定方法

荷载试验评定方法是对桥梁进行了外观调查和粗略评定后，通过荷载试验，从而对桥梁结构进行评定的方法，它是在桥梁结构鉴定中应用历史较长、较为有效的评定方法，其主要优点是直观、可靠，故多用于新结构的研究和桥梁质量的评定。在旧桥的评定中，它又多用于桥梁实际工作状态不明确情况下的评定和研究工作，以弥补根据外观调查评定和以分析计算为主的评定方法的不足。

荷载试验的评定方法工作内容主要是荷载试验。一座桥梁完整荷载试验包括静载试验和动载试验。桥梁静载、动载试验及其评定方法详见本书的其他章节。

第四节 检测评估实例

一、工程概况

某工程为地下 3 层、地上 40 层的钢筋混凝土高层建筑。该工程 1994 开始施工，结构封顶后由于各种原因一直未能完工、投入使用。搁置 10 年后，该建筑被一家公司通过拍卖购得，需要鉴定评估后确定加固与改造的措施。

二、检测结果摘要

1. 混凝土强度检测。采用回弹法同时结合钻芯法，对梁、柱、墙的混凝土强度进行检测；并依据现行可靠性鉴定规程进行抽样检查和实地踏勘，发现一些缺陷如图 8-2 和图 8-3 所示，绝大部分梁、板、柱构件达到 a 级，大部分结构单位达到 A 级。

2. 梁、板、柱的钢筋检测。采用钢筋探测仪检测梁、板、柱的钢筋配置情况。检测结果表明：绝大部分梁、板、柱钢筋满足规范要求，但是有楼板主筋已经发生锈蚀（见图 8-2），地下室入口通道处大梁，由于箍筋间距不符合规范要求（见图 8-3），被评定为 c 级。此外，该工程还普遍存在受力钢筋的保护层偏薄、钢筋出现轻度锈蚀的现象。

3. 混凝土构件截面尺寸检测。对现浇混凝土梁、板、柱构件的截面尺寸进行检测。检测结果表明：半数以上的构件截面尺寸不满足规范允许偏差的要求（－5～＋8mm）。

三、结论与建议

上述检测结果表明：结构主体工程达到 I 级；除顶部小塔楼外，结构子单元达到 A 级，顶部小塔楼为 C 级；大部分结构构件达到 a 级，少量构件为 c 级。建议拆除顶部小塔楼，对局部构件如地下室入口处大梁采取措施进行加强。

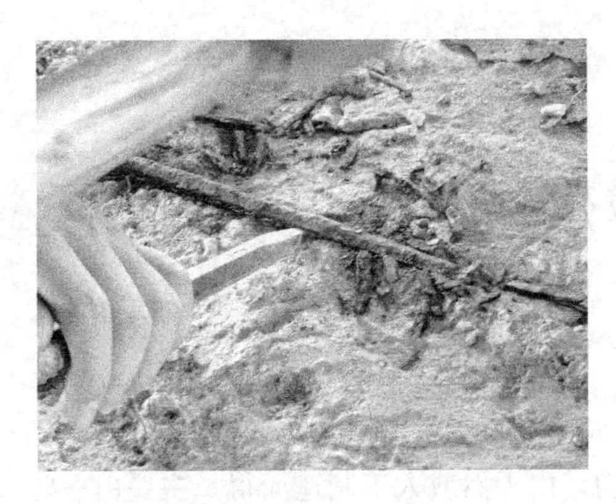
图 8-2　楼板主筋锈蚀

图 8-3　梁底箍筋间距极不均匀

思　考　题

1. 既有结构的技术状况评估方法按鉴定方法的不同可以归纳为哪几类?

2. 建筑结构可靠度的概念?可靠度鉴定基本原则是什么?

3. 建筑物可靠性鉴定评级的分级原则是什么?

4. 钢结构检测与鉴定要点是什么?

5. 桥梁检查的内容与方法有哪些?

6. 根据外观检查评定桥梁的方法主要内容是什么?以分析计算为主的评定方法主要内容是什么?

*第九章　其他试验检测技术简介

第一节　沥青及沥青路面检测

沥青是暗棕色至黑色固体、半固体或黏稠状物，由天然或人工制造而得，主要由一些极其复杂的高分子碳氢化合物和这些碳氢化合物的非金属（氧、硫、氮）的衍生物所组成。沥青属于憎水性材料，不溶于水，结构致密，对酸、碱和盐具有很强的抵抗力，广泛用于土木工程的防水、防潮、防渗和防腐工程。沥青属于有机胶凝材料，与矿料有良好的粘附性，因此沥青材料也广泛用于公路和城市道路工程。由于沥青路面具有平整性好、行车平稳舒适、噪声低、养护方便、易于回收再利用等优点，沥青路面已成为国内外公路和城市道路高等级路面的主要结构类型。在我国已建成的高速公路路面中，90%以上是沥青路面。沥青材料的性能对道路工程，特别是路面工程的使用性能、耐久性能等起着决定性的作用。沥青、沥青混合料和沥青路面的检测是沥青材料本身路用性能评价重要技术手段，也是沥青路面施工过程的原材料筛选、施工质量控制以及竣工验收的必不可少的环节，对于保证沥青路面施工质量，并延长沥青路面的使用寿命具有重要意义。

一、沥青常规指标试验

1. 沥青的黏性

沥青的黏性是沥青在外力作用下抵抗剪切变形的能力。沥青的黏性通常用黏度表示。沥青黏度与沥青路面力学行为密切相关，是沥青的重要技术指标，也是现代沥青等级（标号）划分的主要依据。

沥青黏度的测定方法可分为两类，一类为“绝对黏度”法，另一类为“相对黏度”（或称“条件黏度”）法。沥青运动黏度和动力黏度属于绝对黏度法的范畴。我国现行试验规程规定，沥青运动黏度采用毛细管法；沥青动力黏度采用减压毛细管法。“绝对黏度”法要求采用专用设备，测试步骤烦琐，工程中往往采用“相对黏度”法对沥青进行检测和性能评价。这里只介绍沥青最常用的“相对黏度”指标——标准黏度、针入度和软化点的检测方法。

（1）标准黏度

沥青的标准黏度采用标准黏度计法测定。标准黏度计法是测定液体石油沥青、煤沥青和乳化沥青等的黏度的试验方法。该试验方法测定液体状态的沥青材料在标准黏度计中，在规定的温度条件下，通过规定的流孔直径流出 50mL 体积所需的时间（s），如图 9-1 所示。试验条件用 $C_{T,d}$ 表示，其中 C 为黏度，T 为试验温度，d 为流孔直径。试验温度和流孔直径根据液体状态沥青的黏度选择，常用的流孔有 3mm、4mm、5mm 和 10mm 四种。按上述方法，在相同温度和相同流孔条件下，流出时间越长，表示沥青黏度越大。

（2）针入度

沥青的针入度采用针入度法测定。针入度法是国际上经常用来测定黏稠（固体、半固体）沥青黏度的一种方法，如图 9-2 所示。该法测定沥青材料在规定温度条件下，规定质量的标准针在规定时间内贯入沥青试样的深度（以 0.1mm 为单位计）。通常试验条件采用标准针（包括连杆及砝码）的质量为 100g，贯入时间为 5s，试验温度为 25℃，测得的针入度以 $P_{25℃,100g,5s}$ 表示。此外，试验温度也可采用 5℃、15℃和 35℃等。按上述方法测定的针入度值越大，表示沥青黏度越小（越软）。

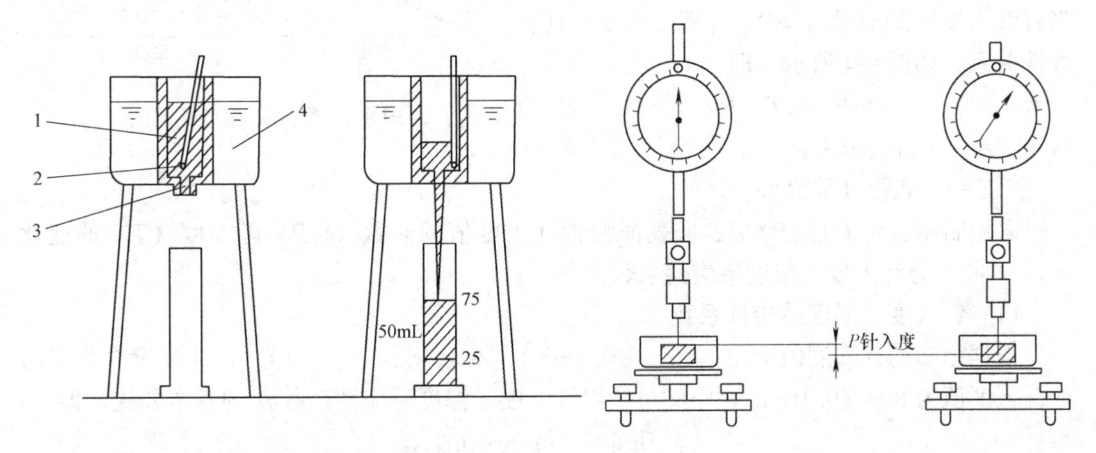

图 9-1　标准黏度计测定液体沥青黏度示意图

1—沥青试样；2—活动球杆；3—流杆；4—水

图 9-2　针入度法测定黏稠沥青针入度示意图

（3）软化点

沥青材料是一种非晶质高分子材料，它由液态凝结为固态，或由固态溶化为液态时，没有敏锐的固化点或液化点，通常采用条件的硬化点和滴落点来表示，称为软化点。软化点的数值随采用的仪器不同而不同，我国现行试验法采用环与球法软化点，如图 9-3 所示。该方法规定将沥青试样注于内径为 18.9mm 的铜环中，环上置一重 3.5g 的钢球，在规定的加热速度（5℃/min）下进行加热，沥青试样逐渐软化，在钢球荷重作用下，下落 25.4mm 触及下底板时的温度，即为软化点。

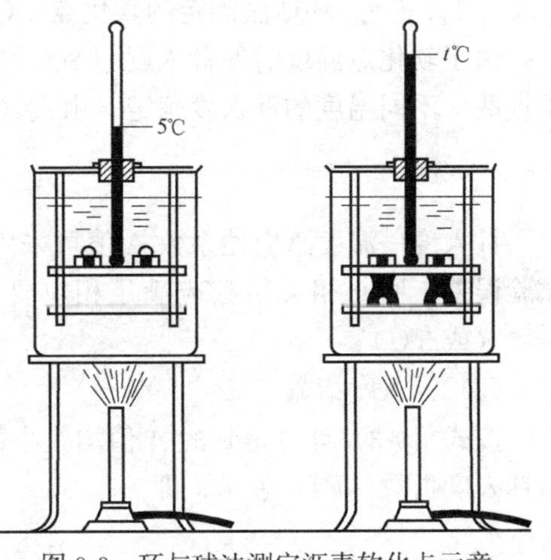

图 9-3　环与球法测定沥青软化点示意

2. 沥青的延性

沥青的延性是当其受到外力的拉伸作用时，所能承受的塑性变形的总能力，通常用延度作为条件延性指标来表征。延度试验方法是，将沥青试样制成“8”字形标准试件（最小断面 $1cm^2$），在规定拉伸速度和温度下拉断时的长度（以 cm 计）称为延度。沥青的延度是采用延度仪来测定的。

3. 沥青的感温性

沥青材料的温度感应性与沥青路面的施工（如拌合、摊铺、碾压）和使用性能（如高温稳定性和低温抗裂性）都有密切关系，所以它是评价沥青技术性质的一个重要指标。沥青的感温性采用“黏度”随“温度”而变化的行为（黏—温关系）来表达，目前最常用的方法是针入度指数法。

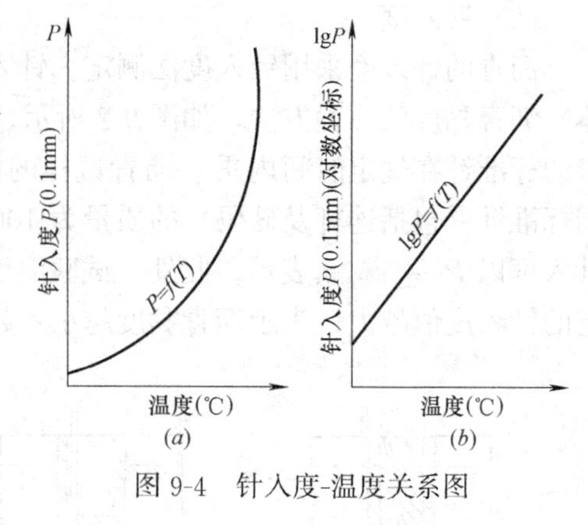

图 9-4　针入度-温度关系图

针入度指数法（简称 PI）是一种评价沥青感温性的指标，建立这一指标的基本思路是：沥青针入度值的对数（$\lg P$）与温度（T）具有线性关系，如图 9-4 所示，即

$$\lg P = AT + K \tag{9-1}$$

式中　A——直线斜率；

K——截距（常数）。

采用斜率 $A = d(\lg P)/dT$ 来表征沥青针入度值的对数（$\lg P$）随温度（T）的变化率，故称 A 为针入度—温度感应性系数。

（1）针入度—温度感应性系数

根据已知的针入度值 $P_{25℃,100g,5s}$（0.1mm）/和软化点 $T_{R\&B}$（℃），并假设软化点时的针入度值为 800（0.1mm），由此可绘出针入度—温度感应性系数 A 的基本公式，即

$$A = \frac{\lg 800 - \lg P_{25℃,100g,5s}}{T_{R\&B} - 25} \tag{9-2}$$

式中　$\lg P_{25℃100g,5s}$——在 25℃、100g、5s 条件下测定的针入度值（0.1mm）的对数；

$T_{R\&B}$——环球法测定的软化点（℃）。

由于软化点温度时的针入度与 800 可能相距较大，使得 A 值不准确。因此斜率 A 可根据两个不同温度的针入度确定，由式（9-3）计算：

$$A = \frac{\lg P_1 - \lg P_2}{T_1 - T_2} \tag{9-3}$$

针入度—温度感应性系数 A 值可采用三个不同温度的针入度通过回归求取。为避免试验误差，回归相关系数应满足相应要求。针入度试验温度通常可采用 15℃、25℃及 30℃（或 5℃）。

（2）针入度指数

按式（9-3）计算得到的 A 值均为小数，为使用方便起见，普费等作了一些处理，改用针入度指数（PI）表示，即

$$PI = \frac{30}{1+50A} - 10 \tag{9-4}$$

针入度指数（PI）值越大，表示沥青的感温性越低。我国沥青路面施工技术规范规定，道路石油沥青的针入度指数 $PI = -1.8 \sim +1$。

4. 沥青的耐久性

沥青在运输、施工和沥青路面的使用过程中，经受温度、光照、雨水以及交通荷载等各种因素的作用，会发生一系列物理、化学变化，如蒸发、氧化、脱氢、缩合等，使得沥青老化，路面脆硬、开裂。沥青性质随时间而变化的现象，通常称为沥青的老化，也就是沥青的耐久性。

对于由路面施工加热导致沥青性能变化的评价，我国标准规定：对中、轻交通量道路用石油沥青，应进行"蒸发损失试验"；对重交通量道路用石油沥青应进行"薄膜加热试验"。

沥青蒸发损失试验是将 50g 沥青试样盛于直径为 55mm、深为 35mm 的器皿中。在 163℃的烘箱中加热 5h，然后测定其质量损失以及残留物的针入度占原试样针入度的百分率。由于沥青试样与空气接触面积太小，试样太厚，所以这种方法的试验效果较差。

沥青薄膜加热试验，又称"薄膜烘箱试验"（简称 TFOT），试验方法是将 50g 沥青试样盛于内径 139.7mm、深为 9.5mm 的铝皿中，使沥青成为厚约 3mm 的薄膜。把沥青薄膜在 163±1℃的标准烘箱中加热 5h，如图 9-5（*a*）所示，以加热前后的质量损失、针入度比和 25℃及 15℃的延度值作为评价指标。

薄膜加热试验后的性质与沥青在拌合机中加热拌合后的性质有很好的相关性。沥青在薄膜加热试验后的性质，相当于在 150℃拌合机中拌合 1.0～1.5min 后的性质。后来又发展了"旋转薄膜烘箱试验"（简称 TFOT），烘箱试样如图 9-5（*b*）所示。这种试验方法的优点是试样在垂直方向旋转，沥青膜较薄；能连续鼓入热空气，以加速老化，使试验时间缩短为 75min；并且试验结果精度较高。

对于液体沥青可用蒸馏试验来代替蒸发损失试验。液体沥青的黏度较低，以便在施工中可以冷态（或稍加热）使用。液体沥青中轻质馏分挥发后，沥青黏度将明显提高，从而使路面黏聚力得到提高。蒸馏试验可以确定液体沥青含有此种轻质挥发性油的数量，以及挥发后沥青的性质。

蒸馏试验在标准蒸馏器内进行加热，将沸点范围接近、具有相近特性和物理化学性质的油分划分为几个馏程。为使馏分范围标准化，道路液体沥青划分为 225℃、315℃和 360℃共 3 个馏程。为了确定挥发性油排除后沥青的性质，残留沥青应进行在 25℃延度和浮漂度实验，用以说明残留沥青在道路路面中的性质。

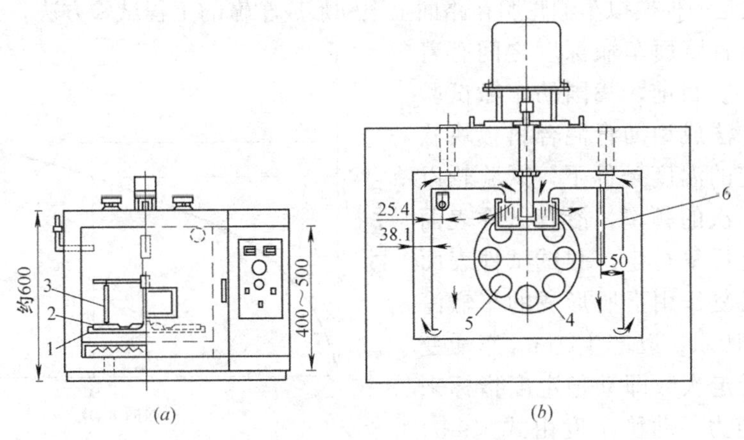

图 9-5　沥青薄膜加热烘箱（单位：mm）

（*a*）薄膜加热烘箱；（*b*）旋转薄膜加热烘箱

1—转盘；2—试样；3—温度计；4—垂直转盘；5—盛样瓶插孔；6—温度计

二、沥青混合料性能试验

1. 高温稳定性

沥青混合料的高温稳定性的评价试验方法较多，如圆柱体试件的单轴静载、动载、重复荷载试验；三轴静载、动载、重复荷载试验；简单剪切的静载、动载、重复荷载试验等。此外还有马歇尔稳定度、维姆稳定度和哈费氏稳定度工程试验，以及反复碾压模拟试验如车辙试验等。目前，我国沥青路面工程中通常采用马歇尔试验和车辙试验来对沥青混合料的高温稳定性进行评价。

(1) 马歇尔试验

马歇尔试验用于测定沥青混合料试件的破坏荷载和抗变形能力。将沥青混合料制备成规定尺寸的圆柱体试件，试验时将试件横向布置于两个半圆形压模中，使试件受到一定的侧向限制。在规定温度和加载速度下，对试件施加压力，记录试件所受压力－变形曲线，如图 9-6 所示。主要力学指标为马歇尔稳定度和流值，稳定度是指试件受压至破坏时承受的最大荷载，以 kN 计；流值是达到最大破坏荷载时试件的垂直变形，以 0.1mm 计。

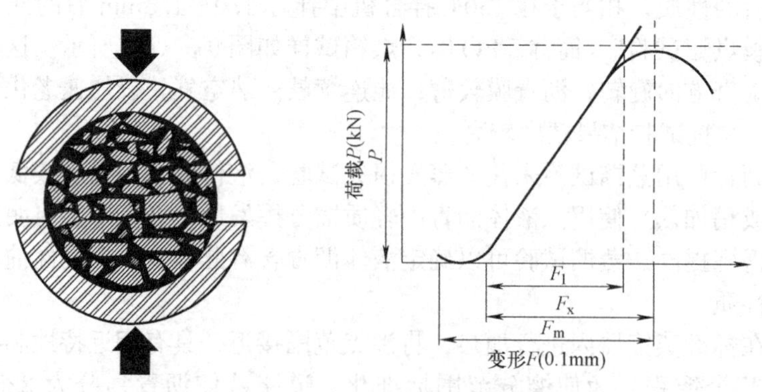

图 9-6　受力图式及试验曲线

(2) 车辙试验

车辙试验是一种模拟车辆轮胎在路面上滚动形成车辙的工程试验方法，试验结果较为直观，且与沥青路面车辙深度之间有着较好的相关性。目前，我国的车辙试验是采用标准方法成型沥青混合料板块状试件，在规定的温度条件下，试验轮以每分钟 42±1 次的频率，沿着试件表面在同一轨迹上反复行走，测试试件表面在试验车轮反复作用下所形成的车辙深度，如图 9-7 所示。以产生 1mm 车辙变形所需要的行走次数即动稳定度指标来评价抗车辙能力，动稳定度由式 (9-5) 计算。

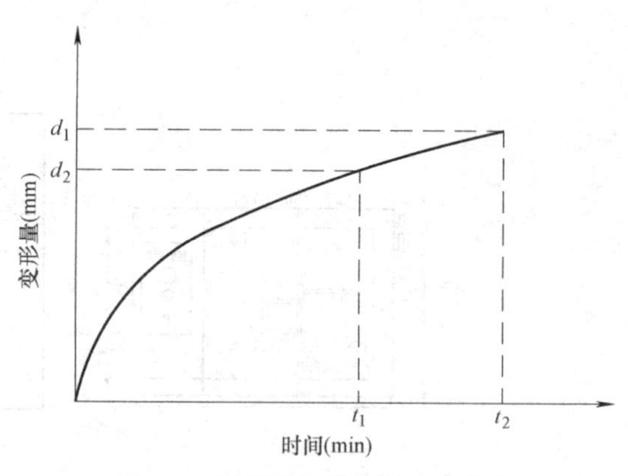

图 9-7　沥青混合料车辙试验曲线

$$DS=\frac{42(t_2-t_1)}{d_2-d_1}\cdot c_1\cdot c_2 \tag{9-5}$$

式中　DS——为沥青混合料的动稳定度（次/min）；

t_1、t_2——分别为试验时间，通常为 45min 和 60min；

d_1、d_2——分别为与试验时间 t_1 和 t_2 对应的试件表面的变形量（mm）；

42——每分钟行走次数；

c_1、c_2——分别为试验机或试样修正系数。

2. 低温抗裂性

目前用于研究和评价沥青混合料低温抗裂性的方法可以分为 3 类：预估沥青混合料的开裂温度；评价沥青混合料的低温变形能力或应力松弛能力；评价沥青混合料断裂能力。相关试验方法和检测手段较多，其中较为简单常用的有间接拉伸试验（劈裂试验）和弯曲试验等。

（1）间接拉伸试验（劈裂试验）

间接拉伸试验即通常所说的劈裂试验，是通过加载压条，对 101.6mm×63.5mm 的沥青混凝土试件进行加载，从而通过传感器和 LVDT 来获得沥青混合料的劈裂强度及垂直、水平变形，如图 9-8 所示。试验条件规定如下：对于 15℃、25℃等采用 50mm/min 的速率加载，对 0℃或更低温度建议采用 1mm/min 作为加载速率。其评价指标有劈裂强度、破坏变形及劲度模量等。

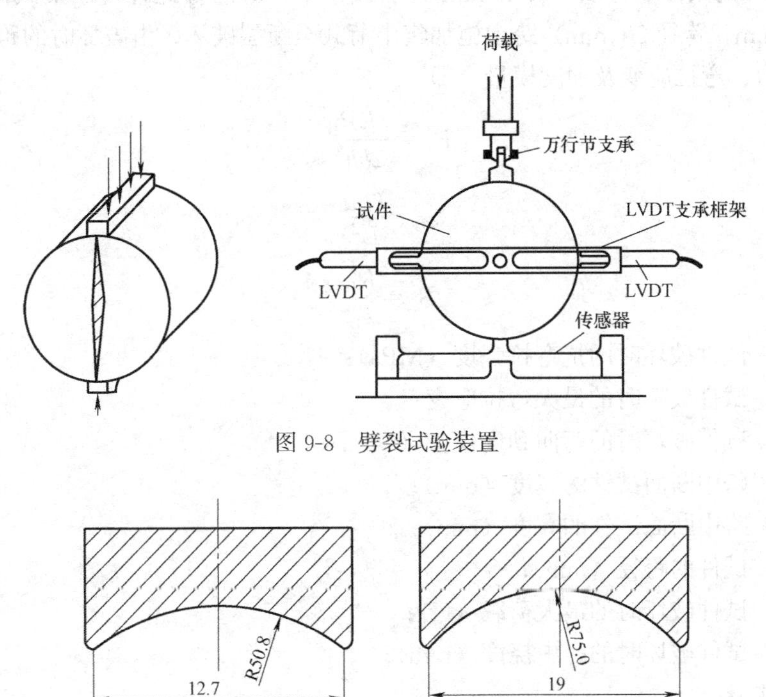

图 9-8　劈裂试验装置

图 9-9　劈裂试验压条形状

当试件直径为 100±2.0mm、劈裂试验压条宽度为 12.7mm 及试件直径为 150±2.5mm、压条宽度为 19.0mm 时，如图 9-9 所示，劈裂抗拉强度分别按式（9-6）和式（9-7）计算，泊松比 μ、破坏拉伸应变 ε_T 及破坏劲度模量 S_T 按式（9-8）、式（9-9）、式（9-10）计算。

$$R_T = 0.006287 P_T / \mathrm{h} \tag{9-6}$$

$$R_T = 0.00425 P_T / h \tag{9-7}$$

$$\mu = (0.135A - 1.794)/(-0.5A - 0.0314) \tag{9-8}$$

$$\varepsilon_T = X_T \times (0.0307 + 0.0936\mu)/(1.35 + 5\mu) \tag{9-9}$$

$$S_T = P_T \times (0.27 + 1.0\mu)/(h \times X_T) \tag{9-10}$$

式中 R_T——劈裂抗拉强度（MPa）；

ε_T——破坏劲度模量（MPa）；

μ——泊松比；

P_T——试验荷载的最大值（N）；

h——试件高度（mm）；

A——试件竖直变形与水平变形的比值（$A=Y_T/X_T$）；

Y_T——试件相应于最大破坏荷载时的竖直方向总变形（mm）；

X_T——相应于最大破坏荷载时的水平方向总变形（mm），即

$$X_T=Y_T\times(0.135+0.5\mu)/(1.794-0.0314\mu) \tag{9-11}$$

（2）弯曲试验

低温弯曲破坏试验也是评价沥青混合料低温变形能力的常用方法之一。在试验温度达到−10±0.5℃的条件下，以50mm/min的加载速率，对沥青混合料小梁试件（35mm×30mm×250mm，跨径200mm）跨中施加集中荷载至断裂破坏，由破坏时的跨中挠度计算破坏弯拉应力、弯拉应变及劲度模量，即

$$R_B=\frac{3LP_B}{2bh^2} \tag{9-12}$$

$$\varepsilon_B=\frac{6hd}{L^2} \tag{9-13}$$

$$S_B=\frac{R_B}{\varepsilon_B} \tag{9-14}$$

式中 R_B——试件破坏时的抗弯拉强度（MPa）；

ε_B——试件破坏时的最大弯拉应变；

S_B——试件破坏时的弯曲劲度模量（MPa）；

b——跨中断面试件的宽度（mm）；

h——跨中断面试件的高度（mm）；

L——试件的跨径（mm）；

P_B——试件破坏时的最大荷载（N）；

d——试件破坏时的跨中挠度（mm）。

3. 水稳定性

常见的评价方法有浸水马歇尔试验、真空饱水马歇尔试验、冻融劈裂试验、浸水轮辙试验以及ECS（Environment Conditioning System）试验等。这些试验方法都是在实验室内以冻融循环或水循环等方式模拟水的侵蚀作用，并利用一定客观指标的前后变化来表征沥青混合料的水稳定性。

（1）浸水马歇尔试验

浸水马歇尔试验是将马歇尔试件分为2组，一组在60℃的水浴中保养0.5h后测其马歇尔稳定度S_1；另一组在60℃水浴中恒温保养48h后测其马歇尔稳定度S_2；计算两者的比值，即残留稳定度S_0为：

$$S_0=\frac{S_2}{S_1}\times100\% \tag{9-15}$$

虽然残留稳定度指标 S_0 比较稳定，但是对沥青、石料特性不敏感。另外，由于马歇尔试验加载和受力模式的物理意义不明确，所以残留稳定度仅仅是一个经验性指标。

（2）真空饱水马歇尔试验

这是我国试验规程中方法的一种，试件分为 2 组，一组在 60℃水浴中恒温 0.5h 后测定马歇尔稳定度 S_1；另一组先在常温 25℃浸水 20min，然后在 0.09MPa 气压下浸水抽真空 15min，再在 25℃水中浸泡 1h，最后在 60℃水浴中恒温 24h，测定马歇尔稳定度 S_2；计算二者的比值，即残留稳定度 S_0 为：

$$S_0=\frac{S_2}{S_1}\times 100\% \tag{9-16}$$

从前两个试验方法的对比可以看出，两者的差别在于对试件水作用的模拟方式不同，也就是水对沥青混合料侵蚀的程度不同，这也是一个经验性的指标。

（3）冻融劈裂试验

试件成型可采用双面各击实 50 次或 75 次的方法（也有控制成型试件空隙率为 7%＋1%的）。而后将试件平均分为 2 组，并使其平均空隙率相同。一组试件在 25℃水浴中浸泡 2h 后测定其劈裂强度 R_1；另一组先在 25℃水中浸泡 2h，然后在 0.09MPa 气压下浸水抽真空 15min，再在－18℃冰箱中置放 16h，而后放到 60℃水浴中恒温 24h，再放到 25℃水中浸泡 2h 后测试其劈裂强度 R_2；计算两者的比值，即残留强度比 R_0 为：

$$R_0=\frac{R_2}{R_1}\times 100\% \tag{9-17}$$

三、沥青路面检测

1. 压实度检测

沥青路面施工压实度通常采用钻芯法。钻芯法适用于检验从压实的沥青路面上钻取的芯样试件的密度，以评定沥青混凝土面层的施工压实度。

当用于计算压实度的沥青混合料标准密度采用马歇尔击实试件成型密度或试验路段钻孔取样密度时，沥青面层的压实度按下式计算：

$$K=\frac{\rho_S}{\rho_0}\times 100 \tag{9-18}$$

式中 K——沥青面层的压实度（%）；

ρ_S——沥青混合料芯样试件的视密度或毛体积密度（g/cm³）；

ρ_0——沥青混合料标准密度（g/cm³）。

由沥青混合料实测最大密度计算压实度时，应按下式进行空隙率折算，作为标准密度，再按压实度公式计算压实度：

$$\rho_0=\rho_t\times\frac{100-VV}{100} \tag{9-19}$$

式中 ρ_t——沥青混合料的实测最大密度（g/cm³）；

ρ_0——沥青混合料标准密度（g/cm³）；

VV——试样的空隙率（%）。

2. 渗水试验

渗水试验采用路面渗水仪测定碾压成型的沥青混合料试件和路面的渗水系数，以检验沥青混合料的配合比设计和沥青路面的压实情况。渗水试验的方法和步骤是：向路面渗水仪仪器的上方量筒注入淡红色的水至满，总量为600mL，测试过程中，正常情况下水应该通过混合料内部空隙从试件的反面及四周渗出，如水是从底座与密封材料间渗出，说明底座与试件密封不好，应另行采用干燥试件重新操作。如水面下降速度很慢，从水面下降至100mL开始，测得3min的渗水量即可停止。若试验时水面下降至一定程度后基本保持不动，说明试件基本不透水或根本不透水。

沥青混合料试件的渗水系数按下式计算，计算时以水面从100mL下降至500mL所需要的时间为标准，若渗水时间过长，也可采用3min通过的水量计算。

$$C_W=\frac{V_2-V_1}{t_2-t_1}\times 60 \tag{9-20}$$

式中 C_W——沥青混合料试件的渗水系数（mL/min）；

V_1——第一次读数时的水量（mL），通常为100mL；

V_2——第二次读数时的水量（mL），通常为500mL；

t_1——第一次读数时的时间（s）；

t_2——第二次读数时的时间（s）。

3. 平整度检测

路面平整度是评定路面使用质量、施工质量及现有路面破坏程度的重要指标之一。它直接关系到行车安全性、舒适性以及营运经济性，并影响路面的使用年限。

路面平整度的检测设备分为断面类及反应类两大类，断面类检测设备是测定路面表面凸凹情况的一种仪器，如最常用的3m直尺连续式平整度仪。国际平整度指数便是以此为基准建立的，这是平整度最基本的指标。反应类检测设备是测定由于路面凸凹不平引起车辆颠簸的情况，这是司机和乘客直接感受到的平整度指标。因此，它实际上是舒适性能指标。最常用的是车载式颠簸累积仪。现已有更新的自动测试设备，如纵断面分析仪、路面平整度数据采集系统测定车等。

（1）3m直尺测定平整度

3m直尺测定法有单尺测定最大间隙和等距离（1.5m）连续测定两种，前者常用于施工时质量控制和检查验收，单尺测定要计算出测定段的合格率。等距离连续测定也同样可用于施工质量检查验收，但要算出标准差，用标准差来表示平整度程度。

3m直尺测定尺底距离路表面的最大间隙来表示路面的平整度，以mm计。它适用于测定压实成型的路面各层表面的平整度，以此评定路面的施工质量及使用质量。它也可用于路基表面成型后的施工平整度检测。

在施工过程中检测时，根据需要确定的方向，将3m直尺摆在测试地点的路面上。目测3m直尺底面与路面之间隙情况，确定间隙最大的位置。用有高度标线的塞尺塞进间隙处，量记其最大间隙的高度（mm），准确到0.2mm，如图9-10所示。

单尺检测路面的平整度计算，以3m直尺与路面的最大间隙为测定结果，连续测定10尺时，判断每个测定值是否合格，根据要求计算合格百分率，并计算10个最大间隙的平均值。

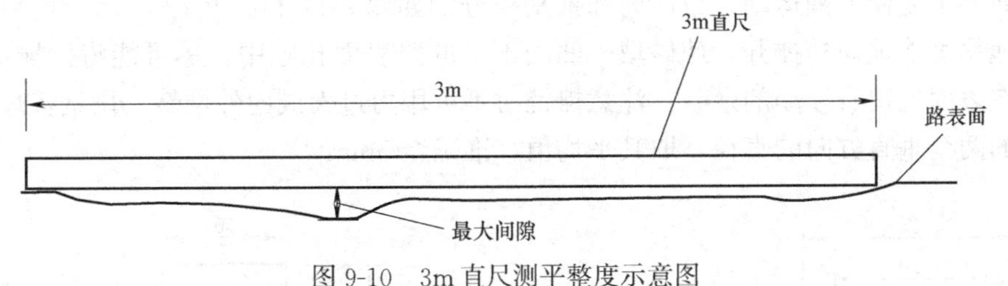

图 9-10　3m 直尺测平整度示意图

$$合格率(\%)=合格尺数/总测尺数\times100 \quad (9\text{-}21)$$

(2) 连续式平整度仪测定平整度

连续式平整仪是我国测定路面平整度的新型仪器，它的主要优点是可沿路面连续测量。它一般采用先进的微机处理技术，可自动计算、自动打印，自动显示路面平整度的标准差、正负超差等各项技术指标，并绘出路面平整度偏差曲线。连续式平整仪法适用于测定路面的平整度，评定路面的施工质量和使用质量，但不适用于在已有较多坑槽、破损严重的路面上测定。

连续式平整度仪测定平整度的主要步骤：选择测试路段，并清扫路面测定位置处的杂物。在牵引汽车的后部，将平整度仪的挂钩挂上后，放下测定轮，启动检测器及记录仪，随即启动汽车，沿道路纵向行驶，横向位置保持稳定，并检查平整度测仪表上测定数字显示、打印、记录的情况。如遇检测设备中某项仪表发生故障，即须停止检测。牵引平整度仪的速度应保持匀速，速度宜为 5km/h，最大不得超过 12km/h。在测试路段较短时，也可用人力拖拉平整度仪测定路面的平整度，但拖拉时应保持匀速前进。

连续式平整度测定仪测定后，按每 10cm 间距采集的位移值自动计算每 100m 计算区间的平整度标准差（mm），还可以记录测试长度（m）、曲线振幅大于某一定值（如 3mm、5mm、8mm、10mm 等）的次数、曲线振幅的单向（凸起或凹下）累计值及以 3m 机架为基准的中点路面偏差曲线图，计算打印。当为人工计算时，在记录曲线上任意设一基准线，每隔一定距离（宜为 1.5m）读取曲线偏离基准线的偏离位移值。

4. 抗滑性能检测

通常，抗滑性能被看做是路面的表面物性，并用轮胎与路面间的摩阻系数来表示。表面特性包括路表面微观构造（通常用石料磨光值 *PSV* 表示）和宏观构造（用构造深度表示）。影响抗滑性能的因素有路面表面特性、路面潮湿程度和行车速度。

抗滑性能测试方法有：构造深度测试法（手工铺砂法、电动铺砂法、激光构造深度仪法）、摆式仪法、横向力系数测试法等。

(1) 手工铺砂法

手工铺砂法用于测定路面的宏观构造深度。路面的宏观构造深度是指一定面积的路表面凹凸不平的开口孔隙的平均深度，它是影响抗滑性能的重要因素之一。手工铺砂法适用于测定沥青路面及水泥混凝土路面表面构造深度，用以评定路面的宏观粗糙度、路面表面的排水性能及抗滑性能。构造深度的检测频率按每 200m 一处。

手工铺砂法的主要步骤为：用扫帚或毛刷将测点附近的路面清扫干净，面积不小于 30cm×30cm。用小铲装砂，沿筒向圆筒中注满砂，手提圆筒上方，在硬质路上轻轻叩打 3 次，使砂密实，补足砂面，用钢尺一次刮平。将砂倒在路面，用底面粘有橡胶片的推平板由里向外重复做摊铺运动，量砂筒和推平板分别如图 9-11 和图 9-12 所示。稍稍用力将砂细心地尽可能地向外摊开，使砂填入凹凸不平的路表面孔隙中，尽可能将砂摊成圆形，并不得在表面上留有浮动的余砂。注意摊铺时不可用力过大或向外推挤。用钢板尺测量所构成圆的两个垂直方向的直径，取其平均值，准确至 5mm。

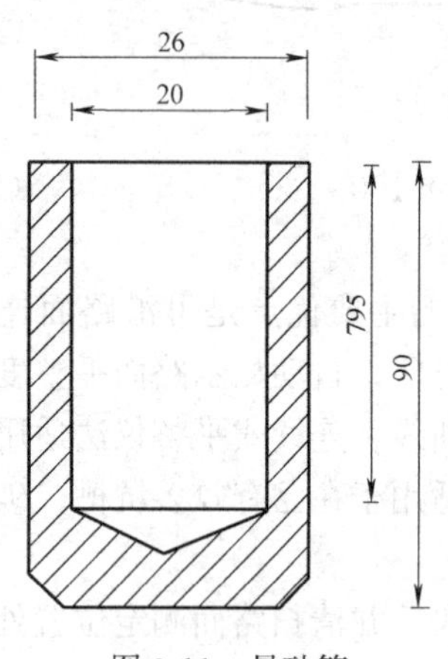

图 9-11　量砂筒

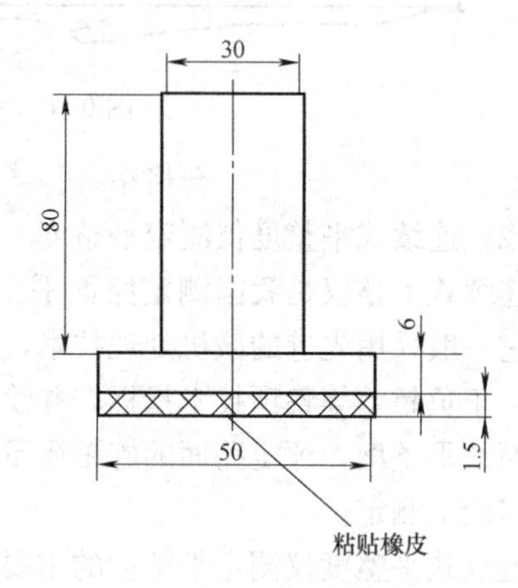

图 9-12　推平板

路面表面构造深度测定结果按式（9-22）计算：

$$TD=\frac{1000V}{\pi D^2/4}=\frac{31831}{D^2} \tag{9-22}$$

式中　TD——路面构造深度（mm）；

V——砂的体积（25cm^3）；

D——摊平砂的平均直径（mm）。

（2）摆式仪法

摆式仪属于轻便型测量仪器，其构造如图 9-13 所示。摆式仪的摆锤底面装有一橡胶滑块，当摆锤从一定高度自由下摆时，滑动面同路表面接触。由于两者间的摩擦面损耗部分能量，使摆锤只能回摆到一定高度。表面摩阻力越大，回摆高度越低。通过量测回摆高度，可以评定表面的摩阻力。回摆高度直接从仪器上读得，以摆值 FB 表示。

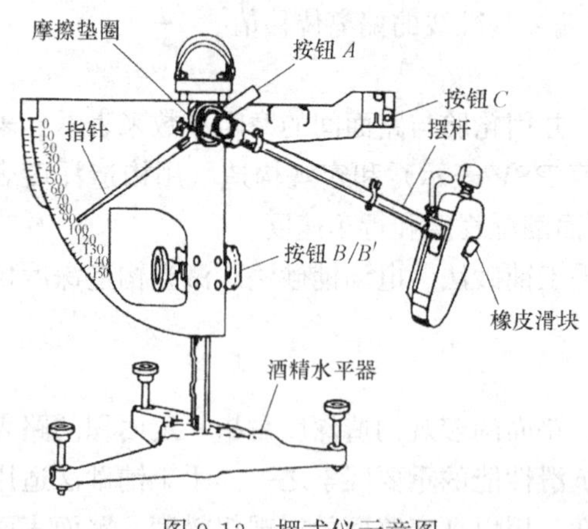

图 9-13　摆式仪示意图

摆式仪法的主要步骤为：清除摆动范围内路面上松散粒料。调整摆头位置，检查滑动长度，若滑动长度不符合标准时，用升高或降低仪器底正面的调平螺钉来校正。用喷壶的水浇洒测试路面，并刮除表面泥浆杂质。按下释放开关，使摆在路面滑过，指针即可指示出路面的摆值。但第一次测定不作记录。当摆杆回落时，使摆杆和指针重新置于水平释放位置。重复操作测定 5 次，并读取每次测定的摆值，即 BPN。5 次数值中最大值与最小值的差值不得大于 $3BPN$。取 5 次测定的平均值作为每个测点路面的抗滑值（即

摆值 FB），取整数，以 BPN 表示。

5. 路基路面回弹弯沉检测

路基路面工程中通常采用贝克曼梁回弹弯沉法检测路基路面的回弹弯沉，用以评定路基路面的整体承载能力，供路面结构设计和施工质量控制及验收使用。沥青路面的弯沉以路表温度 20℃时为准，在其他温度测试时，对厚度大于 5cm 的沥青路面，弯沉值应予温度修正。

贝克曼梁回弹弯沉法主要步骤：在测试路段布置测点，其距离随测试需要而定。将试验车后轮轮隙对准测点后约 3～5cm 处的位置。将弯沉仪插入汽车后轮之间的缝隙处，与汽车方向一致，梁臂不得碰到轮胎，弯沉仪测头置于测点上，并安装百分表于弯沉仪的测定杆上。测定者吹哨发令指挥汽车缓缓前进，百分表随路面变形的增加而持续向前转动。当表针转动到最大值时，迅速读取初读数 L_1。汽车仍在继续前进，表针反向回转，待汽车驶出弯沉影响半径（约 3m 以上）后，指挥汽车停下。待表针回转稳定后，再次读取终读数 L_2。汽车前进的速度宜为 5km/h 左右。

当采用长度为 3.6m 的弯沉仪对半刚性基层沥青路面、水泥混凝土路面等进行弯沉测定时，有可能引起弯沉仪支座处变形，因此测定时应检验支点有无变形，此时应用另一台检验用的弯沉仪安装在测定用弯沉仪的后方，其测点架于测定用弯沉仪的支点旁。当汽车开出时，同时测定两台弯沉仪的弯沉读数，如检验用弯沉仪百分表有读数，即应该记录并进行支点变形修正。当在同一结构层上测定时，可在不同位置测定 5 次，求取平均值，以后每次测定时以此为修正值。支点修正的原理如图 9-14 所示。

当采用长度为 5.4m 的弯沉仪测定时，可不进行支点变形修正。

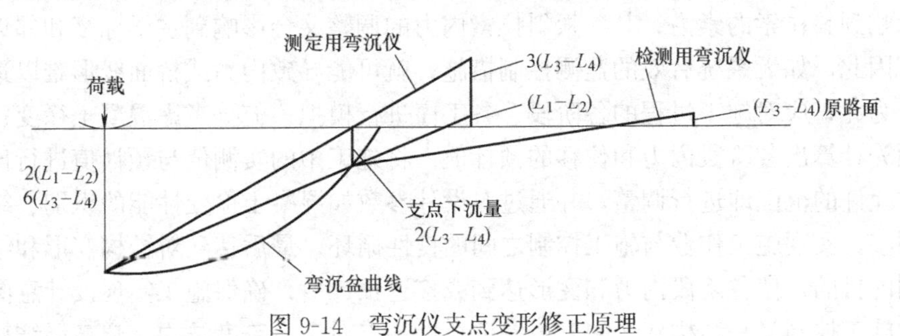

图 9-14 弯沉仪支点变形修正原理

第二节 结构施工监测控制

一、结构施工监测控制的基本概念

设计是工程建设的灵魂，而施工是设计意图实现的关键，好的结构设计方案必须要有高水平的施工技术来支持；另外，施工技术的发展为结构设计意图的实现提供了灵活多样的手段，为新结构、新材料的推广应用提供了充分的技术保障。施工技术包含施工方法、施工工艺、施工设备、施工控制等诸多内容。其中，施工监测控制是施工技术的重要组成部分，始终贯穿于结构施工中，对大跨度结构、大型复杂结构的顺利施工与安全运营至关重要。

大跨度结构、高层高耸结构、大型复杂结构的施工，是一个复杂的系统工程。在该系统中，设计图纸是目标，而从开工到竣工整个施工过程中，将会遇到许多确定和不确定因素的影响，包括设计计算图式、材料性能参数、施工精度、施工荷载、环境温湿度等诸多方面的因素，这些因素总会使结构的实际状态与理想目标状态之间存在一定的差异。因此，在施工过程中如何从受各种因素影响而失真的参数中找出相对真实之值，对结构施工受力状况进行实时监测、预测、预警、调整，对设计目标的实现是至关重要的。一般地，上述工作常以现代控制论为理论基础来进行，所以称为施工监测控制，也可以简称为施工控制。

结构施工控制不仅是结构施工技术的重要组成部分，而且也是技术含量较高、实施难度较大的部分。不同结构体系、不同施工方法、不同材料的结构，其施工控制技术要求也不一样。以大跨度混凝土结构为例，影响结构施工最终受力线形状态的，除材料力学特性的离散、容重的偏差等内因外，它还要受结构施工期间温度、湿度、时间等因素的影响，这就会造成施工过程中的结构的内力和变形偏离设计目标的现象，甚至出现超过设计允许的内力和变形限值。对这种情况，若不通过有效的施工控制实时监测、及时调整，就势必造成结构最终线形、内力状况难以符合设计目标。

结构施工控制是确保结构施工宏观质量的关键。衡量一座结构的施工宏观质量标准之一，就是看其竣工状态的线形以及内力状况是否符合设计要求。对采用多工序、多阶段施工的大型复杂结构，要求结构各构件内力、标高的最终状态均符合设计要求是不容易的。例如斜拉桥，悬臂施工时主梁各节段要考虑预抬高以使其标高符合设计要求，同时还要求成桥状态下斜拉索的索力也达到设计要求，但由于斜拉桥是多次超静定结构，主梁标高的调整将影响到斜拉索的索力，某一根斜拉索内力的调整又会影响到主梁标高和邻近斜拉索的索力。因此，如无系统有效的监测控制措施，就可能导致内力或桥面线形难以达到设计目标值。为此，应对施工过程的各阶段、各工序进行模拟，充分考虑混凝土徐变、收缩的影响，预先计算出各阶段内力和位移的预计值。将施工中的实测值与预计值进行比较，若相差超过允许的范围即进行调整，并通过对设计参数如混凝土徐变性能的识别、结构内力的优化调整，实现施工作业与施工控制之间的良性循环，最后达到对结构变形和结构内力双重控制的目的，使各阶段内力和变形达到或接近预计值，确保施工实现设计意图。

结构施工控制又是结构建设的安全保证，这一点对于大跨度结构、超高层结构更为突出。在施工过程中，由于每一阶段结构的内力和变形目标值是可以预计的，各施工阶段结构的实际内力和变形是可以监测得到的，这样就可以较全面地跟踪掌握施工进程和发展情况。当发现施工过程中监测的实际值与计算的预计值相差过大时，就要进行检查、分析原因，采取及时必要的措施进行调整，以避免重大安全事故的发生。

结构施工监测控制与施工质量控制既有一定的关联，又有较大的区别。施工质量控制是对施工全过程的各工序进行检查、监督和检验，消除影响工程质量的各种不利因素，使所建造的工程符合设计图纸、技术规范和验收标准的要求。结构施工控制是对结构施工过程中结构的受力、变形及稳定进行监测控制，使施工中的结构状态处于比较理想的状态，保证施工过程安全和竣工时内力和线形状态符合设计及规范要求。由此可以看出，结构施工控制与施工质量控制目标是一致的，都是保证结构建设质量的手段，结构施工质量控制重在“微观控制”，重在钢筋质量控制，模板安装精度控制，混凝土原材料及混凝土拌制质量控制，混凝土浇筑、养护质量控制，混凝土强度检验、预应力张拉控制、管道灌浆质量控制等；而结构施工控制重在“宏观调控”，是结构施工质量控制的补充与提升，重在监测施工过程中结构内力和变形变化状况，并根据已完工部分的内力和变形状态，在考虑各种不确定影响因素后，确定下一节段的施工方案是否需要调整，如是否改变预应力束的张拉量值、改变下一节段的立模标高、调整施工工序等。总的说来，结构施工控制、施工质量控制属于一个问题的两个方面，施工控制虽不能完全替代质量控制，却为实现质量控制的总体目标提供了基本保障。在工程实践中，对于常见结构、中小型结构，往往不单独实施施工控制，而将施工控制的内容包含在施工质量控制中。

系统地实施结构施工控制的历史并不长。最早较系统地把工程控制论应用到结构施工管理中的是日本。20 世纪 80 年代初，日本修建日夜野预应力混凝土连续梁桥时，就建立了施工控制所需的应力、挠度等参数的观测及分析控制系统。此后，随着结构仿真分析手段的发展、自动化测试技术的进步，以及大跨度结构施工管理的迫切需要，结构施工控制技术迅速在大跨度桥梁施工中得到了普遍应用，并逐步推广应用于大跨度房建结构如体育馆、会展厅以及高层高耸结构中。目前，结构施工控制技术已纳入大跨度桥梁、大跨度房建结构、超高层结构、高耸结构的常规施工管理工作中，控制方法已从人工测量、分析与预报，发展到监控、分析、预报、调整的自动化，形成了较完善的结构施工控制系统。在本节中，以大跨度混凝土桥梁施工控制为例，简要介绍结构施工监测控制的内容、方法、实施流程及预应力混凝土连续梁施工控制实例。

二、施工监测控制的工作内容

结构施工控制的任务就是要确保在施工过程中结构的内力始终处于容许的安全范围内，确保成桥状态（包括竣工线形与竣工结构内力状态）符合设计要求。结构施工控制就是在施工过程中对结构反应进行监测，对施工中出现的误差及时进行纠正，减小结构继续受到误差的影响，使结构建成后的内力、线形最大可能地接近理想设计状态。施工控制的三大任务是线形（标高）控制、应力控制及稳定性的控制。施工控制过程是一个预测-施工-量测-识别-修止-预测的循环过程。施工控制的目标是结构建成时达到设计所希望的几何形状和合理的内力状态，并保证结构在施工过程中的安全。结构施工控制围绕上述控制任务而展开，不同类型的结构，其施工控制工作内容不全相同，但从总体上来看，主要包括以下几个方面。

1. 几何（变形）控制

不论采用什么施工方法，结构在施工过程中总要产生变形。结构的变形受到诸多因素的影响，会使结构在施工过程中的实际位置（立面标高、平面位置）偏离预期状态，或造成竣工线形与设计目标不符。结构施工控制中的几何控制就是使结构在施工中的实际状态与预期状态之间的偏差控制在容许范围内，竣工线形状态符合设计要求。

与工程质量的优劣需用其质量检验评定标准来检验一样，施工控制的结果也需有一定的标准，即偏差容许值来评判施工控制的目标实现与否。偏差容许值与结构的结构形式、跨径大小、技术难度、施工方法等有关，目前还没有统一规定，常结合具体结构的施工控制的需要来确定。同时，为保证几何控制总目标的实现，每道工序的几何控制偏差的允许范围也需事先确定出来。几何控制偏差的允许范围即精度目标限值必须同时兼顾施工精度要求、施工操作方便性与可行性两方面，制定的限值既能保证施工精度要求，又能便于施工的实际操作。以混凝土桥梁悬臂浇灌施工法为例，图 9-15 示意出了施工线形控制偏差的概念，施工线形控制就是要将线形偏差 Δf_i 控制在一个合理的、可接受的范围内。

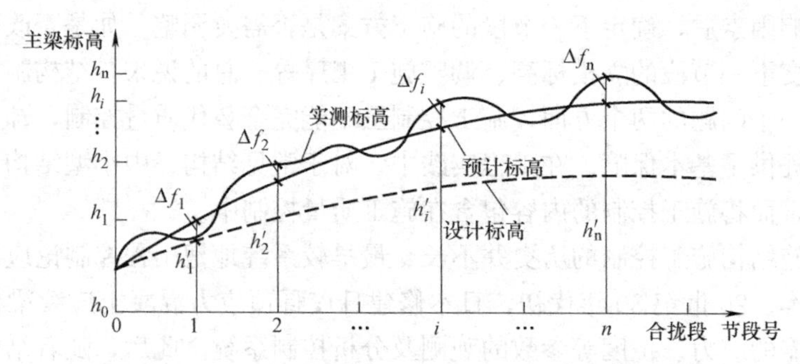

图 9-15 混凝土桥梁悬臂浇灌施工法施工线形偏差示意

图中 h_i（$i=1, 2, \cdots n.$）为浇筑 $i+1$ 节段前 i 节段梁体实测标高值；

h'_i（$i=1, 2, \cdots n.$）为浇筑 $i+1$ 节段前 i 节段梁体预计标高值；

Δf_i（$i=1, 2, \cdots n.$）为浇筑 $i+1$ 节段前 i 节段梁体线形偏差值。

下面结合常见大跨度结构、高层结构的具体情况及施工控制的实例，列出几种常见结构施工几何控制指标，见表 9-1～表 9-6。

高层结构施工控制偏差限值（mm） **表 9-1**

项　目		轴线竖向允许偏差
每层		±3
总高 H(m)	$H\leqslant 30$	±5
	$30<H\leqslant 60$	±10
	$60<H\leqslant 90$	±15
	$90<H\leqslant 120$	±20
	$120<H\leqslant 150$	±25
	$150<H$	±30
细部轴线		±2
承重墙、梁、柱边线		±3
非承重墙边线		±3
门窗洞口线		±3

高耸结构施工控制偏差限值（mm） **表 9-2**

结构类型		沉降量允许值(mm)	倾斜允许值 $\tan\theta$
电视塔、通信塔等	$H\leqslant 20$	400	0.008
	$20<H\leqslant 50$		0.006
	$50<H\leqslant 100$		0.005
	$100<H\leqslant 150$	300	0.004
	$150<H\leqslant 200$		0.003

续表

结构类型			沉降量允许值(mm)	倾斜允许值 $\tan\theta$
电视塔、通信塔等	$200<H\leqslant250$		200	0.002
	$250<H\leqslant300$			0.0015
	$300<H\leqslant400$		150	0.001
石油花工塔	一般石油化工塔		200	0.004
	分馏类石油化工塔	$d_0\leqslant3.2$		0.004
		$d_0>3.2$		0.0025

注：表 9-1、表 9-2 中 H 为高层结构、高耸结构的总高度（m）；d_0 为石油化工塔的内径（m）。

场地平面控制网允许误差 **表 9-3**

等级	适用范围	边长(m)	测角允许偏差(")	边长相对允许偏差
一级	重要高层建筑	100～300	±15	1/15000
二级	一般高层建筑	50～200	±20	1/10000

悬臂浇筑预应力混凝土连续梁桥、连续-刚构桥偏差限值（mm） **表 9-4**

控制项目	成桥后线形	合拢相对高差	轴线
控制偏差限值	±50	±30	按施工技术规范(JTJ 014—89)执行

混凝土斜拉桥偏差限值（mm） **表 9-5**

索塔	控制项目	轴线偏位	倾斜度	塔顶高程
	控制偏差限值	±10	$<H/2500$ 且 <30	±10
主梁（悬浇时）	控制项目	轴线偏位	合拢高差	线形
	控制偏差限值	±10	±30	±40
主梁（悬拼时）	控制项目	轴线偏位	拼接高程	合拢高差
	控制偏差限值	±10	±10	±30

悬索桥施工控制偏差限值（mm） **表 9-6**

索塔	控制项目	轴线偏位	倾斜度	塔顶高程	
	控制偏差限值	±10	$<H/2500$ 且 <30	±10	
主缆线形	控制项目	基准索标高	基准索股高差	索股标高	主缆标高
	控制偏差限值	±20	±10	±10	±50
索夹安装	控制项目	纵横向偏位	纵向位置	横向扭转	
	控制偏差限值	±20	±10	±6	
索鞍偏移、高程	控制项目	纵横向位置	标高	中线偏差	高程偏差
	控制偏差限值	±10	±20	±2	±20

注：表 9-5、表 9-6 中 H 为索塔高度。

2. 应力控制

结构在施工过程中以及竣工状态时的受力状况是否与设计相符是施工控制要解决的重要问题之一。通常通过结构应力的监测来掌握实际应力状态，若发现实际应力状态与理论计算应力状态的差别超限就要查找原因，采取必要措施进行调控，使此差异保持在允许范围之内。一旦结构应力超出允许范围，轻者会给结构造成危害，重者将会导致结构破坏。所以，它比变形控制显得更加重要，因此必须对结构应力实施严格监控。应力监测控制的项目和限值一般结合结构受力特点、施工工序等方面来确定，通常包括以下几个方面：

(1) 结构在自重下的应力；

(2) 结构在施工荷载下的应力；

(3) 结构预应力大小及其张拉所产生的应力；

(4) 温度应力，特别是大体积基础、墩柱的温度应力；

(5) 其他应力，如基础变位、风荷载、雪荷载等引起的结构应力；

(6) 施工设备如支架、挂篮、缆索吊装系统等的应力。

3. 稳定控制

结构的稳定性包括抗滑移稳定性与抗倾覆稳定性，也包括受压构件的整体稳定或局部稳定。结构的稳定性往往关系到结构的安全，由于结构失稳属于征兆不突出、过程不可逆的破坏形态，因此，它比结构的强度有着更加重要的意义。结构施工过程中不仅要严格控制变形和应力，而且要严格地控制施工各阶段结构构件的局部和整体稳定。结构的稳定安全系数是衡量结构稳定安全的重要指标，目前主要通过稳定分析计算，并结合结构应力、变形情况来综合评定。此外，除结构本身的稳定性必须得到控制外，施工过程中所用的支架、挂篮、缆索吊装系统等施工设备的稳定性也应满足要求。

一般说来，变形控制、应力控制、稳定控制取得了成效，结构施工过程的安全性也就得到了保障，结构施工安全控制是上述变形控制、应力控制、稳定控制的综合体现。结构形式不同，直接影响施工安全的因素也不一样，在施工控制中需根据结构形式、施工方法、施工工序、施工荷载等实际情况，确定其施工控制重点。

三、结构施工控制方法

受环境、材料性能等不确定因素的影响，结构施工是一个较为复杂的系统工程，施工过程中结构的受力状态、安全性能和竣工状态是结构施工控制的目标，在整个施工过程中，受许多确定和不确定因素的影响，会使实际状态与理想目标状态之间存在一定的差异。因此，对施工状态进行实时监测、预测、调整，从而实现设计目标就成为结构施工控制的中心任务。一般地，结构施工控制是将结构内力、结构线形作为控制目标，根据具体结构体系受力特点，将拉索索力、预应力钢筋张拉力、立模标高等作为控制作用，考虑环境温湿度、施工荷载等各种随机干扰因素，排除各种测量测试误差，使各阶段结构内力、结构线形及最终竣工状态达到比较理想的状态。结构施工控制一般流程如图 9-16 所示，包含了合理竣工状态的确定、倒退分析、理想施工状态的确定、控制参数辨识、施工偏差分析估计、前进分析、随机干扰影响分析、控制作用分析等方面。

结构形式、受力特点、施工方法不同，其施工控制的重点、方法及具体控制内容也不相同，但一般说来，结构施工控制主要内容可大致归纳为如下几点：

(1) 结构模拟分析。通过结构倒退分析，基于计算参数的最优估计结果，计算出各施工阶段结构的理想目标状态，通过结构前进分析，计算出下一施工阶段结构内力、标高的预测值。一般地，结构模拟分析还需根据结构反应的实测值对结构的参数进行识别，不断

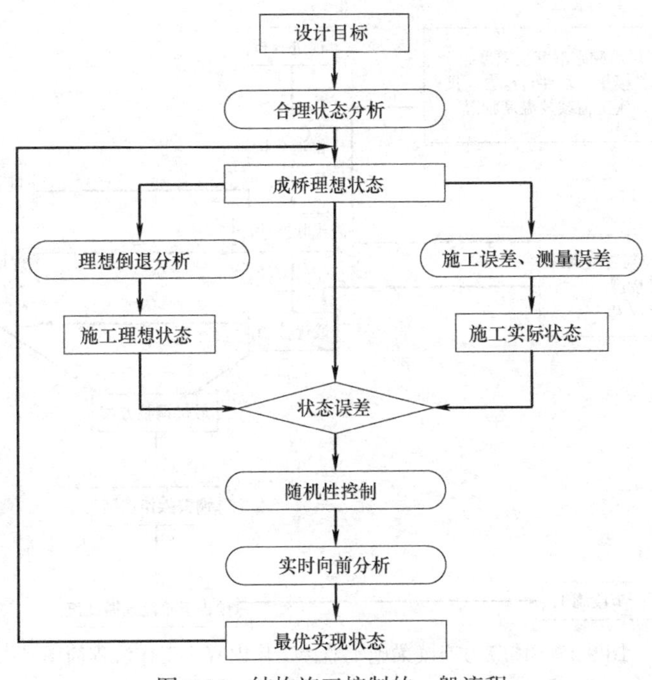

图 9-16　结构施工控制的一般流程

修正结构计算参数，以确定具体结构施工监控的理论参考轨迹。结构模拟分析一般采用专用的施工控制分析软件或通用分析软件进行。

(2) 每一施工阶段的结构内力、变形的监控测量。测量的内容包括结构线形的变化，结构主要截面的应力状态，主要材料试验结果如混凝土的弹性模量、重度等，主要施工设备的重量、作用位置等，对于索结构，还包括拉索索力监测。

(3) 计算参数识别及结构状态的估计。计算参数识别及结构状态的估计是指从包含有量测误差的监控测量结果中进行最优估计，需要估计的计算参数包括混凝土的弹性模量的变化规律、预应力损失、收缩徐变系数、构件日照温差的变化范围等，这些参数的估计可以采用最小二乘法、卡尔曼滤波法、神经网络法等方法。

(4) 比较各施工阶段的目标状态与实际状态。对结构反应的实测值与理论值进行分析对比，如果二者的偏差超过事先确定的容许范围，根据前述相关理论和实际状态监控测量的结果，通过结构模拟分析计算，确定控制作用如拉索或预应力钢筋张拉力、预抬高量等控制量调整方法和调整量值，以使实际状态与目标状态尽可能接近。

(5) 对每一施工阶段，按照上述流程进行监控测量、状态估计、参数识别、模拟分析、控制量调整，直至结构施工完成，使每一施工过程状态及竣工状态均接近目标状态。

以较为简单、常用的预应力混凝土连续梁为例，其施工监控工作内容、工作流程图如图 9-17 所示。预应力连续梁桥施工控制就是一个施工、监测、识别、调整、预告、施工的循环过程，其实质就是使施工按照预定的施工标高、理想状态的控制截面应力顺利推进。而实际上不论是理论分析得到的理想状态，还是实际施工都存在误差，所以，施工控制的核心任务就是对各种误差进行分析、识别、调整，对结构未来施工节段的变形、应力做出预测，并采取有效措施调整、消除各种施工误差的影响。

总的来讲，结构施工控制可分为事后控制法、预测控制法、自适应控制法、最大宽容

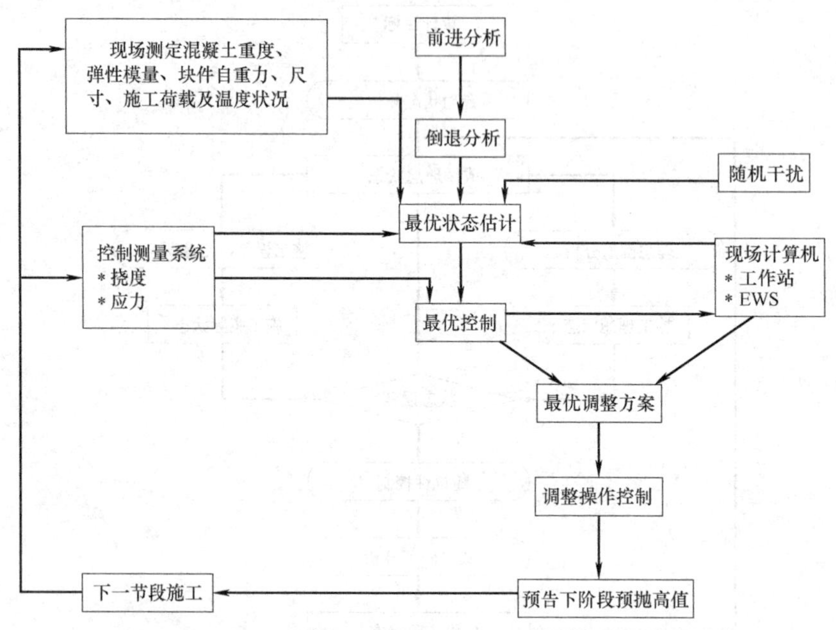

图 9-17　预应力连续梁施工监控工作内容、工作流程简图

度法等，结合应用实例简述如下。

事后调整控制法是指在施工过程中，对已经施工完成的结构部分进行检查，当结构状态与设计要求不符时，即可通过一定手段对其进行调整，使之达到要求。这种方法仅适用于那些结构内力与线形能够调整的情况，斜拉桥就是其中的一种。事后调整根据具体情况又分两种。一种方法是施工过程中每个施工阶段完成后，当发现结构状态与设计不符时，即可通过调整斜拉索力来调整结构状态，然后继续施工，直到施工完成。这种方法工作量很大，并且索力调整本身也较麻烦，调整效果也不一定好。另一种方法是在结构形成后，检查结构状态，如果与设计不符，再对斜拉索力进行全面的调整。这种方法从理论上讲也是可行的，但存在一定风险，最终的线形、内力不一定能够达到理想状态。所以，事后调整不是一个好的控制方法，有些时候只能算是一个补救措施。

预测控制法是指在全面考虑影响结构状态的各种因素和施工所要达到的目标后，对结构的每一个施工阶段形成前后的状态进行预测，使施工沿着预定的轨迹进行。由于预测状态与实际状态间免不了存在偏差，某种偏差对施工目标的影响则在后续施工状态的预测予以考虑，以此循环，直到施工完成和获得与设计相符合的结构状态。预测控制法是结构施工控制的主要方法。预测控制以现代控制论为理论基础，其预测方法常见的有卡尔曼滤波法、灰色理论法等。

四、影响结构施工控制的因素

结构施工控制的主要目的是使施工实际状态最大限度地与设计理想状态相吻合，要实现这一目的，就必须全面了解可能使施工状态偏离理想设计状态的所有因素，以便对施工实施有的放矢地有效控制。一般说来，影响结构施工控制的因素主要有以下几方面。

1. 结构参数

不论对何种结构进行施工控制，结构参数都是必须考虑的重要因素。结构参数是结构施工内力及变形模拟分析的基本资料，其偏差大小直接影响分析结果的准确性。事实上，实际结构参数一般是很难与设计所采用的结构参数完全吻合的，总是存在一定的偏差，施工控制中如何恰当地计入这些偏差，使结构参数尽量接近结构的真实结构参数，是首先需要解决的问题。结构参数主要包括：①结构构件截面尺寸，任何施工都可能存在截面尺寸误差，验收规范中也允许出现不超过限值的误差，而这种误差将直接导致截面特性误差，从而直接影响结构内力、变形等的分析结果；②材料弹性模量，弹性模量对结构变形的分析结果影响较大，但混凝土弹性模量总会与设计采用值存在偏差，所以，在施工过程中要根据施工进度经常性地进行现场抽样试验，随时对结构分析材料弹性模量的取值进行修正；③材料重度，材料重度是引起结构内力与变形主要因素，施工控制中必须要计入实际重度与设计取值间可能存在的偏差，特别是混凝土材料，不同的集料与不同的钢筋含量都会对重度产生影响，施工控制中必须对其进行准确估计与识别；④材料热膨胀系数，热膨胀系数的准确与否也将对施工控制产生影响，尤其是钢结构要特别注意；⑤施工荷载，施工荷载对受力与变形的影响在控制分析中是不能忽略的，一定要根据实际情况取值；⑥预加应力，预加应力是预应力混凝土结构内力与变形控制考虑的重要结构参数，但预加应力值的大小受很多因素的影响，包括张拉设备、管道摩阻系数、混凝土弹性模量等，施工控制中要对其取值偏差做出合理估计。

以预应力混凝土连续梁施工监控为例，以上几种影响施工控制的结构参数，可以采用各种办法予以测量或识别。如混凝土弹模可以通过不同龄期的混凝土弹性模量试验获取，施工荷载在进入主梁标准节段施工后基本保持不变，可以较容易把握。预应力张拉值的识别可以根据预应力张拉前后主梁实测应力增量来识别。主梁节段重量则由于各节段混凝土浇筑量差异较大，较难精确把握，但也可以采取参数识别方法获取。

2. 温度变化

温度变化对结构的受力与变形影响很大。在不同温度条件下对结构状态（应力、变形状态）进行量测，其结果会存在较大差异。温度变化相当复杂，包括季节温差、日照温差、骤变温差等方面，而在预定控制状态中又无法预先知道温度实际变化情况，通常在控制实施过程中是将控制理想状态定位在某一特定温度条件下进行模拟分析，在尽可能接近该温度条件、且温度变化较小的情况下（如夜间 22：00～凌晨 6：00），进行结构状态变形监控测量，而应力监测应采取足够的、同步的温度补偿措施，从而将温度变化不确知性剔除。

3. 混凝土的收缩徐变

对混凝土结构而言，材料收缩、徐变对结构内力、变形有较大的影响，当采用悬臂浇筑施工时更为突出，这主要是由于悬臂浇筑施工时各节段混凝土龄期、应力水准、加载持续时间相差较大等原因引起的，在施工控制时可采用参数辨识或模型试验方法来确定收缩徐变参数，以便采用较为合理的、符合实际的收缩徐变计算模式。

4. 结构分析计算模型

无论采用什么分析方法和手段，总是要对实际结构进行简化，建立计算模型。这种简化使分析计算模型与结构实际受力情况之间存在误差，包括各种假定、边界条件处理、模型本身精度等。施工控制时需要在这方面做大量工作，必要时还要进行专门的试验研究，以使计算模型误差所产生的影响减到最低限度。

5. 施工监测测量

监测包括结构温度监测、应力监测、变形监测等，是结构施工控制最基本的手段之一。由于测量仪器仪表、测量方法、数据采集、环境条件等因素的影响，施工监测测量结果会存在误差。该误差一方面可能造成结构实际参数、状态与目标值吻合较好的假象，也可能造成将本来较好的状态调整得更差的情况，所以，保证测量的可靠性对施工控制极为重要。在控制过程中，除要从测量仪器设备、方法上尽量设法减小测量误差外，在进行控制分析时还应进行结构状态监控测量结果的最优估计。

6. 施工管理水平

施工管理好坏不仅直接影响结构施工质量、进度，也会影响施工控制的顺利进行。以悬臂浇筑施工的预应力混凝土连续梁为例，如果两相对悬臂施工进度存在差别，就必然使两悬臂在合拢前等待不同的时间，从而产生不同的徐变变形，由于徐变变形较难准确估计，所以容易造成合拢困难。此外，施工工艺的好坏又直接影响控制目标的实现，除要求施工工艺必须符合施工规范要求外，在施工控制中尚须计入构件制作、安装等方面的误差。

综上所述，可以将影响施工控制因素大致归纳为客观规律因素、客观随机因素、人为误差因素三大类，如图 9-18 所示。

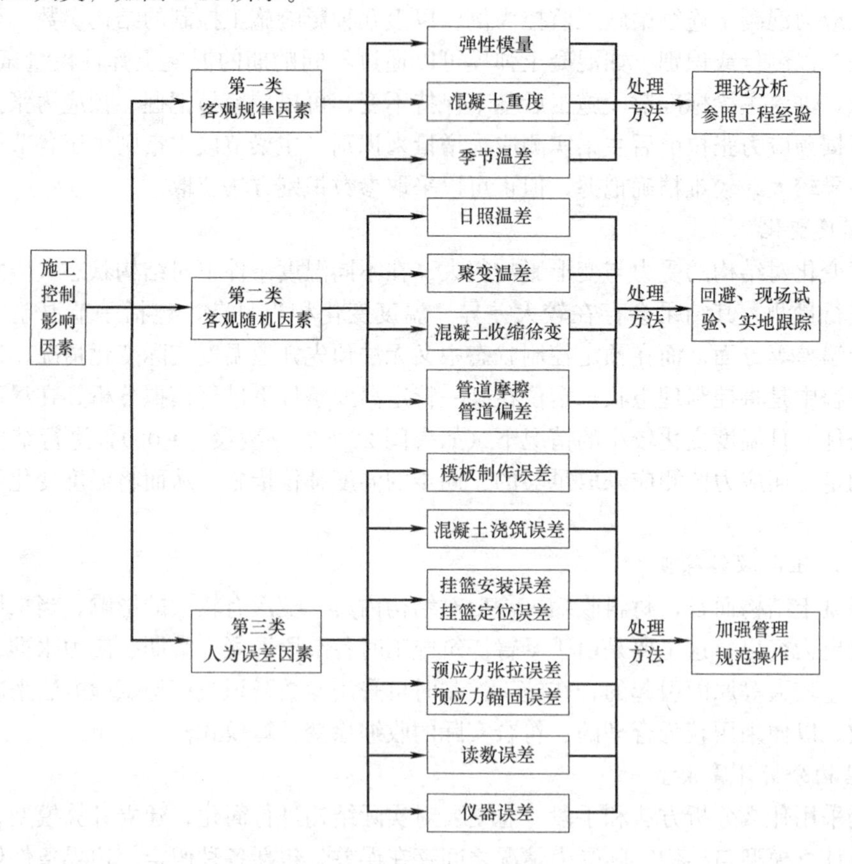

图 9-18　施工控制的影响因素分类

第三节　基坑监测

一、概述

基坑开挖后，支护结构会发生位移和变形，基坑外面的土体也会随之而发生变形，引起周围建筑物和地下管线的位移和变形，特别是如果支护结构止水帷幕没有做好，造成坑外水土流失，对周围建筑物和地下管线的影响更大，所以须对基坑周围的建筑物和地下管线进行监测，掌握其位移和变形情况，以利发现问题、及时采取措施。一般说来，基坑开挖有两个应予关注的问题：其一是基坑支护结构的稳定与安全，其二是对基坑周围环境的影响，如周边地面和地下管线沉降、位移等。为做好信息化施工，在基坑开挖及地下结构施工期间，进行施工监测，发现问题可及时采取措施，保证基坑支护结构和周围环境的安全。基坑工程监测项目可根据安全等级的不同按《建筑基坑工程监测技术规范》（GB 50497—2009)、《建筑基坑支护技术规程》JGJ 120—99 选择，见表 9-7，各个监测项目的测点布置要求和监测精度如表 9-8 所示。

基坑监测项目及安全等级　　**表 9-7**

基坑安全等级 / 监测项目	一级	二级	三级
支护结构水平位移	应测	应测	应测
周围建筑物、地下管线变形	应测	应测	宜测
地下水位	应测	应测	宜测
桩、墙内力	应测	宜测	可测
锚杆拉力	应测	宜测	可测
支撑轴力	应测	宜测	可测
立柱变形	应测	宜测	可测
土体深层侧向位移	应测	应测	可测
土体分层沉降	宜测	可测	可测

基坑监测测点布置和精度　　**表 9-8**

	监测项目	位置或监测对象	仪器	监测精度	测点布置
1	支护结构水平位移	支护结构上端部	经纬仪,全站仪	0.5mm	间距 10～15m
2	孔隙水压力	周围土体	孔隙水压力计	≤1.0Pa	2～4 孔,同一孔测点间距 2～3m
3	土体侧向变形	靠近支护结构的周边土体	测斜管、测斜仪	0.1mm	2～4 孔,同一孔测点间距 0.5m
4	支护结构变形	支护结构内	测斜管、测斜仪	0.1mm	孔间距 15～20m,测点间距 0.5m
5	支护结构侧土压力	支护结构后和入土段支护结构前	土压力计	≤1/100(F·s)	3～4 孔,同一孔测点间距 2～3m
6	支撑轴力	支撑中部或端部	轴力计或应变仪	≤1/100(F·s)	每层支撑 8～12 点

续表

	监测项目	位置或监测对象	仪器	监测精度	测点布置
7	地下水位	基坑周边	水位管、水位仪	1.0mm	3～5个孔
8	锚杆拉力	锚杆位置或锚头	钢筋计、压力传感器	≤1/100(F·s)	不少于锚杆总数的5%，且不少于5根
9	沉降、倾斜	需保护的建(构)筑物	全站仪、水准仪	0.5mm	间距15～20m
10	地下管线沉降和位移	管线接头	全站仪、水准仪	0.5mm	间距5～10m
11	支撑立柱沉降观测	支撑立柱顶上	水准仪	0.1mm	不少于立柱总数的20%，且不少于5根

基坑监测主要工作内容包括土体深层侧向变形监测、地表沉降和位移监测、土压力监测、地下水位监测、支护结构内力监测、邻近建筑物及管线影响六个方面，简述如下。

二、深层土体侧向变形观测

支护结构在基坑开挖后，基坑内外的水土压力平衡要依靠围护桩（墙）和支撑体系。围护桩（墙）在基坑外侧水土压力作用下，会发生变形。要掌握围护桩（墙）的侧向变形，即在不同深度上各点的水平位移，可通过对围护桩（墙）的测斜监测来实现。实际监测中，常采用测斜仪来监测深层土体侧向变形，测斜仪是一种可精确地测量沿垂直方向土层或围护结构内部水平位移的测量仪器，其原理参见第二章。

1. 测斜管布设位置确定

根据基坑平面形状和支撑布置形式，一般测斜管布置在基坑每边中间区域；如基坑某边长度较长，可间隔30m左右布置一根；在不同开挖深度的基坑中，优先考虑开挖深度较深的部位；对于角撑体系支护结构，在两个角撑体系的相交处布置测斜管；对平面形状不规则的基坑，可以在阳角处布置测斜管；此外，还应根据周围环境情况，在需要进行保护的建筑物、构筑物和地下管线处布置测斜管等。

2. 测斜管的埋设

在基坑开挖之前先将测斜管埋入支护结构或被支护的土体中。对于灌注桩围护结构，测斜管可以直接埋设在钻孔灌注桩中，埋设时将测斜管牢牢绑扎在钢筋笼上，两端管口密封好，与钢筋笼一起吊入预钻桩孔中。在钢筋笼定位时，要注意测斜管内十字导向滑槽中有一对滑槽与基坑边线垂直。

对于非现场灌注围护结构，测斜管可以埋设在坑壁外侧土层中或水泥搅拌桩截水帷幕内。埋设时，需在土层中钻孔，钻孔垂直度偏差要求小于5/1000，钻孔孔径比测斜管外径稍大，成孔完成后，放入测斜管，调整管内一对滑槽，使其同基坑边线垂直，并用膨润土泥丸把空隙填密填实，使测斜管与周围土体紧密结合。

测斜管埋设长度一般同围护桩或围护墙深度一致，或者大于2倍基坑深度。管顶高出基准面150～200mm，在测斜管管口段用混凝土墩子圈定，保证管口段转角的稳定性，管底用盖子封牢，并在安装就位后注满清水，以防污水或泥浆、砂浆从管子接头处漏入，管顶用盖子盖好，并妥善保护，防止异物进入造成堵管。

3. 观测资料整理

在完成连接与检查、零点读数测试后，将测斜器感应方向对准水平位移方向导槽内，将测斜仪轻轻滑入管底，停置片刻使其稳定，提起测斜器轻轻滑入管底，停置片刻使其稳定，提起测斜器测量管底至管口距离，并测其读数，以后每隔 0.5m 测读一次，直至管口。

根据读数进行计算得出每个区段的位移量，以底部固定端值为零点，自下而上将各区段的位移量累加起来，就可得出水平位移曲线，进而根据某一时段测试数据，就可分析土体侧向变形发展态势，指导基坑施工。

三、基坑周边水平位移和沉降监测

受基坑挖土等施工的影响，基坑周围的地层会发生不同程度的变形。如基坑周围密布有建筑物、各种地下管线以及公共道路等市政设施，尤其是工程处在软弱复杂的地层时，因基坑挖土和地下结构施工而引起的地层变形，会对周围环境产生不利影响。因此在进行基坑支护结构监测的同时，还必须对周围的环境进行监测，监测的内容主要有坑外地面的变形、邻近建筑物的沉降和倾斜、地下管线的沉降和位移等。

1. 水平位移监测

水平位移监测网可采用三角网、导线网、边角网、三边网和轴线等形式。宜按两级布设，由控制点组成首级网，由观测点和所连测的控制点组成扩展网布网时应考虑图形形状，长短边不宜悬殊，宜采用独立的坐标系统。平面控制点标石及标志的埋设与工程测绘类似，控制点应便于长期保存、加密、扩展和寻找，相邻点之间应通视良好，不受旁折光的影响。水平位移监测应符合表 9-9 的规定。

水平位移监测主要技术要求 **表 9-9**

等级＼监测网	平均边长（m）	测角中误差（″）	测距中误差（mm）	最弱边边长相对中误差	适用范围
一级	200	1.0	1.0	1：200000	一级基坑监测
二级	300	1.5	3.0	1：300000	二级、三级基坑监测
三级	500	2.5	10.0	1：500000	三级基坑监测

2. 沉降监测

沉降监测可布设成闭合环、结点或复合水准线等形式，起算点高程可采用假设的相对高程。高程控制点的标石及标志，及其埋设规则与工程测绘类似，观测精度应达到 0.1mm，水准基准点应埋设在变形区以外的基岩或原状土层上，也可利用稳固的建筑物、构筑物，设立墙上的水准点。当受条件限制时，也可在变形区内埋设深层金属管水准基准点。高程控制点应避开交通干道、地下管线、仓库堆栈、河岸、松散填土、滑坡体、机器振动区域以及其他能使标石或标志遭腐蚀、破坏的地点。标石要便于寻找、利用和保存，水准线路的坡度要小，便于观测。

四、孔隙水压力与土压力监测

通过现场土压力和孔隙水压力的观测可以验证挡土构筑物各特征部位的侧压力理论分析值及沿深度的分布规律，监测土压力在基坑开挖过程中的变化规律，由观测到的土压力急剧变化，及时发现影响基坑稳定的因素，以采取相应的保证稳定的措施。

1. 监测仪器

目前深基坑开挖支护工程现场土压力、孔隙水压力观测常用的压力传感器根据其工作原理分为钢弦式、差动电阻式、电阻应变片式和电感调频式等，其中钢弦式压力传感器的长期稳定性高，绝缘性好，较适用于作土压力和孔隙水压力的长期的观测。无论是哪一种型号的压力传感器，在埋设之前必须进行稳定性、防水密封性、压力标定、温度标定等检验工作。

2. 传感器的安装

(1) 土压力盒的安装

土压力是量测在挡土构筑物表面的作用力。因此，土压力盒应镶嵌在挡土构筑物内，使其应力膜与构筑物表面齐平。土压力盒后面应具有良好的刚性支撑，在土压力作用下不产生任何微小的相对位移，以保证测量的可靠性。

对于钢板桩或钢筋混凝土预制构件挡土结构，土压力盒用固定支架安装在预制构件上固定支架、挡泥板及导线保护管使土压力盒和导线在施工过程中免受损坏。对于地下连续墙等现浇混凝土挡土结构，土压力盒采用幕布法安装，即在拟观测槽段的钢筋笼上布置一幅土工织布帷幕，帷幕上土压力盒的安装位置事先缝制一些安装袋，土压力盒安装在帷幕上，随钢筋笼放入槽段内，使现场浇筑混凝土后土压力盒在挡土构件和被支挡土体之间。

(2) 孔隙水压力计的安装

首先要根据埋设位置的深度，孔隙水压力的变化幅度等确定埋设孔隙水压力计的量程，以免量程太小而造成孔隙水压力超出量程范围，或是量程选用过大而影响测量精度。将滤水石排气，备足直径为1～2cm的干燥黏土球（黏土的塑性指数应大于17），或最好采用膨润土，供封孔使用。备足纯净的砂，作为压力计周围的过滤层。孔隙水压力计的安装和埋设应在水中进行，滤水石不得与大气接触，一旦与大气接触，滤水石层应重新排气。

如果土质较软，可将孔隙水压力计直接压入埋设深度。若有困难，可先钻孔至埋设深度以上1m处，再将孔隙水压力计压至埋设深度，上部用黏土球将孔封至孔口。在埋设处用钻机成孔，达到埋设深度后，先在孔内填入少许纯净砂，将孔隙水压力计送入埋设位置。再在周围填入部分纯净砂，然后上部用黏土球封孔至孔口。如果在同一钻孔内埋设多个探头，则要封到下一个探头的埋设深度。每个探头之间的间距应不小于1m，且要保证封孔质量，避免水压力贯通。压力传感器现场安装后，应立即做好引出线的保护工作，避免浸泡在水中和在施工中受损。

3. 观测资料整理

在基坑开挖之前，需观测压力传感器的安装状态，检验压力传感器的稳定性，一般2～3d观测一次，每次观测应有3～5次稳定读数，当一周前后压力数值基本稳定时，该数值可作为基坑开挖之前土体的土压力和孔隙水压力的初始值；基坑开挖过程中，应根据土方开挖阶段、内支撑（或拉锚）的施工阶段确定观测的周期，每次观测应有3～5次稳定读数，当压力值有显著变化时，应立即复测；土方开挖至设计标高后，基础底板混凝土灌注之前宜每天观测一次，随后可根据压力稳定情况确定观测周期，现场观测应持续至地下室施工至原有地面标高。由土压力传感器实测的压力为土压力和孔隙水压力的总和，应当扣除孔隙水压力计实测的压力值，才是实际的上压力值，由现场原型观测数据计算出的土压力值和孔隙水压力值，可整理为以下几种曲线：

（1）不同施工阶段沿深度的土压力（或孔隙水压力）分布曲线；

（2）某点土压力（或孔隙水压力）变化时程曲线；

（3）土压力（或孔隙水压力）与挡土结构位移关系曲线。

当观测到土压力（或孔隙水压力）数值异常，或变化速率增快时，应分析原因，及时采取措施，同时要缩短观测的周期。

五、地下水位监测

基坑开挖中地下水的监测是指对地下水的水位、水量、水质、水温及流速流向等参数，在疏干基坑涌水或采取基坑支护、回灌等工程措施影响下，掌握其随时间的变化规律，以便及时调整降水疏干工程系统，预测可能出现的不良地质影响，采取相应防护措施。监测内容包括降水过程中地下水的水位升降变化和平面扩展趋势、被疏干含水层的地下水与其他含水层及地表水间的联系。

1. 监测内容

水位监测：静水位、动水位；

水量监测：单井点出水量、基坑总出水量；

水质监测：当地下水可能具有腐蚀性或可能出现不同含水层之间发生水力联系时，有时须进行水质监测，一般监测分析项目为 K^{+}、Na^{+}、Ca^{2+}、Mg^{2+}、Cl^{-}等；

水温监测：有时配合气温观测，据需要而定。

除上述监测内容外，应配合地下水位监测设置地面沉降变形监测。

2. 监测方法

（1）水位监测利用测钟、电测水位仪、自记水位仪等进行水位量测。具体要求是：

1）降水开始前，所有抽水井、观测井统一时间联测静止水位，统一编号，量测基准点。

2）选择典型代表性的一排观测井孔，从降水开始，水位观测按抽水试验观测要求进行，以复核、修正设计方案，并进行必要的调整。

3）其他观测井孔的观测时间间隔宜分别采用 30min、1h、2h、4h、5h、8h、12h，以后每隔 12h 观测一次，直到降水工程结束。前后两次观测水位差小于 5cm 时，可跳过下一时间间隔，直到降水工程结束。

（2）水量监测具体为：

1）单井出水量：可采用量桶、堰箱、水表等。

2）基坑总出水量：可采用单井出水量相加或在总排水渠中采用堰箱法和过水断面法。过水断面法可采用流速仪或浮标测出水流速度，从而计算出流量。

（3）水质监测根据需要而定，具体要求如下：

1）一次采样：在降水水位流量基本稳定后采集代表井孔水样；

2）二次采样：在一次采样后，于降水结束前在同一代表井孔中采样；

3）多次采样：在水质化学成分随抽水时间而不断变化，可能对工程产生不良影响时，须进行多次采样对水质进行监控。

（4）水温监测一般与气温水位监测相配合，监测密度可大为减少，但地热异常区除外。

3. 监测资料整理

(1) 对现场观测记录进行清理、装订、统计、分析、综合对比。

(2) 及时绘制各观测井孔水位降深随时间($S \sim t$)的变化曲线。绘制不同时期的平面降落漏斗水位(压)等值线图。绘制基坑涌水量随时间($Q \sim t$)的变化曲线。

(3) 根据水位、水量随时间的实际变化情况与预测计算进行对比分析,及时发现问题,调整抽排水系统;与其他监测资料对比分析,及时建议、指导采取相应的防治措施。

六、支护结构内力监测

1. 围护结构受力钢筋的应力监测

在基坑围护结构中有代表性位置的钢筋混凝土支护桩和地下连续墙的主受力钢筋上,宜布设钢筋应力计,监侧支护结构在基坑开挖过程中的应力变化。测点布置应考虑以下几个因素:计算的最大弯矩所在位置和反弯点位置、各土层的分界面、结构变截面或配筋率改变截面位置、结构内支撑或拉锚所在位置等。由于基坑开挖工程的监测一般都要几个月的工期,宜采用振弦式应力计。

(1) 应力传感器的安装

1) 根据测点应力计算值,选择应力计的量程,在安装前对应力计进行拉、压两种受力状态的标定。

2) 将应力计焊接在被测主筋上,安装时应注意尽可能使应力计处于不受力的状态,特别不应使钢筋应力计处于受弯状态。将应力计上的导线逐段捆扎在邻近的钢筋上,引到地面的测试匣中。

3) 支护结构浇筑混凝土后,检查应力计电路电阻值和绝缘情况,做好引出线和测试匣的保护措施。

(2) 应力测量和资料整理

1) 基坑开挖之前应有 2 ~3 次应力传感器的稳定测量值,作为计算应力变化的初始值。

2) 基坑每开挖其总深度的 1/5～1/4 应测读 2 ~3 次,或在每层内支撑(或拉锚)施工间隔时间内测读 2～3 次。

3) 基坑开挖至设计深度时,每两周测读 1～2 次,一直测到地下室底板混凝土浇筑完毕或最上层支撑拆除为止。

4) 每次应力实测值与初始值之差,即为应力变化。

2. 锚杆试验和监测

(1) 锚杆常规验收试验

锚杆试验是检验土层锚杆质量的主要手段,也是验证和改善土层锚杆设计和施工工艺的重要依据,土层锚杆试验的主要内容是确定锚固体的锚固能力。验收试验的目的是检验现场施工的土层锚杆的承载力,确定在设计荷载作用下锚杆的安全度,对土层锚杆施加一定的预应力。

对临时性土层锚杆的验收试验一般从土层锚杆的初始荷载(0.1 倍工作荷载)开始,逐步加荷至 1.2 倍工作荷载,对非黏性土壤保持荷载 5min,对黏性土壤保持荷载 15min,

然后测量土层锚杆的伸长值。如果变形在该时段内稳定下来，而且荷载—变形（伸长）值在某个范围之内，则认为锚杆符合要求。

（2）锚杆的长期监测

在基坑开挖工程中，锚杆要在受力状态下工作几个月以上，为了检查锚杆在整个施工期间是否按设计预定的方式起作用，有必要选择特殊的试验锚杆进行长期的监测，确定锚杆荷载的变化量和锚杆的蠕变量。由于长时间测量微小的位移变化非常困难，所以锚杆的长期监测一般仅测量荷载的变化量。

锚杆受力状态的长期监测也采用振弦式测力计。当锚杆进行预应力张拉时安装在承压板与锚头之间，记录下测力计上的初始荷载。在整个基坑开挖过程中每天宜测读一次，监测次数宜根据开挖进度和测力计的荷载变化而适当增减。当基坑开挖至设计标高后，监测应继续进行，此时锚杆上的荷载应是相对稳定的。如果每周荷载的改变量大于5%锚杆所受的荷载，就应当查明原因，采取适当的措施。

3. 内支撑轴力监测

基坑围护支撑体系处于动态平衡之中，随着基坑施工工况的变化建立新的平衡。通过对支撑的轴力监测，可及时了解支撑受力及变化情况，准确判断基坑围护支撑体系稳定情况和安全性，以及指导基坑施工程序、方法，确保基坑施工安全。

选用的钢筋应力计应与钢筋笼主筋相配套，钢筋计在安装前，要进行各项技术指标及标定系数的检验。安装时，将钢筋计的拉杆与同直径的半米长钢筋碰焊，螺丝口一端与钢筋计螺母拧紧，联成一体。在开挖前一天测试钢筋计的初始值，测试时用频率接收仪与钢筋计的电缆线接通，待频率稳定后，该频率值即为本次频率测试值，以此方法逐个观测钢筋计的频率，计算其支撑轴力、本次变化量、累计变化量。

七、基坑开挖对邻近建筑物及管线影响的监测

基坑开挖会引起邻近基坑周围土体的变形，而且土体的变形是不均匀的，越接近基坑中心的位置变形越大，可明显观测到基坑开挖影响的范围约为开挖深度的1.5～2.0倍。过量的变形将导致邻近建筑物和市政管线的正常使用甚至导致破坏。因此必须对邻近建筑物和管线进行监测。监测的主要目的是根据观测数据，及时调整开挖速度和支护措施，保护邻近建筑物及管线不因过量变形而破坏或影响它们的正常使用功能，使基坑开挖工程顺利进行。

基坑开挖对邻近建筑物及管线影响的监测内容主要为：建筑物及管线的平面位移及垂直位移、建筑物裂缝、建筑物主体倾斜等。监测范围宜从基坑边起至开挖深度约2.0～3.0倍的距离，监测周期应从基坑开挖开始，监测主要内容包括位移监测、裂缝监测等。

1. 建筑物及管线的位移监测

建筑物上观测点的布设应根据其结构特征，应能反映地基的变形情况，观测方便，易于保护。每栋建筑物观测点的数量不宜少于六个点，一般可设在以下位置：

（1）建筑物的四角处和中部位置；

（2）高低层或新旧建筑物连接处两侧，纵横墙交接处；

（3）建筑物沉降缝、施工缝两侧；

（4）不同的基坑形式交接部的两侧；

(5) 受堆荷和振动显著影响部位，基础下有暗沟、防空洞处。

管线上观测点的数量，应征求管线主管单位的意见，一般应在 2-3 节管线上设一观测点。观测标志可用抱箍直接固定在管线上。在不宜开挖的地方，可用钢筋直接打入地下，其深度与管底平齐，作为观测标志。建筑物及管线水平位移和垂直位称的观测，应按上述水平位移和沉降监测的具体规定和要求进行。

2. 建筑物裂缝的观测

基坑开挖之前应收集邻近建筑物的以下有关资料：工程地质勘察报告、设计图和施工技术文件，质量检查和验收记录，竣工后的实际用途，有无改建、接建、加层等，并设置观测标志，当观测期限较长时，采用镶嵌或埋入墙面的金属板标志；当观测期较短或要求不高时，可采用油漆平行线或粘贴金属标志。

在基坑开挖过程中，每天应由有经验的工程技术人员对邻近建筑物进行肉眼巡视，仔细检查建筑物原有的裂缝，对发现的每一条新裂缝做出标识，并注明观测时间、裂缝长度、裂缝宽度、裂缝分布形态等，必要时绘制坐标方格网以利于观测和记录。

3. 建筑物主体倾斜观测

当从建筑物外部观测时，宜选用投点法和测水平角法，当利用建筑物内部竖向通道观测时，宜选用正垂线法。对于较低的建筑物，也可采用吊垂线的方法进行测量。测量时，观测点应设在沿对应测站的主体竖直线上，如矩形建筑物的主要墙角线、塔形、圆形建筑物的两边线或中心线、建筑物内部竖向通道的中心线或一侧边线等。

当从建筑物外部观测时，测站点应设在与照准目标中心连线呈接近正交或呈等分角的方向线上，并离开照准目标 1.5～2.0 倍目标高度的距离的固定位置。当利用建筑物内部竖向通道观测时，测站点可设在竖向通道底部的中心点。观测点宜采用带有强制对中装置的观测墩，埋设标志应在基坑开挖之前。

4. 资料整理及监测报告

观测涉及的建筑物及管线的水平位移、沉降、建筑物裂缝及结构主体倾斜的状况，都应事先制定数量值和变化速率的警界值，当超出警界值应立即复测核实、分析原因，采取相应措施，并立即向有关部门抄报。

第四节　结构长期监测与健康诊断

自从 20 世纪 50 年代以来，人们就意识到大型复杂桥梁安全监测的重要性，早期的监测主要针对结构的长期变形、基础沉降等几何形态因素，涉及的内容比较单一，技术手段也以测量学方法为主，应用范围也比较小，主要针对结构的某些几何变量的测量与分析，从而掌握环境、地质、使用条件、收缩徐变等内外在因素对大型复杂结构长期性能的影响规律。

进入 20 世纪 80 年代，随着自动化技术、通信技术的发展，结构监测逐步发展到健康状况监测。所谓健康状况监测，就是通过大量传感元件实时在线采集结构应力、变形、振动、环境等方面的数据，进而进行结构损伤识别、结构状态评价，从而评估结构的健康状况。对结构进行健康状况监测的探索来自于航空航天领域，早在 1979 年，Claus 等人首次将光纤传感器埋入在碳纤维增强复合材料的蒙皮结构中，使材料具有感知应力和判断损伤的能力，这是世界上第一次关于结构健康监测系统的尝试。此后，结构健康监测技术逐步应用于大跨度桥梁、大坝、高层高耸结构、海洋平台、重要历史建筑等重要结构中，目前已全世界已有上百座大型复杂桥梁、近百幢大型高层高耸结构及体育场馆、大型水坝安装了健康监测系统，如美国佛罗里达州的 Sunshine Skyway Bridge 大桥、芝加哥的西尔斯大厦、纽约的帝国大厦、加利福尼亚理工学院米利肯图书馆、美国 dworshak 大坝、加拿大卡尔加里塔、墨西哥 Tampico 斜拉桥、英国的 Foyle 桥、丹麦的 Faroe 跨海大桥、大贝尔特东桥、挪威的 Skarnsundet 斜拉桥、意大利的比萨科塔、意大利的 Como 教堂、德国柏林的莱特火车站、瑞士和法国边界的 Emosson Dam 大坝、日本明石海峡大桥、新加坡高层建筑 Republic Plaza、吉隆坡佩特纳斯大厦，等等。

我国对结构健康监测技术的应用相对较晚，但近年来进展迅速。自 2000 年，我国在香港的青马大桥、汀九大桥、汲水门大桥、上海徐浦大桥、江阴长江大桥、滨州黄河公路大桥、苏通长江大桥、南京长江二桥、南京长江三桥、润扬长江大桥、上海东海大桥、杭州湾跨海大桥等 30 多座大型复杂桥梁上设计安装了自动化程度不同、性能各异的桥梁健康监测系统。在建筑结构中，我国对奥运场馆如鸟巢与水立方、中央电视台的主楼、香港国际金融中心、广州国际会议展览中心、广州电视塔、深圳地王大厦、深圳湾体育中心、深圳市民中心等几十幢复杂高层建筑以及大跨度空间结构也安装了结构健康监测系统。

结构性能的长期监测与健康诊断技术的应用将起到确保结构运营安全、延长结构使用寿命、解决极端条件下结构安全使用等作用，同时能够较早地发现结构病害、内力状态的不利改变以便于实时掌握结构运营状况、及时采取预防性维修养护及状态调整，防止在极端气象条件下（如地震、台风）出现次生灾害。以下就对结构内力变位的长期监测与健康诊断系统做一简要介绍。

一、结构变位长期监测

在结构的使用过程中，由于受地质情况、地下水位变化、混凝土收缩、徐变、温度变化、结构周边施工、使用荷载增大等种种内外在因素的影响，结构的基础会产生沉降或变位，结构的线型、平面位置、内力（应力）也会随之发生变化。就长期监测内容而言，其范围比较广，如超静定结构由于徐变而产生的内力、变形的变化，混凝土结构的裂缝开展情况、基础的沉降变位、温度效应等，上述因素的变化对桥梁结构的影响是长期的、严重的，有时甚至会危及结构的安全使用，因此必须通过相应的监测方法、监测手段，掌握上述因素的变化规律、发展趋势以及其对结构受力状态、使用性能的影响程度。通常，基础沉降或结构变位监测比较常用，可以在施工阶段布设，也可以在运营过程中布设；而内力（应力）监测则需在施工阶段预埋测试元件，测试与分析也相对复杂一些。以下就对结构变位的长期监测的方法作一简要介绍。

目前，对于基础沉降、结构线型的监测，一般常采用测量学方法进行。根据实际情况，按照测量学变形观测的基本理论，建立相应的观测网点和测量路线，利用全站仪、精密水准仪、测距仪、GPS 全球定位系统等测量仪器设备，在独立坐标系中，测量结构变位控制点的坐标。然后，通过对各次测量所得出的桥梁变位控制点坐标比较，分析判断结构长期变位的发展趋势；通过结构计算分析，得出由长期变位所产生的结构内力、应力增量。综合上述两个方面及结构受力特点、设计内力、配筋等结构基本情况，就可以宏观判断结构的安全性能，提出相应的处理措施或建议。在进行基础沉降和结构变位的长期监测时，除遵循测量学变形观测的基本原则之外，尚应注意以下几个问题。

1. 控制基准网与结构变形控制点布设

控制基准网应由 4 ～ 6 个以上的基准点组成，以构成若干个大地三角形。基准点应布置在结构以外的适当范围内，并与结构变形控制点具有良好的通视条件。在整个监测过程中，应定期对基准网进行检查，确保各基准点固定不变。

结构变形控制点的设置应根据结构的实际情况和观测目的来确定。变形控制点可以是相对高程观测点，可以是平面相对位置观测点，也可以是二者的结合，视结构具体情况和观测目的而定。一般说来，变形控制点应设在结构基础等部位，或设置在结构变形较大的部位。此外，为保证观测精度，尚应设置一些校核测点。变形测点应固定在易于保存的部位，必要时还要采取一些保护措施，以确保其在整个观测过程中相对于结构稳定不变。

2. 监测期限与监测安排

结构基础沉降和结构变位长期监测的时间长度、观测时间间隔、观测安排等方面应根据所监测对象的特点及外部条件来确定。一般说来，监测由地质情况、地下水位变化、混凝土收缩徐变、温度变化等因素引起的结构变位时，监测的时间长度应在 1 年以上，以便能够较为准确地分析各影响因素的影响程度，排除一些次要因素。同时，只有确认由上述因素引起的变位已经基本稳定时，监测工作方可终止。监测由结构周边施工、使用荷载增大等因素引起的结构变位时，监测的时间长度可根据具体情况来确定。监测时间间隔、监测安排，应根据结构的实际情况、外部条件等方面来统筹考虑，一般地，由变化时限长的影响因素如年温差所引起的变位监测宜安排得稀疏一些，监测时间间隔宜长一些；而那些变化时限较短的影响因素所引起的变位监测宜安排得密集一些，监测时间间隔宜短一些。

3. 量测制度

(1) 在整个监测过程中，所采用的仪器设备均应定时进行检查校验。

(2) 在整个监测过程中，每次监测均采用相同监测线路，采用同一仪器设备，测量人员应固定不变。

(3) 对于监测期限在 1 年以上的情况，量测时间安排应涵盖季节温湿度变化、水文变化的各种极端情况。

(4) 对于监测期限在 2 年以上的情况，每年相同季度、月份的监测条件应基本相同，以便监测结果的比较分析。

(5) 每次测量应在夜间进行，以消除大气折射、温度的影响。

(6) 在整个监测过程中，如通过前一阶段的监测，发现监测结构的变位有突然变化的态势时，应加密测量次数、增加测点布置。

4. 变形长期监测实例

某大厦的主楼 16 层，地下 1 层，裙楼地上 1 层，局部地下 1 层，主楼采用钻孔灌注桩，裙楼采用粉喷桩。由于大厦平面布置比较特殊，且大厦施工与附近地铁施工工期基本同步，为监测施工沉降及附近地铁施工对该大厦的影响，历时近 4 年共 1450 天，对该楼进行了 15 次沉降观测。观测周期安排如下：①主楼施工阶段（前 600 天），每施工 4 层做 1 次沉降观测，共计 5 次；②主楼完工后 1 年内每隔 3 个月观测 1 次，共计 4 次；③主楼完工后第 2 年内每 6 个月观测 1 次，共计 2 次，主楼共进行了 15 次沉降观测。变形测点布置方案为：在远离施工场区设立 3 个基准点（BM1-BM3），在大厦上首层布置了 22 个沉降观测点 z1-z22，如图 9-19 所示，观测采用精密水准仪进行。

由表 9-10 及图 9-20 的观测结果表明：在大厦主体施工初期（前 192 天），由于大楼基础桩基处于不稳定状态，当荷载增加时，其沉降速率较大，且由于附近地铁施工的影响，各观测点的绝对沉降量和沉降差会略微大一点，随着主楼施工的进展，荷载的不断增加，桩基下沉速度逐渐减小；主体结构封顶后（第 432 天后），荷载增加速率减慢，地基沉降也趋于平稳，各观测点的沉降速度进一步减小，附近地铁施工对大楼的影响也逐步减小；大楼竣工后进入使用阶段（第 635 天后），由于荷载不再增加，地铁施工基本完工，基础沉降也就保持稳定不变。

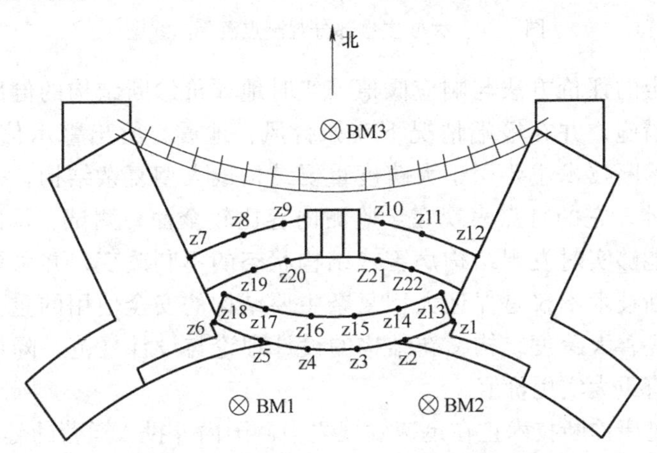

图 9-19　大厦主楼沉降观测点点位布置图

监测过程中主要测点变形沉降值（单位：mm）　　**表 9-10**

测点	监测时间(d)						
	0	94	192	432	635	801	1047
Z13	0.00	−1.65	−4.34	−6.65	−8.00	−8.34	−8.43
Z14	0.00	−1.20	−3.74	−5.90	7.47	−7.72	−7.60
Z15	0.00	−0.98	−2.95	−5.12	−6.40	−6.63	−6.77
Z16	0.00	−1.52	−4.74	−6.82	−7.76	−7.94	−8.02
Z17	0.00	−0.88	−4.23	−6.17	−7.32	−7.50	−7.43
Z18	0.00	−0.64	−3.09	−5.62	−6.99	−7.44	−7.29
Z19	0.00	−0.57	−3.61	−6.23	−7.45	−7.71	−7.84
Z20	0.00	−1.21	−3.84	−6.89	−7.93	−8.00	−8.00
Z21	0.00	−0.98	−3.55	−5.92	−7.24	−7.42	−7.49
Z22	0.00	−1.36	−3.32	−5.92	−7.06	−7.45	−7.41

二、结构健康状况监测诊断简介

所谓结构健康诊断系统，是指利用一些设置在结构关键部位的传感器、测试元件、测试仪器，实时在线地量测结构在运营过程中的各种反应，并将这些数据传输给中心控制系

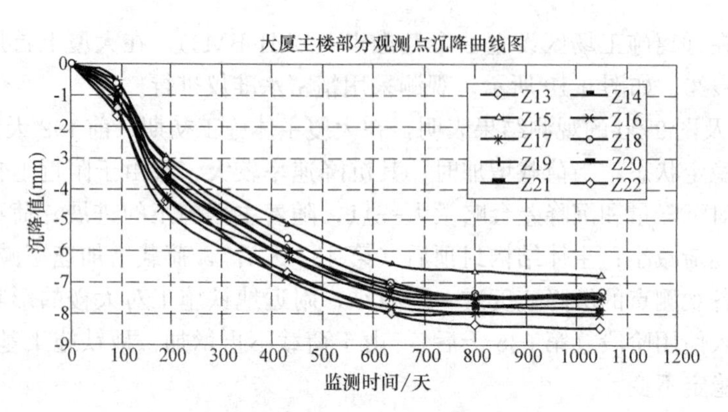

图 9-20　大厦主楼部分观测点沉降曲线图

统，按照事先确定的评价方法与响应阀值，实时地评价诊断结构的健康状况，必要时提出相应的处理措施，并在极端情况下（如台风、地震）给出警示信号或处置对策。目前，结构健康诊断技术主要用于大跨度重要结构或大型复杂结构，是传统长期监测技术的发展和延伸，它的特点表现在：监测内容比较全面，测试、诊断、评估、预警实现了自动化，能够实时发现结构病害或结构状态的不利改变，并采取预防性处理措施。结构健康诊断技术不仅是保证大型复杂主要结构的安全使用的重要手段，而且可以补充、修改、完善大跨度结构、新结构的设计理论与设计规范，降低这些结构的维修费用，因此具有重大实用价值。

目前，结构健康诊断技术正在迅速发展之中，国内外投入运营的健康诊断系统也各有特色。一般说来，结构健康监测诊断系统的主要包括以下几个功能模块：

(1) 结构荷载源实时在线监控。监控内容包括风荷载、地震、温度或交通荷载等，所使用的传感元件大致有：风速仪，记录风向、风速，进而进行数据处理后得出结构所处地区的风功率谱等统计规律；温度湿度计，记录温度、湿度、温度差时程历史，进而分析温湿度对结构响应的影响；车辆荷载称重系统，记录交通荷载源时程历史，通过数据处理系统分析后可得车辆荷载谱、超限车辆的统计特征等；强震记录仪，记录地震作用；摄像机，记录车流变化情况和交通事故。

(2) 几何变位监测。采用 GPS、位移计、倾角仪、电子测距器、数字像机、全站仪等测试仪器，监测结构各部位的几何变位，如结构的水平变位和倾斜度、基础沉降、结构线形变化、伸缩缝的相对位移等。

(3) 结构反应监测。如采用应变仪记录结构主要受力构件的应力历程，以评估构件的疲劳性能与残余寿命；采用压磁传感器记录斜拉索、系杆、吊杆的张力历史变化；用拾振仪记录结构各部位的动态反应如加速度、振幅，分析监测结构的动力特性等。

(4) 监测数据处理。结构健康监测系统在采集到上述海量数据后，要根据具体结构的特点，进行数据的分析处理，实时地、合理地分类存储、更新、筛选、压缩、挖掘各种内外部环境监测数据，结构静动力监测数据，结构边界条件及荷载监测数据，结构分析与逆分析数据，日常巡检养护维修数据，事故灾害处理数据等，以便由表及里、去伪存真、去粗存精，为数据远程传输、动态显示查询、结构损伤诊断与评估服务。

(5) 结构损伤诊断与评估。根据大量的、全面的监测数据结果，结合人工巡查所得出的局部损伤、破损检测结果，利用结构损伤诊断分析方法，按照事先确定的评价方法与响应阀值，实时评估结构的损伤程度、性质，进而判断结构可能存在的质量隐患、发展态势及其对结构安全运营造成的潜在威胁，预测结构的结构状态的改变、损伤程度或安全程度，必要时根据响应阀值、提出预警，为结构评估、管理、养护以及维修加固提供科学依据。在突发性极端事件（如地震、强台风、船舶撞击、超重交通荷载等）发生后，能够全面、快速的诊断出结构损伤损坏程度，进行结构性能的全面评估，必要时提出相应的处理措施，以便采取交通管制措施或确定维修加固对策。

目前，结构健康诊断系统正在进一步发展完善中，也仅用于大跨度重要结构或大型复杂结构。一般地，综合统筹健康监测系统的可靠性、实用性、前瞻性与经济性，结构健康监测系统功能模块如图 9-21 所示。可以相信，随着技术的进步和人们对结构运营状况的重视，结构健康诊断监测技术必将会得到快速发展和广泛应用。

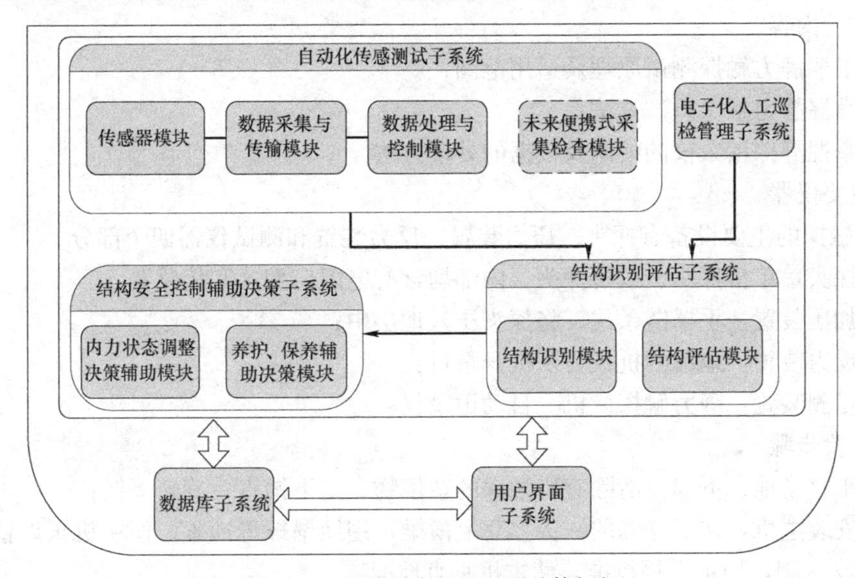

图 9-21 结构健康状况监测总体框架

思 考 题

1. 沥青常规检测项目与检测指标有哪些？
2. 沥青路面的检测项目有哪些？
3. 结构施工监控的目的、内容、方法、手段是什么？
4. 基坑监测的内容有哪些？
5. 结构变位长期监测的内容和方法是什么？
6. 结构健康监测的意义何在？

附录：试验大纲

一、静力触探试验

1. 试验目的

认识静力触探试验机，了解静力触探测试原理、适用范围，掌握使用方法。

2. 试验内容

(1) 了解静力触探测试原理及适用范围；

(2) 掌握静力触探测试方法；

(3) 掌握静探读数仪的使用及数据的处理方法。

3. 主要仪器

静力触探的主要设备有探头、压力装置、反力装置和测试仪器四个部分。

(1) 探头：单桥探头、双桥探头，内部均含有电阻应变片和传感器；

(2) 加压装置：手摇链条式，将探头压入地层中；

(3) 反力装置：地锚的抗拔力及机身重量；

(4) 量测装置：静力触探微机—自动记录仪。

4. 试验步骤

(1) 平整场地、下锚：清除有碍触探的杂填物，定下锚点，旋转下锚；

(2) 安装主机：在下好锚的锚头上套上横梁，用地锚螺母锁紧，使主机跟地锚连成一体，调整支承脚，用水平尺校准，使主机垂直地面；

(3) 探头探杆连接：将电缆一端套入变径接头，对探头引出线进行防水密封后，将探杆、变径接头与探头连接；

(4) 测试前检查：检查电源电压是否符合要求，检查探头的桥路，检查记录仪表是否正常、表头是否齐全；检查探头外套筒及推头的活动是否灵活；

(5) 输入初始参数，静探微机进入测量状态；

(6) 操作静力触探机，贯入到预定深度后，测记终孔调零位读数；然后尽快起拔探杆，探杆全部拔离土体后，及时清洗探头；

(7) 采集数据分析。

5. 试验结果整理分析

(1) 作出静力触探曲线图；

(2) 划分土层；

(3) 确定 P_S 值。

二、土压力试验

1. 试验目的

认识钢弦式土压力计，掌握土压力测量原理与测量方法。

2. 试验内容

(1) 了解土压力计工作原理、埋设要点；

(2) 掌握土压力测量原理和测量方法。

3. 主要试验仪器

(1) 钢弦式土压力计：钢弦式土压力计由承受土压力的膜盒和压力传感器组成。压力传感器为一根张拉的钢弦，一端固定在薄膜的中心上，另一端固定在支承框架上。土压力作用在膜盒上，膜盒变形，薄膜中心产生挠度，钢弦的长度发生变化，自振频率随之发生变化。通过测定钢弦的自振频率，即可换算出土压力值。

(2) 数显式频率仪：用来读取钢弦式土压力计的自振频率。

(3) 土压力计埋设要点：埋设土压力计时，应该注意尽量避免对土体的扰动，保证膜盒与土的良好接触，回填土的性状应与周围土体一致，否则会引起土压力的重新分布。

4. 试验步骤

(1) 埋设土压力计，详细记录土压力计的编号、规格、埋设位置、时间。

(2) 输入土压力计相关参数，用频率仪测量土压力计的自振频率。

(3) 计算各测点的土压力值。

5. 试验结果整理分析

(1) 土压力值的测读。

(2) 土压力随时间的变化。

三、孔隙水压力的测试

1. 试验目的

认识钢弦式孔隙水压力计，掌握孔隙水压力测量原理与测量方法。

2. 试验内容

(1) 了解孔隙水压力计工作原理，埋设要点。

(2) 掌握孔隙水压力测量原理和测量方法。

3. 试验仪器

(1) 孔隙水压力计：包括传感器、环形透水石、锥头拉杆、电缆线和护管等。

(2) 数显式频率仪：用来读取孔隙水压力计中传感器的自振频率。

(3) 埋设要点：钻孔垂直、孔壁完好、测点到位；孔隙水压力计紧密贴合测点土层，不许与外界水源串通；保护孔压计导线完好不受损坏，保证孔隙水压准确传递。

4. 试验步骤

(1) 孔隙水压力计埋设完毕后，待钻孔淤实和埋设时的超孔隙水压力消散，测读所有孔压计的初始读数，连续测读数日，同时测读地下水位高程。

(2) 将各测点孔压计按编号顺序插入接线盒，分别测读各测点的频率值，如个别测点频率异常，则待各测点测读完毕后再测，或检查插头焊接有否松动等。

(3) 测量地下水位。

(4) 计算孔隙水压力值。

5. 试验结果整理分析

(1) 孔隙水压力值的测读。

(2) 孔隙水压力值的变化。

四、回弹法测试混凝土构件强度

1. 试验目的

(1) 掌握回弹仪的使用方法；

(2) 掌握回弹法推定混凝土强度方法。

2. 仪器设备

数显回弹仪。

3. 试验原理和方法

见第四章。

4. 试验步骤

(1) 测区布置清理：对于单个混凝土构件至少取 10 个测区，对于长度小于 3m、宽度小于 0.6 m 的构件，测区数量不应少于 5 个；每个测区尺寸为 200mm×200mm，布置后进行测区表面清洁、平整，必要时可采用砂轮清除表面杂物和不平整处。

(2) 回弹值测试：在各测区内布设测点，设定各测区的弹击次数；测试时回弹仪应始终与测试面相垂直，同一测点只允许弹击一次，每弹击一次。

(3) 碳化深度测试：用冲击钻在测区表面钻直径为 15mm 的孔洞，清除洞中的粉末和碎屑后（注意不能用液体冲洗孔洞），立即用 1%的酚酞酒精溶液滴在孔洞内壁的边缘处，碳化部分的混凝土不变色，而未碳化部分的混凝土会变成紫红色，然后用钢尺测量出碳化深度值，应准确至 0.5mm。

5. 试验结果整理分析

(1) 计算测区回弹值。

(2) 推定构件混凝土强度。

6. 试验报告

(1) 计算相关参数，推定混凝土强度。

(2) 附上数据原始记录。

五、超声—回弹法测试混凝土构件强度

1. 试验目的

(1) 掌握超声波仪的使用方法。

(2) 掌握用超声—回弹综合法测试推定混凝土强度的方法。

2. 仪器设备

(1) 数显回弹仪。

(2) 非金属超声检测分析仪。

(3) 凡士林、直尺等辅助工具。

3. 试验原理和方法

见第四章。

4. 试验步骤

(1) 试验准备：进行测区表面清洁、平整，连接超声仪的发射、接收换能器等。

(2) 回弹值测定：见前文。

(3) 超声声速值的测量：声时值精确至 0.1μs，声速值精确至 0.001km/s，测距的测量误差应不大于1%。

(4) 计算超声波声速值。

5. 试验结果整理分析

(1) 计算测区混凝土强度值换算值。

(2) 推定构件混凝土强度。

6. 试验报告

(1) 计算相关参数，评定混凝土强度；

(2) 附上数据原始记录。

六、结构动力特性测试试验

1. 试验目的

(1) 掌握常见结构（如钢桁架）动力性能测试方法。

(2) 了解结构的低阶固有频率和振型的分析方法。

(3) 了解振动测试系统如 DASP 的操作、使用及分析方法。

2. 仪器设备

(1) 试验模型，如简支钢桁架或简支混凝土梁；

(2) 振动测试系统（如 DASP 振动测试系统）。

3. 试验原理和方法

见第六章。

4. 振动测试系统

(1) 激励部分：实现对测试对象的激励，使结构发生振动，在动力特性测试时，常利用地脉动或采用锤击法激振。

(2) 拾振部分：由传感器、导线等组成，在动力特性测试时，多采用加速度传感器拾振。

(3) 数据采集分析系统：将传感器采得的信号放大、转换，然后进行记录及分析。

5. 试验步骤

(1) 采用合适的方法（如橡皮筋等）将传感器固定在结构上。

(2) 将传感器编号、连接到振动测试系统上。

(3) 预测试，检查仪器、测量线路的工作状态，确定放大器的放大系数，避免量测溢出。

(4) 每次测试后，进行数据回放和频谱分析，检查测试数据是否正常、可用，必要时应重新进行测试。

(5) 测试过程中，注意不要触动测试元件及测量导线，以免引起读数的波动，并尽量避免现场干扰源如发电机等的影响。

(6) 试验完成后，清理仪器仪表、传感器，回收测试导线。

6. 试验报告

(1) 分析整理测试对象的频率及阻尼比。

(2) 比较地脉动及锤击法测试结果的差异。

(3) 比较计算值与实测值的符合程度，分析差异的原因。

七、简支钢桁架静载试验

1. 试验目的

(1) 对钢桁架分级加载，测试其节点位移、杆件应力。

(2) 综合运用电阻应变、振弦应变、位移计和百分表等相关测试仪器及测试元件；掌握相关测试仪器的使用方法。

(3) 根据测试结果，对钢桁架的工作性能作出分析评价。

2. 试验仪器设备

(1) 钢桁架：可采用平面钢桁架结构。

(2) 加载反力架、千斤顶：对钢桁架进行单点加载。

(3) 电阻应变仪或振弦读数仪，位移计或百分表，压力传感器等。

3. 试验内容和要求

(1) 采用千斤顶加载，并配合压力传感器进行定量分级加载。

(2) 综合运用电阻应变、振弦应变或光纤应变、位移计和百分表等相关测试仪器及传感元件，进行荷载、应力应变、位移和变形等结构受力性能参数的测试。

(3) 计算各测点在各级荷载作用下的理论值。

4. 试验步骤

(1) 将钢桁架按照受力图架设好，安装加载千斤顶、压力传感器。

(2) 按照测点布置要求，采用合适的方法将应变片、钢弦应变计或光纤应变计、位移计、百分表等测试元件及仪器安装就位。

(3) 进行测试仪器仪表的调试，确保其工作性能正常，并准备好相应的记录表格。

(4) 预加载，检查仪器、仪表、测量线路的工作状态。

(5) 按照加载程序进行加载测试，每级加载完毕，稳定 5～10min 后进行测试读数记录，直到完成加载程序。

(6) 每次测试时，要及时检查测试数据是否正常，如有异常情况应立即检查、分析原因，必要时应重新进行加载测试。

(7) 试验进行过程中，注意不要触动测试元件及测量导线，以免引起读数的波动。

(8) 试验完成后，清理仪器仪表、传感器，回收测试导线。

5. 试验报告

(1) 分析整理各级荷载作用下各测点的测试结果。

(2) 比较同一测点不同测试仪器的测试结果。

(3) 比较计算值与实测值的符合程度，分析差异的原因。

八、钢筋混凝土简支梁破坏试验

1. 试验目的

通过对少筋梁、适筋梁和超筋梁的试验，掌握受弯构件正截面三个工作阶段、两种破坏形态的特征，验证正截面强度计算公式。

2. 主要试验仪器和设备

(1) 压力机或千斤顶（采用千斤顶加载时需与力传感器或压力环配套）。

(2) 百分表或位移计。

(3) 应变片及静态电阻应变仪。

(4) 放大镜、钢卷尺等。

3. 试验内容和要求

(1) 试验梁可采用 C20 钢筋混凝土梁，分少筋梁、适筋梁和超筋梁三组进行试验，采用三分点逐级加载方式。

(2) 观察试件在纯弯区段的裂缝出现和展开过程，并记录初裂荷载。

(3) 量测试验梁在各级荷载下的跨中挠度值，绘制跨中挠度-荷载曲线。

(4) 量测纯弯段钢筋应变和混凝土应变，绘制沿梁高度的应变分布图形。

(5) 观察和描绘试件破坏情况和特征，记录破坏荷载，验证正截面强度计算公式，并对试验值和理论值进行比较。

4. 试验步骤

(1) 测读百分表、应变仪初读数，用放大镜检查有无初始干缩裂缝。

(2) 根据试验梁的抗裂荷载计算结果，分级加载并观察裂缝开展情况，直至裂缝出现，记录荷载值；每次加载后，持载 5min 后测读百分表及应变仪读数。

(3) 根据试验梁使用荷载计算结果，分级加载并量测记录裂缝发展状况，测读记录各测点应变及挠度。

(4) 根据试验梁破坏荷载计算结果，分级加载并量测记录裂缝发展状况，测读记录各测点应变及挠度。临近破坏荷载计算结果时，拆除百分表；试验梁破坏时，仔细观察破坏特征及破坏形态，记录破坏荷载。

5. 试验报告

(1) 分析整理各组试件各测点试验荷载-挠度及应变曲线。

(2) 分析比较各试件的破坏特征及破坏形态，总结少筋梁、适筋梁和超筋梁试验反应差异。

(3) 将正截面强度计算公式的理论值和试验值进行比较，分析计算值与试验值的符合程度及差异产生的原因。